河南省高校哲学社会科学优秀著作资助项目
二 / 十 / 大 / 专 / 项

2019年度国家社会科学基金艺术学重大项目“设计美学研究”（19ZD23）阶段性成果

时尚美学研究

孟少妮 著

河南大学出版社
HENAN UNIVERSITY PRESS
·郑州·

图书在版编目(CIP)数据

时尚美学研究 / 孟少妮著. -- 郑州：河南大学出版社，2024.5

ISBN 978-7-5649-5891-6

Ⅰ.①时… Ⅱ.①孟… Ⅲ.①生活-美学-研究 Ⅳ.①B834.3

中国国家版本馆 CIP 数据核字(2024)第 108641 号

时尚美学研究

SHISHANG MEIXUE YANJIU

策划统筹 杨国安 谌洪波
责任编辑 仝一帆
责任校对 王丽芳
封面设计 史 岩

出 版 河南大学出版社
地址：郑州市郑东新区商务外环中华大厦 2401 号 邮编：450046
电话：0371-86059752(自然科学与外语部) 网址：hupress.henu.edu.cn
0371-86059701(营销部)
排 版 郑州市今日文教印制有限公司
印 刷 广东虎彩云印刷有限公司
版 次 2024 年 5 月第 1 版 **印 次** 2024 年 5 月第 1 次印刷
开 本 710 mm×1010 mm 1/16 **印 张** 21
字 数 310 千字 **定 价** 68.00 元

时尚美学的背后究竟有没有学术?

孟少妮要出一本以自己博士论文为基础撰写的理论著作,要我写几句前缀之语。孟少妮的求学经历可以用“筚路蓝缕”这几个字来形容,她的学术成长经历完全可以作为现代大学校园励志故事的典型案例。为此,我也感慨万千,每一个学生从他走进校园的那天起,就已经和导师的学术生涯休戚相关,就已经成为一个独特的个体样本,而且不可复制。我为他们中的每一位取得的每一点成绩而欢呼,为他们生活中遇到的哪怕是一点点挫折而感怀。这或许就是我近四十年来“为人师”的、唯一可以令人动容和感怀的美好。

(一)

我带每一位学生都可以说是尽心尽力,对学术界所面临的问题和关注的热点都会和同学们进行热烈的讨论。譬如说,学术界长期以来对流行和时尚研究存在着偏见,往往将严肃的时尚美学和设计潮流研究隔离在学术之外。这类陈腐陋见,不仅存在于许多我们心怀尊敬的文化学者心里,还存在从业者心里,许多从事设计工作的专业人员由于自身文化修养欠缺,恐怕也显得有点底气不足。为此,我不惜改变原有研究方向,身体力行,转向从事设计的现当代理论研究,并会利用各种场合大声疾呼。

厚古薄今,在学术界已然是顽疾,多年来许多设计学研究者热衷于在历史典籍和古代文献中爬梳,这一工作固然重要,但整个设计学术界对当代设计和时尚美学研究所表现出的冷漠和忽视却不可容忍。某位声名显赫的文化学者曾在自己的著作中充满鄙视地说:“流行与时尚,应该与学术大师无缘。”他说这句话似乎是相对于王国维、陈寅恪、傅斯年和胡适等这些实至名归的学术大师而言的。虽然,我对上述这些学术前辈深怀崇敬,并且多有关注,但是,我们从中也可以看出许多文化学者是看不起时尚与流行的应用性研究的,当然也就更谈不上对时尚美学有什么了解了。

我并不责怪那些学者,因为他们从不关心现实应用问题的研究,他们更多的兴趣在于解释已有的古代经典,沉浸在往日的文化辉煌之中。我借此想说明的是,虽然时尚现象稍纵即逝,但时尚美学和设计流行始终相随相伴。时尚美学作为应用美学中现时性的研究,虽不能肯定地说也会产生诸如陈寅恪这样享誉中外的学术大师,但设计流行与时尚美学也是事关一个社会是否有创造性的标杆之一,而且深谙其道,必然会发现这是一门充满挑战和值得尊敬的应用研究科学。

大概十三年前,在南京艺术学院举办的、有许多著名学者参加的全国性设计论坛上,我曾经高声呼吁:“设计学研究的主体应该是面向未来的,设计学界厚古薄今的状况不能再持续下去了,可以说这是阻碍设计创新最大的障碍。”我在这次论坛上不断诘问:“如果说经济学研究中经济史研究是学术,我们并不否认现代经济运行理论研究也是学术。而且,经济学研究的主体就是研究经济运行理论。那为什么在设计学研究中设计史是学术?而研究设计时尚与流行就不是学术了呢?”探讨时尚美学和设计流行问题则成为我日后长期关注的研究课题。

学术界似乎有一种观点认为:研究时尚美学和设计流行提高不了学术层次,大量设计学研究人员热衷于历史考据和对传统经典的解读,对当代设计文化视而不见,顾左右而言他,停留在对西方设计思潮和理论的介绍上。他们对设计学的研究缺乏对现今设计作品和设计活动、时尚美学和设计流行研究中民族文化自觉的讨论,因而其研究如隔靴搔痒。时尚美学和设计潮流研究作为最能解决当下设计应用理论问题的研究,却常常被学术界的权威们拒之门外。

（二）

古代与现代应该是理论研究缺一不可的两翼。我们今天关注流行与时尚属于讨论现实理论问题的范畴，或许它没有古代理论那么全面，但确实是设计研究人员所要面临的现实困惑。研究古代是为今天提供启示与借鉴，研究当代则是解决现实问题，更具有现实意义和紧迫感。有些时尚现象本身也许没有很深的学术意义，但我们可以用学术的视野看待时尚与流行，可以赋予时尚美学研究以学术的本质。因此，某种意义上说，研究现代流行与时尚是最紧迫的学术要求。如果有人津津乐道什么"南唐妇女缠足布有多长""崔莺莺据考证是女招待"而不能自拔的所谓学术，那才是设计理论队伍的悲哀。

值得庆幸的是，2019 年国家哲学社会科学基金艺术学重大招标项目中列出了"设计美学研究"。作为一名设计理论研究的工作者，多年来我始终秉持"术学并重"的原则，遵循从设计感性到设计理性，再从设计理性回到设计感性，进而对设计的美学问题有比较深刻的哲学性思考。我认为真正的"设计美学研究"，应该着眼于"本体论""历史论""当代论"三个理论维度，从设计美学本体规律入手，分析设计美学产生的背景和内涵，梳理中外设计美学观念和理论发展的历史，并突出"当代论"，结合科学技术发展和设计时尚理论，重点探讨设计美学的当代理论价值。因而，我在五个子课题的划分中单列出"时尚美学研究"，从而让设计美学研究回归到关注时尚美学和设计流行背后的学术真相，避免以往过于强调抽象理论和美学史梳理的流弊，不说外行话，认真思考构建起具有中国特色、彰显中国学派特色、具有时代美学品格的设计美学研究基本理论框架。

在有诸多国内设计学研究重量级专家投标的情况下，我在最后时刻也提交了研究报告申请，过关斩将，值得庆幸的是，我的项目最终通过了国家社科基金艺术学重大项目立项评审，并获得立项资助。在每年屈指可数的国家社科基金艺术学重大项目中，能够将"设计美学研究"纳入其中，从另外一个侧面反映出在国家层面和设计理论界开始走出过去传统设计理论研究的禁锢和藩篱，真正开始践行习近平总书记提出的哲学社会科学"三大体系"建设，积极回应设计理论研究应该观照现实理论问题的主观要求。

(三)

毋庸讳言,时尚美学与设计流行是易变的。面对纷繁复杂的设计流行现象,如何找出自身的发展规律、做出哲学性的理论总结,确实颇费思量。我们有时甚至无法在短时间内构建起严谨的、哲学性的学术研究框架,但是,研究时尚美学和设计流行,我们可以从人类文化史和艺术流变史的角度,还可以从人类生存动机的角度,更可以从人类文化心理和设计伦理的角度,对流行与时尚展开时尚美学背后的科学研究,用学术视野去认识时尚美学背后的缜密逻辑和深层含义,并分析其关乎时代、文化、民族、人的心理的理论意义,最终给予哲学性的总结。

孟少妮同学真可谓生逢其时,在她读博期间,进入毕业论文选题之际,正好"设计美学研究"获批国家哲学社会科学基金艺术学重大项目,并立项。根据少妮的过往学术背景和人生经历,我提议她以"时尚美学研究"作为博士毕业论文的选题方向。为此,她成为这一重大项目的项目组重要成员之一。她克服重重困难,真正开始了她学术生涯中的一次难得的学术历练。

首先,我在少妮的心中树立起学术研究的神圣感。我告诉她,任何严肃的学术研究,都来不得半点虚假。由于学术界对时尚流行研究的偏见,学者们往往将设计潮流和时尚美学研究隔离在学术之外。我不断地向少妮讲述自己对时尚美学的理解,以及我们应如何破除学术界过往的陈腐陋见,承担起学术的责任。同时,我强烈主张真正的设计学理论建构,应该是以"一体两翼"的研究框架加以定性,所谓"一体",即设计实践自身的技能与技巧研究;所谓"两翼",一翼是研究古代器物、古代理论,古为今用;一翼是关注当代,研究当代思潮、当代美学流变,从而确立起研究当代设计活动中流行与时尚的理论问题的使命感。

设计活动作为应时性很强的造物活动,设计物是时代的镜子。设计艺术历史研究和当代研究是"车之两轮,鸟之两翼",只有这样,设计之鸟才能展翅飞翔。可喜的是,少妮很快理解了研究"时尚美学"背后的深刻理论意义,而且认识到我们师徒俩所做的努力不是孤立的。事实上,许多有着宽阔文化视野的艺术家、设计家、理论家早已经身体力行,以自己的行动置身于当代设计美学研究的行列。我推荐了老朋友东华大学刘晓刚教授出版的一部理论型著作《时尚学》。这部著作是国内设计学界对何谓时尚所做的有学术见地的学术性梳理，我希望少妮以此为启发，深刻思考设计流行和时尚美学更为深入的哲学性思辨理论。

少妮开始撰写论文大纲时，遇到了不小的困难。在撰写大纲的前期，她受到过去在高校从事教学工作时的思路影响，缺少了写一篇有创见的博士论文的问题意识，迟迟没有进入状态，写出来的提纲初稿犹如一本职业类高校教材的纲要。我确实多次无情地拒绝了她的研究计划。少妮承受了巨大压力，几经反转、数易其稿，终于在最后关头确定了论文撰写大纲。

一篇博士论文的产生犹如十月怀胎，经历了那种"孕早期"吃不下饭、睡不着觉的折磨，临近答辩的最后几个月，又要经历如同分娩前的一次次阵痛，辗转难忍。这篇论文的作者，需要有建构创新理论的勇气，将设计流行现象和时尚表象规律背后的美学思考深刻地表达出来，不仅需要思辨的逻辑思考能力，还需要从中到西的对权威理论的驾驭，并发掘出敏锐的前沿理论把握能力。论文的写作，既需要引经据典引证权威的哲学理论，又需要丰富的设计实践经验判断。尤其是答辩前的半年，可以说是她整个读博期间的至暗时刻。好在少妮以其坚韧的学习动力和意志，较为圆满地完成了研究任务，顺利毕业奔赴新的工作岗位。

这次少妮以博士论文为基础的著作即将出版，作为导师心中充满着喜悦。在这个大雪时节之后的夜晚，止不住的思绪带着我重新回忆起过往的点点滴滴，为她的新著出版写上几句前缀之语，算是对少妮学术生涯的一个交代。

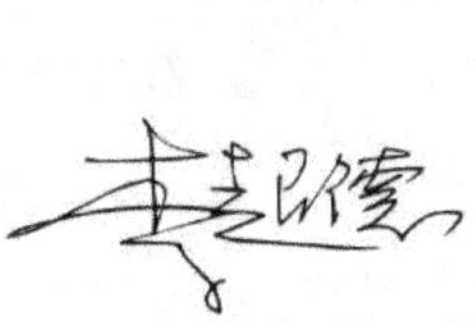

2023. 12. 9 写在姑苏城东

前　言

习近平总书记在2014年文艺工作座谈会上对中华民族的核心价值观以及中华传统文化做了全面的总结,并提出要结合新的时代条件,传承和弘扬中华美学精神。本书从学术研究视野探究时尚美学的理论研究体系,将时尚美学理论与实践研究相互生成并融合,以时尚美学理论研究探索、接受、新解、建构、批评与话语体系为聚焦的核心问题,从时尚美的界定、时尚流行、时尚消费、时尚体验的支配高度对其展开多视角、多维度、多元化的深入探讨,力求突破传统的研究体系,重新塑造时尚美学内在逻辑关系和学理价值,以期为现当代时尚与美学的再融合提供一种新的研究思路和理论构架,挖掘现当代语境下时尚美学研究的核心命脉,创建"时尚美学研究"的新模式。本书研究内容如下:

第一章,溯源时尚美学。本章通过界定时尚美学概念,分析时尚、时尚与美以及时尚美学三个概念载体的发展与演变,并从时尚美学物质文明和精神文明角度,对时尚美学做全方位深度剖析,为当代接受时尚美学理论研究和实践接受状态提供研究的方法和思路。第二章,探索时尚美学。本章围绕时尚美学的哲学价值,推进时尚美学社会价值中社会正功能与社会负消费的研究思辨,创建时尚经济与文化经济、时尚产业与文化产业、时尚产品与文化产品的研究价值生成关系,实现从"理论先行"落地到"应用实践"的时尚美学价值转换,同时探究时尚流行美学和传播美学生产链条中所隐藏的美的范式以及美的价值,推动时尚美学与大众生活的融合发展及时尚产业竞争力的提升。第三章,接受时尚美学。本章通过梳理康士坦茨学派中尧斯的接受美学理论,修正时尚美学研究范畴的接受生成关系，厘清时尚美学涵盖的时尚产品与消费者、设计师与消费者、设计师与时尚产品之间的逻辑关系和学理价值，创建“时尚美学研究”的新模式、新体系。第四章，新解时尚美学。本章在舒斯特曼新实用主义视域下，将身体美学引入时尚美学的实践研究中，从身体游戏、身体消费和身体传播三个方面来解构时尚美学实践研究的新模式与新思路，确立时尚美学实践多元论的研究路径，真正实现从“理论先行”落地到“应用实践”的时尚美学价值转换。第五章，建构时尚美学。本章以系统化、程序化和时尚化“三位一体”的科学方法，着眼于人类时尚审美观的创新与提升，将时尚审美体验作为中介机制，调整或改变时尚的审美尺度、审美取向和审美愉悦表现，创新时尚体验美学的当代语境，建构时尚体验美学消费研究。第六章，深化时尚美学。本章从当代时尚美学批评议题入手，梳理时尚美学批评的研究成果，确立五种主要批评标准，即“好的批评”标准、人本主义批评标准、时尚审美批评标准、时尚消费批评标准和时尚经济批评标准。在此基础上建立时尚美学话语体系，即以美学精神为引领，以时尚消费文化为载体，以时尚产业经济为支撑，不断提升中国时尚话语体系。只有这样，时尚产业才能呈现百花齐放的局面，时尚美学才能实现勃兴的可持续发展之路。

本书从多学科、多领域的认识论与方法论中创建当代时尚美学理论的可持续研究，立足于哲学理论的研究视角，将不同向度的哲学理论引入时尚美学理论研究体系中，突破旧有的时尚美学研究架构，强调一种时尚美学外延与时尚美学内涵所涉及的研究观点，补齐时尚美学理论研究的短板以及所缺失的实践研究逻辑体系与实践转型价值，实现时尚美学理论研究的突破。

孟少妮

目录

绪论

一、研究缘起

自远古时代就已存在的时尚、审美与流行，于19世纪末开始出现于课题研究领域。到了20世纪，伴随全球社会结构、生活方式以及消费理念的发展与革新，时尚流行、时尚审美、时尚传播的深度与广度开始加速，时尚背后的学术研究如雨后春笋般建立与发展起来。在东方美学和西方美学的融合、传统美学与当代美学的贯通、美学与诸多相邻学科间的渗透、理论美学和应用美学并进这四项原则的指导下，笔者力求突破旧有的设计学研究体系，提出一种新的研究思路和新的理论构架，挖掘时尚美学研究的核心命脉。

纵观2016—2019年度国家社会科学基金艺术学重大项目招标选题，从2016年中华美学与艺术精神的理论与实践研究、2017年中国戏曲表演美学体系研究，到2018年中华民族服饰文化研究，再到2019年设计美学研究、中国电影表演美学思潮史的研究等选题中不难看出，我国正在极力倡导：国家急需、理论为先、紧跟政策、繁荣产业、协同创新的发展逻辑，正如习近平总书记在2014年北京文艺工作座谈会上的重要讲话中提到的那样，“要结合新时代条件传承和弘扬中华优秀传统文化，传承和弘扬中华美学精神”。这就需要我们在新时代条件下继承和发扬中华优秀传统文化和中华审美精神，站在学术研究视野的理论高度，从多学科、多领域的认识论与方法论中，探究设计美学分支下的时尚美学的理论研究体系，将时尚美学理论与实践研究融合，以时尚美学理论研究探索、接受、新解、建构、批评与话语体系为核心问题，全面剖析时尚美学与人们日常生活审美化的“衣、食、住、行”的三次融合研究，以期为时尚美学理论体系创建奠定历史性的研究基础。同时，借助接受美学、实践美学和体验美学的哲学学理性的分析经验，为当代时尚美学理论研究体系、学术话语体系和创新研究建设服务，这是从“理论先行”落地到“现实关怀”的一种必然的取向和发展的路径。

本书是笔者导师李超德教授主持的国家社科基金艺术学重大项目《设计美学研究》的子课题，在导师的带领下，项目团队前期在学术思想理论、学科建设发展、文献资料梳理等方面进行了深入研究，由此形成了设计美学三个理论维度，即“本体论”“历史论”和“当代论”的研究思路，建立了中国特色的设计美学研究理论框架。本书作为子课题之一，以开阔的研究视野、宏观的思维能力、敏锐的设计感悟、严谨的学术态度、科学的研究方法和宏观的大设计视角为依托，理论联系实际，在时尚消费视域下，从时尚美学的发展史入手，形成了时尚美学的接受、新解、建构、深化等问题所应对的流行与传播、身体消费、体验消费、可持续消费的研究体系，为当代时尚与美学的再融合提供了一种全新的研究思路和理论构架，力求突破传统的研究体系，重塑时尚美学内在逻辑关系和学理价值，并试图挖掘现当代语境下时尚美学研究的核心命脉，创建“时尚美学研究”新模式。

二、研究目标与意义

（一）研究目标

（1）考证古史文献资料，为梳理西方和中国时尚美学发展史做好前期研究基础，以历史、理论、实践以及可持续发展的研究思路，奠定时尚美学理论体系的研究基础。

（2）挖掘接受美学、实践美学和体验美学与时尚美学的生成关系，探寻时尚美学理论研究体系、实践转型价值、体验美学研究优势，实现时尚美学不同理论层面和不同研究维度的逻辑关系与学理价值。

（3）从时尚美学批评中寻求支撑，发挥时尚美学批评中所获得的具有优势的话语权，为时尚美学实现勃兴的可持续发展之路服务。

（二）研究意义

目前，“时尚美学实践研究”相对滞后，要扭转时尚美学重理论轻实践的现状,补齐实践研究短板迫在眉睫,急需在研究思路上拓宽原有时尚美学理论基本研究的框架和研究模式,并将其引入哲学理论,特别是哲学不同向度理论,对时尚美学理论进行更为深入的研究。为此,需要探寻时尚美学当代论的研究创新,重点突破时尚美学已有的研究框架的局限,从时尚美学理论价值的外延入手,围绕时尚美学在哲学理论中的不同向度,并基于不同向度机制引入应用实践观点,解决相关停留在理论表层而缺少应用实践支撑的有说服力的理论观点,实现时尚美学实践价值的内涵突破,强调一种时尚美学外延与时尚美学内涵中所涉及的研究观点,在不断修正并反思现有时尚美学理论研究不足的基础上,努力创建当代时尚美学从"理论先行"落地到"应用实践"的研究新模式,更大限度地发挥时尚美学研究的重大作用。

三、研究现状评述

追溯时尚美学的发展历程,实则是从美学领域中引出艺术美学、设计美学的分支及其未来指向,最终将研究重点引入时尚美学的历史现状、发展过程与未来可持续之路的研究探讨中。从美学到设计美学再到时尚美学的研究中,不能忽视时代发展中时尚作为大众生活方式的精神追求。受当今时尚消费的影响,被极其强烈的时代感和流行性所包裹的时尚美学,在社会文明和时代发展的步伐中引起了人们更多的关注与重视,这恰恰是笔者将美学、设计美学、时尚美学三者之间的递进范畴研究进行评述的缘由,以期从文献述评中挖掘时尚美学研究的理论成果与重大作用。

(一) 关于美学、艺术、设计美学的研究现状

(1) 国内研究现状

追溯中国美学的发展历史,应始于山顶洞人对"红"色的热爱,这种热爱源自原始社会时期巫术礼仪活动及其穿戴中所采用的"红"色象征符号,因而这一时期被视为人类意识形态活动中对于艺术独特性的认知期与审美的萌芽期。中国新石器时代,光滑齐整已经成为磨制石器的新标准,这一标准也使得马家窑时期的人类对器型美感产生了新的认识。夏商时期,在建筑、青铜器等发展过程中人们逐渐形成了一定的美学思想,如传说有虞氏、夏后氏尚黑,黑象征水德。进入春秋战国时期,人们对美开始有意识地进行追求,通过解析儒

家思想和实践态度可知，其主张文质彬彬即文质兼备的审美观点。成书于春秋末年的《周礼·考工记》中提出了"天有时，地有气，材有美，工有巧，合此四者，然后可以为良"的观点。美学发展至先秦时期，艺术成为服务于社会政治的实用功利性工具。值得一提的是，庄子的哲学思维中包含着的美学理念，他强调无论儒、道、禅或易、庄、禅，都包含对美有所追求的人生态度和理想人格。因此中国古代哲学的取向和顶峰不是宗教，而是对应天人合一的美学。在被称为中国古代最早的美学文献《乐记》一书中，强调将音乐的独特性贯穿于整个艺术领域的美学思想，影响了《诗经》等的成书，由此归纳出所谓"赋、比、兴"的美学原则。可见，无论是魏晋、盛唐还是宋元明清，都是以诗歌、文学、音乐、绘画、建筑、家具、器皿、服饰、书法、工艺等形式，由政治背景转向社会文化，经客观外物转向主体存在，在长期积累的对美的认识和需要的社会性含义中，破除对语言、概念、思辨、逻辑、推理的束缚，从多维度、全方位的艺术视角阐述美学思想和美学理论。

在社会融合发展语境下，笔者梳理中国现当代第一次美学大讨论的代表人物及主要观点，发现其基本可分为五大美学流派，笔者将基于这五大美学流派自上而下和自下而上反复对比、研究，以史代论进行评述。第一种，是以王国维、蔡元培、梁启超等为代表的奠基论美学，融合了中国传统哲学思想与西方美学思想，践行中国美学理论从自发转向自觉，特别是蔡元培，主张以学生为重的教育理念，反对呆板僵化，提倡一种以美育、健康教育、人格教育等为主的全新教育观，影响至今；第二种，是以高尔泰、吕荧为代表的主观论，认为凡是能被人感受到的，美就存在，反之不能被人感受到的，美就不存在，这种强调个人主义的美失去了应有的审美标准；第三种，是以蔡仪为代表的客观论，认为美在于人对客观事物美的反应，不因人的主观因素而转变；第四种，是以朱光潜为代表的主客观融合派，将主客观为一体的美集中于心与物的关系中，主要著作有《西方美学史》(2011)、《谈美》(2012)、《谈美书简》(2012)，提出美学上关键性问题的认识、误解甚至是禁区，上升到体悟美与社会、艺术与人生的经验与态度的制高点；第五种，以李泽厚、刘纪纲、蒋孔阳为代表的实践美学，认为美在主体和客体实践中生成，但针对"实践"概念的界定、实践观点、实践主张等方面都存在差异。

通过探讨中国美学研究历史，关注中国美学价值，可以引出中国美学与艺术美、设计美学的对话关系，学界关于此的代表观点有：徐复观在《徐复观全集——中国艺术精神·石涛之一研究》(2014)中，提出孔子的“尽美”，将“美”归纳于艺术范畴，通过庄子所奠定的道家系统的艺术精神，体悟出老庄之所谓“道”，实际是一种最高的艺术精神，正适应于近代的所谓艺术精神；[①]蔡仪在《新艺术论》(1950)中，指出基于哲学的理论基础之上探讨对艺术本质的认识，并强调在服从艺术自身规律的前提下，发挥艺术主观和客观能动性；[②]宗白华在《美学与艺术》(2013)中，重点阐述中国艺术中“写实、传神、造境”三境界。[③] 随着改革开放及新思潮的推动，又涌现出一批以叶朗、凌继尧、陈望衡、徐恒醇、范明华、曹耀明、李乐山、李超德等为代表的设计美学研究学者，其中李超德在《设计美学》(2009)一书中，追溯设计美学理论形成、认识到解决审美本质的实际问题提供了参考。《设计美学》作为苏州大学艺术学院本科及研究生的一门专业理论课，自20世纪90年代初，由李超德教授牵头并亲自授课。在20多年的教学实践中，李超德追溯设计历史，强调在设计美学本体论研究基础上，将设计美学纳入设计理论研究前沿的新思路，突破了旧有设计美学研究模式，提出设计美学三个理论维度的总体研究思路：其一，设计美学的本体论。该研究综合跨学科、大文化的学术积淀，注重设计实践的大背景和研究内在学理，突破一般理论研究中忽视设计实践，进而形成富有学术研究特色的研究成果。其二，设计美学历史论。以西方设计美学重点围绕工业革命以后设计美学发展历程，追寻工业革命之前的美学历史，总结归纳富有中国特色传统工艺美学精神，提炼出设计美学应有的时代品格和美学理念。其三，设计美学当代论。重点突破科学技术发展所带来的生活方式的变化，其材料、结构变化对设计审美的影响，特别是设计流行的变化、设计审美的动态性特征对设计美学研究的意义，总结设计美学研究发展的新观点、新流变、新方法。

(2) 国外研究现状

纵观西方美学史，早在公元前6世纪左右，古希腊毕达哥拉斯学派就根据“数的原则”来剖析美，提出了“美是和谐”的思想与“黄金分割”的理论；苏格拉底的美学思想即美与善的统一都是以功用为目的，艺术不仅可以模仿美的

---

① 参见徐复观：《徐复观全集——中国艺术精神·石涛之一研究》，九州出版社，2014，第28、58页。

② 参见蔡仪：《新艺术论》，新文艺出版社，1951，第23页。

③ 参见宗白华：《美学与艺术》，华东师范大学出版社，2013，第133页。

视觉形象,还可以仿造美的性格;亚里士多德在《诗学》(1996)中,提出将"美"放在七个层次上来分析:一是美的人体,二是多个美的人体,三是所有美的人体,四是美的心灵,五是法律和社会组织的美,六是知识的美,七是美本身。① 显然,美学家的各种学说、美学理论共同铸就了西方哲学美学思想最初的里程碑。从公元前3世纪到公元3世纪的历史跨度中,罗马帝国替代了希腊城邦,成为西方经济、政治以及文化的中心,涌现出一批以贺拉斯、朗吉弩斯和普罗提诺为代表的罗马美学家,他们主张将希腊罗马的美学思想加以神学改造,并影响了德国古典主义美学以及后来的理性主义美学,主要代表人物有圣奥古斯丁,他早期肯定希腊的形式美,而后期的美学思想转向新柏拉图主义,即上帝创造美,圣托马斯·阿奎那提出了美的三个基本要求:一是完备或完美,相反所有的不完美便转向了丑;二是鲜亮,这种艳丽的颜色被归属于美的范畴;三是相称的比例或和谐。由此不难看出,西方中世纪美学思想所呈现出的美学理念来自神的旨意,以形式为美学理论研究的重要对象。到了文艺复兴时期,艺术的美学主张从人类技艺上升至哲学维度,显然文艺复兴时期的美学是在人与神的对峙中发现的。法国新古典主义美学思想,是产生于欧洲文艺复兴的一种资产阶级式的复古派文艺思潮,建立了新古典主义模仿自然的美的原则。由于美学思想的认知及其引导并非孤立存在,因此,研究者需要远观西方美学思想的历史轨迹,着眼于探讨近现代美学思想的研究重点。

早期的美学思想和艺术紧密联系,各种思想、学派、人物,往往受当时的宗教、政治、科学、生产等社会问题的影响,因而没有形成独立、系统的美学思想,美学研究呈现出抽象的、虚幻的状态。直至17世纪以后,西方近代美学思想才逐步发展成为一门独立科学,与逻辑学、伦理学相区别和对立。在近代西方美学中,主要美学观点有:笛卡尔的精神世界与物质世界同时存在,他还提出了"我思故我在"的观点,强调一种恰到好处的适中之美;夏夫兹博里提出了西方美学史上最早的"内在感官""内在眼睛"即后来所谓"第六感官"美学学说;哲学家休谟提出美并不是事物本身的性质观点,他在《论文集》卷一《审美趣味的标准》中指出,人们会因观赏不同而产生不同的美感。此外,美学家博克将美归属于物体本身的属性中,所体现的主要美学观点如下:其一,能够引

① 参见亚里士多德:《诗学》,陈中梅译注,商务印书馆,1996,第262页。

起爱或者某种情感都可以归纳为美的范畴;其二,比率、恰当、功效乃至完备均不是美的原因;其三,美的特性不因人的主观意志而改变;其四,美的独特效用是令人惬意且轻松;其五,崇高中的美是伟大的,而美的崇高是较小的。西方近代美学发展至18世纪愈加成熟,1750年鲍姆嘉通在《美学》(1750)中首次提出美学概念,建立美学体系并提供美学真理的标准,完全称得上是现代哲学美学。[①] 在西方近代美学中,德国古典唯心主义创始人康德在《判断力批判》(1790)的前半部分专门论述美学问题,他对美的分析主要从区分审美判断和逻辑判断开始,他的美学是建立在先验论的唯心主义基础上,他认为美是和实际利害无关的,美只是对象在形式上对我们主体内心所引起的一种愉快与不愉快的感情。[②] 康德之后的德国最具代表性的美学家黑格尔主张从唯心主义立场,倡导"美是无限的、自由的象征","艺术美高于自然美","艺术美显现为无限的整体"等美学观点,这些观点对今天的设计美学发展具有现实意义上的指导作用。

分析西方现代、后现代美学流派的美学思想可知,西方现代美学流派呈现多样化态势。第一种是分析美学。贯穿于整个20世纪的分析美学,强调美学命题的实证,突破了对艺术审美特性所存在的开放性与不确定性美学思想的认知,转变为当代设计美学追求时尚创新的精神动力。第二种是符号美学。盛行于20世纪四五十年代的符号美学,其文化含量和情感含量始终成为人类设计艺术所追求的双翼,成为今天艺术、设计美学整体哲学意义中最具表现色彩的美学理论。第三种是表现主义美学。其对于艺术审美而言,表现主义美学有着超越客观自然的精神力量,体现的是一种艺术家的审美观念在美学意志上的表达方式。第四种是形式主义美学。它是西方20世纪初至20世纪50年代最突出的美学思想,其美学思想中的视觉、形式、审美态度等美学观点对当代设计美学的影响十分明显。第五种是心理学美学。现代心理学美学的发展总括了现代美学的整体特征,这一美学思想提出,现代心理学美学需重视移情心理成分在美学上所产生的价值。第六种是存在主义美学。其强调艺术作品的非现实,将人的主体和作品的本体意义放到了一个自由的境界中加以探

---

① 参见鲍姆嘉通:《诗的哲学默想录》,王旭晓译.中国社会科学出版社,2014,第4页。

② 参见康德:《判断力批判》,邓晓芒译,人民出版社,2002,第23—26页。

讨，这一理论成为现代哲学美学的主要潮流。第七种是自然主义美学。它将美和审美看作是一种自然现象，强调其研究的出发点是一种集中化、完美化、个性化的经验。因此，西方后现代美学在现代美学发展过程中出现了结构主义、解构主义、解释学等后现代美学流派。盛行于20世纪六七十年代的结构主义美学并没有建立完整的美学理论体系，而是运用结构主义语言学的模式来分析、研究作品构成法则的现代西方美学思潮。从结构主义到后结构主义美学又转向解构美学思想，其观点不外乎是围绕语言学所探讨的美学动态和分散要素，将美学思想灵活而有机地融合到今天的设计之中。最后，是独立于美学领域的解释学美学，从解释的神经科学分支观点到理解的艺术的观点再到精神科学，不外乎是通过艺术方式表现出美的自身价值。无论是结构主义美学还是解构主义美学，或者是解释学美学，均是借助各种美学理论学说以得到最大限度的认可，在促进当代美学在新的历史时期飞速发展之时，给予现代美学一种全新的研究视角，创建全球范围内新的美学的理论立场。第八种是身体美学。集中于身体美学研究的主要代表学说有马克思的劳动身体学、尼采的权力身体学和弗洛伊德的欲望身体学等，由此他们也被称为身体美学学科确立前身三个最伟大的身体美学家。20世纪90年代在身体美学孕育过程中，莫里斯·梅洛·庞蒂在《知觉现象学》(1945)一书中，以知觉为出发点，以身体主体为核心来探讨现象学关注的基本问题；身体美学观点阐释代表人物理查德·舒斯特曼在《身体意识与身体美学》(2011)这一著作中，运用身体美学的概念和原理，倡导要更加注意理论和实践中的身体自我意识，①最终确立了身体美学的学科地位。

进入21世纪，中国设计理论界的专家们一方面将西方的美学思想中国化，寻找中国设计美学研究的新方法与新模式的突破口；另一方面在西方美学思想理论联系实践观点的基础上，正视我国现阶段设计美学实践中存在的诸多现实问题，从而提炼西方美学思想，找出当代中国设计美学的学术价值与实践价值。

在世界美学史的全球化进程中，美学研究呈现出在引进、传播、发展及创新的态势下和谐推进的状态。在世界文明史真、善、美三大支柱影响下，呈现

① 参见理查德·舒斯特曼：《身体意识与身体美学》，程相占译，商务印书馆，2011，第11—12页。

出西方美学史、近现代美学和后现代美学中的主体和客体美，主体美有人体美、人性美、人格美等，客体美有自然美、社会美、艺术美等。中国艺术在儒、道、禅（或易、庄、禅）美学思想的影响下，在很大程度上强调美与善的统一，先后出现了近现代的美学理论研究代表性观点，如宗白华提出中国艺术中"写实、传神、造境"三境界，李泽厚的"儒道互补"美学史观，等等。因此，我们应立足当代的学术视野，从哲学的视角分析设计中的美学问题，或者用美学的观点解读设计问题，由此进一步发现理论研究的新视角、新方法。第一，远观西方历史美学思想，在物质生活高度丰富的情况下弥补人类精神世界的匮乏，全面审视当代人的生活观与价值观。因此，借助当代科技之力全方位、多视角地探讨美学、设计美学的研究势在必行。第二，西方现代美学流派中的形式主义美学观，提出关注对设计作品形式美的变化研究，成为设计美学热衷捕捉的重要内容之一，那么设计作品如何进行形式美的改造，如何体现形式美改造中的审美态度和时尚评论，则需要时尚美学的理论基础做支撑。第三，纵观中国古代对美学相关问题的研究，不外乎对当时的时代背景、社会关系、人的活动相关联情况的研究，还有许多待解决的艺术社会学问题没有受到关注。笔者认为社会问题离不开现实生活，现实生活反映出当代衣、食、住、行的时尚美学，时尚美学需要以"人"的接受为前提，站在以人为中心的研究视角，通过实践来调动现代知识体系中的诸多学科，重新确立并创建时尚美学理论研究新课题，发挥时尚美学多元性、多视角、多维度的研究优势，挖掘时尚美学研究的现实意义和价值。

（二）时尚美学的研究现状

基于以上分析，可知时尚美学研究应着眼于当代，立足理论基础进行研究，重点探索其应用实践中所形成的现实意义和价值定位。因此，当下的文献述评从接受美学、实践美学、流行规律、时尚消费四个方面入手，与时尚美学形成逻辑递进关系，以期从美学的不同向度，探讨设计师、时尚产品、消费者之间的接受关系，重点强调时尚美学实践活动的顺利开展依靠体验的优势来获得。可见，阐释接受美学、实践美学的理论精髓及指导思想，关注时尚产品、消费大众、流行、设计师与时尚美学领域中已有的突出性研究成果，以及消费心理学视野下服饰时尚美学传播领域相关性研究现状，通过消费心理学视野对时尚美学现象进行全面剖析,可以创建时尚美学研究体系,充分体现并推动社会文明和时代发展的步伐,对推动时尚美学研究的理论成果发挥重大作用。

第一,关于接受美学的研究

(1) 国内研究

美国学者 R. C. 霍拉勃曾说,无论是马克思主义还是批评家,从早期的学者到现代学者,所涉及的学术领域和方法论均响应了接受理论的挑战。因此,在研究时尚美学乃至中国特色时尚美学过程中,来自接受理论的挑战不可或缺。以改革开放为契机,接受美学在中国广泛传播的同时,接受理论研究和接受美学相关译著取得了前所未有的重大突破,其中最为突出的译著即周宁、金元溥所译的 H. R 尧斯[①]、R. C. 霍拉勃的著作《接受美学与接受理论》(1987),这一著作一方面解读接受美学基本理论与方法,另一方面追溯接受美学的产生条件,探讨其基本思想、发展过程、自身价值以及相关影响;[②]这一时期,也涌现出一批以朱立元、王岳川、金元浦、周宁、张延琛等为首的接受美学代表人物,他们在从不同视角阐释接受美学理论的同时,用接受美学"中国化"的开放视野来审视自身。除此之外,刘小枫在《接受美学译文集》(1989)中,重点论述了尧斯、冈特·格里姆、维尔弗里德·巴尔纳、伊泽尔等学者对接受美学的审美经验、方法论、理论与实践、价值的独特见解;马以鑫的《接受美学新论》(1995),围绕这几方面的内容展开探讨:接受与文化制约、从传播到接受、接受过程与创造、接受中的变形、不同视角的不同接受批评以及从接受美学的角度探析文学发展史、美学发展史的研究构想;金元浦的《接受反应文论》(2001)通过梳理接受美学的诞生与发展、哲学基础与理论渊源,论述接受反应文论在当代中国的发展与传播、成就与问题,力求建构中国当代接受话语批评与批评流派的现实途径;朱立元的《接受美学导论》(2004),着眼于接受美学的思想、理论渊源,重点探讨接受美学的诞生、发展、文学本体论、文学作品论、文学认识论、文学创作论、文学价值论、文学效果论、文学批评观以及文学历史

---

① 注:H. R. 尧斯的中文译名有许多,为保持一致性,本论文一律采用"H. R 尧斯"的译法,并简称"尧斯"。另外,对于引用文献中所出现的诸如"汉斯·罗伯特·耀斯""姚斯"等译法则保留原译者的书写形式。

② 参见 H. R. 尧斯、R. C. 霍拉勃:《接受美学与接受理论》,周宁、金元溥译,辽宁人民出版社,1987,第1页。

观的总体构想；文浩在《接受美学的中国文艺学中的“旅行”：整体行程与两大问题》(2010)中梳理接受美学在当代中国的“旅行”轨迹，揭示了中国化的接受美学重要成就和独特的核心价值，以此来探寻接受美学在中国被引入、被研究、被转化、被吸取的整体行程；[①]王丽丽在《历史·交流·反应——接受美学的理论递嬗》(2014)中，以“文学史悖论”为出发点，围绕尧斯的文学史哲学和审美经验研究，伊瑟尔的审美反应理论以及美国读者反应批评的理论，表现了接受美学关注历史、反应和交流的演化脉络。

探讨接受美学现有的研究成果，可以看到，如果接受美学在20世纪成为新美学的主流时期，就可以将美学融入21世纪时尚的大浪潮中，进而确立时尚美学又一重要的理论创新点，寻找接受美学与时尚美学融合过程中主流和创新点在某种形态的高度统一。首先，从接受美学的研究与时尚美学的生成关系中寻找研究突破口，重塑时尚产品、设计师、消费者之间两两匹配的接受途径和方法；其次，在接受美学的流行、审美标准、审美经验、消费者接受主体中，通过全新的视角将已经梳理和消化的接受美学“中国化”的理论方法运用到时尚美学研究中，打破传统固有的研究思维模式，将研究方向引入接受与时尚对话的时代，促成接受美学独特的观点、范畴、方法与时尚美学相融合，探索时尚美学与接受美学契合的新思路、新观点、新突破，将成为时尚美学研究不可或缺的重要组成部分。

(2) 国外研究

19世纪60年代开始，随着科学技术和理论研究的融合，文本的“独立性”和形式主义理论开始被主张，进而无法解答因文学而引起的社会问题。文学理论研究的重心则顺其自然地转入对文学的接受和影响的研究。19世纪60年代中期，尧斯和沃尔夫冈·伊瑟尔等人创立了联邦德国康士坦茨学派的文学接受理论，与以往文学外部研究和文学内部研究不同，这一理论重在关注文学的接受研究、读者研究和影响研究，进而将研究重点立足于读者的接受之上，揭示了一种以“人”为中心的“接受美学”。因此，总结接受美学理论研究，尧斯的理论以解释学为基础，受到汉斯·乔治·伽达默尔的影响，继承了伽达

① 参见文浩：《接受美学在中国文艺学中的“旅行”：整体行程与两大问题》，博士学位论文，湖南师范大学文学院，2010年，第19页。

默尔的“效应史”和“期待视野”的核心观点，而伊瑟尔的理论则受现象学的美学家罗曼·茵格尔顿的影响，直接从茵格尔顿“具体化”和“未定性”等的核心观念那里移植过来。

笔者通过梳理尧斯的《审美经验与文学解释学》(1997)和伊瑟尔的《阅读活动：审美反应理论》(1991)等相关著作中的重要观点，寻找到尧斯的接受理论与时尚美学的融合，得出以下几种研究方法：一是将以“人”为中心的“接受美学”与时尚美学“以人为本”的研究理念相契合；二是将文学作品中“审美接受”研究范式的关注点转向了“审美经验”这一问题的研究上，恰好是时尚美学研究中时尚产品、设计师和消费接受主体所要探讨的重点之一，在顺应科技时代发展需求的当代时尚产品设计过程中，急需将审美议题引入时尚领域，着眼于消费者的立场，思考时尚学术背后时尚审美、时尚设计、生产、消费者等产业链所形成的辩证关系，以迎合当今多元化时尚审美的考量；三是凭借尧斯提出的使用审美感受的语言批评和创造功效，应对“文化工业”与“经验萎缩”中的语言依赖，利用艺术来保持科学视角和社会作用的多元形态，并保存别人的世界经验；四是尧斯以马克思的生产与消费理论为基础，指出艺术作品的历史本质不仅是复制和表现的功能，而且是囊括于它的接受和影响之中，这便为接受美学与时尚美学的研究融合找到最佳的契合点，解决了时尚美学研究过程中被忽视或回避的理论难题。因而，将期待视野介入时尚美学中，可使其充当消费者与设计产品之间的中介与桥梁，以期消费者在当代时尚产品的期待视野中找到时尚美学理论研究的新突破。

第二，关于实践美学的研究

(1) 国内研究

探讨实践美学与时尚美学实践研究的融合关系，需要进一步梳理实践美学理论研究，回顾20世纪，这一时期的中国实践美学流派最具特色和生命力，开创了中国美学最具本土特色的美学理论。近些年来，以李泽厚、刘纪纲、蒋孔阳为代表的实践美学学者，认为在主体与客体的实践中生成了美，这种美潜藏在“实践”概念界定的差异中。从蒋孔阳的《美和美的创造》(1981)、《先秦音乐美学思想论稿》(1986)、《德国古典美学》(2014)等著作来分析，他认为人的实践可以产生美，强调从生活实践开展对实践美学问题的研究。而李泽厚则认为实践美应围绕自我思想展开，忽略了他人关于实践美学思想的看法，因而李泽厚在《美的历程》(2009)和《华夏美学》(2019)著作中,提出儒家为主,"儒道互补"美学史观,确立中国美学的着眼点不是对象、实体,而是功能、关系、韵律。

随后,张玉能在李泽厚、刘纪纲、蒋孔阳等学者的研究基础上,从发展的角度审视美学,在借鉴、改造、融合的基础上形成了一种新实践美学。而朱立元则引领研究者们不断探索和深化实践美学,将理论深化为实践,体现了实践美学的新层次和新高度,并取得了突破性的研究成果,如章辉的《实践美学:历史谱系与理论终结》(2006)深入阐述《手稿》和实践美学的关系,从马克思主义实践观的视角分析当代实践美学面临的困境以及面临困境的原因,探索当代实践美学的出路;①朱立元的《走向实践存在论美学》(2008),主要对实践存在论美学的基本思路、理论观点和整体框架进行了探讨;②刘旭光立足于《实践存在论的艺术哲学》(2008)中的实践存在论方法,提出其对于艺术研究的意义,试图采用这种方法来解决艺术哲学中的某些根本问题,并力图突破艺术的实践性,提出艺术作品应从实践转向存在的方式来展现自身,并将其称为是实践存在论的艺术论;③朱志荣、王怀义的《从实践美学到实践存在论美学》(2008),梳理了实践美学的发展历程和主要代表人物的实践美学观,在此基础上论述实践存在论美学的学术背景,并对其美学观点进行学术评论;④谭扬芳、向杰的《马克思主义视阈下的体验美学》(2014)从马克思关于"矛盾的解决"思想入手,通过体验来解决主体和客体之间的矛盾,实现美的主客体融合;⑤潘德荣在《西方诠释美学史》(2016)中通过前期梳理诠释学发展的内在逻辑,在第十章中全面剖析体验诠释学相关理论;高建平的《中华美学精神》(2018)强调结合当代审美和文学艺术实践,传承和发展中华美学精神。

对于时尚美学理论,学界的研究思路主要体现在以下两方面:一方面是"消费者、大众"的主观方,另一方面是"时尚产品、企业、设计师"的客观方。学界基于这两方面的问题展开分析,探讨时尚美引领消费者还是时尚产品、企

① 参见章辉:《实践美学:历史谱系与理论终结》,北京大学出版社,2006,第4—8页。

② 参见朱立元:《走向实践存在论美学》,苏州大学出版社,2008,第2页。

③ 参见刘旭光:《实践存在论的艺术哲学》,苏州大学出版社,2008,第10页。

④ 参见朱志荣、王怀义:《从实践美学到实践存在论美学》,苏州大学出版社,2008,第2页。

⑤ 参见谭扬芳、向杰:《马克思主义视阈下的体验美学》,社会科学文献出版社,2014,第146—147页。

业、设计师引领时尚美,转而达到既服务于消费者又能获得可观的经济效益的目的。因此,平衡主客观因素中时尚美学的研究体系,需要通过实践加以审视和考量。随着当代社会价值观念和生活方式的发展与变化,人们将实践美学引入时尚产品设计实践中,依托产品设计和消费大众来验证实践美学融合时尚美的有效性和必要性。反过来用实践美学的思想和理论来指导时尚美学研究中时尚产品的生产、技术、功能,围绕时尚美学中所出现的流行、传播、审美等现象问题,在实践过程中通过体验来获得合理的认知、批判、评价以及反思。实践美学用体验美的观点规避或减少时尚产品、消费大众、流行、设计师等关系之间的争论与分歧,为中国特色时尚美学的理论创建提供实践体验的新途径与新思路。因此,顺应实践美学与时尚美学融合发展需求,如何处理好主客观因素之间的关系,如何保持主客观之间实践体验的美学张力,是当下时尚美学需要进一步思考的问题。

(2) 国外研究

实用主义是由查尔斯·桑德斯·皮尔士于1905年正式提出的。1907年,实用主义的另一位创始人威廉·詹姆士出版了一本《实用主义》的演讲集,并广泛传播了他的思想。第三位代表是约翰·杜威,在《哲学的改造》(2006)中,他提出哲学应放弃对“终极的绝对实在”的追求,证明哲学是时代精神和社会生活环境的产物。他又在实用主义美学代表作《艺术即经验》(2006)中,提出了“live creature”的概念,有学者将其译为“活的创造物”,[①]是通过环境与经验的相互作用而生成一个有机统一的整体。在历经半个多世纪之后,实用主义者罗蒂继承了杜威的哲学改造思想,提出了“后哲学文化”,从而颠覆了后现代主义对古典哲学传统的改造。

20世纪60年代,是继杜威和罗蒂之后实用主义到新实用主义的发展阶段,实用主义哲学以理查德·舒斯特曼为代表,主张新实用主义哲学和美学的独特立场,他最具代表性的著作有:《实用主义美学:生活之美,艺术之思》(2002),他强调实用主义美学的当下语境,一方面,指出对语境多元的尊重是美国实用主义的一个主要的主题;另一方面,认为哲学对语境的认识并不一定

① 参见约翰·杜威:《艺术即经验》,高建平译,安徽教育出版社,2006,译者前言第4页。

导致一种排斥普遍化、不可救药的相对主义。① 他在《哲学实践》(2002)的中译本序中写道:这本书试图重新将哲学生活作为西方哲学的中心主题。希望通过将哲学描绘成一种具体的生活实践,而不仅仅是一种抽象的理论……实用主义与大多数现代西方哲学的区别在于它理论与实践的统一,它以生动的生活体验为中心,坚持认为哲学主要服务于改善生活为目的,而不仅仅是服务于真理为目的。② 对于实用主义来说,所有认识的实际目标,是为了完善人性和增进经验而使生活中各种兴趣变得兴盛。换言之,舒斯特曼试图把哲学、美学和生活实践"零距离"地结合起来并加以个性化,正如他在《生活即审美:审美经验和生活艺术》(2007)中指出的,新世纪的审美和艺术将直接左右自己,我们的身体,我们的生活。

国内对舒斯特曼的研究除了上述的部分译文及译介之外,还有诸如高建平的《实用与桥梁——访理查德·舒斯特曼教授》(2003)和《情感与行动:实用主义之道》(2018);毛崇杰的《舒斯特曼的"美学"及其桥梁意向(上)》(2008)和《舒斯特曼的美学及其"桥梁"意向(下)》(2009)等。同时,国内不少博士论文中也有相关的研究,如刘德林的《舒斯特曼新实用主义美学研究》(2008)、韦栓喜的《身体转向与美学的改造:舒斯特曼身体美学理论研究》(2012)以及梁成帅的《从身体哲学到身体美学:以理查德·舒斯特曼身体美学生成为例》(2013),刘德林重点探讨了舒斯特曼新实用主义美学对中国当代美学建构的意义与价值,而韦栓喜和梁成帅则不约而同地将研究重点放在身体美学的不同研究维度上。

第三,关于消费与时尚美学的研究

(1) 国内研究

从消费视角来探讨时尚美学,需要梳理大众的消费心理、从众心理、审美活动、时尚文化以及时尚产业经济之间的逻辑关系。首先是关于从众消费的问题。从众这种特定的社会现象,是从个人服从多数人到个人影响多数人再到本质的模仿,改变了与消费者消费行为中的主导思想、购买行为及产品认知等。已有的研究观点有:曹虹剑、姚炳洪在《对从众消费行为的分析与思考》

---

① 参见舒斯特曼:《实用主义美学:生活之美,艺术之思》,彭锋译,商务印书馆,2002,第2页。

② 参见理查德·舒斯特曼:《哲学实践》,彭锋等译,北京大学出版社,2002,第1页。

(2003)中提出由从众消费行为的产生及特点入手，分析模仿、从众消费行为与社会倍增效应、非正式约束、不确定性、有限理性与从众消费行为之间的关系，提出如何利用与引导从众消费行为；①王春利在《消费心理学》(2006)中，分析了时尚商品和消费时尚形成的原因，以及消费时尚流行规律与消费心理导向，探讨消费心理促成消费时尚流行的变革；代祺在《我国城市青少年从众、不从众与反从众消费行为研究》(2008)中，通过探究同伴群体反馈意见与自我一致性变量交互作用的干扰机制，解释了青少年从众消费者在同伴群体从众压力下的反从众和不从众消费行为；②戚海峰在《中国人从众消费行为问题探究》(2011)中，通过对从众消费行为相关研究的阐述，探讨次级控制下的中国消费者从众消费行为；③南江辉在《"90后"大学生消费从众心理研究》(2013)中从案例入手，探讨大学生消费从众心理的内涵、外在表现、影响因素及其对策研究；④孙骁骥在《购物凶猛：20世纪中国消费史》(2019)中，围绕"消费"论述消费主义与中国社会的关系。

其次，关于消费视域下的时尚与审美问题，已有的研究观点有：刘清平在《时尚美学》(2008)中从"炫"的不同维度，探讨时尚的基本概念、时尚的历史演变、时尚的主要特性以及时尚的评判标准等相关问题；程建强，黄恒学在《时尚学》(2010)中，通过时尚的回顾与前瞻、内涵与外延、形成与嬗变、时尚经济、时尚产业五个部分来揭示时尚的内在精髓；高长春在《时尚产业经济学新论》(2014)中，从时尚概念、发展、产业结构剖析时尚产业的商业模式和营销模式的新经济形态；齐志家在《时尚与身体美学》(2015)中，将时尚与身体的关系形成了专门化的课题，并从身体出发探讨时尚研究；⑤王文松在《时尚与文化设计——消费社会中时尚与文化产业的理论思考》(2018)中，从消费社会规范的角度，探讨文化产业与时尚在文化设计中的标准功效。

---

① 参见曹虹剑、姚炳洪：《对从众消费行为的分析与思考》，《消费经济》2003年第5期。

② 参见代祺：《我国城市青少年从众、不从众与反从众消费行为研究》，博士学位论文，西南交通大学经济管理学院，2008，第1页。

③ 参见戚海峰：《中国人从众消费行为问题探究——基于控制的视角》，《经济与管理研究》2011年第1期。

④ 参见南江辉：《"90后"大学生消费从众心理研究》，《山西农业大学学报(社会科学版)》2013年第12期。

⑤ 参见齐志家：《时尚与身体美学》，人民出版社，2015，第1页。

从已有的相关文献来看,刘清平在《论时尚文化的审美意蕴》①(2004)和《简论时尚美与时尚美学》②(2008)中,前文强调了对时尚美学进行理论研究的必要性,后文强调建立一种具有时尚文化审美意蕴的时尚美学研究,其最终目的是适应现实社会和美学研究发展之需;傅守祥的《欢乐诗学:消费时代大众文化的审美想像》(2005)以日常消费的现代转型为背景,探讨大众文化的新型审美理念与想象方式的同时,在第四章中从时尚美学文化视角分析时尚中的感性体验与审美快感;③黄勇在《消费时尚的社会学分析》(2005)中,从消费时尚的范畴、外在条件和内在机制的相互关系中,阐释了消费时尚在这个时尚领域的命运;④应小敏在《时尚美学:感性存在的美学风格与大众向度》(2007)中从美学维度审量时尚风行的快感体验与大众向度,揭示"感性、愉快、当下"的时尚美学终结点;⑤魏淑娟在《时尚与模仿的互动机制——大众消费社会何以可能》(2007)中,通过时尚制造商、时尚消费领先者和大众传媒之间的求异模仿互动机制,实现了消费社会的再生;⑥袁敦卫在《社会社交形式的变迁——论齐美尔的社会美学及其当代意义》(2009)第三章中,从时尚视角入手,通过时尚社交形式和时尚现代性象征来解析时尚的社交形式以及它所体现的社交意义;余敏在《时尚的美学分析》(2010)中,提出时尚的形成是大众审美权利扩张的表现,时尚的传播促成了审美趣味的变化,时尚的发展与传播使更多的人能够享受和体验时尚之美;⑦张贤根在《时尚作为一种生成美——关于时装美的生成论阐释》(2011)中,从古典的时尚美及其静观生成,分析在经验与理性之间的时尚美以及艺术的自律与时尚美的先锋性,构成了当代时尚的话语与美的能指游戏;⑧李春娟在《审美经验再认识》(2011)第二

① 参见刘清平:《论时尚文化的审美意蕴》,《学术论坛》2004年第3期。

② 参见刘清平:《简论时尚美与时尚美学》,《河南社会科学》2008年第2期。

③ 参见傅守祥:《欢乐诗学:消费时代大众文化的审美想像》,博士学位论文,浙江大学人文学院,2005年。

④ 参见黄勇:《消费时尚的社会学分析》,《西南师范大学学报(人文社会科学版)》2005年第4期。

⑤ 参见应小敏:《时尚美学:感性存在的美学风格与大众向度》,《江苏行政学院学报》2007年第4期。

⑥ 参见魏淑娟:《时尚与模仿的互动机制——大众消费社会何以可能》,《兰州大学学报(社会科学版)》2007年第1期。

⑦ 参见余敏:《时尚的美学分析》,《美与时代(上)》2010年第3期。

⑧ 参见张贤根:《时尚作为一种生成美——关于时装美的生成论阐释》,《美与时代(上)》2011年第2期。

章第三节中，从美学维度考量时尚产业与审美经验之间的互动关系；王雪皎在《边缘的力量——非主流设计现象与特征研究》（2014）第二、三、四章中，从服饰、时尚流行视角解读非主流设计的社会结构现象、文化流动现象、美学现象及其特征；邓志文在《现代性的多棱镜：时尚》（2015）中论证了现代性与时尚的密切关系，并从三个维度探讨了时尚的现代性悖论：理性与非理性、价值理性与工具理性、权力的解构与权力的建构；史亚娟在《当代西方时尚理论研究动态》（2016）中重点论述三个方面的当代西方时尚理论，一是对时尚与文化的融合研究，二是对身体时尚、性别时尚以及时尚主体性建构的研究，三是对时尚传媒与时尚产业的综合研究；①孟凡君在《认知神经美学视域下的美感问题研究》（2018）第五章第三节中，从时尚审美文化与时尚文化审美的精神层面，探讨社会关系与美感功利性确认中的感官问题。

（2）国外研究

国外从时尚角度进行研究的成果主要有：恩特韦斯特尔《时髦的身体：时尚、衣着和现代社会理论》（2005）阐述在时尚和身体的关系中如何把握时尚和衣着存在的相关问题以及时尚生产与消费的必要性；拉斯·史文德森在《时尚的哲学》（2010）中，通过分析时尚的原则、起源与传播，探寻时尚与语言、身体、艺术和消费之间的互动关系，进而揭示个人和群体行为背后的时尚标准；克里斯汀·迪奥在《迪奥的时尚笔记》（2015）中，以时尚文化为研究对象，思考、记录并总结自己的时尚观点；鹫田清的《古怪的身体——时尚是什么》（2015）中，将各种衣服作为研究对象，从哲学的角度出发，解释现代诸多时尚现象；韦恩·海明威、杰拉尔丁·海明威在《复古时尚》（2017）中，重点分析了20世纪20年代到90年代的时尚潮流；多米尼克·古维烈在《时尚简史：一本书带你读懂时尚》（2018）中，论述了近现代史上重要的时尚元素，并在此基础上阐述对时尚、美学与女性独立的评论与反思。

在马克思的论述中，有三种方式生产消费：制造消费对象、确定消费形式、创造消费者的消费需求。因此，从消费心理学的视角来解析时尚美学，需要论述消费与时尚两者之间的辩证关系，值得对时尚美学的研究过程进行深入思考。已有的研究成果主要有：迈克·费瑟斯通在《消费文化与后现代主义》

---

① 参见史亚娟：《当代西方时尚理论研究动态》，《贵州大学学报（艺术版）》2016年第6期。

(2000)中从消费文化出发,论述了消费文化对后现代社会所产生的影响;珍妮弗·克雷克在《时装的面貌》(2000)中指出,服装是一种创建人与社会关系的身体技术;西莉亚·卢瑞在《消费文化》(2003)中介绍消费文化的本质及其在现代社会中的作用,摸索到了消费文化的萌芽以及消费文化商品与生产之间的动态关系;让·鲍德里亚在《象征交换与死亡》(2012)和《消费社会》(2014)中专门针对消费与时尚理论做了相关论述;凡勃伦在《有闲阶论:关于制度的经济研究》(2012)中,分析有闲阶级的"炫耀性消费"和"炫耀性休闲"时,指出时尚是根据统治阶级的喜好而设定的,其目的是用一些外在的符号来表现有闲阶级与劳动阶级的区别;迈克尔·R.所罗门在《消费心理学:无所不在的时尚》(2014)中,将消费与时尚相结合,重点讨论时尚如何影响人们的消费。

第四,关于流行规律与时尚美学的研究

(1) 国内研究

马克思早在青年时代就提出了"人也按照美的规律来建造"这一观点,这也成为当代美学研究的一个命题。众所周知,美学是一种人文科学,它是有关审美现象和审美规律的知识体系。因此,作为美学派系分支中的时尚美学,也应按照流行的规律来研究,基于时尚美的流行规律的研究,也应涉及流行文化、流行现象、流行的传播等研究视角,通过所形成的流行现象、流行经验、审美经验进行整合与概括,使历时性的流行现象成为共时性的流行规律。正如陈望衡指出的那样:近代崇高艺术的总体特征是分裂和对立一切构成艺术的要素,由此产生了不平衡、不稳定、不和谐、无序、动荡的矛盾。因此,艺术中的设计产品、时尚流行现象也需要从这种矛盾体中探寻当代时尚美的流行规律。

国内相关研究专著较多,例如周扬的《周扬文集》(1991),在书中他肯定规律的存在并对其进行探讨,他指出:"我们应该采取共同的态度,应该研究艺术的规律,而不是认为我们可以忽略它们。要领导文艺工作,就必须研究客观的艺术规律。"又指出:"任何事物都有其规律,政治有它自己的规律,经济有它自己的规律,文学艺术有它自己的规律,而客观规律是独立于人们的主观意志和任何阶级、团体、政党的意志之外的。与客观规律相背离,好心也能办坏事。”[①]朱良志在《中国美学十五讲》(2006)中说:“儒家哲学所讲的‘一体之灿著’,一体者,本体也,灿著者,现象也,流行也,流行乃暂行暂灭,不离其体。”[②]故此,中国哲学的创造,就是创造之美,可以发展为创造美的流行或者流行美的创造。此外,中国哲学强调宇宙运转的循环往复特点,一是变化之意,四季运转,第二,流通之意,终则有始,始则有终,无穷尽也。显然,将中国哲学中的现象、流行、循环融入时尚美学中的流行现象、流行规律中,值得深入研究并由此引发新的问题和新的思路。武斌、韩春燕的《中国流行文化三十年》(2009),阐述改革开放三十年的流行文化变迁;要彬、曹寒娟在《服饰与时尚》(2010)中,阐述了从古代到近现代中西方服饰时尚流行的演变历程以及时代赋予时尚的审美倾向。[③] 周进在《服饰·时尚·社会:大师的理论研究》(2013)中通过对服装的研究,阐述时尚与阶级、历史、社会、经济、文化的关系,并建立自己的时尚理论和假设。张星的《服装流行学》(2014)结合趋势分析、流行分析、时尚市场、品牌策略等理论,系统讨论时尚的特征、规律以及时尚传播的层次与方式。高宣扬的《流行文化社会学》(2015)从流行文化的性质和运作机制入手,揭示流行文化与现代化的关系。赵春华的《时尚传播学》(2018)从时尚传播学的基本理论入手,探讨时尚传播的文化体系、商业属性、视觉传播、广告和媒介。[④] 姚文放在《当代审美文化批判》(2019)中,从以下几个方面对流行文化进行了分析:第一,流行文化是一种以城市大众为消费者,在现代城市中流行的文化形态,是一种具有商业色彩,通过技术手段生产出来的文化;第二,流行文化的传播是通过大众传播媒介进行的,打破了文化传播的传统概念,在速度、广度和数量上让其他文化形态瞠目结舌;第三,流行文化表现为一种双重性的施受关系,广大受众间接地参与了生产。通过分析流行文化的接受理论、商业性、标准化、传播媒介等,可以看到时代进程和体制转换所刻画的流行轨迹和规律。

从相关文献资料来看,夏建中的《当代流行文化研究:概念、历史与理论》(2000)从流行文化的概念以及社会学、人类文化学理论入手,针对西方学者对

---

① 周扬:《周扬文集(第四卷)》,人民文学出版社,1991,第17页。

② 朱良志:《中国美学十五讲》,北京大学出版社,2006,第56页。

③ 参见要彬、曹寒娟:《服饰与时尚》,中国时代经济出版社,2010,第1页。

④ 参见赵春华:《时尚传播学》,中国纺织出版社,2018,第2页。

资本主义中流行文化的探讨,揭示现代流行文化;①刘君在《西方服装流行时尚解析》(2003)中,重点分析了三个时期服装的时尚与流行,即20世纪20年代的现代功能性服装、60年代时尚观念巨变的时代及20世纪末没有权威与风格的年代;②周娟在《"消费精英"空间生产:权力场域中的媒介拟态消费环境建构》(2010)第二章中,通过时尚杂志、书刊、时尚生活类传媒以及传播模式的转型、流行文化等内容来分析媒介拟态消费环境基本结构;朱光好在《时尚与流行:探究服装流行的奥秘》(2011)中,从流行与时尚的关系中分析了流行从服装开始,探讨服装流行传播规律及其服装流行的基本特征。③

(2) 国外研究

1915年,约翰·杜威在《民主主义与教育》一书中说:社会不仅因传播而存在,也因传播而持续存在……人们因共同的事物而生活在社会中,而传播成为人们实现共同占有事物的手段。因而,在斯蒂文·小约翰的《传播理论》(1999)、尼克·史蒂文森的《认识媒介文化——社会理论与大众传播》(2013)以及哈罗德·拉斯韦尔的《社会传播的结构与功能》(2015)等重要著作中,研究者均从多重视角对传播进行了研究和探讨。

显然,时尚的流行规律同样需要建立在传播功能上,从传播视角入手,梳理流行文化、模仿、流行现象、时尚产业、时尚流行传播之间的关系,才能更完善、更准确地探寻流行规律。已有的研究成果较多,例如川本胜在《流行的社会心理》(1990)中通过梳理流行与大众传播,分析出几种大众传播对流行的作用,一是促成流行成立的作用,二是促成流行普及的作用,三是消退流行的作用;荻村昭典在《服装社会学概论》(2000)中,阐述了服装的起源和特点,包括人类的社会生活和服装、人类的文化生活和服装、人类的心理活动和服装,并对时尚、模仿、个性与暗示进行了深入探究;托马斯·弗兰克在《酷的征服:商业文化、反主流文化与嬉皮消费主义的兴起》(2007)中,以19世纪美国社会文化转型为背景,探讨了美国社会中反主流文化、商业文化和嬉皮消费主义的兴起;迪克·赫伯迪格在《亚文化:风格的意义》(2009)中,从亚文化的理论、风格和功能三个方面对青年亚文化进行了研究;苏珊·B.凯瑟在《时尚与文

① 参见夏建中:《当代流行文化研究:概念、历史与理论》,《中国社会科学》2000年第5期。
② 参见刘君:《西方服装流行时尚解析》,《美术及设计版》2003年第2期。
③ 参见朱光好:《时尚与流行:探究服装流行的奥秘》,《纺织导报》2011年第6期 。

化研究》(2010)中,将文化研究与时尚研究相结合,重点探讨以下几种关系:民族、种族、阶级间的时尚关系,国家、民族与风格、时尚、装扮之间的关系以及性取向与风格、时尚、装扮之间的关系等;康德在《实用人类学》(2013)中指出,时尚的法则是模仿,下层阶级为了消除自己和上层阶级之间的区分,便会极力模仿上层阶级的乐趣,从而消除时尚乐趣造成的这种区分;斯图亚特·霍尔、托尼·杰斐逊在《通过仪式抵抗:战后英国的青年亚文化》(2015)中对战后英国的亚文化现象进行了详细的调查,并讨论了如何应对青年文化的变化;罗兰·巴特在《流行体系》(2016)中将流行服装杂志作为一台制造流行的机器,更重要的是将时装视为一种神话来传播;齐奥尔格·西美尔在《时尚的哲学》(2017)中指出,时尚已成为许多学科共同关注的新领域,它具有同化与分化(即求同与求异)的双重目标,两者互相影响,促进了时尚在不同群体之间的流动与传播。另外还有西美尔对时尚流行现象的两种解释:一是自上而下的是流行时尚,表现为下层模仿上层,而上层人士为让自己有别于下层人民便不断追求新时尚;二是自下而上的是模仿时尚,因为下层人民总是向着上层人士看齐,单纯的外在模仿最易于达到;乔安妮·恩特维斯特尔在《时尚的美学经济:服装和模特业的市场与价值》(2021)中从社会学角度研究时尚问题,提出从高级时尚的世界、美学市场、时装模特以及时尚流行和买手等新的研究角度,探讨时尚的实践研究方法。可见,大众传播促成流行普及的同时,也同样可以左右流行的命运。所以,大众传播对流行的形成和发展起着很大作用,是操纵流行规模和流行寿命的重要因素。

第五,时尚美学有待解决的问题

笔者通过对国内外接受美学、实践美学、消费、流行规律和时尚美学等相关问题的梳理与归纳,反思已有的理论研究的推进作用和存在的研究不足,由此引申出一系列有待解决的问题和矛盾。

其一,通过分析时尚美学国内外研究现状可知,目前时尚美学领域的研究主要集中于艺术、文化、产业、技术、身体、生活、着装等方面,一个不容忽视的全新生长点在于文献梳理中。仅关注时尚美学理论研究的可行性以及与之相关联的产业融合发展的有利之处,而忽略其研究不足、缺陷,未来如何发展有何策略,如何适应时代需求,如何克服只想从时尚美学研究领域获取相应的利益,却无视人的全面发展及产业融合后的不良现象等行为,都将成为时尚美学可持续发展的一大难题。

其二,通过上述文献资料研究,笔者发现了有待解决的现实问题,诸如时尚审美有没有标准,当代流行的时尚产品能否被大众接受,如何在时尚产品的体验和情感交流中,产生出某种有价值的令人愉快的幸福感,如何提升时尚产品价值增值等问题。笔者在已有的研究成果基础上,将接受美学、实践美学和体验美学引入时尚美学研究中,以期找到相关问题的研究突破口,从中提炼出时尚美学理论研究体系,为时尚美学实践研究提供新思路与新方向。

其三,时尚美学本身就是一个需要不断更新的研究,所以自上而下或自下而上的时尚现象看似有规可循,但是随着时代变革与更替,市场以时尚为触发消费冲动的手段,来刺激人们的感知,创造愉悦、欲望与消费需求,导致时尚审美创造完全沦为商品生产,人们在时尚审美活动中获得快感以及可观的经济效益。显然,时尚现象背后的学术需要时尚美学理论体系来支撑,时尚评论话语体系需要时尚美学理论才能得以完善,面对当下大数据、云计算、智能化的影响,如何创建时尚美学理论体系的研究,如何搭建一种时尚美学理论研究与表达的新模式,如何在可持续设计与消费时代推动时尚美学研究的理论价值与实践价值等话题,值得学术界引起重视。因此,当哲学领域中美学学科发展和理论创建已形成稳固根基,研究者将有望通过哲学、美学与时尚相契合的研究高度,来解答当代时尚美学的矛盾争议,更好地探讨时尚美学历史、现状和未来可持续发展等问题。

四、研究内容与方法

(一)研究内容

作为设计学科的新兴课题,笔者的“时尚美学研究”将通过梳理文史资料、个案研究、学科交叉等理论研究和数据参考等方式,从时尚美学的历史、探索、接受、新解、建构和深化时尚美学的相关理论与实践问题等方面进行全面剖析,凝练出时尚美学研究的重要学术观点和创新价值,将研究成果与时尚产业经济紧密结合,针对当下人们对时尚美学的观念认知不足、理论深度欠缺、实践研究不足、时尚话语权缺失等问题,提炼时尚产品美学高度,唤醒当今时尚美学的理论认知,为振兴中国当代时尚美学研究服务。由此,形成了本书的研究框架。

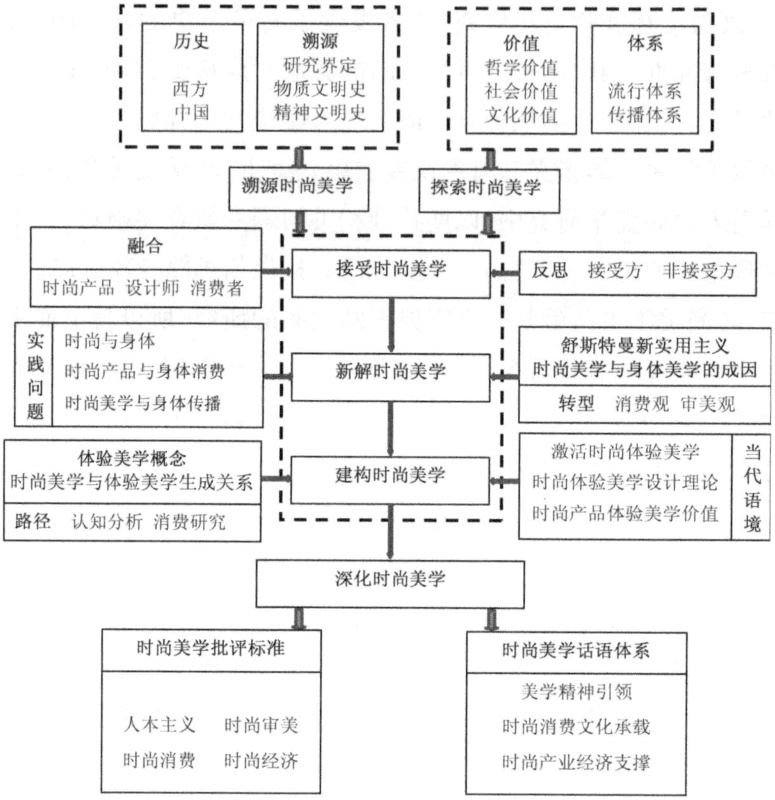

图 1 本书的研究框架图

笔者在本书研究主线处理上，采用了四次转型和三次融合：

其一，贯穿时尚美学研究主线，完成了四次转型。第一次探索时尚美学，即探索“时尚美学研究”理论研究体系；第二次接受时尚美学，以接受美学理论研究逻辑为起点，修正时尚美学研究范畴的接受生成关系，重新塑造了时尚美学内在逻辑关系和学理价值，创建“时尚美学研究”的新模式、新体系；第三次新解时尚美学，将时尚美学与身体美学融合研究作为新解时尚美学研究的根本导向，并进一步补齐时尚美学实践研究短板。着眼于时尚美学三次转向的基础上，拓展了以建构时尚美学的第四次转向，强调从体验美学的角度来研究时尚美学。

其二，贯穿时尚美学研究主线，全面剖析时尚美学与人们日常生活审美化的“衣、食、住、行”的三次融合研究。第一次以“美”为研究基点与人们日常生活“衣、食、住、行”的融合；第二次以“时尚流行”为研究基点的融合，立足于时尚美学的两次递进式融合，形成了第三次以“时尚体验消费”为研究契合点，做全方位深度剖析的递进融合，以期获得时尚美学的可持续发展路径与优势。

（二）研究方法

书稿主要分为前后两个部分，前半部分侧重于史料和时尚美学理论的相关个案研究，借此深入了解西方与中国时尚美学古史资料及近现代时尚美学发展态势，阐释时尚美学的文化、规律、消费之间的互动关系。笔者认为，尽管这些个案本身存在自上而下或自下而上的逻辑状态，但它们的理论与实践相互融合或是逻辑上各自的独立性几乎囊括了时尚美学研究的整体。换言之，在创建时尚美学理论体系和个案研究基础上，后半部分将在前半部分的研究基础上，以其为参照体系并进入时尚美学的研究内核，依托实践美学和体验美学，挖掘时尚美学应用实践的理论价值和实践价值，寻求当代时尚美学话语权及可持续发展路径。在研究过程中，主要使用了以下几种方法：

（1）归纳研究法。重新梳理了时尚美学发展史，挖掘时尚美学活动范畴中设计师、时尚产品、消费者所对应的文化、规律、消费等时尚现象及其互动关系，以史料为参照，提出“时尚美学研究”的理论创建体系。

（2）比较研究法。一方面，从接受方即消费者来看，时尚产品和消费者接受方之间的关系，不是排他性的，而是兼容的，这便需要进行认真的、系统的、深入的比较研究。另一方面，从实践体验来分析，设计师、时尚产品、消费者之间的互动关系，亦非排他性而属兼容性的，故亦需进行深刻的、逻辑的、思辨的比较研究，无论时尚美学消费者的接受实践过程中取其肯定态度也好、否定态度也好，其消费需求、消费行为、消费价值取向都是不同的。只有采取比较研究法，才能对时尚美学研究有更加准确且详细的认识和把握。从这个意义来讲，方法论也是认识论，也正是我们开启探索中国特色时尚美学奥秘的一把钥匙。

（3）跨学科研究法。这是契合哲学、设计学、消费心理学、社会学、传播学等领域的研究方法。笔者从社会文化、流行规律和消费心理的研究视角，深入阐释时尚美学产生、形成、发展、嬗变的历史过程，通过接受美学、实践美学、体验美学与设计师、时尚产品、消费者之间生成的互动关系，创建当代时尚美学理论和实践研究体系。

五、研究创新与难点

（一）研究创新

（1）本书建立跨学科的哲学学理性思考，通过梳理尧斯和伊瑟尔的接受理论观点探求“接受美学”与“时尚美学”的必然联系与逻辑关系，在此基础上探讨设计师、时尚产品、消费者与接受美学的生成互动关系，力图从消费主体的接受方入手，探索时尚美学理论从学术被动到主动，从思想无意识到有意识，从学术研究杂乱无章到有规律可循的发展迹象，为建构“时尚美学”理论体系服务。

（2）本书将实践美学、身体美学、体验美学这三个关键词与时尚美学进行交叉研究，以舒斯特曼实践美学为研究背景，通过探讨时尚美学对实践美学和身体美学的独特立场，剖析时尚美学通过体验美学来强化产品设计应用实践的重要性，从而提炼时尚美学研究“当代论”的实践应用价值。

（3）基于时尚美学理论体系与实践应用研究，笔者认为，当今学术界应通过科学方式强化时尚美学话语权、时尚教育及应用意识，增加对时尚美学研究投入的时间和精力，深入探讨时尚美学的可持续研究，创建一种时尚美学研究体系和时尚表达新模式，寻求时尚美学理论研究的新视野、新高度、新成果，在新的时代条件下积极传承和弘扬中华时尚美学精神和学理价值。

（二）拟突破的重点与难点

（1）对时尚美学理论发展史进行脉络梳理。

20世纪初期，随着设计学界对时尚美学的重视，时尚美学被架构在哲学场域之下思考时尚美学的当代意义。关于时尚美学的研究在诸多著作、文献资料乃至重要的国际会议上被提及，尽管延伸于时尚美学范畴之后，其当代性的探索仍未形成具有比较全面系统的研究体系。因此，重新整理和分析时尚美学史前资料，可以更清楚地理清时尚美学西方与中国、传统与现代的差异以及两者间相互碰撞的美学观点，对探讨当代时尚美学具有重要意义。

（2）重塑时尚美学理论的内在逻辑关系和学理价值，补齐时尚美学理论研究主体缺失的短板。

本书结合20世纪60年代德国“康斯坦茨学派”代表人物尧斯和伊瑟尔的“接受美学”理论,试图将接受美学的基本思想、理论观点、审美经验应用于时尚美学研究范畴,确立时尚美学的活动主体即消费者,通过消费者的接受活动来解答时尚美学中的相关研究问题。没有消费者对时尚产品的接受,所谓的时尚美学将是封闭的,何谈中国特色时尚美学及时尚美学的当代理论。因此,我们应突破以往时尚美学理论研究局限,仰仗于时尚美学理论的形成、时尚美学理论价值、时尚美学理论研究体系的学理支撑,借助接受美学的理论观点,重塑时尚美学理论层面的内在逻辑关系和学理价值,补齐时尚美学理论研究主体缺失的短板。

(3) 扭转时尚美学重理论轻实践的现状,确立时尚美学实践多元论的研究路径,建构时尚美学研究新模式。

在舒斯特曼新实用主义视域下,将身体美学引入时尚美学的实践研究中,确立时尚美学实践多元论的研究路径,建立当代时尚美学研究新模式,需要从以下两方面寻求突破口:其一,聚焦时尚美学与实践美学的生存核心,力求从身体游戏、身体消费和身体传播三个方面来解构时尚美学实践研究的新模式与新思路,进而确立时尚美学实践多元论的研究路径;其二,试图通过体验来克服以往旧经验研究推断新结果的弊病,在挖掘建构时尚美学过程中所蕴含的体验价值的同时,进一步证明从体验的角度来研究时尚美学比从实践的角度来研究时尚美学有着更大的优势,由此完成建构全新的时尚美学研究新模式。

(4) 在时尚美学批评基础上建立当代时尚美学话语权体系。

本书试图通过剖析时尚美学批评的研究成果,阐述时尚美学批评的概念、研究现状及意义,提炼出一种具有说服力且有价值的时尚美学评价标准,并在此基础上建立当代时尚美学话语体系。

显然,梳理历史因素及其现状不是本书的最终目的,在此基础上拓展生存模式并探索其未来发展才是本书探讨的关键性问题。因此,必须深入研究时尚美学的历史渊源与当代展望,考查其发展历程的因果关系以及当代存在状态,以此为参照体系对于时尚美学未来探索具有深刻的意义。

第一章
传统与历史:溯源时尚美学

众所周知,时尚美学伴随着人类社会物质文明和精神文明的发展而出现。在梳理时尚的研究成果中,我们发现,尽管对“时尚”定义的社会独特性解释数不胜数,却始终未能发现一个有说服力的研究成果来确定时尚的这种独特性质。基于伽达默尔所提出的我们诠释语境受时尚逻辑影响的观点,黑格尔声称抵抗时尚是“愚蠢”的,拉斯·史文德森的哲学也受制于时尚,波德莱尔努力践行时尚与美学相结合等学者的重要观点中,时尚作为一种历史现象与现代性有着相同的特征,即与传统的分离和对“新”的不断追求,为笔者研究时尚美学提供了多方面“永恒重生”的研究探索,尽管时尚美学不是唯一提供设计学理论与实践研究的万能钥匙,但至少可扫清时尚美学研究的思想障碍,为后续时尚美学的研究提供当代论的学术支撑。

第一节　时尚美学研究概述

中国古代时尚的更迭过程本身就是革命与改良、斗争与妥协的辩证统一。从时尚概念的起源与发展来看,在彰显社会生活方式与内容的同时,因人而变、因时代而革新的时尚,囊括了时尚概念的起源与演变、时尚美学界定的多元的领域和表征模式。关于时尚美学的落地研究,对其做个体的剥离并进行深入研究,可能会出现诸多问题,一方面时尚美的碎片性很难形成体系的论述,与现实生活相融合,让高不可攀的时尚美转向实用并贴近生活,成为日常的话题。另一方面，时尚美的主观性必然要求时尚美学将重点放在普通人的审美需求、心理需求、品位偏好、主体角色等问题上，而不是像传统的经典美学那样一味强调研究少数精英的独创心理、思维想象、才艺、审美理想，这一特性极大地拓展了时尚美学在视觉质性上的研究，丰富了时尚美学的研究内容。

虽然时尚美学发展过程存在着循环悖论的演变与创新，研究过程有着重重困难，但是处于时代思想转型期以及数字时代所带来的特殊性，均体现出时尚美学界定所具有的特殊地位和重要学术价值。

一、时尚概念的演变

中国古代思想中历来有"变"的智慧。梁启超在《变法通议》一书中言："《诗》曰：'周虽旧邦，其命维新'，言治旧国必用新法也。"①斗转星移，王朝更迭，上下几千年，故夫变者，古今之公理也。根据梁启超的"变"，如果我们能这样看"时尚"的变化，正所谓穿梭于人类社会生活理想与现实之间的时尚，保持着一种长期的审美标准被另一种标准所取代，人们的思想在根本没有期待出现进一步变化的思维模式中，转变为在罕见情境中为了自身的动机或目的而经常发生变化，此时才足以作为例证来讨论"时尚"。② 尽管说时尚可以追溯到 1350 年左右，其关键内涵总离不开"变化"二字，如 15 世纪服装裁剪方式的变化，以及 16 世纪"因人制衣"的流行。然而彼时的时尚仍是少数有钱人的时尚，仅供他们实现有意识的样式变化。显然，现代意义的时尚于 18 世纪资产阶级的崛起后才真正形成，那时时尚作为一种迅速变化的潮流，向个人提出了紧跟时代的要求。③ 19 世纪初，人们开始盲目疯狂地消费，伴随着季节的变化，时尚垄断了审美观念并将自己强加于消费者。这一情况促使人们开始设计、生产、消费，不停地喜新厌旧。一时间，时尚的欲望盛火集服装消费于一身，为了走在时尚前列，人们贪婪地追逐着一个接一个的最新款式，生怕沦为落伍之人。④

---

① 梁启超：《变法通议》，华夏出版社，2002，第 2 页。

② 参见拉斯・史文德森：《时尚的哲学》，李漫译，北京大学出版社，2010，第 18 页。

③ 参见齐志家：《时尚与身体美学研究》，人民出版社，2015，第 49 页。

④ 参见多米尼克・古维烈：《时尚简史：一本书带你读懂时尚》，治棋译，漓江出版社，2018，第 15—16 页。

如果说19世纪,大生产与大众消费如雨后春笋般涌现,也正是时尚的猎取目标即“普通”人(指工人阶级)开始被吸引进时尚的领地,那么,对于20世纪时尚产业化来说,强调个性化的社会面貌才正式开始,时尚实现了从物质到精神的解放,与现代社会的发展进程同步,并获得了新的意蕴,成为现代人用来证明自己身份的工具。在时尚“武装”力量的帮助下,人们可以自由地在城市的每个角落游荡。由此可见,21世纪是时尚不断开辟新市场、新思路、新视野的时期,时尚成为保护个人生存的一道必要的“屏障”与“筹码”。

基于以上宏观性分析的视角,在开始梳理各派学者对时尚的理论解释之前,有必要先追溯“时尚”一词在词源学上的最初含义。在古汉语中,“时尚”是与“时髦”最为接近的词汇。《后汉书·顺帝纪赞》记载“孝顺初立,时髦允集”。《尔雅》曰“髦,俊也。”郭璞注:“士中之俊,如毛中之毛。”显然,古代的中国,“时髦”之人通常指那个时代中伟大、英俊且浪漫的人物。在中国的辞海中,“时尚”则被定义为传播外在形象与其行为模式的一种现象,例如在服饰、文学艺术、语言、宗教等方面的簇新事物,进而迅速被多数人传播、模仿与推广。时尚的这种表现形式被看作习俗的变动形态与时尚的固定形态的对话。① 但是,与“时尚”对应的英语单词是fashion,由拉丁语factio(正在做)或facere(即将做)派生而来,后者也是名词cesh(崇拜)的词根。因此,时尚最初的意思是指“活动”,“某人做过的事情”或“欣赏的观点或商品”。② 一直到15世纪,fashion才逐渐接近现代意义,表示流行的风格和款式,狭义上特指时装,而广义上所涉及的范围则更为宽泛,包括生活方式、思想、语言、行为等方面的时尚形式。

在探讨时尚概念的基础上,从人类发展史角度分析时尚演变过程,可将其分为古代时尚、近代时尚、现代时尚。当然,面对不同历史时期、不同时代的发展现状,人们在追求时尚过程中所呈现的物质文明、精神文明以及时尚周期的形态差异极为鲜明(见表1-1)。

---

① 参见程建强、黄恒学:《时尚学》,中国经济出版社,2010,第3—4页。

② 参见赵春华:《时尚传播学》,中国纺织出版社,2018,第4页。

表 1-1　人类发展中不同时尚观点

观点	古代	近代	现当代
时尚主体	统治阶级	精英阶层	大众群体
物质文明	自然经济	集权经济	市场经济
精神文明	生命之炫	情感追求	愉悦体验
时尚周期	垄断性	季节性	一时性
时尚热点	等级制度	模仿法则	流行趋势

显然，曾受到战争、法律、宗教和艺术影响的时尚，在其演变过程中受到了阻力和推动力的双重作用。当下，时尚以前所未有的方式直接与数字媒体、电影、音乐、文学、艺术、体育以及生活方式相契合，时尚的研究体系渗透于各行各业，遵循时尚生存过程中的周期性，在未定性的时尚周期面前不是被动地接受，而是随着时间、时代的变化而变化，发展至当代的时尚俨然已经成为一种创新性的时尚体验和时代认同感。因此，下文将着重从时尚概念中"新""新颖性""社会身份的竞争手段"等方面进行深入探讨，让时尚研究保持旺盛的生命力和可持续发展的循环动力。

从"新"的发展方向来解读时尚概念，它代表了时尚的变化、现代性、流行速度、周期、过时等对传统的摒弃和对现代性的接纳。正如瓦尔特·本雅明所说：时尚是永恒重生的新。① 同时，尼采也强调，从"新"的角度来看，时尚是一个现代性的特征，是一种从权威和其他约束中解放出来的标志。但时尚中还有一个现代性不想承认的因素，则是非理性的时尚，它为了变化而变化。从现代性本身的形象来看，变化是一种走向理性自觉的渐进过程。正是因为它的变化隐含着"新"的时尚模式，新时尚的自我实现成为替代旧时尚的另一种形式。罗兰·巴特指出：每一种新时尚都是对传统的拒绝，都是对过去时尚压迫的颠覆。从这个角度来看，新时尚具有解放的能力，因为它将个人从旧力量中解放出来。② 问题在于，18 世纪启蒙运动伊始阶段之前，"新"的观念并没有得到广泛传播。然而，哲学家吉亚尼·瓦迪默则从时尚的现代性视角指出，现代性是一个使现代化成为一种价值的时代性，并且这种价值是蕴含在现代化之中的，或者，毋宁说现代化成为本质性的价值，其他所有价值都最终指向它。更准确地说，"现代化"成

① 参见拉斯·史文德森：《时尚的哲学》，李漫译，北京大学出版社，2010，第 3 页。
② 参见拉斯·史文德森：《时尚的哲学》，李漫译，北京大学出版社，2010，第 19 页。

为逐“新”的同义词,反映出现代人的意识具有“喜新”倾向。

从“新颖性”来阐释时尚观念可知,康德在强调时尚的本质特性的同时,认为新颖性使得时尚具有吸引力。正是在新颖性这一点上,斯特芳·马拉美深为赞同,他不仅满足于短暂的与瞬间相结合的极端观点,而且在1874年9月至12月间,作为时尚杂志《最新潮》(La Derniere Mode)的编辑,在该杂志上,他用很多笔名撰写了关于宣传服装、帽子和其他衣物的文章,不断证明时尚中的美所追寻的不是某种永恒的抽象,也不是任何功能性,而在于完完全全的暂时性。① 这种观点一方面是为时尚的新颖性证明,另一方面割裂了时尚与美学的永恒关系,在他看来,美存在于那种与主体绝对同时的暂时性与稍纵即逝之中,时尚的逻辑最终击败了其他所有的美学条件,而追求新颖则成为时尚最重要的元素。

从“社会身份的竞争手段”来诠释时尚的共识性,有很多学者认为时尚是以规则而系统的内在变化逻辑为特征的,是一种集服饰、身体、符号、模仿、消费于一体的系统。其一,我们所穿着的服装是身份的语言表达方式,可以传递有关性别、阶级、地位等信息。其二,通过身体、服饰、模仿和消费所形成的人为的制造时尚,凸显时尚被特殊的群体在特定的场合和时间所利用的局面。比如,艺术历史学家安妮·霍兰德将“时尚”定义为:在任何特定时间内所有具有吸引力和美丽的服装风格,其中包括“高级时尚中所有方式的反时尚和非时尚,以及那些自称对时尚不感兴趣的人的服装和珠宝”。文化历史学家伊丽莎白·威尔逊也有非常相似的观点,他提出:“时尚就是服装,其特点是快速和持续的风格变化。时尚,从某种意义上说,就是变化。在当代西方社会,没有一件衣服是能够超越时尚的。”②正因为时尚与服装相互依存的逻辑关系,时尚与模仿也受时尚与服装的创新驱动力所影响,被认为是19至20世纪德国哲学与社会科学领域最重要的理论家之一的齐奥尔格·西美尔在《时尚的哲学》一书中指出:“时尚是对既定模式的模仿,以此来适应社会调整的需要;它将个人引向自己所要走的道路,并为其提供了一个普遍的规则,使个人行为成为一个模型,但同时又满足了差异性、变异性和个性化的要求。它一方面实现了后者在内容上活跃性的变化,这种变化使得时尚的今天与昨天、明天形成鲜

① 参见拉斯·史文德森:《时尚的哲学》,李漫译,北京大学出版社,2010,第21—22页。

② 参见拉斯·史文德森:《时尚的哲学》,李漫译,北京大学出版社,2010,第6页。

明的个性化时尚标签;另一方面是依靠时尚的阶级性,将时尚作为区分阶级的工具,促使较低下层一味地模仿上层社会的时尚,并加速了上层社会抛弃这种时尚,而创造另一种时尚。"①另一个例子是康德在《实用人类学》中对时尚的定义:"人的一种自然倾向是,在自己的行为举止中与更重要的人物相比较(孩子与成人相比较,较卑微的人与较高贵的人相比较),并模仿他的方式。这种模仿纯然是为了显得不比别人更卑微,确切地说是在除此之外不顾及任何用处的事情上,其法则就叫做时尚。"②从康德对时尚矛盾的态度来分析,这种归属于没有价值的虚荣和愚蠢的模仿法则,实则是一种鉴赏社会身份的符号。可见,时尚的模仿互动成为区分等级、身份的一个显著例证。与此同时,也不能忽视为争夺社会身份而进行时尚消费的竞争行为,凡勃伦从服装入手,探讨有关时尚一直在变化的现象,虽然迄今尚未有令人全然满意的解释,但是将服装所呈现出炫耀性的昂贵和不方便的问题,追溯到紧跟潮流的主线上,强制性要求服装必须跟随潮流及时推出最新的款式,同时这种所谓推崇的时尚常因季节变换而不断在变的事实,已是尽人皆知。当然,这项追崇新奇的原则,是炫耀性挥霍法则下另一个必然的结果。③ 显而易见,假如每一件衣服只允许在短时间内穿着,或上一季的衣物不能保留至本季来继续穿着,则在服装上的挥霍性支出必然大幅提高,这种消费观念足以作为服装时尚款式创新和变革的动力。

尽管时尚概念呈现出多学科、多视角、多元化的研究方向,但是当提及时尚概念界定问题时,着眼于以一种批判性的思维重新审视目前所处的时尚观点,就会发现"时尚"的界定目的是区分"非时尚"。正如理论家川村由仁夜所言:服装需要一种象征性属性才能转化为时尚。这种"入时"的属性是当下时尚体系活动的成果。川村还认为:"时尚体系制造出区分,将时尚与非时尚的象征性界限,也决定了美感标准。"④基于川村的观点,结合上述时尚概念中对"新""新颖性""社会身份的竞争手段"的总结,可以得出判断"时尚"与"非时尚"的三步法则:一是时尚的目的是源自人们对美的追求。这里的美主要指的是身体美,即通过"新"和"新颖性"来获得对身体装扮美感的满足表现出来的

---

① 齐奥尔格·西美尔:《时尚的哲学》,费勇等译,花城出版社,2017,第96页。

② 康德:《实用人类学》,李秋零译注,中国人民大学出版社,2013,第126页。

③ 参见凡勃伦:《有闲阶级论》,李华夏译,中央编译出版社,2012,第129页。

④ 佩特拉·洛伊特纳:《反思时尚》,卢幸妮译,《马克思主义美学研究》2019年第2期。

美。二是时尚的手段是通过对时尚产品的服务和消费达成的,其中主要特点是功利性消费与非功利性消费并存,即自我实现性消费和情感性消费。三是时尚的最终结果是获得了美的体验,增强了自信,表达了自我。① 根据时尚的定义,我们可以给出一个区别时尚和非时尚的互动法则,见表1-2。

表1-2 判断"时尚"的三步法则

三步法则	研究内容
第一步:"时尚"的目的	对美的追求
第二步:"时尚"的手段	对时尚产品的功利性消费和非功利性消费
第三步:"时尚"的结果	获得美的体验

根据表1-2中判断"时尚"的三步法则,对表1-3中的各种现象做出"时尚"或"非时尚"的区别和判断。比如,表1-3中编号4中的D购买行为主要是基于天气变冷而产生,获得商品的功能性利益,应该归于非时尚现象之列;编号3中的C购买目的是让衬衣搭配出更好看的视觉效果,即从追求美的角度凝练其时尚内核,所以应该归属于时尚现象范畴等等,因而不再一一列举。②

表1-3 "时尚"或"非时尚"现象举例

编号	现象描述
1	A女士有明确的着装定位和穿着风格
2	B女士衣柜里穿着频率高的衣服都是很多年前的
3	C为了更好地搭配自己新买的衬衣,逛街买了一条半身裙
4	D在天气转凉后买了一件大衣
5	E双十一买了一堆商品,据说比平时价格优惠
6	F去超市买了一双运动鞋,虽然做工不太精细,但大小正合适
7	G为了给朋友一个惊喜,去理发店换了个新发型
8	一个多月过去了,H头发长长了,去街边小店理个发
9	J的衣服太过普通,她搭配一条丝巾,好看多了
10	K每次都挑贵的衣服买,可每次买的衣服别人都说不好看
11	L买了新上市的汽车,外观时尚大气,价格适中
12	M看中一款新能源电车,电池续航时间长
13	N买的新房需要装修,他咨询了三家装修公司,敲定最终方案
14	O房屋装修时,货比三家,在材料费上节省了不少费用

① 参见关冠军、负天祥、张芳芳:《北京时尚产业发展研究》,中国商务出版社,2016,第4页。
② 参见关冠军、负天祥、张芳芳:《北京时尚产业发展研究》,中国商务出版社,2016,第5页。

时尚概念的演变促使时尚体系从萌芽到崛起,为时尚理论可持续发展与实践性探索寻求出一条新路径。随着人类进入文明时代,时尚现代意义上的起源是从14世纪下半叶开始的,时尚体系的演变主要分为三个阶段:第一,贵族时尚,产生于14世纪下半叶,持续至19世纪中叶。主导形象是男性化,以装饰为基础的男性时尚展示他们全方位的权力,当时最显著的时尚特征之一就是炫耀式消费,由此也成为时尚体系的初步成形期。① 第二,百年时尚,产生于19世纪下半叶,持续至1960年左右,这时男性的时尚地位让位于女性,男性将注意力转向到高级时装设计上时,他们关注的是国际时装的形成。由此时尚产生了一个从设计、生产到市场化再到批发、零售的时尚产品生产和时尚文化传播的系统,即整个国际时尚系统的发展。此时,时尚系统呈现出自上而下的时尚流行传播路径。② 第三,开放性时尚,产生于1960年,并一直持续到今天。反观现当代社会,由于智能时代发展革新,非标准快时尚生产方式的日益成熟,平民化、日常化流行思潮的不断深化,导致国际时尚体系在日趋模糊的状态中逐渐瓦解。因此,开放性时尚体系带给中国时尚体系研究新的突破与挑战,中国时尚体系中的时尚产业,需要快速脱离"从形式到形式",淡化和摒弃拷贝、模仿的时尚产品"二手"设计的存在形态,实现从表层到内涵、从形式到结构、从文化到创新的设计理想,参照当今社会的当代性、文化革新、设计伦理和设计责任的多元化发展基础,创建有理想、有价值、有文化内涵的时尚研究体系,继承和发展中国时尚体系和时尚文化,进一步做好、做实中国时尚文化的传播体系,实现中国时尚产业的可持续发展,真正赢得国际时尚话语权。

二、时尚美学研究界定

时尚的复杂性和多学科交叉性,赋予了时尚研究视角与方法呈现出多样性的特征,通过对时尚的全面解读,可得出阐释时尚美学观点的两大主要途径:一种是各派学者对时尚与美相结合的学术观点和学术思潮,另一种则是从哲学体系中探讨时尚美学研究的不同维度。

---

① 参见刘丽娴、沈丽暘、许鸣迪:《19世纪西方时尚群体与传播模式》,《艺术设计研究》2019年第3期。

② 参见肖文陵:《"二手"现实的实现——论国际时尚体系与西方文化传播》,《美术观察》2016年第9期。

（一）时尚与美

时尚的基本特征是“新”，源源不断的“新”事物持续取代曾经“新”但现在“旧”的东西，时尚所呈现的一次性、反复性、转瞬即逝性成为部分学者关注的特点。与此观点相反，有学者认为我们需要在时尚的肩膀上关注时尚产业和消费需求持久性审美态度和时尚观念之时，不得不在时尚所表达的社会矛盾和紧张的现实关系中，将时尚与美联系在一起来实现时尚的持久性。

在时尚与美方面，查尔斯·波德莱尔努力将时尚与追求美联系在一起。在他的描述下，每一种时尚都有先兆，多多少少是朝着成功的美而努力的，它既是一种对理想美的追求，又是一种对理想美的向往与不满足的精神状态的博弈。可以认为，波德莱尔力图从追求永恒与短暂相结合的美的问题中，提炼出永恒的时尚美。然而，在他看来，有两种因素可以产生美：一种是永恒不变的，其数量难以确定；另一种是相反的、片刻的，它是时代、风俗、德行、激情，或两者之一，或两者兼而有之，犹如包裹于身体的服饰，如果没有它，第一种因素将是不能欣赏也不能被评价，终将不能被人性所接纳和吸收。① 由此，波德莱尔为时尚与追求美的结合提供了哲学理性的再认识。

康德、本雅明、凡勃伦、西美尔等学者对时尚的哲学、时尚的原则的解读与阐释，为时尚与美的结合创造了条件和基础。时尚对美的追求具有双重标准，即求同和存异，这里的求同指的是时尚被创造出来之后，人们为了彰显自己的时尚美，一味地模仿时尚流行，在时尚认同的前提下获得心理的满足感；而存异便是在求同即时尚大众化的流行现象之后，为了体现自己的新时尚，扭转思路选择求异的时尚美，求异的行为和心理同时为创造新的时尚美提供了良好的探求动力，推动时尚美在不断更新换代中保持新鲜感。正是基于这种关注度，使得时尚美尤为重要，似乎在摒弃时尚之前的旧有的流行观念，为时尚增加更多砝码和魅力的天平上被引入时尚美的轨道中，但在时尚与美的发生和演变中也依然存在一些“不美”或“非美”的特质，在追求永恒的、新颖的、多变的、个性的、与众不同的思想和意识中，囊括了人们对时尚美的理解与阐释。

因此，当代时尚美不应仅仅停留于传统时尚美的表象上，而应表现在内容、形式、风格的变化上，确立一种突破传统时尚美而建立一种全新的时尚美

---

① 参见拉斯·史文德森：《时尚的哲学》，李漫译，北京大学出版社，2010，第 21 页。

学理论。同时,我们应该看到,当代审美文化没有形成对美的颠覆,但它造就了时尚美的全新风貌,引起传统时尚美学的涅槃,又促成了极为重大、极为现代的时尚美学观念的诞生。如果说变化是时尚,那么美的变化则是时尚美学,时尚美在传统与现代冲突中增强了自身的生命力和吸引力。

(二)时尚美学研究界定

在对时尚美学的研究界定中,我们应该立足于一种反省的态度,探寻时尚的心理需求和审美需求的同时,反映人们在不同时代追求时尚美学范畴中,形成对新事物的接受与批评的悖论。所以,在追逐时尚的过程中,应该把审美标准、审美情趣、审美愉悦提高到美学的高度,通过探讨其概念、价值、特性,试探时尚美学的研究如何成为开启21世纪社会发展和现实生活相关问题的新钥匙。

解析时尚美学的概念,需要从时尚美学的思想渊源入手,早期的时尚美学理论根源,来自康德对于审美共同感与品位的论述,此后德国学者齐奥尔格·西美尔(Georg Simmel,1858—1918)[①]在他的美学社会学中对康德的观念进行了再认识,这种认识的早期代表思想成为时尚美学的概念,就其时尚美学思想来说,来自他面对哲学和美学的整体认知、发展以及时代敏锐感知,尤其是在这个特定的时代社会背景,面对时尚美学思想萌芽这一新鲜事物,最深层次哲学思想的积累和逻辑思维的方式构成了西美尔时尚美学思想的基本框架。总的来说,西美尔接受康德、叔本华、尼采等理论的教化与浸染,正如北川东子曾反复强调的那样:康德研究是西美尔哲学经历的出发点,同时也是其核心。西美尔继承了康德的"先验"思想,同时,通过与康德相对抗,建立了自己的哲学。[②] 对此,需要补充的是,西美尔虽然和康德一样,承认人只有用形式或范畴来规定观察到的现象时才能获得有关现象的知识,但西美尔更强调范畴的演变必须不断地在经验的感知中才能得以实现。所以,他提出:我们人类的发展就是持续不断地创造出新的可能性跟世界既感性又理性地相呼应,并且创造出新的范畴评价这个世界。这意味着,在人们的认识领域中并不存在一劳

① Georg Simmel的中文译名有许多,为保持一致性,本书一律采用"齐奥尔格·西美尔"的译法,并简称"西美尔"。另,对于引用文献中所出现的诸如"齐美尔""西梅尔"等译法则保留原译者的书写形式。

② 参见北川东子:《齐美尔:生存形式》,河南教育出版社,2002,第27—29页。

永逸的事情,人们得以认识事物的形式或范畴是在感性经验与理性思维的互动中不断变化的。其二,叔本华在认识论上的出发点与西美尔在研究问题上采用的方法论之间的关联,使得西美尔在面对艺术与社会的研究中走出了一条"非历史的""审美化的""永恒的"路径。① 这种观点为西美尔重新建构有关艺术、社会、历史等文化形式的形而上学提供了基本的方法论支撑,同时也促使他在不断修正现代性问题时展现出有关"瞬间"与"永恒"的辩证思想。其三,值得注意的是,西美尔从现代性审美经验层面出发,探寻时尚美学研究的多重视角,对时尚进行了极其精辟而又深刻的论述,他的贡献集中表现在所著的《时尚的哲学》《金钱、性别、现代社会风格》《社会是如何可能的》等著作里,从时尚的哲学、时尚心理学、时尚社会学的研究方向入手,围绕时尚的新颖性、易变性、模仿、需求、等级性或阶级性进行的多元视角的辩证探讨,试图从每个时期、每个阶层、每个个体的时尚范畴发展进程中,探寻时尚美学当代论研究的突破口。

基于西美尔对时尚美学的形成机制、传播机制深入分析的研究,时尚美学的研究价值,一直是不可忽视的问题,其实质无非是时尚美学有无功利性的辩论。从审美无功利到审美有功利的时尚美学的价值悖论中,经历了几个世纪的发展、演变与革新,在生产、交换、消费等一系列活动的营造下,从商品到时尚产业化的实践升级中,时尚美学的功利性彰显得淋漓尽致。另一方面,在西方哲学史上,康德首先提出审美非功利,强调纯粹的审美现象与一切利益无关。② 然而,马克思主义美学提出,美在本质上不仅是功利生产和劳动的产物,而且美所体现的自由是在满足基本功利需要的基础上实现的。因此,美学不可能完全脱离功利主义,它只能在功利性的基础上不受任何约束地超越功利。③ 那么应该说,随着商品交换到时尚产品产业化给了审美无功利重重一击,验证时尚审美无功利的立足点瞬间崩塌,带来的是全新的审美有功利的实践拷问。在时尚求新、求变的不断更迭过程中,反映了大众对时尚之新的追求,从时尚的炫耀式消费、消费膨胀、无节制消费等术语中不难看出,时尚与美学的组合打破了一直以来时尚审美无功利的悖论,处于悖论中的时尚在自带

① 参见张丹:《齐美尔艺术思想的多重面貌》,中国社会科学出版社,2019,第35—47页。

② 参见康德:《判断力批判》,人民出版社,2002,第38—45页。

③ 参见刘清平:《论时尚文化的审美意蕴》,《学术论坛》2004年第3期。

功利性的学术背后,无疑将时尚实践中的时尚消费、时尚商品革新、时尚产业链的整合向功利系统化迈进,时尚美学的最终目的想要真正实现,不是通过时尚美学自身来完成,而是通过时尚产业、时尚产品、时尚传播中的新思想、新概念、新形象,构造真正有价值的审美主体。然而,人的欲望与消费本能,推动了时尚美学自由理想的实践创造与创新。回顾时尚的流行方式,19 世纪最流行而又相对持久的是西服、夹克衫、各种短裙、"飘马"和"雷诺"再加上 BP 机、信用卡、CD 唱机、"随身听"以及雀巢咖啡和瑞士"雷达"表;到了 20 世纪,游戏机、青年和老年迪斯科、手相、台球、呼啦圈、兼职、练摊、起哄和"闲聊"等休闲时尚盛行,除此之外,烹饪、古董收藏、集邮、打网球、开赛车、跳伞、滑雪、慢跑以及漂流长江黄河也被列入了时尚流行范畴;迈入 21 世纪,时尚流行方式的革新,使得探险、蹦极、攀岩、滑雪、微整形、网红、直播卖货等时尚模式,以及微信、微博、抖音、小红书等主流社交平台,成为流行时尚的形式,正是因为它们所谓的"充实的"和"愉快的"活动,使寻求高峰体验成为当下探讨时尚美学实践的内在要素。因此,继续寻求时尚美学审美有功利的研究突破,以期在论文的第四、五章中,聚焦新解时尚美学和建构时尚美学来解答时尚审美有功利的研究落脚点。

2008 年刘清平在《时尚美学》一书中提出,所谓的"时尚美学"即各种流行时尚事件的美,主要是以设计性的方式将人的行为创造出来。当然,这里的"设计性"主要是针对创造美的行为,以"美"为目的的同时,以不同的形式和不同的设计因素塑造一种让人们炫美愉悦,而且可供人们花钱或是赚钱的东西。① 因此,时尚美学研究在帮助人们面对所有的时尚活动和时尚事件时,均能采取恰当的时尚炫耀态度,选择健康的时尚行为方式,培养高尚的时尚欣赏兴趣,形成良好的时尚氛围,让每个人都能在炫耀时尚中享受到合适的满足,为建设新时代的精神文明做出积极贡献。特别是在"时尚"转向"产业化"的时代,如何克服人们只希望从时尚文化中获得经济利益而忽视人的整体发展的不良现象?虽然,该现象已成为制约时尚文化可持续发展的障碍,但是面对时尚美学既没有呼风唤雨的奇妙神通,也不能一言九鼎地立定乾坤,时尚美学可以凭借理论研究深挖问题根源、提出解决的建议,从而在这些方面发挥自己

---

① 参见刘清平:《时尚美学》,复旦大学出版社,2008,第 91 页。

的一臂之力。

数字化时代的影响力，为时尚美学带来了新的挑战与机会，将全球的时尚信息带给了中国大众，从而扭转了以往根深蒂固的传统时尚审美观念，同时伴随时尚文化的普及与传播，也为社会提供了一条普遍的利益约束规律，它在很大程度上影响了大众消费行为的审美选择。因此，我们应围绕当代时尚美学的普及化态势，促使大众在提升的审美品位和审美追求愿景中，引导其接受多元化的审美趣味，以此来适应新时代时尚资讯多渠道、全方位的创新局面，并逐渐形成一种更为稳固、全新的审美面貌。目前，从时尚美学的特性来分析，主要表现在以下几点：第一，时尚美的人本性。在近年来的话语体系中，“以人为本位”已经成为响亮的口号，点击率很高。但是，思考所谓的“时尚美”的欣赏和判断，这种现象反映了当代时尚只要服务于人类生活，可以满足人性需要，实现人们愿望，维系人类生存的所有存在方式与存在价值便构成了时尚美的本质这一事实；第二，时尚美的大众性。它的特点必然要求时尚美学要关注普通大众的炫耀需求、心理诉求、视觉外观、趣味等问题，使时尚美学的大众性反映出个性特征、自我实现与审美认同；第三，时尚美设计。它是通过设计活动产生的公众认可，成为流行时尚，实现使用价值，赢得经济效益。这一点在一定程度上制约了时尚美的创造，也提出了时尚的时代特质，产品功能、市场需求、普通大众接受方式等内外因之间冲突与融合的严峻挑战，力图推动时尚美的创造活动在新的时代背景下不断开拓创新。① 因此，思考时尚美学特征（见表 1-4），把握时尚美的本质、发展规律和进展趋势，将推动时尚美学确立自己的研究框架、创建自己的话语体系，从而形成不同于它的分支美学的理论、内容以及研究模式，推动时尚美学研究在新的时代背景下不断开拓创新的新理念、新模式。

① 参见刘清平：《简论时尚美与时尚美学》，《河南社会科学》2008 年第 2 期。

表 1-4　时尚美学的特性

研究对象	行为方式	观念	研究状态
普通受众	人本性	服务于人	适应当下社会发展与现实生活的发展
	大众性	审美认同	
	设计性	创造活动	
参与者	情感倾向	情感喜好	
	审美时尚	可视外观	

因此，时尚美学在探讨时尚求新、求变的同时，也需反思从丑到美、从非美到美观念的时尚转变视角及思维形态意识，将大众的思维、意识、认知引入美学的维度来研究当下人们追求时尚不可或缺的美学需求，以及时代不断推动下时尚与美学的联姻，正是说明人们追逐时尚步伐的同时，需要美的支撑，而脱离美在时尚中的主导地位将失去体验时尚、愉悦心情的精神需求。① 基于此，本书试图以时尚美学实践为切入点，将人们的视线带到历史研究维度，深层探究时尚美学在物质文明和精神文明的建设方面发挥出的积极的社会作用。

第二节　时尚美学物质文明史

本章节之所以能够直接提出由“时尚”一词开启并过渡到“时尚美学物质文明与精神文明”，其着眼点是时尚美学与人们日常生活中“衣、食、住、行”的第一次融合。以“美”为基点的研究源头，“衣之美、食之美、住之美、行之美”在不同历史时期的演变过程中所呈现的时尚美学状态。然而，这种从时尚到时尚美学的形成状态，基于对政治权利、物质生活需求乃至精神的寄托，无疑被融进衣、食、住、行的时尚体系中，并成为流行产品。这种流行产品均可称为当时的时尚产品，其原因在于它满足了从首次出现到统治阶层拥有再到上层社会或者一小部分人拥有的自上而下的流行趋势，以及在历史长河中衣、食、住、行从造型、材质、工艺等方面的不断革新，也是历史赋予时尚面貌的必然趋

① 参见 G. 希尔贝克、N. 伊耶：《西方哲学史：从古希腊到二十世纪》，童世骏、郁振华、刘进译，上海译文出版社，2012，第 3 页。

势。然而,这种时尚流行趋势在进行模仿过程中,实质就是物质文明和精神文明的时尚与时尚美的具体体现。正如墨子所说:“食必常饱,然后求美;衣必常暖,然后求丽,居必常安,然后求乐。”①由此可见,物质文明和精神文明正是反映特定社会的价值倾向与价值追求的真实写照。

一、西方物质文明史

(一)衣之美

纵观古代时尚流行的变迁,可以说世界时尚流行现象起源于服装,服装一开始就与时尚流行现象相辅相成。早期时尚流行着眼于服装的流行与变迁,通过探讨服装的流行现象,反映当时时尚流行的面貌,展望古代传统的时尚流行观念,获得对时尚美学的理论研究启迪。因此,笔者将着眼于西方古代时尚流行现象中的服装流行史,并以此为切入点来探究时尚流行史上的三个时代。

其一是无性别的时代。从古代早期服装分析来看,古埃及由于气候原因,生产力有限,导致衣料不够充足的现象,出现了象征身份、地位的衣服“罗印·克罗斯”,其形制主要是用一块白色亚麻布缠裹在腰上,作为最古老和最基本的服饰形式,它流行于古埃及的各个阶层,虽然男女服装差异不明显,但着装目的是强调服装的符号价值及意义。而古希腊特别关注人体与衣服的和谐关系,因此男女在服装上没有严格的区别,主要的流行服装为两种希顿,一种是年轻人喜好的多利安式希顿,另一种是中年人喜用的爱尔尼亚式希顿,它的结构只是一块长方形的面料,通过披挂、系扎固定于人体,产生柔美的褶皱。走进古罗马,服装“托加”成为当时最具代表性的服装,集标志、象征、炫耀于一身,不仅仅体现在时尚、流行、服色制度的层面,作为一种表现服装“政治美学”的托加,将所能给予的身份、地位、职业等意义和价值均通过服装“托加”体现出来。

中世纪,就服装的具体形式而言,起源于古罗马的宽衣文化,经历了拜占庭宽衣和斗篷的装饰与创新,经历了“罗马式”和“哥特式”的过渡期,最终确立在以日耳曼人为代表的北方型窄衣文化中。自此,西方服饰在追求立体空间的同时,突破了古代扁平的服装结构,进入了三位立体构成的时代。思考无

① 参见杨道圣:《时尚的历程》,北京大学出版社,2013,第5页。

性别的服装流行现象，例如，在罗马时代，男人和女人的穿着风格相同，除了男人穿裤子之外，几乎没有明显的性别差异，服装的基本款式为：仙兹内衣、布里奥和斗篷曼特的外衣。再如，在哥特早期，男女在着装上仍无明显的性别区分，以宽敞的圆筒形为主。由于受哥特式建筑的影响，服装开始被塑造成尖顶和垂直线的形式。所以，黑格尔曾将这个时期的服装称为“流动的建筑”。因此，服饰中的时尚流行现象见证了历史与时代的变迁，将人们所有的时尚审美表达都汇聚在一件件新奇、独特、神秘的服装上。一方面服装的时尚与流行顺应人们的需求价值和炫耀心理，另一方面三维空间立体结构带动立体裁剪的发展，为世界的服装设计和裁剪开创了新的审美观念和裁剪方法，推动时尚流行更新换代的节奏与步伐，记录世界文化前进的时代印记。

另外，从无性别的流行造型来看，首先，在14世纪末到15世纪中叶，一种名为“吾普朗多”的装饰性服装在统治阶级和商人中开始流行，可以说是晚期哥特式服装流行风格的代表。起初这种服装是为弥补男装变短的不足而产生的一款室内衣服，很快就出现于女装中，并逐步发展为户外服装，其造型以肩部合体且肩部以下宽松肥大为特色，男服衣长至膝，既可以套头穿也可以前开，腰部系腰带，下方与肖斯组合；女服衣长到地，裙子肥大，套头穿且高腰身。从整体造型上看，女子的吾普朗多是一个高腰的等边三角形，其造型给人一种上轻下重的稳定感，流行热度一直持续到后世。其次，从15世纪到17世纪流行服装上的剪口装饰“斯拉修”，这种装饰逐渐被普通人所接受，很快从德国流行至欧洲各国，并成为文艺复兴时期男女服装上最具特色的装饰。值得一提的是，关于“斯拉修”的装饰有两种说法：一是，瑞士士兵把敌军的帐篷、旗帜和遗物中高贵的丝绸撕成条来修补他们的军服，使修补好与未修补的地方在颜色和材质上形成了有趣的对比，德国士兵很满意这种服饰特色，为此他们会刻意剪开衣服，露出彩色里衬或白色内衣，模仿瑞士士兵这种着装效果。二是，源自冷兵器战争时的刀剑划痕，一度成为德国士兵炫耀战斗力的装饰手段。

随着时尚的流行发展，装饰性流行的又一突破就是“拉夫领”的出现，它流行于16世纪到17世纪，归属于文艺复兴时期的一种独特的服装。在西班牙风格的时代，它完全从内衣中分离出来，成为一个自制的、可拆卸的部件。随着流行的展开，拉夫领所呈现的轮形造型越做越大，制作的技术难度也随之增加,需要 3~4 米的布料,需要用浆料使布料变硬以成型。拉夫领从产生到流行再到争相模仿,经历了从法国国王亨利二世到路易十三时代的时间跨度,服装的装饰特性为时尚流行的可持续性奠定了历史根基。

其二是男人的时代。进入 14 世纪中叶,开始出现男女服装造型上的分化,从男装的时尚流行现象来分析,男装推出了军服上衣即普尔波万和肖斯的系列组合,这种富有机能性且上重下轻的服装造型,取代了以往一体式筒形式样,确立了男人的服装造型形态。自 14 世纪中叶起,一直到 17 世纪中叶的路易十四时代,普尔波万除了衣服长短的变化以及从无领到立领的领型改良,没有其他变化,这种服饰作为男子的主要上衣流行了三个世纪。就服装反映时代的流行历史而言,从 14 世纪哥特式服装在西欧各国盛行开始,15 世纪中叶,意大利的大部分地方仍然延续着纤细的服装造型,进入 16 世纪,服装开始向横宽方向发展,形成了一种男女服装对立的局面,男性服装变得强势起来。此时的意大利作为欧洲文艺复兴的发祥地,也是时尚的发源地。当时,在西欧其他国家的民众还沉浸于哥特式服饰之风时,意大利的民众已经穿上了裁剪精致、优雅奔放的新式服装,其中最典型的服饰特点就是精美的提花织锦、锦缎、天鹅绒和精巧的蕾丝花边等,这些材质成为时尚衣料的首选。与此同时,时尚界对男子的下装进行了革新,在紧身的肖斯外面穿起了膨鼓起来的短裤"布里齐兹",其裆部被一块叫作"科多佩斯"的楔形布覆盖着,男性身体的主要性特征被夸大并暴露出来,甚至将科多佩斯做成一个小口袋,挂在两腿之间,科多佩斯上也用斯拉修装饰,从斯拉修缝隙中露出薄薄的白色丝绸,这种装扮成为 16 世纪男子最流行的着装方式。

17 世纪初,欧洲的第一个资本主义国家——荷兰共和国建立。独立后,荷兰的资本主义经济迅速发展,发达的制造工业和繁荣的对外贸易给荷兰带来了巨大的财富,使其在 17 世纪上半叶成为欧洲的强国,取代了西班牙的欧洲时尚中心地位。因此,17 世纪流行于荷兰的巴洛克风格,建立了一种新的审美意识,强调情感的表达,强调变化与动感,华丽曲线的装饰从建筑应用到服饰,尽显人们崇尚变化和追求与众不同的特质。在时代氛围的影响下出现了装饰过剩的奇异装束,被称为巴洛克样式的审美意识,另一方面又在反对奢华、浪费思想影响下,抛弃了拉夫领和填充物,使骑士服装一跃成为时尚的象征,并加速了男装向实用的自然形态的转变,这种审美观念的矛盾风靡了整个

17 世纪,将流行从一个极端向另一个极端转变,一夜之间形成了“旧貌换新颜”的流行变迁革命。

18 世纪是洛可可时期,时髦的年轻男士喜欢穿当时军装上的一种宽领饰“耐克·斯特克”(用细棉布或亚麻布、丝绸等加厚纸衬做成的颈饰),1730 年左右在一般男子间普及,一直流行至 19 世纪末(1820 年为正装用,19 世纪 90 年代在猎装中使用)。18 世纪中叶,英国进入工业革命,男装变化较为鲜明。1760 年,男上衣开始删除多余的量,服装衣摆不向外张,紧束的腰身得以缓解,变得更加实用,这种上衣被称作“夫拉克”,其特点是门襟自腰围线起斜裁向后下方,这是迈向燕尾服的第一步,也是现在晨礼服的鼻祖。1780 年,毛料夫拉克出现在英国,以朴素、实用的英国式夫拉克男装自居,从此,英国确立了男装流行的主导地位。

近代是一个时尚流行变迁的大突破时代,在一系列发明创新的巨变中审视新时代的时尚巨变。划时代事件有:缝纫机问世,人造纤维的发明、化学染料的发展、时装杂志的流行以及高级时装店的创立……这个时期每一次剧烈的社会变革,都给时尚的创新、服饰的革新带来了独特的变化。基于此,男人摆脱了封建身份体系的围攻,也摆脱了曾经象征权威的过度装饰的夸张的意义和价值,开始追求合理性、机能性与活动性的服装。因而,近代男装的时尚变化可分为五个时期:第一,新古典主义时期,服装的流行趋势是减少装饰与刺绣,服装面料也从男女共享丝织物变为毛织物。到了 19 世纪中叶形成了近代化的男装,之后服装样式变化就不那么明显了。第二,浪漫主义时期,男子服装流行窄腰、耸肩,为了使身体适应这种服装造型,男人也开始利用紧身胸衣来装扮形体。在 1842 年 2 月革命之后,今天西服上衣的前身——无尾短夹克、衬衣也从 1840 年左右开始流行,形成了无装饰、造型实用简练、高领可翻折的现在衬衫领的特色。第三,新洛可可时期,上衣、基莱和庞塔龙的组合依然是男装的基本风格,与以往不同的是,出现了用同色同料的三件套样式,并形成了按目的穿衣的习惯,一直流行到现在。除此之外,还有一种自 20 世纪 50 年代起流行的外出便装“贝斯顿”和“拉格伦·科特”的插肩袖大衣,前者又称“拉翁金·茄克”,意为休闲茄克,我国人民将其称为“西服”,①后者则源自

---

① 参见李当岐编著《西洋服装史》,北京高等教育出版社,1998,第 131-132 页。

英国陆军元帅拉格伦男爵在克里米亚战争中为伤兵穿脱方便而创设的袖窿宽大的插件式大衣而得名,并盛行至现代;第四,巴斯尔时期,流行的创新是现代衬衫和领带,即翻领带领座的现代衬衫领,而袖子样式则用上过浆料的袖克夫;第五,S形时期,男装以英国为模本,基本构成仍然是三件套形式同色、同质的统一美,19世纪90年代的长裤庞塔龙,为便于行动使其裤口变窄,到了20世纪初,裤子越来越短,形成了卷边裤,这种裤型一度成为一种时尚。

回顾现代时尚流行的步伐,伴随战争频繁爆发出现了20世纪流行的历史烙印,人们开始崇尚威武的军人风度,类似军服的款式逐渐变成流行时尚,与军装同类型的,还有战争时期的风衣、夹克衫,也成为人们追逐的时尚,经久不衰,一直延续至今。20世纪30年代,经典的男士三件套即上衣、背心、裤子的组合,被公认为男士必备款式之一,并在世界范围内流行。同时期流行的还有T恤衫,虽然其流行与电影有关,但在T恤流行史上,无论T恤流行元素如何变迁,都是在时尚流行史上屈指可数的品类之一。40年代起,由青年人主导时尚,开始流行穿宽松的套头毛衣、牛仔裤和百慕大短裤。与此同时,摩托车成为欧美年轻人的交通工具,皮裤也随之风行。随后"翻天覆地"的60年代,喇叭裤成为代表性的裤装,膝盖以上紧而瘦,膝盖以下加宽的造型。70年代,这个被称为"叛逆"的时代,同性恋解放运动、环保运动、种族和性别等亚文化引发了时尚的革命。至此,20世纪时尚流行的变迁完成了从古代迈向现代,从传统趋向时尚的转变,风格化的时尚时代到来了,并以前所未有的速度和广度创造着新的时尚与流行趋势。

其三是女人的时代,梳理女装的流行风尚,应该从14世纪女服中罩在科塔尔迪外面的无袖长袍——萨科特开始,其特点是面料与里料的用色、质地各不相同,袖窿被剪得很深,而且前片比后片朝里剪得更深。因此,人们可以看到女装里面装饰华丽的腰带。这种强调服装用料、用色的设计与着装搭配的形式,一度成为服装综合美的典范。到了文艺复兴早期,女装流行腰部有接缝的连衣裙罗布,其领口开得很大,高腰身且裙长拖地,但袖子上常见的裂口装饰,在露出里面白色修米兹时,极大满足了女性视觉的审美需求。

16世纪中叶,与男装使用填充物相呼应,女装也尝试使用裙撑,被称为法勤盖尔的裙撑的使用在使裙子膨大化的同时,呈现出了前所未有的优美造型,因而迅速盛行。17世纪80年代,为了凸显女性魅力,女装将流行的重点移至臀后，开始使用一种"克尤·德·巴黎"的臀垫，使臀部翘起从而形成了拖裙样式，其中极端的拖裙可长达 5 到 10 米，这种夸张的臀部风格被称为"巴斯尔样式"，虽然在女装流行史上第一次出现，但并不影响其后续被大力提倡和推广。

18 世纪，奢侈与细致的欧洲上层阶级为洛可可风格女装提供了一个展现女性美的舞台，产生了服装史上最为华丽、装饰手段最为繁复、女性特质最为突出的女性美的历史神话。如果男人的世界属于巴洛克时期，那么女人的世界则归属于洛可可时期。以女性为中心的社会环境使得女性服装形式美的构成要素发挥到了极致，其流行形态的演变分为三个时段：一是奥尔良公爵摄政时代，随着日常服"萨克·嘎翁"的流行，这种大领口、背部的箱形普里斯褶以及宽而长的拖裙样式，可以说是重现了后期巴洛克裙摆的风格。与此同时，又因法国著名画家让·安东尼·华托画笔下的背部时尚，赋予背部的崇尚自然裙褶之"华托式罗布裙"的美名，风靡了整个路易十五时期；二是路易十五时代，一百多年前的裙撑又一次出现，冠以"帕尼埃"之名的裙撑以前所未有的横宽记录将流行再一次推向了巅峰，虽然在史料所记载的横宽 4 米、裙下摆周长 5.5 米的极盛时期，带来了一系列社会问题，但依然伴随于社会的非难和讥讽中一直流行至 1775 年左右；三是路易十六时代，随着尊重自然思想的浸透，服装开始呈现出由人工形向自然过渡的趋势，首先，裙子的面积逐渐减小，曾经流行的帕尼埃仅被用于盛装。其次，1776 年在荷兰风的影响下，出现了罗布·阿·拉·波罗耐兹的流行样式，这种样式的特点是裙子的一部分在后面被分成两处，就像幕布或窗帘一样向上提起，使臀部出现了三个隆起的团状，裙子体积明显缩小，便于生活。因此，在中层妇女中十分流行。这时机能性的女夹克——卡拉科，它吸收了男性服装的形式，因而呈现出上身合体，下摆外扩的波浪状，长至臀部，1780 年初开始在上流女子间流行和普及，卡拉科作为女装向男装机能化方向靠拢的一个代表，体现了当时的时代潮流。

到了近代，在每一次剧烈的社会变革的影响下，时尚的变化都给女装带来了明显的风格变化。因此，19 世纪被称为女装的"时尚世纪"，又被称为"风格模仿的世纪"，这一时期女装时尚发展可从五个不同时期观察，重现过去流行样式的全貌：一是新古典主义时期，巴黎的妇女们在大革命的影响下，采用了名为"修米兹·多莱斯"的衬裙式宽松连衣裙，放弃了紧身胸衣和厚重的臀垫、裙撑以及内衣，由此出现了通过衣服面料能够看到整条腿的薄款服装式样，因此，这一时期在服装史上被称为“薄衣时代”。此外，将腰线提高到胸部下面、采用两种颜色裙子重叠穿用、紧身胸衣再次回归等流行现象，反映了新的时尚美学认知。一方面，因提高腰线，在没有限制的情况下，裙子变得越来越长，迫使女性在走路时手提裙子，这种优雅的姿势也成为一种流行；另一方面紧身胸衣的再次流行，折射出其表现女性曲线美的魅力源泉无法被取代，因此重现历史舞台之时，被大肆推崇和重视。二是浪漫主义时期，女性的腰线逐渐下降到自然的位置，在束腰的重复使用后又出现了细腰。与此同时，袖根极度扩张，裙摆继续向外扩张，形成了名实相符的 X 形。工业革命以来，时装杂志的诞生，对流行产生推动作用，彰显其价值，不但改变了过去的流行主要来自宫廷的单一方式，而且由于社会结构和人们价值观的改变，1830 年，女装中又一次出现了长裤，在彰显了其追求浪漫主义风尚的时代面貌的同时，宫廷贵夫人领导流行的现象逐渐被近代舞台剧服装所取代，名演员的着装对流行起着举足轻重的作用。三是新洛可可时期，女性美的理想标准即精致、白皙、文雅可爱、娇小玲珑中略带忧伤等，新的裙撑——克里诺林应运而生。克里诺林于 1860 年传入法国，受到以欧仁妮皇后为主的法国宫廷和社交界上流女性的青睐，进而在整个西欧社交界成为一大流行。伴随着流行特色的驱使，“克里诺林”盛行于整个西欧所有国家所有阶层，裙子越来越大，致使裙下摆周长可达 10 码(9.144 米)，也带来了诸多问题，因而这种极端的流行在社会的嘲讽和各种非难声中急速衰落。四是巴斯尔时期，最具代表性的女装即象征身份地位的拖裙非常流行，导致凸臀造型达到极限。此外，为了呼应后凸的臀部，女性凭借紧身胸衣来支撑乳房并修整腹部的平坦，这种强调“前挺后翘”的极端造型发展至 19 世纪 90 年代，变为推崇优美的 S 形。英国维多利亚王朝的鼎盛期，掌握着世界工商业的霸权，服装方面需要推陈出新来适应时代潮流，催生了女西服套装“泰拉多 · 斯茨”和“运动服”的流行与发展，因而推进了女装的现代化进程。五是 S 形时期，强调纤细、优美、流畅的 S 形，有明显的两个特征：一是“哥阿 · 斯卡特”，在扩大裙摆量的同时，用几块三角布纵向夹在布的中间，而产生出柔美的鱼尾状波浪；二是“基哥 · 斯里布”，即羊腿袖，将袖子的上半部呈现出很大的泡泡状或灯笼状。此外，流行了三百余年的紧身胸衣，一方面迷恋并追随其流行，另一方面又跟随时代的变迁对紧身胸衣进行各种改良。

在物质文明和精神文明双重作用下，时尚流行的服装等级差和性别差彻底被消除了，曾经标志身份及男女有别的服装审美观已经过时，现代服装的流行现象完全背离了传统法则。反观20世纪以来的服装风貌，时尚流行的界定被一次次地改写，流行的源头从宫廷、沙龙形式的王公贵族到资产阶级贵妇的穿戴以及名演员的穿着，迈向设计师主宰流行的时代。另一方面，我们再回过头来看一下时尚流行变革就会发现，自20年代女装走上了现代化道路之后，就像其他设计领域一样，从建筑到汽车、飞机再到所有的人造物，不仅功能性越来越受重视，而且功能性与反功能性在相对悖论中的本质美也得以凸显，促使这种新的时尚审美观念，随着现代生活的发展，将会被越来越多的人所认可。与此同时，随着"反体制时装"和"迷你"时代的到来，年轻人放荡不羁的穿戴，形成了一种时尚潮流和街头风暴，逐渐被社会所认可，并严重冲击了传统的服饰审美和穿着意识。因此，女性的着装观念受到这种反体制、反传统思想的洗礼与冲击，某种时代潮流主导世界的局面彻底结束了。

（二）食之美

提起对于食之美的研究，人们常常将"食"作为第一个阶段的目标，随之而来所追求的"美食"以及饮食时尚与食器美相融合的目标，已经成为当下消费者的关注对象。当我们用当代的眼光审视西方历史中的食之美这一问题时，需着眼于食与器之间的关联性，因此本部分的"食之美"研究立足于人类饮食器的发展演变，在西方历史发展的纵向轴线上阐释西方传统工艺中陶瓷食器、金属食器和玻璃食器的技术革新、设计风格的革新中所主张的时尚审美新态势。

追寻西方饮食器的发展脉络，早在公元前4000年古埃及人便开始与金属打交道，那时的人们就已经掌握了冶炼金属的技术。其后，随着王朝时代的到来，金属工艺越发显露出魅力，尤其是进入中王国以后，大量黄金从邻邦输入埃及使得黄金制造工艺得到迅速发展。据记载，最集中而丰富的遗存是饰品，此外还有碗、水罐、杯、钵等食器。①

古希腊的饮食器是在其发达的美学思想指导下发展起来的。古希腊陶器主要有五种类型，分别是几何图案的陶器、东方风格的陶器、黑纹样式的陶器、

① 参见要彬：《西方工艺美术史》，天津人民出版社，2005，第38页。

红纹样式的陶器以及彩纹样式的陶器。其中最有特色的有三类，其一，东方风格时期的原始科林斯式陶器多以酒壶、酒杯、香油瓶和单耳小瓶为主；其二，黑纹样式的陶器在造型上注重功能性的需求，出现了很多奇特的造型，其中以黑纹样式的水壶造型最为别致，壶身饱满，强调器型特色；其三，红纹样式盛期的陶器，又分为两大类，一类为混酒器和双耳瓶等大型陶器，另一类是杯、盆、钵等小型陶器。① 希腊陶瓷食器的造型注重实用性与功能性，设计形式讲究优美、典雅，一直是西方器皿造型的审美典范。

古罗马时期，产生了前所未有的新型罗马陶器。最先出现的饮食器双耳杯或称小壶器，其制作工艺是将花纹印模印在器表之上，然后再覆以铅釉系统的绿釉或黄釉而制成的陶器，造型较为简单，且釉色也富于变化，随即遍布罗马各地。公元 1 世纪时的饮食器——黄釉陶双耳杯，现存于英国伦敦大英博物馆，以浮雕式花纹为装饰图案，配上三个精巧的把手和宽广的圈足，是当时罗马市民喜用的容器。从金属饮食器来分析，主要有碟、碗、壶、杯、刀、叉，银碗、银钵多为大口、曲壁、窄底，并配有宽把手，便于使用和安放，也便于携带和倾倒，②这种庄重大方又富于变化的造型已经成为奢华与特权地位的象征，在一定程度上反映了罗马人既注重实用性又追求华贵富丽装饰特色的审美取向。除此之外，古罗马的玻璃工艺是西方工艺美术史上的一抹亮色，从当时的饮食器玻璃细颈香油瓶和玻璃百花碗来看，大多采用吹制法、模铸法，无论是工艺技术、造型品类、装饰手法，还是设计风格，较之前均有所突破与创新，并取得了丰硕的成果，为后世玻璃工艺的发展奠定了良好的基础，也为我们更好地认知饮食器拓展了思路。

到了中世纪，陶器工艺主要以拜占庭为代表，较为突出的陶器是拜占庭马其顿时代的白地多彩陶器，流行于帝国境内，此种陶器是在细腻洁白的坯上直接描绘多姿多彩的纹样，然后或施挂透明釉，或不挂釉而保持原状。饮食器的造型品种主要是盘、钵、碗、杯、壶和细长的器皿，从装饰技法上看，陶瓷制品先用黑色或棕色的彩绘装饰勾勒出轮廓，并加入红、蓝、绿、茶、黄等颜色，烧制后的颜色会发生微妙变化，形成意味深长的色调，丰富的色彩与白色的质感相互

---

① 参见张夫也：《西方工艺美术史》，宁夏人民出版社，2003，第 50—60 页。

② 参见要彬：《西方工艺美术史》，天津人民出版社，2005，第 158—159 页。

衬托,产生出优雅高贵又洁净亮丽的装饰效果,同时在色彩的选用上,白地多彩陶器使用红色非常慎重,仅用于点或线等纹样局部,从而获得突出的效果,出现红色的白地多彩陶器可以说是拜占庭陶器的又一显著特征。因此,到了中世纪的中期,拜占庭贵族从大量使用金银器转为普遍使用白地多彩陶器,从而促使白地多彩陶器的生产得到发展。从金属饮食器的审美性和功能性视角来看,拜占庭人最为珍视的材料是黄金,拜占庭艺术工匠用它制作了餐具、基督教圣物容器、圣餐杯等,被拜占庭人认为第二宝贵的材料是白银,因其对有毒物质反应敏感,所以拜占庭人用它制作杯、碗、碟、盘、勺、叉、壶等餐具,现存梵蒂冈博物馆的大量拜占庭白银饮食器令人大开眼界。从玻璃食器来看,欧洲中世纪的玻璃工艺在哥特时期取得了相当可观的成就,但遗留下来的玻璃制品并不多,由于玻璃工艺的发展与宗教联系紧密,因此,多用于酒水杯、圣水的容器、圣物罐等食用器皿,其造型简洁坚固,装饰端庄大方,色彩对比浓烈,具有较强的艺术审美特征。

在文艺复兴时期,欧洲的陶器工艺以其较低的材料质量满足了新兴公民的审美需求,获得了新的生机。另一方面,由于连年战乱而耗损的日用器皿需要大量补充,因而陶器制品又以其经久耐用的特性符合了时代的需求。除此之外,近代意大利、西班牙的陶器,自 13 世纪开始受到伊斯兰制陶技术的影响,使制陶业快速发展起来。15 世纪下半叶到 16 世纪上半叶,随着文艺复兴时期的到来,陶器工艺也进入了发展的黄金时代,当时意大利陶器在工艺史上常被称作"马略卡式陶器"。常见的饮食器有把手壶、大盘、敞口瓶和药瓶,它的颜色主要是黄色、绿色、青色和紫色,早期的装饰图案多为鸟兽、植物、组合字、纹章等,晚期开始重视神话故事、人物寓意和日常生活场景,运用写实手法和严谨的造型,这种晚期哥特式装饰痕迹至今仍然保留着。但是,处于兴盛期的食器大型盘子,随着文艺复兴时期定制纪念物风俗的盛行,将原本盛物的盘子用于陈列,因此,在 1521 年,从意大利传入法国的马略卡陶器的制作技术,于 1530 年左右在法国开始流行,推动着各地陶器窑规模不断扩大。16 世纪末,法国著名陶艺家伯尔拉尔·巴利希经过多年探索,创造出了所谓的"田园韵味的陶器",其中包括螯虾、鱼、蛇、昆虫和蜥蜴等趣味奇特的装饰题材融于一盘之间,即巴黎卢浮宫藏的巴利希代表作《椭圆形陶盘》。[①] 从金属饮食器的需求视角来看,由于贵族和商人的生活豪华奢侈,需要各种金属食器,由此大量华丽的金属制品涌现出来,杯盘餐具也是一大类别。据记载,当时最著名的金属饮食器主要有三种:其一是意大利金工师贝维努·切利尼,他杰出的代表作是法兰索奥一世的盐缸,缸体由黄金制作而成,在椭圆形的台座上雕刻了两个面对面坐着的神像(海神和地神),周围的浮雕大象则象征着四个季节,金碧辉煌的整体造型与中世纪贵金属工艺风格的装饰特征,形成了鲜明的差异。其二是法国的菲利特尼三世的高杯,集金工、珐琅和玉石工艺于一体,豪华而精致,现藏于维也纳艺术史博物馆。其三是德国声名极高的文第尔·雅姆尼策的代表作贝壳式水壶,在极其完美的金工技艺基础上,将"田园风味陶器"的装饰手法与昆虫、爬虫类的写实手法相结合,并吸收其装饰手法的某些特点,将昆虫或其他爬行动物逼真、细腻地表现出来,形成有趣而独特的审美风尚。[②] 从玻璃器皿的角度来看,文艺复兴时期以意大利"穆拉诺式玻璃器"闻名于世,主要有碗、盘和玻璃高脚酒杯等,在形状上一味模仿金属或陶器。到了15世纪晚期16世纪初,透明度完好的玻璃器逐渐取代了绘画装饰和珐琅式技法的玻璃器,在充分发挥玻璃材料和性能的同时,仿造大理石或玛瑙图案与颜色的玻璃器应运而生,体现了华美富丽、典雅高贵的艺术效果。

17世纪后期进入宫廷奢华风生活方式的巴洛克时期,贵族中开始风行喝茶、咖啡和巧克力,与之相适应,出现了银制的茶具和餐具,如巴洛克时期法国制造的巧克力壶,英国制造的银茶壶,餐具包括盘子、有盖的汤盏、有双耳的碗、托盘等。当时的欧洲人还没有掌握瓷器的制造技术,因为中国瓷器价格昂贵,商人为了满足贵族和富裕欧洲人对中国瓷器的需求,一方面,大力加强运输业,另一方面,高度重视当地生产,荷兰德尔夫特窑借此机会改变长期模仿意大利陶器的局面,出台了仿制中国瓷器风格的政策。在早期的模仿阶段,德尔夫特的"中国风"陶器,在壶、盘、瓶、罐的陶器形状上描绘林中追逐的鹿、水边的小鸟、岩石下的昆虫等,并在四周配有花边图案。此后,德尔夫特陶器率先在荷兰采用了"中国风格",之后远销欧洲各地,对欧洲其他地区的陶器装

---

① 参见张夫也:《外国工艺美术简史》,中国人民大学出版社,2017,第223—225页。

② 参见张夫也:《外国工艺美术史》,高等教育出版社,2006,第211—212页。

饰产生了广泛的影响。从玻璃食器来看,17 世纪至 18 世纪欧洲的玻璃工艺产地集中在威尼斯、波希米亚和德国,当时的高脚玻璃杯、彩色玻璃酒杯、磨花玻璃高脚盖杯、刻花玻璃盖罐等饮食器尤为流行,成为 18 世纪饮食器的新时尚。

洛可可时期的陶瓷工艺进入了一个新的发展阶段,从 16 世纪到 17 世纪,欧洲的航海业得到了前所未有的发展,引发了整个上层社会乃至王公贵族对瓷器的珍爱,一度使瓷器的价格赶超黄金。1710 年 1 月 23 日,德国国王下令在距离德累斯顿 20 公里的阿尔布雷希茨堡建造麦森皇家窑,这座窑在 1710 年 6 月正式开放,为了满足复活节王室的用瓷需求,国王给了伯蒂格尔两个瓷杯的样品,现存于德累斯顿茨英格尔宫,都有装饰纹样,其中一件施挂釉色,但在技术上存在不少缺陷,根据这两个参考瓷杯,伯蒂格尔制作出一批用于复活节的瓷器,主要有:碗、无釉杯、瓷盘、施釉杯以及其他复活节瓷器。自此,麦森王室窑生产的瓷器名扬四海,逐渐传遍世界各国。在 18 世纪 20 年代和 30 年代,麦森的仿瓷与中国瓷器的八角形器皿、有盖茶碗和装饰形式几乎可以达到以假乱真的程度。① 从金属食器来看,与洛可可时期法国宫廷中豪华的宴会排场相适应的金属餐具十分考究,主要体现在宫廷用的餐具、容器等,正如这件“黄金大口水罐”的金属工艺,造型以弧线为主,其把手的设计将涡旋纹与充满曲线的人鱼造型巧妙地结合在一起,人鱼的造型生动逼真、姿态优美,并与器物把手完美地融为一体。水罐的罐盖上有一片造型优美的贝壳,与罐体共同构成器物优美柔和的上扬曲线,巧妙地将罐子口部位流畅的造型与注水的功能性完美融合,可见当时金属饮食器追求精致富丽、独具匠心的审美趋势。从玻璃工艺食器来看,意大利的威尼斯是欧洲玻璃工艺产品的中心,并向欧洲各地的宫廷引进了大量精致奢华的玻璃工艺产品,并受到贵族们的青睐,当时双耳玻璃杯就是饮食器中的杰出代表,其装饰性和艳丽的色彩动感,构筑了一个清新而浪漫的玻璃制品新世界。

新古典主义的陶瓷食器,以英国新古典主义陶瓷工艺发展前期的重要人物乔桑·韦奇伍德的作品为代表,他先后在 1768 年创作了一大批模仿古希腊陶器风格的黑色炻器如“仿玄武黑瓷装饰瓶”,18 世纪后期,又研发出了一种“碧玉炻器”如“贴花人物纹双耳罐”,其设计作品种类丰富,既制作实用瓷器,

---

① 参见宋炀:《中外工艺美术史》,高等教育出版社,2018,第 348—351 页。

又生产装饰用瓷器，十分注重从技术上研发并完善新的陶瓷产品。到了新古典主义风格陶瓷工艺发展的后期阶段即帝国风格，它是拿破仑执政时期法国的官方艺术，由塞弗尔客再一次开创了新风尚，从“维也纳托盘”作品可知，这种将古典绘画与色彩绘制在瓷器上的艺术效果，被称为整个欧洲瓷器市场上的审美典范。从金属饮食器来看，典型的作品有法国金工技师曾为拿破仑结婚而专门制作的“咖啡具”，是一套将功能性与审美性完美融合的作品。这套咖啡具造型典雅、装饰华丽、做工精巧，充分体现了新古典主义艺术的风格特征。另外一件奥地利制造的富有装饰手法的“银制嵌牙水壶”，以优美而奇特的形制以及华丽的装饰效果，为典雅的壶体和壶足注入了新的审美艺术内涵。进入 19 世纪，新古典主义时期的玻璃饮食器获得了突破性进展，捷克制造的“玻璃盖杯”以其良好的声誉和独特的艺术魅力，深受各国宫廷和新兴市民阶层的喜爱。奥地利维也纳制造的“彩绘玻璃酒杯”口缘描金装饰，反映了当时玻璃既是材料又是追求豪华装饰感的审美理想。

（三）住之美

纵观西方住之美的建筑历史，集中体现了不同历史时期人类社会生活的物质条件，同时不同时代的建筑风格又反映了时代的社会、政治、经济乃至思想文化潮流。因此，建筑审美演变脉络在满足当时经济、合理、适用、便于施工的物质生产基本原则的前提下，需要关注建筑设计的形式和风格，探索建筑中美的度量与比例，并在实践过程中注重经济、合理的新材料和新结构的功能所需求的新形制，推动建筑之美与社会发展的不同阶段基本保持同步，才能完美阐释不同建筑类型所呈现的鲜明时代审美需求及审美形态。

追溯建筑之美的研究，最早应该关注的是古埃及法老的坟墓金字塔。在古埃及人的心目中，陵墓是永久的避难所，甚至比宫殿更重要。因此，金字塔从王朝早期“马斯塔巴”的长方形石墓到台阶金字塔“萨卡拉”，再到古王国盛期方锥形金字塔“吉萨金字塔群”的革新历程，面对体积和重量如此庞大的金字塔，以其对称、稳定、宏大的外观，融合坚固且耐久的石头作为建筑材料，反映了当时金字塔建造构思的自然社会特色和坚不可摧的艺术审美形象。到了公元前 5 世纪至前 4 世纪的古希腊时期，终于确立了堪称完美的建筑样式，当时的建筑成就以雅典卫城建筑群为代表，其主要建筑是帕特农神庙，基本格局为神庙形制和柱式体系，从柱式美学建筑样式即多利克柱式、爱奥尼亚柱式和科林斯柱式的经典造型来分析，古希腊人对人体美的关注和欣赏在建筑柱造型中显露无遗。例如，粗壮的多利亚克柱式是男性的身形和性情的象征，而爱奥尼亚柱式则彰显了女性身形和性情的柔美。由此可知，古希腊神庙建筑的经典柱式造型的形成，既体现了希腊人建筑、雕刻的智慧和能力，也是对西方建筑艺术审美形式的一大贡献。

古罗马建筑在继承古希腊建筑的三种柱式基础上，兴建了公共性建筑、纪念性建筑、宫殿和会堂等，这种新建筑类型范畴呼唤一种新的建筑结构，于是古罗马建筑发挥其建筑的灵活性和多样性，恢复了墙体作用，发展了拱顶或称穹顶的应用，创造出了独特的全新建筑空间。罗马人在建筑方面做出的另一个重要革新是混凝土的发明与美化装饰。罗马人由于缺乏希腊人临近大理石矿的有利条件，便将石灰、水和火山灰混合成灰泥，再加入碎石或砖头屑，便制成了古罗马的混凝土。这种混凝土因为加了水而硬化，强度极高，因而在土木建筑工程中发挥了重要作用。① 此外，由于罗马建筑师认识到混凝土增加了视觉上的粗糙感，随之而来在色泽变化上的缺点要远大于如何在风化中保持美观的问题，经罗马人的改良后，开始用灰泥、大理石或镶嵌物将混凝土隐藏起来，外部使用砖贴面或石贴面，色彩斑斓。同时，柱式被应用于“墙壁—拱券”构造这一崭新领域。从万神庙、罗马斗兽场、凯旋门等建筑中，都表明了这种柱式已经脱离了构造功能，开拓了柱式美学建筑外部装饰的全新发展。

宗教建筑作为欧洲中世纪建筑的最高代表，笔者主要从拜占庭和哥特式两个时期的重要建筑成就入手，其一是拜占庭建筑，因继承了古希腊、古罗马的文化遗产，努力吸取亚美尼亚、波斯、阿拉伯等的经验，并在转瞬间创造出了举世瞩目的建筑体系。当时最辉煌的代表性建筑是君士坦丁堡的圣索菲亚大教堂，其主要成就：一是结构体系，包括 32.6 米教堂中心直径，15 米高的屋顶，40 根肋拱，通过帆拱架在 4 个 7.6 米宽的墩子上。② 与古罗马万神庙的闭塞、单调的空间相比，圣索菲亚大教堂延展的复合空间在建筑结构和建筑空间组合上有了很大的进步；从集中化、统一化、曲折化的内部空间来看，圣索菲亚大

① 参见佐藤达生：《图说西方建筑简史》，计丽屏译，天津人民出版社，2018，第 62—70 页。

② 参见陈志华：《外国建筑史》，中国建筑工业出版社，2009，第 101 页。

教堂中心屋顶下的空间与南北两侧明显分离，而东西两侧半穹顶下的空间则是完全连续的，这部分的平面纵深68.6米，宽32.6米，穹顶的中心高55米，比古罗马万神庙更高更宽阔，再加上空间增加了深度，适应宗教仪式的需要。其次是哥特式教堂建筑，最为突出的标志是它的结构方式，早期建立于巴黎北区王室的圣德尼教堂，到了12世纪中期与夏特尔主教堂形成了一套完整的建筑体系，其中巴黎圣母院成为当时最为显著的建筑代表，而亚眠主教堂和韩斯主教堂是当时繁盛时期的代表作。因而，从哥特式教堂建筑的发展来解析其教堂结构特点，总结如下：第一，用骨架圈来承载拱顶构件曾轰动一时，十字拱的形成成为一种框架式，拱顶减轻且节省材料，对当时新结构的推广起到了重大的作用。第二，骨架券的承重作用促使独立飞券发挥到极致，由此而形成的改变，是卸去了荷载的侧廊外墙而开侧高窗，在减轻结构并节省材料的同时，杰出的彩色玻璃的使用也成为那个时代的建筑特色。第三，整体使用两圆心的尖券和尖拱，不仅有助于减轻结构，而且在所有细节上都取代了半圆形的券，如华盖、装饰、壁龛等，历经两百年的发展终于走向成熟。

文艺复兴时期的建筑以人本主义思想为基础，在造型上背离了象征神权至上的哥特式风格，提出要追溯罗马柱式美的起源，重新发掘古罗马建筑的造型法则。从最典型的建筑来看，首先是坐落在佛罗伦萨市中心的佛罗伦萨主教堂，又被称为世界最大顶之一的佛罗伦萨主教堂的穹顶。1420年到1436年间，由菲利普·布鲁洛莱列斯基着手设计这个穹顶，他的创造才华在于取代了拱架的系统，它有四个最重要的特色：第一，平券与穹顶紧密相连，就像万神庙的混凝土浇筑的房顶；第二，设计灵感来自比萨和佛罗伦萨的洗礼堂，为了尽可能降低重量，建造了一个中空的双层外壳；第三，模仿哥特式的肋拱建筑，屋顶的外层延伸到一个由24个肋状拱组成的框架；第四，由于尖拱比圆拱的效果更直白、更集中，人们更喜欢屋顶呈现出矢状而不是像万神庙那样的球状。① 除此之外，还通过埋入一根由石环和铁链紧扣在一起组成的链条，进一步将房顶牢牢地固定在一起，其包含着框架结构中浇灌泥石等建筑技术的采用，十分清楚地表明，他学习和借鉴的不仅是万神庙以及其他罗马建筑的拱顶，而且他的设计、建造过程、技术成就乃至艺术特色，远远超越古罗马和拜占

---

① 参见大卫·沃特金：《西方建筑史》，傅景川等译，吉林人民出版社，2004，第179页。

庭，并在此基础上为以后几个世纪的建筑艺术审美发展开辟了广阔的新道路。其次是罗马的圣彼得大教堂，它是世界上最大的基督教堂。16 世纪初，教皇尤里乌斯决定重新改建，其改建工程先后由勃拉曼特、拉斐尔、米开朗基罗等几任设计师主持，最终完成的穹顶，直径为 41.9 米。穹顶上面是采光塔和十字架，这个穹顶比佛罗伦萨主教堂的穹顶更美，整体感极强，充满一种壮伟的力度，充分表达了文艺复兴精神。由此可知，对理想美和普世美的追求，成为意大利文艺复兴时期进步美学思想的一个基本特征。因此，建筑师更倾向于建造他们认为完美的圆形和正方形的教堂。

巴洛克风格建筑的特点，突出建筑的装饰性与多变性，弱化其柱式的支撑功能，整体建筑立面凹凸起伏，多曲线，光影效果复杂，强调垂直划分，大柱式上登小柱式，在叠山花墙的基础上，体现绘画、雕塑与建筑相互渗透的强烈效果。从教堂建筑来看，最典型的是巴洛克风格建筑师乔凡尼·洛伦佐·贝尼尼的设计。1624—1633 年贝尼尼设计了圣彼得教堂的华盖部分，1656 年他设计的著名柱廊开始修建，并在圣彼得大教堂前面形成了一个巨大的椭圆形广场，正中是一座方尖碑，左右两个喷泉，两边是半圆形的柱廊，由四排宏伟的托斯干式的柱式排列而成，一共有 284 根，因为是复排，而且每一组廊柱上方有一座圣徒的雕像，共有 165 尊雕像，所以整体建筑显得特别庄重。这些柱子与华盖和教堂一样，其建筑风格超越了建筑与雕塑的界限，显示出教会的凝聚力量。18 世纪巴洛克最后一个伟大的建筑，从某种意义上说最为杰出的建筑是由尼古拉·萨尔维设计的特利维喷泉，建筑中央是凯旋门，用 4 根石柱支起，柱上有雕塑，而旁边的 6 根石柱则是装饰性的半面柱，整个立面凹凸起伏，顶上不用三角墙而用雕塑结顶，将雕塑和凯旋门组成一个神龛，这样的建筑形式突破了所有风格的界限，成为古典建筑设计的精品。

在洛可可建筑时期，最典型的建筑代表是法国君权制纪念碑——凡尔赛宫，它既是国家的中心，也是君主的宫殿。1678 年，由于·阿·孟莎担任凡尔赛的主要建筑师，完成了 19 间的一个长大厅，厅长 76 米，13.1 米高，9.7 米宽，堪称是凡尔赛最主要的大厅，用来举行盛大仪式，由勒勃亨负责它的内部装修，采用 9 幅国王的史迹画拱顶，有 17 面大镜子，贴墙面的镜廊用淡紫色和白色大理石，科林斯式的壁柱柱身用绿色大理石，柱础和柱头全部用铜铸镀金来完成，彰显出当时富丽堂皇的建筑审美特色。因此，被誉为欧洲最宏大、最辉煌的宫殿,不仅受到各国君主或者大贵族的效仿,而且凡尔赛宫的总布局对欧洲的城市规划也产生了很大的影响。另一方面,随着城市府邸形制成为主导性建筑,在平面上进行了明确的功能分区,一般形制是:前院、车马院、厨房、餐厅、小天井、小楼梯、内走廊、卫生间、冲水恭桶、冷热水浴缸,等等。① 因此,这种精致生活在反映贵族的审美意识、权势的同时,也成为18世纪建筑的流行风格之一。

关于新古典主义时期,笔者将以法国的建筑美为主进行阐述。由于建筑之美的设计理念革新及考古学的研究成果,主张建筑美的精神追求与物质需求的统一性,注重建筑的功能性与视觉审美的重要作用,推崇建筑是环境的一部分,成为一种全新的建筑理念。这一时期建筑美的设计理念革新的完美体现应当着眼于小特里亚农宫的设计,其体形单纯,比例和谐,构图完美,风格很典雅,是一个卓越的作品,在功能性上,小特里亚农宫设计考虑到了环境的因素,因此4个门有细微的差别,看起来颇为不同:南部入口正面与北部的正面仅用相连的壁柱进行了装饰;东北正面向上是植物园,没有柱式装饰;西面是最重要的正面,朝向国王的花园,拥有较多的自由式科林斯圆柱。西部和北部正面外部的楼梯可以直接通向花园,使用方便。② 在精神上,远离豪华壮丽的凡尔赛宫和大特里亚农宫,满足亲近自然、追求安逸、典雅的审美需求。另一方面,18世纪下半叶,在启蒙主义思想的影响和古罗马建筑遗迹的启发下,建筑界转变了为贵族建造复杂纤秀的宫殿的方向,趋向简洁严谨,形成模仿古罗马建筑的新古典主义风格。在法国大革命时期,出现了一座教堂,纪念巴黎的守护者圣什内维埃芙,1791年成为国家重要人物的公墓(后更名为万神庙),是资产阶级革命前夕法国最大的建筑物,其主要特点是结构空前地轻,墙薄、柱子细、跨距大,从开朗、清晰的审美视觉中凸显出新古典主义庄严简明的风格。从历史角度来审视新古典主义时期的建筑,应该是法国大革命的纪念碑,这些建筑包括:完全模仿赛维鲁斯凯旋门的演兵场凯旋门,图拉真纪功柱的复制品雄师柱和宛如罗马围廊式的庙宇军功庙。虽然这些建筑在形式上有意用古罗马的雄伟博大来装扮自己,但也无法改变帝政式建筑成为法国新古典主

---

① 参见陈志华:《外国建筑史》,中国建筑工业出版社,2009,第217页。

② 参见大卫·沃特金:《西方建筑史》,傅景川等译,吉林人民出版社,2004,第321页。

义建筑成果这一事实。

（四）行之美

基于行之美的交通工具研究，本书着重从车、船的两种交通工具入手，探讨其设计、材料、技术、功能等演变过程中所反映的审美革新状况，以期对当代行之美的宏观研究做好前期的理论铺垫。

从车的设计审美演变过程来看，根据目前所掌握的资料可知，最值得提及的发明之一便是古代苏美尔人的车辆运输。当时的轮式运输车辆主要是四轮货车和两轮战车，不讲究车速，而是用牛拉的，将两块或三块厚木板拼成一个圈，用撑柱或饰纽将其安装在无轮辐的实心轮上。残存至今的公元前 2600 年左右的一些图画描绘了它们在践踏敌人、进行灌溉工程和城市建设工程中的作用，①进而也折射出苏美尔人轮制原理应用于运输的设计创新与技术创新的伟大壮举。随着古罗马大道不断向外延伸，整个古罗马共修建 29 条以罗马城为重心的辐射大道，制造出了计算行车里程的车舆"计程车"，描述了一种能够使人在路上坐车时知道自己已经走了多少里程的装置。欧洲中世纪时，由于西方经济远远落后于中国，相比之下西方交通文明随着西罗马帝国的灭亡而转入低谷，很长一段时间在交通工具方面没有什么值得称赞的成就。11 世纪以后，西方的车舆才随着工商业的发展逐渐恢复起来。公元 11 世纪到 12 世纪时，西方多用两轮马车，13 世纪时盛行四轮马车，一直到 15 世纪的时候，胡斯战争将四轮马车变成了战车，以掩护交战部队营地的后方，因而这种防御措施赋予了四轮马车重要的审美价值，促使各种优良性能的战车在欧洲广泛流行，也推动了民用四轮车的广泛流行。进入 17 世纪，四轮公共驿车的出现几乎接管了所有的长途运输，繁荣了当时的陆地旅行，而雅致的私人马车则成为王公贵族的象征。其中最奢华的一辆是 1763 年为英皇乔治三世建造的，被称为"有史以来最宏伟的马车"。马车的发展历程曲折而漫长，一直到 19 世纪，马车仍然是城市交通最为重要的交通工具，在人类审美历史长河中使用最为广泛。

从制船的材料审美优势方面来分析，自新石器时代起，人类就已经将动物毛皮广泛用于制作船只、独木舟和皮筏子，这种材料制作的船只有很大的优势，因为在冰冷的海水中，它们能保持毛皮干燥，使船的吃水线保持在较低的

① 参见菲利普·拉尔夫：《世界文明史（上卷）》，赵丰等译，商务印书馆，2016，第 47 页。

位置。但最受欢迎的造船材料依然是木材。根据文献推断,美索不达米亚时期,当地人曾使用过由木板制成的船,大约在这个时期或稍晚一点的时候,埃及人也在制造木船,因为木船体积小、动力大、操作灵活,被用于西欧、地中海、印度洋、近东和世界各地的交通。公元前5世纪古希腊建造了三列桨船,舰艏装有令人生畏的青铜撞角,这种由青铜制造的坚硬金属工具被用于造船,这明显是造船材料审美创新的一个主要因素。其次,从制船的设计、技术、功能等审美视角来分析,在公元3世纪,斜挂大三角帆和三角帆逐渐取代了方形帆,与多层划桨相结合,它们在相对平静的地中海上有了很大优势,而斜挂大三角帆的主要优点是它可以被风吹得更大、更膨胀,所以它可以更有效地捕捉并利用风力,特别是在迎风航行时这种优势显露无遗。然而,对季风的利用始于公元前600年左右,这使印度洋和阿拉伯海出现了更大、更坚韧的风帆船。因此,阿拉伯海的造船商们很早就生产了带有三角帆操纵装置的拼接木板船,这就是"单桅三角帆船"的前身。在9世纪时,北欧的造船工匠依靠方形帆来建造具有宽龙骨的船只,维京海盗船就是这种帆船的典型代表,它以吃水浅、航行速度快、不需停泊设施为优势。到了13世纪中叶,斯堪的纳维亚人和他们的日耳曼邻居忙于使用更重、更短的船只进行贸易和军事行动,主要造型有两种:一种是"浮船",形状像香蕉,船体弯曲,船头和船艉朝上,但艉柱和艏柱很小或没有。船的侧舵一般用来操控船只方向,后传播至北欧和英国,是14世纪和15世纪最为常见的货船。另一种是"单帆船",其特点是船头和船艉形成角度,底部平坦,船体宽阔。在16世纪后期,大型帆船开始取代这些早期的船只,这种帆船以更坚固、更灵活的龙骨船为基础,排水量达几百吨的船只较为常见。在随后的几个世纪里,排水量达1000吨以上的船只相继出现。为了安全地运输大量财产,最著名的"大帆船"在西班牙应运而生,这只船船身细长,有单层或双层甲板,前后甲板被抬高,船体被掏空以容纳重型大炮。17世纪和18世纪,欧洲大国海船的吨位和火力都在增长,到了18世纪晚期,蒸汽轮船首次在美国、法国和苏格兰的湖泊、运河和内河上进行试验,19世纪中期,前线战舰可以装载大炮130门,排水量达3000吨,随着20世纪柴油机动力的引入,实现了真正巨大的战舰的建造,排水量高达5万吨。①

① 参见菲利普·德·索萨:《极简海洋文明史》,施诚、张珉璐译,中信出版社,2016,第27—39页。

由此可见，追溯车与船交通工具的发展历史，其审美历程围绕设计、材料、技术和功能的发展与革新，缩小了设计、技术、功能与审美之间的距离这一成就已有目共睹，曾经依赖于畜力、风力和水力的时代，被半机械时代、蒸汽时代和内燃机时代的交通工具替代成为必然趋势，从交通工具的演变革新所衍生出的行之美的审美内涵，为时尚美学物质文明与精神文明、理论与实践的双重契合提供了理论拓展方向和实践价值参考。

二、中国物质文明史

引领一种时尚风潮无疑比追随时尚风潮更“时尚”，也可以增加引领时尚身体的符号价值。但盲目追求美不一定就是时尚，因为变化才是时尚的标志，而不是美的标志。例如，男女的日常着装，在很大程度上是通过服装来传达自己的心态、情感、个性和品位，而不仅仅为了美观。

在不同历史时期和不同的时代背景中，时尚美学都蕴含着不同审美标准，在其表现出的善变、求异甚至周而复始的特性背后，存在着深刻的社会原因以及心理原因，这些原因可归结在人们日常生活的衣、食、住、行的文化变迁中。文化作为衣、食、住、行特定时期特定区域、社会价值观念、社会情感、社会关系等多种社会因素的集中体现，是决定时尚标杆的深层原因，通过探讨衣、食、住、行纵向历史变迁与东西方文化（横向）碰撞与融合的时尚之美，形成基于物质文明史的时尚美学发展脉络。

（一）衣之美

梳理史前服饰时尚美学，是一件充满困惑却令人着迷神往的事情。追溯史前资料，着眼于不同历史时期所出现的时尚服装形制、款式、颜色、长短、大小、内外、纹饰、配饰等“逸散”现象，一方面要反映中国服装的时尚性和流行度，在满足人们审美需求的同时，其审美体验所带来的审美价值享受则更让人愉悦。另一方面，人们模仿时尚的本质和程度又反过来影响和制约着审美评判标准。立足于中国服饰时尚美学的发展历史，不论是奴隶社会还是封建社会，服饰时尚审美文化所体现出来的审美价值与奴隶社会和封建社会的等级观念和等级制度是成正比的。

每个时代的流行现象均被称为当时最为时尚的审美现象，每个时代的时尚现象均受到各种力量的抨击与影响，因其所具有的典型性、易变性、趣味性和独特性，在反映每个时期的流行时尚与时尚传播的同时，随着时间的流逝终将沦为传统的、过时的、被替代的命运。显然，时尚的兴起、流行、传播与服饰的发展革新有着密切的关系。

因此，笔者开展关于流行服饰与服饰时尚美学的变迁关系的研究，中国古代，在服装流行样式产生、形成、发展、嬗变的历史过程中，流行的样式往往首先从宫中或京都流传开来，并形成时尚。在原始社会初期，服饰的审美意识是从生产劳动中产生的，山顶洞人采用穿孔的兽牙、石珠、石坠、海蚶壳和鲩鱼眼上骨的装饰品，以及染红的小石珠和黄绿色的小砾石做成的磨孔石坠等，尽显多姿多彩的服饰审美现象。殷商时期，由于社会生产力尚处于低下水平，民风淳朴，衣着以素朴为尚，即便是贵族男女，在着装上也比较注意节俭。春秋战国时期，出现了一种上下连属的服装，被称为“深衣”，从上到下分开裁剪，再在腰部缝合，此种款式的服装在这一时期广为传播。据《礼记·深衣》所说，古人所穿着的深衣，有一定尺寸和款式要求，即要符合规、矩、绳、权、衡五方面的要求。

秦汉时期，男子以袍为贵，因而直裾深衣襜褕取代了曲裾深衣，虽在西汉时期就已出现，却不能作为正式的礼服，多为女子所着，男子偶尔穿之。东汉时期，襜褕穿着盛行，不论男女，都可穿着，据《东观汉记》记载，耿纯“率宗族宾客二千余人，皆衣缣襜褕，绛巾奉迎”。为了奉迎皇帝，两千名宗族人员都穿着襜褕。由此可见这种着装在那时候的审美与流行程度。随着服饰形制的不断改变，汉代男女下体之服除了裤、裙之外，用于礼服的蔽膝也随之得以更新，如出现于先秦而流行于东汉的蔽膝，形状如同围裙，用布做成长方形之后围绕在腰部，长至膝盖，是当时专门用于平民的服装。值得注意的是蔽膝从出现到流行，从搭配贵族礼服到庶民专用可以推知，当时妇女佩系蔽膝不仅作为装饰美，还有不可忽视的便于劳作的实用美。

魏晋南北朝时期的服饰，在其形制、颜色、质料、纹饰、佩饰等诸多方面都表现出“风流相仿，舆台成俗”之审美时尚的流变现象。衫，是魏晋南北朝时期穿着十分普遍的一种服装。上至帝王，下及黎民百姓，着衫成为一种男女老少适宜的服饰时尚。袄，即襦，是魏晋时期十分时兴的服饰，其样式如段玉裁所言：“襦，若今袄之短者。”半袖，也是魏晋时期兴起的一种流行服饰。其形制通常为无领或翻领,对襟或套头的短外衣,袖长齐肘或更短,可用于男装,但主要用于女装,在唐代流行,同期流行的还有一种“杂裾垂髾服”的女装。这款女装的特点集中于下摆,通常是将下摆剪成三角形,层层叠叠的上宽下尖造型,又被称为“垂髾”;此外,在其周围缀用飘带作为装饰,这些均可以从顾恺之的《列女图》、《女史箴图》卷、《洛神赋图》卷中看到。同时山西大同司马金龙墓漆画以及朝鲜安岳冬寿墓出土的壁画中,都可以看到穿着这种服装的妇女形象。

在原有服饰的基础上,魏晋期间吸收了不少少数民族服装样式,至南北朝时期,裤褶广泛流行体现南北朝服饰时尚审美大融合,其特点主要是宽大,尤其是两只裤管,大多制作得特别肥大,因形而得名,俗称“大口裤”。这一时期的流行服饰还有裲裆,也被称为“两当”,实则是一种背心款式的服装。魏晋以后,妇女将其穿在外,男子平时也可穿着,成为一种便服。值得注意的是,1965 年在新疆吐鲁番阿斯塔纳的一座晋十六国墓中,发现一具女尸,其中就有一件裲裆,这件裲裆以红绢为底料,面料上用绿、黑、黄三色线绣成圆点纹、萝草纹及金钟花纹,四周以素绢镶边。另外,1979 年在新疆吐鲁番阿斯塔纳的另一座晋十六国时期的墓中,发现一具身穿裲裆的女尸,也是以红绢为底料,用绿、蓝、黄、黑等丝线搭配山、鸟、龙、树以及花草图纹,纹样生动、色彩鲜艳。这两座墓葬的年代,与晋十六国时期文字所记载裲裆的流行时间基本相符。①

隋唐时期的男子服装以圆领长袍为主。传统的冠冕服饰,仅用于盛大的场合,就连祭祀天地、宗庙也只是偶尔使用,其他时候多以幞头袍衫为尚。隋唐妇女的服饰变化,是中国服饰时尚美学史上最精彩的时尚现象。服饰时尚流行款式主要有:半臂,是一种短袖上衣,其由魏晋时期的“半袖”发展而来,在隋唐甚为流行,例如《事物纪原》中记载:“隋大业中,内官多服半臂,除及长袖也。唐高祖减其袖,谓之半臂,今背子也。江、淮之间或曰绰子,士人竞服,隋始制之也。今俗名搭护。”《北梦琐言》亦称:“唐郑愚尚书,性本好华,以锦作半臂。”由此可见,在半臂的流行过程中,用文锦丝绸所制的半臂,可谓是当时颇为时兴的华丽服饰,满足了一些“性本好华”的达官显贵追慕奢华审美趣

① 参见缪良云:《中国衣经》,上海文化出版社,2000,第 37 页。

尚的需求,初唐后期,流传到民间之后变为一种常服。到了唐朝的鼎盛时期,将半臂穿在襦袄之外成为一种时尚装束。唐人流行所谓“胡服”“胡帽”“胡乐”“胡舞”等是盛极一时的长安风尚,主要装扮为:头上戴着浑脱帽,上身穿窄袖紧身的翻领长袍,下身穿长裤,脚上穿软底高腰靴,此种服制反映出时代精神的一种审美时尚。

唐代妇女穿裙的流行风俗,彰显社会风尚的不断演变和生产技术的不断提高,裙子的形状很丰富,最流行的是石榴裙。所谓的石榴裙实际上是一件红色的裙子。唐代万楚《五日观妓》诗中的“眉黛夺将萱草色,红裙妒杀石榴花”即指此。因为红色的裙子是用茜草染制,所以又被称为“茜裙”,如唐代李群玉《黄陵庙》诗:“黄陵庙前莎草春,黄陵女儿茜裙新。”可见,石榴裙在当时是一种非常时髦的女装,特别是在年轻女性中穿着更为普遍。石榴裙从梁代经过唐代一直风行流传至明清,始终受妇女们的喜爱。唐人小说中的李娃、霍小玉等人物,平常几乎都穿这种裙子。在各类女裙中,最为精美珍贵的要算百鸟裙,这款裙子是用各种鸟的羽毛织成百鸟裙的形状。据《新唐书·五行志》记载:“安乐公主使尚方合百鸟毛织二裙,正视为一色。傍视为一色,日中为一色,影中为一色,而百鸟之状皆见。”这种由唐中宗的女儿安乐公主创造的裙子,从宫廷传到民间之后,更是盛极一时。在社会时尚风尚影响下,唐代服饰审美除了竞相效仿的服饰时尚,讲求服装审美的整体效果之外,同时重视帽饰、发髻、发饰、面饰、妆饰等多方面的装饰,在不同时期都成为时尚聚焦的风范,并形成了规模广阔的流行风潮。

宋代继承了五代的着衫时尚,同时又出现了凉衫、紫衫、帽衫及襕衫等式样,文武官吏将其作为便服,普通民众则作为日常服,这种类型的袍衫一般是用白布制作,长度遮住膝盖,并在衫下摆的膝盖处加接一副横襕,这种样式最早出现在唐代,而流行于宋代。正如《宋史·舆服制》中记载:“襕衫,以白细布为之,圆领大袖,下施横襕为裳,腰间有襞积。进士及国子生、州县生服之。”这种类型的服装,在江苏金坛南宋周瑀墓中曾有出土。另一种流行服饰就是宋代的背子,又被称为“褙子”,其含义有以下几种:其一,是指贵族男子穿在朝服和祭服里面的衣服,其造型为:长袖、盘领,两个腋下开衩,衣长至脚底;其二,是指仪卫和武士所穿的圆领制服,短袖、对襟,衣长至膝盖;其三,专指妇女日常所穿的服装,造型为:直领、对襟,两个腋下开衩,衣长遮住膝盖,衣袖分宽袖和窄袖两种,穿在襦袄的外面,流行了整个两宋,因此无论嫔妃还是普通百姓抑或妓妾都可以穿这种样式。

元代,最早仅供皇帝穿用的比甲,流传到民间之后,一度成为普通妇女的服饰,其造型为:无领、无袖、对襟马甲。到了明代中叶,穿比甲成为一种风气,在清代更为流传,其形制越往后越短。此外,在明代,"程子衣"和"阳明衣"广泛流行,其中"程子衣"被称为"陈子衣",属于士庶燕居之服,以纱罗纻丝材料为主,宽袖大襟,衣长遮住膝盖,用一道横线将腰部分成两截,借用上衣下裳之意,因宋代大儒程颐生经常穿着这款服装,因此得名为程子衣。而"阳明衣",则属于明代士庶男子平常穿着的便服,造型为袍式,腰部以下有十二裥,这在隆庆、万历年间非常流行。值得一提的是,明代男子喜用头巾,最为流行的头巾如下:其一是网巾,它是系束发髻用的一种网罩,也是明代使用时间最长的头巾,通常用马尾、黑色丝绳、棕丝或绢布编织而成。所包裹的网巾在家里可以直接外露,出门一定要戴上帽子,否则会被误认为是失礼。其二是四方平定巾,是明代文士所喜尚的一种头巾,以黑色纱罗制成,可以折叠,展开时四角皆方,故以为名。其三是六合一统帽,也被称为圆帽、小帽,俗称西瓜皮帽,造型以马尾、罗缎或人发为主,裁剪成六瓣后再拼缝,下面缀一道帽檐,因而命名为"六合一统"帽,其寓意为一统天下。从流行的头巾可知,审美趣尚形态的变迁,往往受统治阶级尤其是最高统治者的影响。

明代,女性的流行服饰主要有两种:其一为"扣身衫子",属于一种紧身衣,衣身又窄又紧,袖子也非常小,穿着时紧紧裹住身体。虽然当时的女性未必明白"曲线美"的时尚审美观念,但是借助紧身衣和轻薄的服装重塑自身的魅力身姿,已经成为一部分女性的审美嗜好。显然,这种装扮在当时被纳入妖娆、时尚的女性范畴中。如《金瓶梅词话》中的潘金莲,就常常穿着这种服装,如第一回中:"梳一个缠髻儿,着一件扣身衫子。"其二为"水田衣",它是明代妇女所倡导的一款时髦外衣,流行于明代晚期,它打破了与其他服装的制作方式,用各种各样的彩色碎布拼缝而成,整件服装因拼缝的形状像水田,因此得名为水田衣。这款水田衣沿用至清代,仍有不少妇女醉心于这种服装,其服饰时尚审美似乎是在传达一种对中国传统和谐模式的超越。其三为"襕裙",即明代一种自后而围的前腰合拢绾系的裙式,又名"合欢襕"。另外,还有所谓"梅条裙",与襦衫相配,即所谓"襦衫",亦颇流行。由此反映出明代妇女服饰在服饰文化的时代审美精神和审美趣尚的深刻影响下，显露出她们所追求通俗随意之美。

清代，是背心最盛行的时期，男女均穿，起初穿在里面，式样较为贴身，清末时，多将其穿在外面。进入民国以后，传统的背心依然流行，其形式基本上承袭前朝。清朝早期的女衫以宽大为时尚，造型为：袖子宽度超过一尺，衣长遮住了臀部，衣领、袖口以及衣襟都镶有窄花边。另一方面，分析清代满族服装，多以袍服为主，按清代礼俗，皇帝、百官参加祭祀、庆典及朝会等，均需着长袍亦即旗袍。包括皇后及嫔妃媵嫱在内的朝廷命妇，都以袍服为尚。至于八旗妇女，即使平居家中，亦着长袍。久而久之，便约定俗成地将八旗妇女所穿的长袍称为旗袍。旗袍变成了清代妇女长袍之制的专称。清代的汉族妇女，下体多穿裙子，一种流行于康熙至乾隆年间的裙子，其做法是将丝绸和绸缎切成条状，每条都绣上花朵图案，两边用金丝线镶边拼接而成。穿此裙时，彩条飘浮，金线飘动，酷似凤凰的尾巴，因而得以"凤尾裙"之美称。随着时间的推移，这款裙子的款式随之革新，出现了许多新的做法。例如，"弹墨裙"就是用浅色绸缎做成的。在制作之前，在展开的布上放置各种花瓣和树叶，再用弹墨技术在花和叶子周围喷上黑色，去掉这些花瓣和树叶之后便可显现出黑底白花的对比效果。这款裙子因其生动的外形和简单而优雅的颜色受到女性的青睐，尤其为普通女性所崇尚。到了咸丰同治年间，百褶裙再次流行，由数块布帛拼缝而成，在折成细裥的折裥之间用丝线交叉串联，形成类似鱼鳞的网状而被称为"鱼鳞百褶裙"。这种服饰时尚现象的存在，正是中国古代不同历史时期时尚服饰流行性的典型表达。

1840年鸦片战争以后，中国进入近代。清末民初西洋文化的东进与服制的变革，使得民国时期，以往的服饰形制随着封建制度的解体而退出服饰历史舞台，人们开始自由选择自己所喜好的服饰，打破了服装款式、色彩、纹样的传统局限，服饰文化迈入了一个繁华的时代，最为明显的标志之一，便是时装的出现，从当时的时装而言，就是流行的新式服装，既符合时代潮流又具有很强的流动性。这一时期时装的流行和传播，在当时的上海可谓盛极一时。从民国时期的男子时装来看，基本确立以中山装为主，早期中山装造型为：关闭式八字形领口，前门襟上有九粒纽扣，装袖，后片背部有中缝，腰部有阔带式横襕，服装正面的上下左右各有一个贴袋并加有带盖，着装时给人以挺拔之感，之后伴随穿着者越来越多,其款式微做调整,主要体现在领子、袖口、袋盖和纽扣等部位。然而,中山装的流行也同其他流行服饰一样,仍然摆脱不掉兴盛之后的落潮消歇。如《北洋画报》1931 年第 722 期《时装漫谈》所谓:"一两年前,中山装极盛行,今则渐渐消灭,于以见革命尚未成功,于服装上殆成谶语。近来男子服装,以穿皮靴马裤为最时髦,在穿着以为可以唬人——亦一怪事。"因此,1931 年外交部条约委员周纬便再次提出"行政改革新数事"的建议,要求政府机关和学校师生员工,无论职位大小,一律改穿中山装。从学校层面来推行,尤为谨慎。又如在 1931 年蒋镜芙编的《新中华社会课本》中可以看到,中山装被称作"完美的衣服",从时尚审美的角度来引导学生穿着。

显然,20 世纪在时装美现象的影响下,旗袍已成为民国历史上最令人惊叹的时尚服饰。自辛亥革命以后,全国各地的妇女纷纷身着旗袍,不仅打破了刻意模仿男装的旧俗,而且将旗袍推上时尚的高度,并在原有的基础上不断改进,最终使其演变成一种风格独特的服装,享有"国服"的美誉。据说最早穿着旗袍的汉族妇女是上海的一群女学生,她们身着宽松的蓝布旗袍走在街上,引起了各界女性的赞誉,一时间,旗袍在各种形式的效仿中一跃成为 20 世纪 20 年代最时髦、最流行的服装。到了 30 年代,旗袍已经十分盛行,短旗袍成为流行的主流,其造型紧窄又合体,腰部曲线更为明显;1932 年以后,旗袍的下摆逐渐变长,最长可以到高跟鞋的鞋底以下,因而被称为"扫地旗袍";1933 年开始,旗袍由底开衩或无衩改为高开衩。当时,因明星顾梅君经常身着高衩旗袍,带动了旗袍开衩高度提高至过膝盖甚至臀部的款式,这种高开衩因明星效应而逐渐流行起来。20 世纪 40 年代末,随着一大批高层次的上海人和上海裁缝南迁,旗袍迅速成为香港最时尚的服装。50 年代后,旗袍在大陆渐渐淡出日常生活。80 年代之后,旗袍在大陆逐渐复兴,它仍然被认为是"不长不短不时尚",而不时尚的时尚才是经典。

当代的时尚,突破了时尚制度、思想、等级、观念、文化等因素的历史洗礼,出现了"最多元、最奢侈、最日常、最快捷"的衣之美的新面貌。随着社会生活形式的改变,当大众在夸夸其谈智能时代推动当代衣之美流行风尚的更迭速度之时,时尚背后的学术问题应该站在什么样的研究视角、用什么样的学术理论、服装设计实践来解读衣之美的时尚未来。一方面,从衣服时尚和时尚转瞬即逝之间的关系中,体现了时尚更替速度成为自我毁灭的加速器。另一方面,从服装和装扮的关系层面来看，时尚给身体披上了一件象征死亡的外衣，强行将异质的、毫无生机的材质依附于弱势的身体之上，因此而遭受来自各方的谴责。正如齐奥尔格·西美尔所观察到的那样，时尚提供了大众所需的可观的外观，①由此可以推断出时尚美学为大众提供了可思的物质世界和精神内核。时至今日，反思时代在呼唤新的时尚出现，解读衣之美的时尚循环悖论之时，不仅仅是对时尚美停留在表面的、直观的求新求异的时尚的模仿质变与体验，同时为了制造"时尚美"和获得最大限度快乐的双重性，应该用时尚美学的理论来验证当下衣之美时尚话语权的学理主张。从衣之美发展的社会关系与流行现象来看，当审美标准发展到一定限度的时候，服装必然要寻求新的突破。因此，关于服装与时尚美学关系的深刻命题，值得继续深入研究。

（二）食之美

说起食之美，人们往往将食之丰美与器之美融为一体进行思考，作为日常之事普遍存在于每个人生活中的饮食，经历了从无到有，从器质到观念，从简单到拥有美学价值的食器，具有政治教化与礼乐文化作用的饮食活动，在维护社会秩序、等级制度、民族和谐以及增强宗族成员情感和群体凝聚力的基础上，体现尊老敬老的社会功能，为中华食器审美意识建构了最基本的框架。因此，本文的食之美研究着眼于中国食器传统工艺的三个发展阶段，即陶瓷、金属、漆器，以此来探讨人类早期食器之美的工艺文明，并尝试对人类的食器审美意识与审美意义做一些理论上的探索。

从中国传统的陶瓷工艺来看，早在新石器时代的文化遗址中，或多或少都能看到出土的泥陶制品，从某种意义上说，"饮食文化"正是在这种陶器与第一件器皿"作品"的融合中应运而生，同时也标志着人类开启了物质文明的自我创造、自我超越的历史革新。从饮食器的造型和演变来看，仰韶文化之前的早期新石器文化遗存中，各种场合的器皿如杯、盘、豆、钵、盆、壶、罐、缸、瓮、鼎等已经应有尽有，②直到仰韶文化时期（公元前5000—前3000年）的新石器时代中期以后，陶器食具的形状和形式变得更加丰富，在西安半坡遗址出土的50多万件陶器和陶片中，有多种生活用具，其中仅陶罐就有23种类型45种式

① 参见王杰主编《当代美学与人类学：时尚研究》，上海人民出版社，2020，第24页。

② 参见廖群：《中国审美文化史先秦卷》，山东画报出版社，2000，第20—21页。

样，器具分工细致全面。值得注意的是，仰韶时代的人们不再满足于器皿造型的变化，开始追求饮食器皿的美学价值，关注陶制器皿的色彩与纹饰，于是形制各异的陶器出现了图案纹样，从动物写实到抽象化、符号化，从色彩单一到双色或多色的创新发展态势。这种彩陶器皿的出现，不仅极大满足了人们的物质需求，还具备多种功能和形式美的新模式，进而成为人类文化发展进程中的重要力量。

春秋战国，随着烧造技术的进一步提升，以及陶车拉坯成型技术的广泛运用，除了仿青铜器造型外，碗、盘、钵、盂等饮食器较多，因陶器造型规整，所以其装饰多从内壁底心开始绘制连续细密的螺旋纹，外底是形似切割的线痕，生动流畅、简洁大方。①

秦汉时期陶瓷工艺生产的主要品类是各种饮食器、贮藏器和生活器皿。从器物的不同品类、造型、装饰、制造工艺上来看饮食器，泥质灰陶主要品种有罐、壶、食、简杯等，造型、装饰简洁，力图体现极强功能性的美学特色。而与此相反的彩绘陶，则主要用于随葬，如洛阳烧沟汉墓出土的彩绘陶器达 785 件，主要品种是壶、钵、鼎、耳杯、盒、盘、卮、碗等，②其装饰形式诠释一种富丽堂皇的审美效果。从历史发展轨迹来看，汉代是我国陶瓷工艺制品从陶到瓷、从礼器到日用品的重要发展和转型期，一方面是东汉中晚期瓷器（主要是青瓷、黑瓷）首次烧成，开创了中国瓷器创烧成功的时代。另一方面，西汉晚期，随葬的陶、瓷器中礼器减少，日用品增多的趋势已经形成。③ 壶、罐、盆、碗的饮食器反映了当时追求造型美、功能美与形式美的统一。

隋代的饮食器常为盘形口，而罐类往往是直口无颈，较为典型的是高足盘，器型较深，口部内收，底部内凹，足较小且多为喇叭状空心高圈足。到了唐代，瓷器工艺展现出了地域性与等级性的审美特色，从地域性来看，各窑厂生产的瓷器因地域不同而首次出现有“窑名”的新发展趋势，最有名的是浙江越窑和河北邢窑。从等级性来看，浙江越窑以烧制青瓷著称，技艺精湛考究，釉色鲜亮滋润，其中最值得赞赏的当数畅销国内外，并成为皇家专属用品的“秘色瓷”。

---

① 参见唐家路、张爱红：《中国设计艺术原理》，山东教育出版社，2018，第 41 页。

② 参见王朝闻主编《中国美术史秦汉卷》，北京师范大学出版社，2011，第 429 页。

③ 参见仪平策：《中国审美文化史秦汉魏晋南北朝卷》，山东画报出版社，2000，第 122—123 页。

唐代瓷器种类增多，特别是饮食器、乐器等实用型器型。此时最具特色的莫过于人们熟知的唐三彩，于唐中期开始流行，种类丰富，多为仿日用品的食器，如碗、盆、杯、壶等，造型浑圆饱满，给人雍容华贵之美感。这一时期的陶瓷装饰在继承传统的基础上也有了创新和发展，题材由传统动物纹开始转向以植物纹为中心的态势，梅花、菊花、莲花、忍冬花、团花、串花、蔓草等成为普遍应用的装饰题材。反观动物纹，以前的主体装饰图案日渐减少，题材也由猛兽、神兽类动物转变为蝴蝶、天鹅、鸳鸯、家禽等。同时，受外来文化的影响，具有异域形象特征的武士、舞者、奴仆等人物及联珠、天马、翼兽等装饰性图案，也为隋唐陶瓷装饰提供了发挥的空间。

宋朝是中国瓷器大发展的关键时期，也是陶瓷史上空前繁荣的时期，瓷窑遍布全国，以瓷器为主的饮食器主要有瓷碗、瓷水盂、瓷杯、瓷盘、瓷壶、羽觞、瓷瓶、瓷罐、瓷钵、瓷托盘等，可以说饮食所用的瓷制器皿已基本齐备。在造型上呈现出种类繁多的样式，宋代的陶瓷工匠们利用先进的制陶工艺创造出不同粗细、横直、长短、弯曲的外部轮廓线组合成的器用形体。这一时期饮食器具的造型明显受到当时文化环境、社会风俗、饮食习惯的强烈浸染，正如陈松贤先生所说："封建社会各个时期的社会政治经济、审美取向、民俗民风以及科学技术，都集中体现在历代的陶艺作品中。"①宋代百姓初步形成的一日三餐的饮食习惯，成就了饮食器造型丰富和功能齐备的审美态势。

元代，瓷器的造型特点是雄浑挺拔，特别是在罐、瓶类器物上表现得尤为充分，线条十分流畅，造型浑圆饱满，突出特点集中在瓷器的装饰技法与纹饰上。到了明代，瓷器在技术上有了新的突破和创新，其中釉色多达 57 种，不仅为彩绘瓷器的发展奠定了工艺基础与技术条件，还进一步促进了明代瓷器实用目的与经济发展协同下的"经世致用"思潮。

值得一提的是，明代的瓷器以景德镇的产品最为精湛。就饮食器的造型而言，有盘、壶、墩式碗、高足杯等。为了实用，明代器皿针对某些局部做了改良，如墩式一类的碗，基本上保留了元代的样式，但口沿和底足的处理更符合日用的需要。再如景德镇窑宣德年间生产的"宫碗"，口沿微撇，底足较薄并

---

① 唐家路、王拓：《饮食器用》，中国社会出版社，2010，第 27 页。

保持一定的高度,不仅形体优美,且较元器更为实用。[①] 除此之外,明清时期,御器厂还专门生产西方国家需要的咖啡具和餐具套装。此时期,中国所生产的陶瓷餐具不仅有中国风格,也出现了一些西方的饮食器。[②]

纵观清代的瓷器审美:康熙刚健、雍正雅致、乾隆华缛,三个历史时期各有风格,传统饮食器物的形制碗、杯、盘、体、瓶、罐、壶、樽等器皿都体现了清代瓷器造型准确、规范、成品率较高的优点,并为清代瓷器的造型美提供了必要条件。如康熙年代风行饮食器的套杯和攒盘就是当时瓷器成型技术的最好见证。因此,从套杯设计思路来看,它是由几个不同直径和不同深度的单体组合成套,每个单体又可形成递减的组合关系,类似于现代的系列餐具设计。其次是攒盘,一个圆形或海棠形的整体是由十几块甚至二十几块的几何形单体组成,这些器物的攒聚,需要单体之间天衣无缝,其成型难度不亚于套杯。[③] 可见,用当代的眼光审视清代招待宾客时盛装果品的攒盘,在增强餐具与使用者之间情感交流的同时,引发了后续陶瓷设计革新的新思考。从金属工艺的产生及演变来看,殷商时期的艺术劳动成果青铜器自诞生伊始,开了中国金属工艺食具之先河。此时的青铜饮食器皿种类繁多,可分为饮器、食器、酒器、水器、容器等,有的两两成对,有的件数成套,几乎无不铸有繁复的纹饰,且常常不留空隙,各种形象混合布满器具的全身。[④] 从出土青铜器情况来看,青铜礼器即包括饮食器在内,当时是被作为最珍贵的器物来占有和使用的,尽管种类不胜枚举,但用于祭祀、宴享的礼器和用于权力象征的兵器占了较大的比重,同时这些器物也是一种身份、地位和财富的象征。由此不难看出青铜器所属地位的差异。因此,青铜器对于殷商人来讲,与其说它们是实用器物的象征,不如说是反映当时社会心理和精神生活的一种体现。可见,将青铜器作为贵重之器和艺术品,可谓是创造出了当时最富审美价值的精品和珍品,同时也融入了殷商人民所特有的审美趣尚与美学追求。

青铜工艺到东周时期发展至高峰,此时期特别注重器物的外观装饰,用针刻画(也称为锥刻画),也有用高硬度的刻刀锲刻而成,这些装饰纹样常常刻

---

① 参见王朝闻主编《中国美术史明代卷》,北京师范大学出版社,2011,第 374 页。

② 参见唐家路、王拓:《饮食器用》,中国社会出版社,2010,第 31 页。

③ 参见王朝闻主编《中国美术史清代卷》,北京师范大学出版社,2011,第 215 页。

④ 参见廖群:《中国审美文化史先秦卷》,山东画报出版社,2000,第 109—110 页。

在食器盘的大散口的内壁面上，因此可以视为一种特殊的绘画表现形式。①

汉代青铜器的种类很多，主要包括饮食器、水器、乐器、日用杂器等，随着国家大一统局面的逐渐形成，青铜器发展到这一阶段，由于注入了新的生活气息，导致青铜饮食器具逐渐衰落，同时淡化了政治、宗教和礼仪方面的要求，取消了贵族身份的象征，发展为面向大众的日常用具。

魏晋南北朝铜器普遍衰落以至消失，随之崛起的是金银器。在南北朝之前，器物多由官方垄断制造，百姓不得生产。北魏之初曾严禁私人制造金银器，直至孝明帝元诩神龟年间（518—520 年）方才开银山之禁，于是金银器的流行应运而生。这类器物现存不多，其中出土的饮食具主要有河北赞皇东魏李希宗墓出土的锤揲银莲花波纹碗、广东遂溪县南朝窖藏出土的萨珊银碗，都是极典型的遗存物，其中既有传统造型的工艺产品，亦有在形制与工艺上都有中亚风格甚至与拜占庭器物相似的产品，还有可能是直接来自外国的舶来品。②

唐代的铜器遗物甚少，因被广泛流行的瓷器所代替，从出土的食具来看，主要有洛阳西郊涧河西唐出土的铜盘，长沙、赤峰唐墓出土的铜碗、铜勺、铜匕等。③ 其样式大都沿袭前代，缺乏特色，但造型单纯轻薄，相对审美价值而言，其更具有实用价值。

除了以上论述的青铜器之外，我们也可以从金银器的金属材质来分析饮食具，自秦汉以前的金银器制作工艺属于青铜器制作的衍生品，真正摆脱青铜器而独立门户的工艺样式则是汉代以后，因此关于金银材质的饮食器具笔者也会从汉代开始论述。

隋代金银制品发现不多，1957 年，在西安的隋朝李静训墓中发现了金杯、银碗、银筷、银勺、高足银杯、银盒、金项链、金手镯和金戒指等，造型精美，工艺精湛，有些受波斯萨珊金银器影响，有的可能是西亚和波斯传入的。④ 唐代金银器的用途，主要是贡奉给皇室。据记载，在一年的四节和皇帝的生日，均有各地官员上贡金银器，数量大得惊人。例如唐敬宗时，淮南节度使王播一次就

---

① 参见王朝闻主编《中国美术史夏商周卷》，北京师范大学出版社，2011，第 351 页。

② 参见王朝闻主编《中国美术史魏晋南北朝卷》，北京师范大学出版社，2011，第 171 页。

③ 参见田自秉：《中国工艺美术史》，东方出版中心，1985，第 206—207 页。

④ 参见金维诺：《中国美术史魏晋至隋唐》，中国人民大学出版社，2014，第 38 页。

进奉"大小银碗三千四百枚"(《旧唐书·王播传》)。而皇室又用这些贡品作为对功臣的赏赐，或对外交往的礼物。这种以金银器为主的进奉之风，在唐代各时期均有出现。将出土的金银器进行归类，属于饮食器有：1958 年在陕西耀县柳林出土的盘、杯、碟、托等；1963 年在西安沙坡出土的碗、壶、杯、熏炉、盒等；1970 年在西安何家村出土的锅、碗、盆壶、盘、罐、盒等银器；1980 年在陕西蓝田出土的碗、盘、铗、匙、盒等。① 这些出土器物精致的花纹、毛雕与浅浮雕交织在一起，在银白色的器皿上装饰鎏金花纹，使金色与银色交相辉映并产生不同的金属光泽，完美诠释了金银器的艺术魅力，是唐代饮食类金银工艺的审美代表。

从宋代金银器的实物遗存来看，当时出土的饮食器有：1967 年在浙江瑞安仙岩北宋慧兴塔出土的银瓶、鎏金舍利瓶、鎏金银杯；1959 年四川德阳孝泉出土的一批宋代银器(共 117 件，被装在一个四耳阿罐中，有梅瓶、执壶、尊、茶托、茶杯、镂空盒)；1980 年陕西扶风西坡村出土的十花口银杯、素面银碗；1974 年浙江衢州郊瓜园村南宋史绳祖出土的八卦纹银杯、八角形银杯、银碗，等等。② 此时期金银器器形工整，比例均衡，纹饰处理干净利落，清新悦目，给人以潇洒秀丽、恬静舒畅的审美感受，与同时期的陶瓷工艺相媲美，体现了共通的时代风格。

在元代的金银器遗存中，主要的饮食器皿有：碗、盏、杯、盘、盒、壶等。但是金器最得统治者看重，因为它不仅是高贵的手工艺品，也是权势的标志。依照法令，只有五品以上的官员才能使用金质茶酒器。在元代，帝王亲贵的金银酒具、食器数量极多，形制极大，合肥曾出土过一只长 543 厘米、口径 17 厘米的大银勺。宫廷炊具，"如瓮之类，皆银为之，极其侈靡，前代之所无也"(周密《癸辛杂识》续集下《光禄寺御醴》)。大量使用贵金属，既反映了蒙古族上层疯狂敛财的情况，也体现出他们以贵为美的审美意识。③ 从设计风格上看，注重造型的元代银器，大多简洁劲挺，追求轮廓线的刚柔变化，重视造型仿生设计，是饮食器设计历史上实用与审美巧妙合一的典型案例。

回顾元、明、清时期，金属制造业在不断发展革新的过程中，官府和民间金

---

① 参见田自秉：《中国工艺美术史》，知识出版社，1985，第 208—210 页。

② 参见王朝闻主编《中国美术史宋代卷下》，北京师范大学出版社，2011，第 392—393 页。

③ 参见王朝闻主编《中国美术史元代卷》，北京师范大学出版社，2011，第 368 页。

属器皿行业迎来了兴旺发达的良好势头，由此催生了金属饮食器品种与数量的显著增长，几乎覆盖了饮食生活的方方面面。与此同时，元、明、清时期的金、银、铜、铁制作的饮食器皿被广泛使用，随着数量的不断增加，从达官贵人到平民百姓，因作为日常饮食器而流行起来。清末傅崇矩在《成都通览》中记载了成都当时使用铜、铁饮食器的情况，其中铁制品仅锅类就有水锅、耳锅、大小的毛边锅、鼎锅等，不仅规格丰富，而且还出现了专门用于制作蒸糕及锅盔的炉具；铜制品主要有锅、瓢、盘、杯、茶船、茶炊和火壶等。① 由此可知，中国饮食鼎盛的元明清时期，这些丰富的饮食器具促进了宫廷贵族和民间饮食文化，使得饮食器皿和器皿技术更加繁荣多样。

从漆器食具的产生及演变来看，据文献记载，在殷代出土的遗存中，发现了漆绘的陶罐和朱墨漆盒，色彩更加绚丽，应该说是漆器食具的萌芽。到了夏代就有了成熟的漆木器制作。正如《韩非子·十过篇》中所记载的："尧禅天下，虞舜受之，作为食器，斩山木而财之，削锯修其迹，流漆墨其上，输之于宫，以为食器，诸侯以为益侈，国之不服者十三；舜禅天下而传之于禹，禹作为祭器，墨漆其外，而朱画其内，缦帛为茵，蒋席，颇缘，觞酌有采而樽俎有饰，此弥侈矣，而国之不服者三十三。"这段文字说明，在传说中的虞舜时代，已使用经过"削锯修其迹"与"流漆墨其上"等细致加工程序的漆木食器。到了夏禹之世更出现了极为珍贵的朱、黑两色的漆木祭器，"而樽俎有饰"则透露了这些朱、黑两色的漆木祭器之上有着图案纹饰的信息。从上述所记载的小范围使用、装饰美观、精工细作且昂贵等特点，可以看出漆器一开始就是作为一种奢侈品出现的。商代漆器的应用范围已经较为广泛，漆器工业发展水平进一步提高，用于食器的日用品主要有碗、钵、盘、觚、盒等，漆器上的装饰花纹呈现出与商代青铜器艺术一致的时代风格特点，以饕餮纹、云雷纹、夔龙纹和虎纹等为主要纹饰，以朱、黑两种色彩为基调，来满足商人对感官的刺激和愉悦的审美追求。

战国时期是中国漆器艺术形成早期一个十分重要的发展阶段，已出土的战国漆器食具主要来自南方的楚墓，例如湖北江陵出土的楚漆器饮食具：

雨台山楚墓群：耳杯、蛋形杯、盒、卮、樽、豆、俎等。

---

① 参见唐家路、王拓：《饮食器用》，中国社会出版社，2010，第 30—31 页。

拍马山楚墓群:长方形漆盒、曲尺形漆盒、蛋形杯、耳杯、盾、漆盒等。

天星观1号楚墓:耳杯、卮、木勺等。

望山1、2号楚墓,沙家1号楚墓:耳杯、盘、俎、豆、勺等。

马山1号楚墓:耳杯、盒、食、盘等。

湖北境内随县曾侯乙墓出土漆器被认为是战国初期漆器系列中最具代表性的,不包括乐器笙、瑟、琴、鼓和兵器杆、弓、盾等髹漆器物,仅日常生活用器、观赏工艺品、娱乐用品、丧葬用器和礼器等严格意义上的漆器就出土了230件。① 这些漆器中绝大部分是实用器物,如用于盛食的有杯、罐、盒等;用于搁置的有案、几、禁等;用于摆设的有架。堪称中国古代实用工艺设计的杰出代表,同时也展现了战国时期上层贵族的享乐生活方式。

秦汉时期漆器工艺形成了发展与创造的新局面,主要体现在造型设计、工艺材料、技术以及装饰等方面。自20世纪以来考古发现的秦汉贵族墓葬,一般都有相当数量的漆器饮食具出土,其品种丰富,可谓应有尽有,如杯、盘、碗、鼎、盒、盂、勺、匕、壶、钟、樽、钫、卮等。② 髹漆工艺赋予材料以质轻、形美、耐用、华贵的特点,使食器兼具实用和美的功能与价值,逐渐取代了相当一部分青铜用器,漆器成为备受社会各阶层重视和厚爱的器物形式。

魏晋南北朝由于陶瓷器的广泛使用,漆器普遍衰落以至于消失,反映了漆器工艺受到实用性的制约,逐渐退出日用行列的发展趋势。唐代的漆器使用重新普及,食具中常见的样式以瓶、盘、碗等居多,当时漆器被列为税收实物之一,可见其使用和制作的普及性,漆器也代表着唐代食器的审美价值取向。

宋代漆器工艺蓬勃发展,官方设立了专门的漆器生产管理机构,同时民间的漆器生产也呈现出遍地开花的局面。正如《东京梦华录》所记载,北宋的开封便设立了漆行,也被称作漆店,就连《清明上河图》中,也展现了当时漆店的历史场景。此外,据《梦粱录》记载,当时临安开了一家漆店,在其漆器上还出现了温州造、杭州造等字符。巨鹿曾经出土过的漆盘,不仅标注了价格,而且还落款了"货真上牢"的字样,③其中"牢"指的是产品坚固,类似于现代的商品宣传。可见,漆器在当时已成为一种流行商品。宋代漆器饮食具的样式丰富

① 参见王朝闻主编《中国美术史夏商周卷》,北京师范大学出版社,2011,第280页。
② 参见王朝闻主编《中国美术史秦汉卷》,北京师范大学出版社,2011,第413—414页。
③ 参见田自秉:《中国工艺美术史》,知识出版社,1985,第253页。

多样，主要有碗、盆、盘、勺、盒、盂等，从宋代漆器饮食具的出土资料来看，1953年杭州老和山宋墓出土了绍兴三十二年的漆碗和漆盘，1954年无锡宋墓出土了大量漆碗和漆盘。1959年江苏淮安杨庙镇的北宋墓葬中出土了75件漆器，囊括了漆碗、漆盘、漆罐、漆盆、漆宷、漆钵、漆茶托等种类丰富的漆器饮食器，当时最为流行的样式当数花瓣造型的漆碗、漆盘和漆盒。[①] 纵观各地出土的宋代漆器，犹如宋瓷一样以造型取胜，从朴素无华的漆器风格中凸显食器结构比例的韵律美。

元代统治阶层对漆器兴趣不大，他们虽也使用漆器，但多较粗朴，饮食器形主要有碟、菜盆、钵、盂、碗、盏、盘、盒等。[②] 当时最具特色的漆器便是雕漆，常见的品种是各色素髹器，虽然技艺平平，但是雕漆高档品种上承唐宋、下启明清，在中国漆器史上有较高的审美价值。

（三）住之美

住之美的形成决定了建筑审美文化受限于建筑的实用性质，是实用性与审美性的结合体。因此建筑之美主要体现在不同历史时期建筑整体形制、量度结构和细部装饰上，并通过建筑样式来表现一定时代和民族的审美文化精神与趣尚，[③]下文着重以住之美的历史演变脉络进行论述。

根据考古发掘考证，最早的原始村落居住方式主要有两种：一种是洞穴住宅，将天然的洞穴用作居住场所。另一种是筑巢，这是一种原始的居住形式，常见于地势低洼、潮湿、有昆虫出没的南方地区。到了新石器时代晚期，随着农业生产的发展人们开始定居下来，就地取材，因地制宜建造房屋，自此新石器晚期的人们开始从渔猎生活和采集生活过渡到稳定的畜牧业生活和农业生活。夏代开始使用萌芽于新石器时期的夯土技术，这一技术在商代得以成熟，出现了以木架和夯土为主体的建筑，商代晚期，又出现了大型宫室、陵墓和宗庙，这表明当时可以建造大型木结构建筑，通过对河南安阳殷墟的考古发掘可知，整个商代都城的建筑群设计以王宫为中心，周围被人为地挖出了一条巨大的壕沟，主体建筑为东西南北相对，中间为宽阔的四合院式的庭院。这座建筑

---

① 参见田自秉：《中国工艺美术史》，知识出版社，1985，第256页。

② 参见王朝闻主编《中国美术史元代卷》，北京师范大学出版社，2011，第365页。

③ 参见仪平策：《中古审美文化通论》，山东人民出版社，2007，第332—340页。

有 56 座宫殿,布局合理,规范严谨,在王宫周围分布着冶铜、骨制品等手工业作坊和墓葬区。① 虽然很难目睹商代建筑的真实全貌,但是从上述商代建筑造型的遗址来推测,可以想象当时宫殿建筑庄严雄伟、气势壮观的场面。

西周的统治者把建都筑城作为立国的基础,而且每个都城均参照城郭沟池的建筑式样来建构,至今能够被证实的都城就有 130 余个,从都邑筑城的实际情况来分析,均按照爵位大小来建造,有所谓"王城方九里,长五百四十雉;公城方七里,长四百二十雉;侯伯城方五里,长三百雉;子男城方三里,长一百八十雉"之规定。受周王的影响,各诸侯国也开始大力建造都邑。因此,这时的建筑业发展较快,西周中晚期以后,房顶盖瓦的现象已较普遍,而且出现了板瓦、筒瓦、人字形脊瓦以及印有饕餮纹、夔纹、龙纹、风纹、云纹、水波纹的半瓦当样式。② 同时,西周建筑受当时礼制的规范和宗教制度的影响,贵族所居住的房屋结构布局必须符合周代"前朝后寝,前堂后室"的要求,房屋的大小规格也有一定的规模尺度。因而,平民庶人则只能住在简陋的土窑式或半地穴式房屋里。

春秋时期的代表性建筑是秦朝的都城——雍城。从陕西省凤翔县南郊发现的雍城遗址来分析,整个建筑呈不规则的方形,每个边长大约 3200 米。城中偏西的位置是宗庙和宫殿,其中有一座宗庙遗址的四合院由门和堂组成,中庭地面下有许多紧密罗列的牺牲坑,是辨别祭祀性建筑的标志。从这些牺牲坑可以推断,这是一座建筑在夯土高台之上的祭祀性建筑遗址。另一个重要发现,即春秋时期砖的出现以及瓦的广泛使用,从河南洛阳东周故城、山西侯马晋故都、湖北江陵楚郢都以及陕西凤翔秦雍城等地的春秋古遗址所使用的筒瓦、板瓦、圆瓦当和半瓦当中可以得到证实。回顾雍城遗址所出土的坚硬实心砖和花纹装饰的空心砖,表明了砖、瓦在春秋时期已被用作建筑材料。随着诸侯们对奢靡生活的追求,被应用于建筑的色彩与装饰开始逐渐盛行。如《左传》中记载鲁庄公丹楹(红柱)刻桷(刻椽),便是对诸侯们追求华丽宫室的真实写照。

战国时期,据战国秦咸阳宫的考古发掘可知,高台宫室的建造在当时极为

---

① 参见傅克辉:《中国设计艺术史(修订版)》,重庆大学出版社,2014,第 44—45 页。

② 参见傅克辉:《中国设计艺术史(修订版)》,重庆大学出版社,2014,第 45—46 页。

盛行。该建筑长60米,高6米,宽45米,由殿堂、过厅、居室、回廊、浴室、地窖和仓库等建筑,形成了一组错落有致、复杂壮丽的长方形夯土台建筑群。宫殿设在二楼,居室内有火坑,居室和浴室还备有取暖的壁炉,有深达十几米的地窖用于冷藏物品,还有用陶管道和陶漏斗组成的排水系统。① 这种具备取暖、排水、冷藏、洗浴等设施齐全的建筑,充分展示了战国时期的建筑设计水平。

自春秋战国起,中国就有了对建筑环境进行全面管理的理念。从《周礼》中关于野、乡、都、闾、鄙、里、丘、邑、甸等的规划制度,不难看出当时已经有了系统的地域规划思想。《管子·乘马》的主张"凡立国都,非于大山之下,必于广川之上",说明了城市的选址规划必须考虑与周边环境的关系以及城市未来的扩充和发展。

秦灭六国统一天下以后,由于有能力从全国各地聚集人力、物力和工匠,从而形成了我国古代建筑史上第一个高潮。从修建的阿房宫、始皇陵到万里长城、驰道、驿道等举世闻名的庞大工程。仅以阿房宫来说,据《史记·秦始皇本纪》记载:"(秦始皇三十五年)乃营作朝宫渭南上林苑中。先作前殿阿房,东西五百步,南北五十丈,上可以坐万人,下可以建五丈旗。周驰为阁道,自殿下直抵南山。"从目前在西安西北的阿房村遗存的周长200余米、高15米、中部有3个1米多宽的花岗石的柱基来看,阿房宫的规模确实大得惊人。② 再结合秦始皇陵和万里长城等遗址的分析,可见秦代建筑设计的兴盛。

汉代见证了建筑设计艺术的发展与繁荣,从未央宫、长乐宫、宜春苑囿、乐游苑囿等营建宫殿、陵墓和苑囿的大规模建设来看,可以分析出其建筑的三大显著特色:第一个特色是逐渐成熟的木架建筑,在拱券结构与砖石建筑上有明显的突破。这种突破从汉画像石、画像砖、陶屋等间接资料以及各地汉墓,证明了汉代多层木架建筑的普及,以及木架建筑结构与施工技术的重大进步。第二个特色是斗拱建筑的广泛出现。分析明器、画像砖和石阙上的斗拱建筑形象,汉代的斗拱主要是用来保护土墙、木构架的房屋的根基,作为支撑屋檐向外挑出的斗拱,使屋檐伸出足够的深度。与此同时,斗拱也成为建筑造型的一个重要组成部分。第三个特色是在陵寝、宫殿、坟墓和祠庙的外部建阙,以

① 参见傅克辉:《中国设计艺术史(修订版)》,重庆大学出版社,2014,第69页。

② 参见朱和平:《中国设计艺术史纲》,湖南美术出版社,2003,第205页。

增强整个建筑群所要的宏伟效果。①

魏晋南北朝时期，随着佛教的传入以及统治者的积极推崇，佛塔、佛寺和石窟等佛教建筑开始迅速兴起，并在南北朝时期达到了巅峰。这一时期的佛教建筑不仅在数量上呈现出蓬勃发展的态势，而且在艺术性和宗教意义方面也达到了新的高度。曾有记载，南朝都城建康有 500 多座佛教寺庙，北魏都城洛阳有 1000 多座佛教寺庙。同时，佛塔、石窟、风景园林也如雨后春笋般遍布全国。不仅有北魏建都平城（山西大同）时的云冈石窟，还有迁都洛阳之后的龙门石窟。此外，还有规模庞大的天龙山石窟、敦煌石窟和麦积山石窟等。当时，木结构也非常流行，木质佛塔也比较多，但木头很容易腐烂，目前没有一座保存下来。另有石塔和砖塔等佛塔，河南登封嵩岳寺的砖塔建于北魏时期，保存至今。此时期还产生了自然山水式的园林景观，一方面满足了达官贵人所追求的奢华生活；另一方面，满足了一些文人士大夫对山水的情感寄托，进而促进了园林自然景观的繁荣。

隋唐时期受到外来建筑的影响，通过吸收与融合相结合的方式，产生了形状大小各异的建筑物。在这一过程中，建筑构件的基本形式和用料标准得以固定，加工方式也呈现出统一的技法。这表明隋唐时期的建筑在外来文化的影响下逐渐形成了自己独特的风格，并且展现了一种融合并创新的态势。当时的都城建设，有详密的规划，布局严整，区划分明，在设计中不仅使用图样，而且还有木质模型，这在我国建筑技术上是重大突破。隋唐时，宫殿的布局采用“三朝五门”的周制。所谓“三朝”，即外朝——承天门；中朝——太极殿；内朝——西仪殿。五门，即承天门、两仪门、朱明门、太极门、甘露门。帝王的政务区和生活区已有明显的分隔。在建筑材料方面，除了广泛使用石、木、土、砖、瓦、竹等材料外，琉璃的烧制也比南北朝更为先进，使用范围也更加广泛。从遗存至今的实物、考古发掘遗址以及文献所载来看，隋唐时期建筑具有如下成就和特点：其一，在城市的兴建过程中，十分注重整体规划和布局设计，这方面表现尤为明显的是都城的建设；其二，建筑群体的布局有了空间感，以大明宫为例，从丹凤门经第二道门至含元殿、龙尾道，再经紫宸殿、宣政殿和太液池南岸的殿宇，最终到达蓬莱山，这条轴线长约 1600 米；其三，解决了木建筑面

① 参见傅克辉：《中国设计艺术史（修订版）》，重庆大学出版社，2014，第 100 页。

积大、体量大的技术难题,并实现了标准化。例如,现存的唐代末期佛光寺大殿和五台山南禅寺正殿,可以看到当时木构架,特别是斗拱部分,在其构件方式和用料上都是规范化的,这表明当时确立了用材制度,反映了当时建筑施工水平的先进。其四,砖石建筑得到进一步发展,使用砖石建造佛塔的数量有所增加。① 目前,在我国留存的唐塔中诸如西安兴教寺玄奘塔、香积寺、大雁塔等都是砖石塔建造的重要范例。

宋代开始的建筑审美风格,一方面打破了完全对称的单一格局,呈现出优美多样的风格,建筑布局、建筑构件和造型设计的标准化得到了改进。另一方面,由建筑延伸出来的室内装修设计得到了重视与发展,促使建筑与门窗以及室内家具在审美风格上达到和谐统一。具体表现在以下几个方面:第一,城市结构和布局的革新,打破了唐以前夜禁和坊里制度,形成了沿街设店的建筑方式。第二,木构架建筑设立了典型的模块化系统,北宋时《营造法式》中将“材”作为造屋的标准,根据房子的主次、大小将木架建筑的用料分为八等,其中量屋用“材”,“材”一经选中,木构架部件的尺寸都要按照规定实行配套制,不仅节省时间,工料预算也有统一规范,方便快捷。第三,建筑面积加强了空间层次,如河北正定隆兴寺,呈南北中轴线的狭长方形,虽然轴线很长,但由于建筑体量和院落空间的变化,却并不死板。第四,建筑色彩与装饰较为丰富,如室内的木装修、木架的彩画以及跟不及地的高式桌椅家具。第五,砖石建筑发展水平再创新高,宋代的砖石建筑以佛塔为主,其次是桥梁,宋代的石桥和塔的数量较多,不仅遗留至今,而且这些砖石建筑也完美诠释了当时施工技术、砖石加工和设计水平的先进态势。第六,园林兴旺。两宋时期从苑囿到私家园林再到园林别墅林立,一方面表现出统治者们的没落与沉沦,另一方面也表明了宋代建筑业的进一步发展。

元代建筑审美受喇嘛教和伊斯兰教建筑艺术的影响,宫殿、寺、塔的建筑风格呈现出民族特点和宗教特色。建筑上,一方面,继承了宋、金的传统,在建筑技法上有所创造和发展,如在建筑构件和构造方法上,有由繁趋简的倾向;在类别、布局和外形方面也有所变化,如城市建筑方面,元朝都城大都(今北京)是继唐代长安之后又一个规模宏大、规划完善的都城。另一方面在宗教建

① 参见朱和平:《中国设计艺术史纲》,湖南美术出版社,2003,第207—208页。

筑方面，在传统的道、祠祀建筑仍保持一定数量的同时，从西藏到大都建造了很多喇嘛教寺院、伊斯兰教礼拜寺和塔，开始和中国建筑相结合，引进了一些新的建筑装饰和新型建筑。

明、清时期的建筑美学风格是中国封建建筑继汉、唐、宋建筑之后的最后一个小高峰。城市建筑方面，明清时期，除了京师南京、北京以外，不少宋元以来的旧城得到了扩建，同时也出现了若干新兴的手工业、商业和对外贸易的城市及地方城镇。在古代建筑领域中，宫苑、陵寝建筑得到了极大的发展，尤其是明、清两代陵墓规模都很宏大，离宫园林、坛庙、牌坊、碑亭等充斥各地。明十三陵、清东陵、清西陵、天坛等建筑，在吸收前代建筑经验的基础上，均有不少创新之处。至于城乡居民住宅建筑，除了私宅以外，这一时期增加了很多书院、会馆、宗祠、庙宇、戏院、旅店、餐馆等公共性建筑，同时住宅建筑的质量也随之不断提升，除二、三层楼房建筑外，广东、四川、福建的住宅已高达三、四层；雕饰丰富的石、木、砖装饰已经普遍用于大、中型住宅中，这些都是前所未有的情况。这时期，由于地方经济的发展，建筑的地区特色逐渐显现，并开始走向程式化。具体而言，明清建筑具有以下六个特征：一是砖墙普遍出现；二是琉璃瓦和瓷砖的质量较高，应用更广泛；三是形成了一种新型的木构架；四是建筑群布局趋于成熟和完备；五是私家园林的繁荣与发展；六是官式建筑装修、彩画、装饰的程序化。然而，这个高峰自晚清道光、咸丰以后就急转直下。由于内忧外患，经济停滞衰退，国内整个建筑业处于萧条状态，不仅缺少建筑设计创新也缺乏有规模的建筑。当然，随着外国资本主义的侵入，中国 20 世纪初期的建筑设计，一方面受到西方建筑设计的强烈影响，另一方面在接受西方建筑设计的同时，一些有远见卓识的设计家开始重新审视中国传统建筑，促使中西建筑设计得以相互交融，为近现代中国建筑设计面貌的形成奠定了重要基础。

（四）行之美

行之美的研究探讨，主要集中于交通工具的发展和创新创造上，尽管中国古代的交通工具以车与船为主，由于不同历史时期车与船发展过程中的不断创新，因此仅对中国古代车与船的审美革新做讨论。

考古发掘出土的原始社会的车船实物不多，但一些零星出土的物件证实了早在几千年前的原始社会,人们就有了使用车船的情形。如浙江跨湖桥遗址发现了一艘可以追溯到8000年前的独木舟,这是中国发现的最早的与船有关的遗迹。此外,在青海乐都的齐家文化墓群柳湾墓地出土了独木舟棺,表达出原始人类对舟船造型的某种精神寄托。① 据记载,在河南偃师二里头遗址考古发现的车辙证明夏代的车体较窄,仅1米左右,辙印为双轮。由此可知中国早在夏代就已经有了造车历史。在此基础上,商代车的设计制造和使用范围有了更大的进步,为了战争和运输的需要,已经有了专门的造车行业。从车的造型来看,车轮以独轮、双轮、长毂为主,车厢是横宽竖短的长方形,车体大都为木质结构,通常在重要部位装有各种青铜制成的车器,其目的在于增加车身的牢固程度同时又具有美观效果,便于纵横驰骋,为了使车速增大,四马战车的装备被普及并制度化。从造船方面来看,商代的船出现了由多块木料拼成的有头、有尾、有底的类似于后来的舢板船样式,这类船只结构简单,易于制造,体积小巧灵便,划速快,它是3000多年来我国使用的最普遍的船形。据有关资料显示,商代已能制造控制方向的舵桨船了,《史记》中已有关于武王伐纣的记载,已经使用船只运送军队和战具,渡过波涛汹涌的黄河去攻打商,这是船只用于战争的最早记载。②

春秋战国时期,诸侯征战,动辄便是千乘以上的战车出动。即便如此,当时的战车结构式样与周代大同小异,车仍然由车厢、底盘、车轮和马具四部分组成,只是在提升应战的灵活和耐磨结实方面做了若干改进。另外,从战国铜鉴、铜壶等青铜器上的水陆攻战图可知,此时的战船已有上下两层,上层载战士,下层载划桨手。当时的行船还没有借助风帆的力量,而完全是人工划桨驱动。到了战国末期,秦国拥有了一支军用运输船舰队,这支舰队由两艘船连接在一起而组成,每艘船能载50名士兵和三个月的粮食,一天能航行300多里。这些都反映了为适应战争和生活的需要,应筹划与之相匹配的船只,并且注重造型式样美观的审美设计意识。

秦汉时期,社会经济、科学技术的大发展,为车、船的设计创新创造了条件。秦代,由于作战方式的改进,战车已经逐渐退居次要地位,随之而来的帝

① 参见李江:《中国设计史纲》,江苏美术出版社,2013,第24页。
② 参见傅克辉:《中国设计艺术史(修订版)》,重庆大学出版社,2014,第49页。

王、官吏出行的日常交通用车需求大幅提升。据记载，秦始皇出巡时就曾经有大批车队随行，场面十分壮观。1980 年 12 月陕西临潼秦始皇陵西侧陪葬坑出土了两辆铜车，其气魄之恢宏、工艺之精湛、装饰之华美、造型之严谨准确，较为真实地反映了秦代车辆的设计和制造全貌。① 汉代的车辆主要用于载人装货，而非战时使用，这时的车辆在出行、狩猎和运输中发挥着重要作用。值得一提的是汉代车辆设计从单辕发展为双辕，由一个牲口便可驾辕的系驾方式，使操作简单化，并成为车辆制造史上的一次伟大革新。另一方面，秦汉时期也是中国造船业发展的第一高峰，从当时广州发掘出的秦代造船工厂遗址，可推算当时这个工厂可造宽 8 米，长 30 米，载重 60 吨的船舶，说明当时的造船业已经相当先进。汉代船舶制造技术的另一大成就是变橹为桨，这一重大革新提高了行船速度，是现代螺旋推进器的前身。同时，广州汉墓出土的陶船，船头有锚，船艉有舵，能轻快灵敏地控制航向，凸显了造船业的伟大进步。到了东汉，布帆开始使用，人们开始利用风力来解决船舶前进的动力，这也成为中国古代人民的一项重要发明。

魏晋南北朝时期，牛车极为流行，原因之一是这一时期节俭与否成为判断官吏廉洁的标准，使原本看起来不太高贵的牛车受到了重视，因而推动了牛车在官吏阶层中的普及。原因之二是由于当时经济萧条，国家难以大规模饲养马匹，加之牛车的平稳缓慢更符合魏晋提倡清淡的时尚现象。

这一时期值得关注的是设计结构特殊、制造工艺精细的指南车和记里鼓车。指南车是一种指示方向的车辆，由于其实际功能性强，所以屡被兴造，经东汉张衡创建到三国马钧重新改建，再到十六国赵解飞和后秦的令狐生分别制造出更为先进的指南车。虽然建造的指南车精确度并不高，但也堪称世界上较早的控制机械之一，也是中国工程技术的杰出成就。始创于汉，由张衡发明，而见于魏晋南北朝的记里鼓车，是能自动记载路程的车辆，是中国古代最早的自动装置。另外，由于军事和海上运输的需要，尤其在南方水域和经济发达地区，魏晋南北朝的造船业较以前有所发展。东吴亡时，被接收的官船有 5000 余艘，其大船上下五层可载 3000 余人，战马 80 匹。史料载，东晋时，建康遇一次风灾，被毁掉的官船就达万艘，可见当时造船业之盛。南朝官府造的大

---

① 参见李江：《中国设计史纲》，江苏美术出版社，2013，第 110—113 页。

船有“飞龙”“翔凤”“金翅”“青雀”“舴艋”等,大战船上设计装置的“拍竿”,即设置数十尺高的巨木,上悬巨石,当敌船迫近时可发巨木将敌船击毁。北朝自北魏起,官府造船业有很大的发展,如公元430年在冀、定、相三州造船3000艘,大船可载重量达万斛(约合两千吨)。[①] 上述资料表明,当时不仅能造巨型大船,且航行快速,战斗威力强大,其造船设计与制造技术已达到了很高的水平。至于民用船只,更是普及,成为水上交往和运输的重要交通工具。

隋唐统治者因其自身是游牧民族的关系,他们对马的重视与对车的蔑视形成了鲜明的对比,再加上车辆本身具有难以克服车体笨重的缺点,导致各种车辆和战车在南北朝以后逐渐退出了历史舞台。但是,隋唐时期的对外开放与国内外贸易的发展,极大促进了漕运和造船业的兴旺。如在当时造船业最发达的南方,隋朝水师建造的五牙战舰高10多丈,可载800人。隋炀帝出征江南时,曾率领数千艘船,皇帝坐的龙舟有四层殿堂,长20多丈,气势雄伟,十分壮观。到了唐代,为适应漕运之需,在扬州、浙东、洪州、嘉州、金陵等地设立船厂,制造各种船只。如唐初阎立德在洪州造大海船500艘;刘晏在扬州设立10个船厂,造船2000艘。江苏崇明创制了多桅多帆平底的沙船,便于掌握风向,吃水浅、航速快,可载重5000石左右。德宗时期的洪州观察使李皋还制造出简单的机械行船,这是最早的安装木叶轮以人力踏动代替帆桨的军用船只,这一设计成为造船业历史上的创举。唐代还出现了“海鹘”战舰,造型独特,头低尾高,前大后小。船舷两侧有浮板,起平衡作用。这样的设计具有良好的抗沉性和稳定性。由于唐代船体巨大、结构合理、抗风力强、安全可靠,因此在设计和制造这些巨船时,设计者不仅需要有严格的科学头脑,而且还须具有丰富的艺术想象力,才能使之做到既符合实用功能,又具美观性。

宋元时期,各种人力、畜力车辆仍有使用,但因目前发现的实物甚少,有关记载也较为零星。但是宋元造船业的突飞猛进,是凿凿不争的事实。为适应水战的需要,此时期还发明了“车船”,由于其运行速度快,有利于战斗和追击敌人,所以备受南宋朝廷的重视。此外,宋代的官船、龙船、战船、海船以及各种民用运输船,种类丰富,各具特点。为了满足各种使用功能的需求,它们的结构组合和外观造型既显示了宋代造船技术的巨大进步,也体现了这一时期

---

① 参见傅克辉:《中国设计艺术史(修订版)》,重庆大学出版社,2014,第126页。

水上交通工具设计审美艺术的成就。

明清时期，车、船仍然是当时主要的交通运输工具。明代有八匹骡马拉动的四轮大车，可载重达两吨半的货物。除此之外，还设计制造了军用专车，将火器装在战车上作为活动堡垒，颇似近现代的坦克。清代的人们在明代车船的基础上，发明了独轮车及铁叶防卫的铁甲车，这种利用风力挂帆的创意设计，独特且功能性强。在造船业方面，明代诞生了世界上最大的大帆船——郑和航海所乘的宝船，可以说郑和航海是政治美学理论与实践的最好见证。从理论上看，在宣扬国威的政治美学思想中树立其主导地位，同时推动了中国造船业与航海业的辉煌。在实践上满足上层的各方面需求，促使社会经济全面复苏与繁荣。清代，被世界公认的优良船只当数清中叶以前的中国帆船，其外观造型设计、船体结构和风力利用等方面都有独特的优点，并为亚欧许多国家所仿效。随着公元1684年海禁的开放，造船业得到了恢复和发展。除了战船和漕船船种以外，明清时期各地江河湖泊船只种类繁多，各地因地制宜所造的具有地方特色和实用功能的船只极具审美特性与审美需求。可见明清时期船舶设计者们高超的设计水平以及造船技术的先进。

第三节　时尚美学精神文明史

在古代，无论是文献记载还是考古发掘出土的实物都能与“设计”“时尚美学”精神相符合，亦可证明这一精神文明的物质资料生产是丰硕的。古代中西方衣、食、住、行的物质生产，无不包含着设计意识和时尚美学精神的意蕴。如果说，时尚美学的物质文明集中体现了人类衣、食、住、行的物质活动实践，那么，时尚美学的精神文明在物质文明的基础上，关注人类真实的情感表达，以人类精神诉求、精神满足、精神享受和精神愉悦为中心，围绕人与人、人与物、人与环境之间主体精神的无限自由，反映了个体人格的完全独立。因此，本部分将追溯古代时尚审美理论与实践，以期从时尚美学精神文明史和时尚美学精神文明形态两个方面，来阐述人类如何实现从追求到满足再到愉悦的审美更迭，如何通过精神文明实现时尚审美的自我塑造。

一、时尚美学精神文明史

时尚美学的发展伴随着人类社会的进步,在历史发展的不同阶段,时尚美学呈现出不同的时尚追求和精神需求。衣、食、住、行等时尚美学的载体,所反映的不仅是时尚美学与精神文明结合过程中保留本源性的依存状态,更重要的是彰显人类精神上的创新与富足。因此,笔者将衣、食、住、行作为解开时尚精神文明史的钥匙,揭开被形形色色物质文明所包裹的时尚美学标签,找到涉及时尚美学精神文明相关问题的内核,以期对中西方时尚美学的精神价值基点和价值设定进行集中探讨。

(一)西方时尚美学精神文明史

纵观西方时尚精神文明的发展,经历了从古典时期、中世纪到现代时期的三个阶段,所反映出的时尚精神文明从次要位置到精神文明的提升,再到重视精神文明的发展历程中,均体现了人类对衣食住行、自然、自身的认识与解释。第一阶段古典时期,在古埃及神权君主统治下,形成了一个等级森严的金字塔式社会结构,在这样一个信仰上帝的国度,所有的艺术创作几乎都涵盖了宗教元素。换言之,古埃及的艺术基本上属于宗教艺术,其艺术美的精神实质就是体现宗教的思想,与此相关的衣、食、住、行在材质、造型、装饰上蕴含的独特思考与创意,都充分体现着古埃及人特有的美学观念和审美标准,在为人类精神文明史做贡献的同时,承担了满足精神需要的任务以及向着更高的目标迈进的探索精神与创作欲望。另一方面,古希腊受“民主主义”和“人文主义”思想的影响,富于想象力的希腊神话是古希腊衣、食、住、行繁荣的精神资源,从无性别的服装以及陶瓷食器制作工艺和装饰效果接近完美程度的发展形态可知,希腊人注重实用、功能、审美的统一性,不仅具有美的视觉和触觉,而且展现了具有美的物质需求和精神追求。古罗马时期,在衣、食、住、行的材质运用、造型设计、装饰纹样及制作技术方面,有了极大进步与发展,这一时期将欧洲古代有关衣、食、住、行的物质文明和精神文明的全面性、完整性推向了一个更高的台阶,无论是建筑柱式的比例,还是饮食器陶瓶丰富多彩的造型,皆以体现宫廷贵族的审美意识为最高准则,充满了享乐主义的精神品质。此时期的器物,力图以强烈奔放、豪华奢丽的风貌展现出一种典雅、和谐的形式美法则,又进一步发展和巩固古希腊衣、食、住、行等时尚产品所确立的古典美的标准,这种徘徊于古代与现代之间的时尚审美精神愉悦感,其创造的精神文明和体现的精神价值,为其后欧洲衣、食、住、行相关时尚产品的精神审美准则构筑了坚实的基础。

第二阶段是中世纪时期,在长达百年的封建主义社会时期,西方一直处于基督教精神统治下。中世纪,基督教的精神统治以及民族大迁移的文化交流与融合,带来了新的时尚设计观念,使中世纪的设计出现一些前所未有的新面貌。因此,这一时期衣、食、住、行所体现的时尚产品设计形态可以说是宗教的产物。从设计题材来看,以宗教故事、象征意义居多;从创作思想来看,以理想主义和主观情绪的表现居多,写实手法运用较少;从设计手法来看,基督教堂的空间处理、室内装潢、首饰设计、各种器物和金属、石、木、牙雕刻、马赛克壁画、彩色玻璃镶嵌等装饰都达到了新的历史高度,其设计作品为后世所珍视;从制作工艺来看,作品不计成本、不计工时,以宗教虔诚的态度真正做到精工细作、精益求精的物质需求和精神追求的境界。因此,中世纪的衣、食、住、行所延伸的相关时尚产品已受到越来越多的重视,面对美学思想"美就是上帝,上帝就是美"的观念指导,人们似乎永远体验着无限的美(上帝),从这个意义上来看,人类精神最自觉的时代就是中世纪。① 由此可见,中世纪的基督教精神和人类精神自觉对我们丰富审美感受、提高审美能力都具有积极意义,这种意义使各类时尚产品呈现自由豪放、富丽繁华、充满创新精神的风格,同时借助这一时期设计作品所建构的历史新高度和新面貌,为后世时尚产品审美的精神形态提供精神实体和精神形式的价值参考。

第三阶段是新古典主义时期,指 18 世纪末到 19 世纪上半叶,此时期在欧洲所流行的一种高雅精致、温婉端庄的设计特色。随着新兴资产阶级审美认知的提升,此时期的时尚风格一方面是修正了洛可可的矫揉造作之风,尝试并探索了古典时尚产品的发展新趋势;另一方面人们在回顾并温习古希腊罗马衣、食、住、行繁荣的精神资源基础上,提出重新创建古希腊罗马衣、食、住、行的物质文明普遍要求,从中领悟古典时尚产品的品位和魅力,体验衣、食、住、行等古典时尚产品的美学思想和设计精神法则。在服装方面,新古典主义早

① 参见张夫也:《外国工艺美术简史》,中国人民大学出版社,2017,第 206 页。

期,人们推崇简约与古典时尚,将自然、健康作为古希腊服装的典型,追求古典、自然通畅的形式;在饮食器方面,受古罗马银器的影响,在金属饮食器中出现了罗马银器的复制品;在建筑方面,古罗马的凯旋门、广场以及记功柱等纪念性建筑成为当时争相仿效的典范;在精神文明方面,新古典主义表面呈现了"复古"形式,但实质是借助古代时尚产品的表现形式,力图摆脱萎靡柔弱的封建势力以及教会的精神特权,其精神内容所体现的宏伟壮丽,意在强调资产阶级朝气蓬勃的力量。因此,衣、食、住、行所反映的物质文明借助部分机械加工,制造出批量化的新古典主义时尚物质产品,因价廉物美、普通人也买得起的现实优势,深受欧美广大中层阶级和小资产阶级喜爱,并极大地满足了他们的精神生活。由此可见,新古典主义的设计,对新兴市民阶层的审美观念和精神文明意识产生了很大影响,给被繁文缛节和浮夸的洛可可设计风格所包围的欧洲,带来了一阵新鲜的装饰之风。与此同时,新古典主义设计也为现代欧洲设计的形成奠定了基础,从某种意义上看,这既是一种"精神复兴",也体现了一种崭新的精神需求,构筑了通向现代设计精神美学的道路,同时也标志着没落的宫廷物质文明时尚产品包裹下的精神富足即将进入尾声,新古典主义设计也成为欧洲现代时尚设计精神文明的前奏。

(二) 中国时尚美学精神文明史

古代中国,时尚美学精神文明史的发生与发展离不开两点,一是求其变,二是求其久。① 只有同时把握这两种精神基础,才能更好解读时尚美学的精神文明形态。因此,所谓的"知古鉴今",不仅是史学的精神,也是为时尚美学提供参考的精神文明史。中国时尚美学精神文明史在时代更迭中不断变化和更新,既要在持续发展的过程中做到日新月异,又要在日新月异中保持其恒久的精神,这正是时尚美学精神文明史存在的最高意义和最高价值。

本部分着眼于精神文明的发展史,从以下几个阶段进行阐述:第一阶段新石器时期,这一时期原始社会中精神文明开始萌芽,从新石器时代晚期优美的食器上的鱼形纹来分析,它所显示的不仅是鱼,而是一种生命法则和生命精神存在的最原始的意义。原始社会人类衣食之美,可以反映出当时饮食器的造型、实用、装饰、技术与美观相结合的精神生产观念的全貌。第二阶段是夏商

---

① 参见钱穆:《中国历史精神》,贵州人民出版社,2019,第 9 页。

周时期,虽然夏文化的研究目前仍处于探索阶段,夏代精神文明的全貌也还缺少足够的研究资料,然而,通过在夏代文化遗址中发现的相当数量饮酒器,亦可以为探寻夏代的时尚精神文明找到突破口。从出土的饮酒器来看,材质有陶制的也有铜铸的,被广泛应用于贵族生活和祭祀鬼神、祖先等,由此可以推断出夏代对精神生活的追求和精神礼节的重视。商代为了体现奴隶主统治阶级的权力,实现其对社会精神的统治,青铜礼器作为酒器、食器成为精神文化的标志,体现一种威严、神秘、慑服的精神力量,同时青铜器被大量用于祭祀这一情况,也体现出此时期奴隶主阶级统治人民的精神需要。另一方面,受商代政治统治思想以及宗教迷信精神的影响,衣、食、住、行相关造型、装饰纹样也呈现出宗教迷信的色彩,虽然在装饰艺术处理上体现了精巧卓越的装饰原则和美学法则,但所传达出的审美要求必须服从于宗教。因此,该时期的时尚难以摆脱当时宗教审美要求,同时也很难获得更多美的精神享受。到了周代,衣食住行的使用方面,都有严格的等级制度,以体现贵贱有等别、上下有差别的关系,其终极目的是帮助统治者维护并享受这种等级特权,同时也体现了作为社会精神支柱的礼乐制度的重要性。

春秋战国之交,是一个战火纷飞、百家争鸣的时代,涌现出诸多时代精神的杰出代表,主要有孔子、孟子、老子、庄子、墨子、荀子、韩非子、屈原等思想家。这一时期"百家争鸣"的气氛,也在一定程度上促进了不同服装形制的时尚性发展。儒家思想的代表人物孔子倡导"文武宪章",由此,服装应该有高低贵贱的区分。孔子说:"质胜文则野,文胜质则史,文质彬彬,然后君子。"要做到简约与装饰的比例恰当,体现在着装上,就是既不过分简约,也不过分奢华,要合乎礼仪,在什么场合穿什么服装。根据孔子服装理论的文化精神思想,可以提出许多关于服装时尚美学的重要议题,如:讲求文质彬彬,强调服装与人的融合关系;重视服装本身所沉淀的形式内涵,应该符合着装者的身份;重视着装场合,尊重着装心理法则和着装礼仪;孔子的服饰思想顺应时代脉搏,通过对服饰文化的思考,引导人们去追求高雅美。可见,孔子开拓了一个巨大的服装话语空间,建构了一个时代服装美学思想的新坐标。

第三阶段是秦汉时期,这是一个推崇求实精神和开拓精神,充满自信自爱的时代,不仅体现在秦汉时代的社会风尚,也体现在其时代精神上。这种精神与秦汉人在衣、食、住、行的表现形式是一致的。就流行产品而言,鼎、壶、盘、铜灯、铜镜等各种生活器皿,丰富了当时的物质生活和精神生活;就材料而言,秦汉衣食住行材料丰富多样,有玉、丝、金、银、铜、铁、石、泥、竹、木、麻、纸、棉、漆等。① 秦汉时期人们在发现新材料、挖掘材料性能和开拓材料应用方面也积累了重要经验,对以后各朝代物质生活产品的创新以及创造精神的发展具有重要的意义;就表现手法而言,这一时期将质朴与华美、求实与虚幻、工整与随意的实用美相统一,呈现一物多用的发展趋势。从某种意义上说,这应该就是秦汉时期社会自我实现、开拓进取中所传达出来的时尚美学精神。

第四阶段是魏晋南北朝,最高统治阶层基于对政治、经济或统治的需要,借助手中的权力来推崇佛教,并造就了一批信徒,由此佛教成为魏晋南北朝普通民众的精神寄托,同时佛教也完成了它在中华大地的第一次普及,在建筑、铜器、石雕、织绣等方面开始流行佛教题材。透过佛教兴盛的社会现象,从南北朝宗教艺术与社会现实生活的联系来看,当时规模宏大和创作意图巨大的石窟造像,不仅反映了人们追求来世幸福生活的愿望,也体现了当时人们深厚的精神力量。

第五阶段是隋唐时期,因社会生产力发展迅速、经济繁荣,人们的思想意识空前解放,出现了大范围流行的服饰以及瓷器、金银器、漆器等饮食器具,俨然成为当时世界上最强的国家。不仅如此,隋唐时期也是中国建筑史上的兴盛期。在多元文化的影响下,宫殿、寺庙、城市、宝塔和陵墓等建筑呈现出蓬勃发展的景象。尤其是此时期都城建设,有详密的规划和严整的布局,不仅有图案设计,还利用木质模型的优势,进行技术革新,成为中国建筑时尚发展的一大突破。② 由此可见,唐代所呈现的衣、食、住、行的物质生活全貌,凸显了当时人们精神上新的自由、开放与辉煌。

第六阶段是宋元时期,宋代以崇尚儒雅、爱好和平为审美趣尚,不仅表现在国家精神面貌的都城缩影中,还表现在日常的生活方式中。从服装的角度看,宋代的服饰文化受两个因素的影响,一是国力的衰弱,二是理学的兴起。在前者的影响下,宋代的衣着不似唐代的奢华、艳丽,而是讲究淡雅、趋于朴素;受后者的影响,虽宋代的装束不如唐代的开放、自由,但是讲究等级、趋于

---

① 参见王朝闻主编《中国美术史秦汉卷》,北京师范大学出版社,2011,第 6 页。

② 参见朱和平:《中国设计艺术史纲》,湖北美术出版社,2003,第 207 页。

保守成为当时的服饰精神风貌。除此之外,还有一种反映当时时代精神的生活现象,便是南宋时期比比皆是的“三寸金莲”。这种畸形的审美追求,一方面反映了理学统一时期妇女地位的下降;另一方面,呈现出与当时崇尚阴柔、排斥阳刚的精神审美趣味的一致性。从时尚美学的商业产品角度看,绘画被引入当时的商业和手工业,在商业化的笼罩下,绘画作品在寺庙壁画之前就与公众建立了联系。因此,宋代特有的风俗画就是商业化的典型代表,画家们熟悉市民群众的生活和精神状态,采用市民所需求的丰富题材,满足了社会中相当数量的市井百姓的精神追求和审美需求。元代是少数民族蒙古族所建立的统一多民族的封建国家时期,一方面存在着“尚武”风尚,贵族统治者不得不重视思想统治,并利用佛教和喇嘛教麻痹各族人民的精神和反抗意识;另一方面,元代在衣、食、住、行中的装饰创新精神也值得关注。在瓷器的装饰手法上,元代比前代有所增多,主要表现为刻、划、印、贴、堆、绘等各种手法的灵活运用上,如南北各地的瓷窑均根据胎的特性,采用了既美观又实用的装饰方法。在染织工艺上,有织金,即在丝织物中采用加金技术的装饰特色。在建筑上,继承了宋、金的传统建筑,但建筑技法上也有不同程度的创新和发展,譬如在构建和构造方法上,呈现出由繁趋简的倾向,作为宗教建筑的喇嘛教寺院和塔中也出现了全新的装饰主题以及壁画与雕塑的新技法。宫殿的柱体涂以红色并搭配金龙,墙体挂饰毛皮、毛毡和丝质帷幕等,这都是前代少见的装饰方式。这种衣、食、住、行等方面装饰手法的创新应用,凝聚了中华民族无穷的想象力和创造力,既体现了使用价值和审美价值的统一,又体现了特定时期物质产品与精神财富的高度融合。

第七阶段是明清时期,明代的衣、食、住、行在以华为美的地位中,既重物质也重精神,兼顾新潮流,以清代人们重古器这一特点为例,这不仅是为了满足审美,也体现了一种情感和精神上的寄托。从设计精神上来分析,明式家具继承了元末的传统样式,体现了审美与实用的和谐统一,并在此基础上形成了一套完善的标准法则,所呈现的艺术特色可概括为简单、厚重、细腻与典雅,彰显各式家具的意匠美、材料美、结构美和工匠美。此时期的家具是古典家具的典型代表,在工艺和造型艺术上都达到了当时世界的最高水平。

从建筑的新风貌上来分析,园林建造的时尚美学精神主要体现在两方面:其一,建造园林是追求人与自然合二为一的自然之美,是能给人带来愉悦的精神家园,其二,园林创作需要效仿天地,从事物中吸收自然的生命,创造园林艺术的境界。因此,园林世界与天地世界紧密关联,园林中所传达的性格并非空洞的理念,而是一种天人合一的独特生命精神。除了园林建筑之外,还有值得称赞的建筑是用砖石重建的万里长城,象征着我国各族人民团结一致抗击侵略的伟大物质力量和精神力量,也被称为世界建筑史上的奇迹之一。

1949 年,中国共产党领导人民取得了伟大的胜利,建立了中华人民共和国。从此中国进入了社会主义的历史新阶段。中国共产党所提出的"古为今用""洋为中用"的方针,为我国物质文明和精神文明建设开拓了广阔的前景并指明了发展的方向,经过三十多年的艰苦创业,衣、食、住、行的发展不仅满足了我国各族人民的物质生活和精神生活的需要,而且呈现出前所未有的繁荣景象。综上所述,随着时代的不断前进,就精神文明理论而言,20 世纪以来不仅是时尚的时代,也是时尚美学理论需要重新建构的时代,关注精神追求,更主张精神情感的愉悦。因此,以期从中国当代时尚美学建设的语境,来审视所面对的精神世界、精神话语权,同时通过对当代时尚美学可持续发展的研究,不断更新大众自身的精神思维、精神语境和精神寄托。

二、时尚美学精神文明形态

本部分将探讨时尚美学精神文明形态,在前文对时尚美学物质文明史以及时尚美学精神文明史研究的基础上,将研究重点转向人类 20 世纪所面临的时尚美学从理论向实践转型的精神话语体系上,寻求时尚美学精神文明形态的创新模式研究,将时尚美学精神文明的历史论和当代论相结合,进而剖析当代时尚美学精神文明形态中社会形态、文化形态和时尚产业的方法论新角度,力图从时尚美学当代论的精神文明形态研究探讨中汲取其精神思想与精神资源,为时尚美学精神文明形态遭遇的问题与困惑以及话语权的盲点提供理论支撑。

(一) 社会形态

社会精神是建立在人类社会全面进步和文明的基础上对资本主义的批判和"扬弃"所体现的对现实社会的超越和探索,是对人类文明的终极关怀,具体体现在理论、运动和制度形态上。本部分,笔者将从社会主义精神要素出发,试探时尚美学消费视角下的社会精神文明形态。

作为社会主义精神要素的人该如何自由而全面地发展?这就需要试着理解社会生活的自由类型,第一经济自由,即人们创造和获取物质财富的自由,如就业自由、劳动自由、经营自由、财产自由、贸易自由等;第二思想自由,指人们创造和获得精神财富的自由,如宗教自由、信仰自由、言论自由、新闻自由和出版自由等;第三政治自由,是指人们参与社会管理活动的自由,如投票自由、选举自由、游行自由、结社自由等;第四人身自由,是指人们创造和获取财富的活动自由,如结婚自由、恋爱自由、迁徙自由、居住自由、通信自由等。自由,从其内在价值来说,是最深刻的人性需要;从其外在价值来说,它是达成自我实现和促使社会进步的根本条件。关注社会主义精神自由,重新考察社会主义精神赋予人类文明的和谐,从时尚美学消费心理视角,承认社会精神动力、动机的背后要因是经济问题,重视经济问题的消费实践环节,在物质文明和精神文明的双重属性推动下,按照社会精神消费应着眼于精神满足的需求,提出"知足常乐"的消费观,一方面,批判那些一味注重社会物质生产力的发展,漠视社会精神文明建设而致使物质与精神发展不平衡;另一方面,为了满足社会需求,批判追求收益最大化的生产目的,反对精神消费需求的无限追求,导致市场扭曲、局部发展的同时,反对把物质消费和精神消费同满足或幸福的社会观念相等同。当前,应该提倡适度的消费,社会主义消费精神将回归"适可而止"和"知足常乐"的原则。① 基于此,还需进一步处理好社会精神消费视域下,所衍生出的消费自主意识与从众心理并存、理性消费与冲动消费并存、消费偏好多元化与时尚化并存、适度消费与奢侈浪费的关系。

(二) 文化形态

人类各个历史时期的衣食住行时尚设计物品都是物质文明与精神文明的成果。随着生产力的快速发展,人类文化所表现的多样化发展形态,成为时尚产品设计精神和设计实践的重要力量。因此,文化所呈现的精神文明形态可以从以下三个方面来探讨:

其一,是文化主体与客体的关系。就文化的范畴而言,文化的主体是人,文化的客体涉及人类面对的一切物质对象与精神对象。从人与自然的关系来

① 参见常宗耀:《走向和谐:社会主义精神与人类文明走向》,中央编译出版社,2012,第221页。

看,人类通过对自然的改造,从而创造隶属自身的物质财富与精神财富。显然,自然资源是人类生存的前提和基础,也是人类最基本的关系。从人与人的关系来看,人类的发展和进步有赖于社会性,人类社会也是人类观照的对象,人类文化是在人与人的社会关系中实现个体的物质和精神相互交流的价值源泉。从人与其精神层面的关系来看,它包括人类创造的一切被纳入文化范畴的精神产品,如衣、食、住、行、娱乐、教育、科学研究、人际交往等,涵盖了物质文化、社群文化和精神文化三种层面中物质需求与精神需求的所有方面以及这三种层面之间观念、方法、对象、活动过程中所形成的物质形态与精神形态。①

其二,是精神消费文化。精神消费文化被看作是物质消费文化的反义词,它指的是为满足人们的精神文化需求,提高消费者的文化水平,陶冶性情,愉悦情感而生产的文化消费产品。精神消费文化是一种客观存在,它反映了人们对精神文明的追求,也是时代精神的集中体现和反映。

当代最显著的精神消费伴随着高科技、人工智能、大数据的可持续发展理念,它不仅改变了传统精神形态的存在模式和发展方式,也催生了诸多新式的精神消费形态,如炫富消费、享乐主义、奢侈消费等,面对当代消费者较高层次的精神消费文化,我们更多的是着眼于时尚文化的形象、快感、身体和消费的新角度,这也成为如何探寻精神消费文化转型的重要议题。另一方面,它是精神消费文化的独特立场,精神消费以精神产品为消费对象,人们通过大脑思维、科学技术和艺术想象来创造的精神产品。因而,精神产品要求消费者应具备一定的文化修养、艺术欣赏能力和素质教育能力。② 立足于消费者的文化素养层面,受广大文化消费者素质差异的局限,精神消费文化的生产标准只能取其平均值,甚至更为低下,反过来说,文化消费者的素质立场决定着文化生产者的生产方向与定位。因此,随着生产力的发展以及消费者个人和社会的全面发展,我国精神消费意识逐渐提升,促使人们的需求在高层次的精神文化消费中得到了真正的满足。

其三,是文化中的精神附加值。从消费文化概念所传达的新时代精神消

① 参见张艳河主编《设计美学》,中国纺织出版社,2018,第237页。

② 参见周笑冰:《消费文化及其当代重构》,人民出版社,2010,第57—58页。

费需求可知，在文化概念包装下赋予消费精神层面的文化消费内涵，不仅增加了消费的文化精神，而且也增加了消费文化的精神附加值，由物质生产转化为文化生产，进而由物质消费转化为文化消费，文化消费的实践性恰恰说明文化外衣包裹下的精神消费需求，文化的精神食粮主导作用也成为当代复杂的社会标志，诸如时尚文化、茶文化、酒文化等。由此可见，在消费实践中消费文化增加了文化精神附加值。无论是物质产品还是精神产品，在衡量其精神消费的价值和价格时，为了最大限度地体现价值，理应尽可能地减少和消除人为且不现实的主观意志，从而使精神消费在提供者中成功转化为金钱中介，在消费者中实现物有所值的精神消费。① 这个问题虽然不需要深入理解，但要挖掘其中隐藏的奥秘，也需要认真研究，刻苦实践。

（三）时尚产业

时尚产业在追求新颖的、多变的、个性的、与众不同的产业形态的同时也囊括了人们对时尚产业不同的思想观念、精神追求和文化品位等个体思想和理念。时尚产业具有喜新厌旧的产业特色，展现了大众求新的精神诉求。在此背景下，笔者尝试从以下三个方面探寻走在大众精神样貌前沿的时尚产业精神形态。

第一，时尚产业精神文明形态的兴起与发展。20 世纪下半叶，时尚所带来的社会效益和经济效益迅速提升，逐渐引起了社会经济学家的关注，“时尚产业”的概念应运而生。随着社会工业化进程的加快，时尚产业的创意性、符号消费性、市场导向性和边际效应开始呈现递增特性，在时尚元素与经济紧密结合的前提下，在物质产品空前丰厚、货物供给空前齐备的基础上，相当一部分人从基本生存需要转向了追求精神购物诉求，演变为追求更富饶、更美满、更个性化的生活方式，消费市场出现一种因为精神满足而购买的新形态。毫无疑问，这种购买观念的转型，正是借助时尚的衣、食、住、行方面的物质载体，实现高层次的精神诉求的表现。探求时尚从精神诉求到精神满足，再到时尚产业所带来的精神享受和精神愉悦的形态转变过程中，我们应正确认识时尚产业所具有的两种属性即精神属性和市场属性，这一特性在有效推动时尚产业发展的同时，使时尚产业与社会群体的精神需求产生无形的“共鸣”。

---

① 参见杨建生、吕在：《论精神消费的现实性》，《马克思主义美学研究》2013 年第 1 期。

第二,时尚产品的精神文明形态特色。从时尚产品的本质来看,高品质的时尚产品必须具有工匠精神,只有具备了工匠精神,才能制造出技术卓越的时尚产品。另一方面,工匠精神往往根植于一种隐性知识、技能和组织的文化中,这一要求使得那些在时尚行业寻找捷径的人很难成功。由于时尚产品力图从精神上取悦目标客户,设计师传达的产品理念、设计元素和材料都需要精雕细琢。在外行看来外观一样的产品,在时装设计师看来却可能天差地别。有时,他们可能会花费巨额资金,进行无数的比较和实验,只为找到他们想要的材料。这考验着时尚企业管理者对品牌创新成本的容忍度和对品牌核心价值的坚持度,更考验着时尚设计师对品牌的理解和认可度,设计师既要坚持对时尚核心价值的追求,又要具备将时尚理念推广到市场的能力,展现时尚产业由时尚产品的设计理念蜕变为时尚市场领域消费的核心能力。

第三,时尚消费的多维精神文明形态。在全球信息化的影响下,时尚产业所形成的传递价值、彰显个性、聚合人群的整体特色推动着时尚消费,时尚消费按照其消费动机,可以分为炫耀性消费、品位型消费、享受型消费、情感型消费等。从这几种消费动机来分析其所蕴含的精神消费形态可知,炫耀性消费通常被视为新富阶层的消费特征,以时尚品牌来实现其消费价值,通过消费行为对时尚理念的演绎和体验,满足自身对于精神享受的需求;享受型消费通常与生存型消费、发展型消费相对而言,这种类型的顾客一般都具有一定的社会地位或经济实力,有时享受型消费兼有炫耀性动机,有时则纯粹是为了满足自身精神需要和丰富人生体验,在某些情况下,享受型消费与发展型消费也有重合。例如近几年的时尚旅游项目,人们选择它,不仅为了开阔视野,增长见识,也是为了身心放松,愉悦精神;情感型消费可归属于情感所需的精神食粮,因消费者受情感驱动而发生的购买行为,消费者看重商品的象征意义已经超过其实用价值,这种时尚消费大都属于情感型消费。当然,时尚消费作为经济、政治、文化等复杂社会生活的晴雨表和度量衡,在各种形象刻画经济与时尚的"裙摆理论""口号效应""棘轮效应""凡勃伦效应"等现象关系中,时尚消费动机虽有差异,但也并非泾渭分明。当经济、政治、文化直接左右消费者进行时尚消费时,通常兼有多重功能,也将会呈现多种维度的时尚美学精神文明形态。

通过对本章第二、第三节中笔者对西方物质文明史和精神文明史的梳理,明确了人类历史永远要遵循物质文明与精神文明齐头并进的基本原则。从物质文明时尚美的角度出发,必须具体考察时尚美学史的各种形式,即西方和中国不同历史时期人类物质文明中衣之美、食之美、住之美、行之美的发展状态和表现形式,追溯其形成的各个方面的因素,希望通过具体的研究来解释时尚美及时尚美的呈现状态,帮助大家关注物质文明史以及新时代的物质文明,摒弃低俗的时尚行为,形成良好的时尚风俗,让每个人都获得积极的时尚美的满足,并在此基础上促进时尚审美健康可持续发展,以期为时尚美学的理论研究探讨做好前期的铺垫工作。从精神文明时尚美的角度出发,笔者将衣、食、住、行作为解开时尚精神文明史的钥匙,揭开被形形色色物质文明所包裹的时尚美学标签,寻求时尚美学精神文明形态的创新模式研究,剖析当代时尚美学精神文明形态中社会形态、文化形态和时尚产业,汲取精神文明的核心理念与精神资源,为后文中探讨时尚美学话语权的盲点提供理论支撑。

本章小结

笔者通过整理和分析时尚美学相关文献资料,追溯时尚美学史的发展历程,从三大途径探究了其发展全貌:一是时尚美学概念界定,重点分析了时尚、时尚与美以及时尚美学递进关系过程中,三个概念载体的发展与演变的理论研究体系;二是时尚美学物质文明史,从西方和中国的研究视角出发,阐释了时尚美学中关于衣之美、食之美、住之美、行之美的研究现状和范畴,全方位深度剖析时尚美学物质文明史在不同历史时期的研究形态和可持续研究思路;三是时尚美学精神文明史,基于人类各个历史时期衣、食、住、行所凝结的物质文明与精神文明成果,着眼于阐述当代时尚美学精神文明形态,力图在“时尚美学”与“人类精神世界”之间架设一条便捷的通道,为根源于实践的时尚美学,探寻时尚美学的内在关系和价值体系,这部分将在第二章加以论述。

第二章
价值与体系:探索时尚美学

假如说,时尚美学理论研究的美学话语逻辑是整个时尚美学研究的灵魂,并能体现时尚美学研究共性的话,那么,时尚美学理论体系的研究可以为当代时尚美学研究方法提供新解读,具体的时尚美学理论体系的形成与确立则囊括了当代时尚哲学、时尚社会、时尚文化、时尚流行、时尚传播与时尚经济等,将这几种理论研究之间的融合与冲突补充于时尚美学理论体系中,一方面可以让时尚美学理论受到美学逻辑方法的引导和影响,另一方面可以不断从其他学科吸收新的理论核心命脉用于时尚美学理论的形成与确立方法论中并加以完善。在探讨如何建构时尚美学研究理论时,只有厘清这一理论的源起及其历史背景,对核心层面的时尚美学理论创建价值进行阐述,深入挖掘其价值和理论在时尚美学流行体系和传播体系实践中的应用态势,才能提炼出时尚美学理论的当代意义和有价值的研究成果。

第一节　时尚美学理论的形成

本节笔者将在研究时尚美学理论层面上总体把握时尚美学理论价值和理论体系,在时尚理论革新和寻求对话的时代,立足于时尚美学观的萌芽层面,把握时尚美学理论形成的先决条件,寻求时尚美学活动范畴中"以人为尺度"广阔的视野和学术眼光,并在以人的需求为主体的前提下,挖掘时尚产品美学需求理论和时尚美学经济理论的研究新突破,以期从宏观视野来研究时尚美学理论。

一、时尚美学观的萌芽

时尚美学观的萌芽,是建立在哲学、艺术与设计美学基础上的,从哲学的视角来分析,随着时代呼唤着新的哲学出现,有些哲学家认为哲学思想的变迁并非单纯由于理性的原因,而经常是为了变化而变化,这种观点无异于承认(如果不是完全承认,至少是部分承认)哲学也受制于时尚。然而,这种观点毫不客气地挑战了哲学美学学科与时尚的碰撞火花,美学同样受制于时尚和时尚逻辑,同样时尚也离不开美学的理论支撑和美学赋予时尚话语权的地位,两者相辅相成、互为支撑的原动力推进了时尚美学观的形成乃至确立。正如马克思《1844 年经济学哲学手稿》中提出的,人是按照美的规律来塑造物体的。换言之,我们应按照人的自然尺度和内在尺度所形成的美的客观规律行事,在人的各种实践活动和认知活动中始终保持统一。[①] 因此,坚持美学观与时尚观的互补统一,就是坚持自然、时尚、美的客观规律的统一。

从艺术的角度来讲,根据康德所理解的自然与艺术之间的关系,艺术虽然不同于自然,却又难以摆脱对大自然的阐释,自然只有被艺术塑造过才感觉美,同理,艺术也只有当它看起来像艺术又像自然才感觉美。时尚美学观的萌芽受到了康德对自然与艺术的关系的影响,即认为艺术只有在貌似时尚时才能彰显其美,时尚也只有使人知其为时尚而又貌似艺术时才能彰显其时尚美。因此很容易同意阿多诺德主张的艺术是在无意识中受到时尚的影响,即时尚不单单是利用艺术作品,它透过作品,进入其内,远远超过了时尚所有商业性操作的范畴。由此得出,任何事物(包括艺术)基本上都服从于时尚的原则。[②]

从设计美学的角度来讲,近年来设计行业应用了大量的科技美学、材料美学、技术美学等,在造型的创造和加工方面消除了更多的设计局限和产品限制。在现实设计中对于各种大而全或小而全的时尚产品的追求,为时尚产品拓展方面提供广阔的应用前景。从另一面来看,在各种方法的不断应用下所生产的产品在满足现实需要的同时,也鼓励着新一轮设计实践的可持续开展。

---

① 参见陈望衡主编《美与当代生活方式:"美学与当代生活方式"国际学术讨论会论文集》,武汉大学出版社,2005,第 51—52 页。

② 参见拉斯·史文德森:《时尚的哲学》,李漫译,北京大学出版社,2010,第 107—108 页。

因此,时尚美学作为贯穿物质文明和精神文明的设计主线,促使设计美学在衣食住行的需求过程中保持创造力、新鲜感与持久化的同时,设计以时尚美学为纽带,全程贯穿着对于“需求——产品——风格——流行——满足——新时尚”不断循环往复的这种关系的思考,由此形成了用时尚美学观来调和“多元选一”的抉择,同时也促使了时尚美学观的研究萌芽与发展。

事实上,所有的时尚理论家都强调时尚之“新”的基本特征,并不断地秉承现有的“新”取代以往的“新”但现在已经“过时”的事物。然而,建筑设计师阿道夫·路斯的观点与此相反,他认为,只有经得起时间考验的东西才是真正的现代,只有经得起长时间考验的东西才是时尚,才能享受“时尚”这个词语。如果某物仅仅过了一个季节,就不再时尚了,那么按照路斯所言,此物就只是在假扮现代,而实际上并不现代。路斯还坚信,未经装饰的事物要远比装饰繁多的事物更加具有美学持久性。因而如路斯所言,时尚需要经得起时间的考验,被误读成短暂性的时尚囊括于美学持久性时才能更具时尚魅力,因此在时尚概念更迭、发展过程中,时尚美学观念的雏形油然而生。

基于上述分析可知,时尚美学观的萌芽受到了哲学、艺术、设计美学以及时尚理论家“美学与时尚互补统一性”的思考的影响。显然,时尚美学将时尚的短暂性与美学的永恒愉悦性相融合来考量当代的设计问题,无论是人与环境的融合,还是当代社会中生产活动、产品、消费活动之间的互动关系,打破以往因需要、实用而生产的设计局限,均可以在模仿性与新颖性、短暂性与持续性、时代性与消费性等本质和内涵的深度考量中,促使时尚美学为设计实践原则及产品评价不断修正,找准时尚美学观从内涵到外延的理论建构方法,力图解决当今设计生活中普遍、本质、本体、共性、共鸣的设计活动形态问题,迎接设计学界发展不断遇到的种种新挑战。

二、时尚美学活动的阐释

在现代时尚思潮的动力作用下,时尚美学理论发生转向,其目标直指需求、行为、产品的活动范畴。当代时尚美学活动阐释中最重要的一个问题是确定时尚美的主体。

(一)时尚美学活动主体“人”的需求

当我们在现代设计思想上谈时尚美学活动时,不得不提的便是美国著名心理学和人本主义理论先驱马斯洛的经典"需要层次"理论，即生理、安全、社交、尊重和自我实现的需要。从需求层次的前后顺序可知，较低排在优先位置都是较低级的需求，面对维持基本的生存不那么迫切的较高的需求来说，可以从需求的高级层面获得极大的幸福感和内心生活的充足感。此后，马斯洛在以上论述的基础上又做了调整，从以下六个层次进行详细说明：第一生物需要，包括安全需要，主要是为了满足饥渴和安全需要；第二归属感和爱的需要；第三被尊重的需要，即保持自身人格的独立性，需要获得个人价值的认可；第四认知的需要，即理解和认知事物的需要；第五审美需要，即对和谐美的需要；第六自我实现的需要，即通过发挥自身潜能来发展自身的需要。马斯洛还强调，将个体的社会需求转化为自我实现需求的过程中，发挥重要作用的是审美需求和认知需求，这两者已经成为推动着人类走向"真善美"的最高境界。显然，这种个体自我实现需求获得满足后的状态被称为审美的"高峰体验"，是对人类最美好时刻的总结，也是人生中最愉快的时光，是陶醉、狂喜、幸福乃至极限快乐的体验。马斯洛对审美需要给予了很高的评价，他认为人类的审美需要是一种完美的人性，它体现了人类本能的需要，是基于超越自我实现的境界。由此可见，时尚美学的需求不仅是基于人类的生理和感官，更是基于人类精神的最高境界，即超越和自由的精神追求。例如，与心爱的人在一家舒适的餐厅用餐，这时超出了消费者解决饥渴感的较低需求行为本身的体验，实现人与环境融合下的美好生活与情感共鸣关系的一种和谐方式。

人类将最紧迫的生存、安全问题解决之后，开始关心审美与自我实现相关的其他问题，最终将设计美学中的时尚美学提上探讨议程中，设计美学所遵循的时尚美学规律、时尚美的语言及思想方面在对设计师设计问题的帮助、指导中肩负着巨大的责任，设计师不能单纯地成为商家创造经济价值的工具或者成为刺激消费的工具。设计师在人的需求主体性中，应该透彻而理性地认识到自身在时尚产业链中的位置，并为时尚产业链的良好发展做出有力的保障并给予足够的重视，同时回答时尚美学需求的活动范畴对设计所施加的压力能否保持其应有的时尚欲望。显然，设计师可以从时尚美学活动的普遍性和创新性中深度阐释当代人类需求，找出时尚美学需求活动中满足人类物质需求刺激的同时，满足时尚美的持久性精神的规则，并力图探寻时尚美学活动背后真正的"危机"，践行一种活动主体人的需求的可持续的时尚美学活动态度。

（二）时尚美学活动形态

时尚美学研究，作为设计界的研究领域，其活动范畴是探讨一种从理论到实践再到应用的研究新模式，深入分析时尚实践活动中时尚美学行为所衍生出的时尚美的标准及其所蕴含的时尚美学实践价值，为时尚美学理论创建服务并做好前期铺垫。

我们可以着眼于现当代的时尚美的实践标准来分析时尚美学的活动范畴。19世纪初，开始疯狂地盲目消费的消费大众，被时尚的季节变换以及专制的审美观念所主导。于是，人们在不停地设计、生产、消费、喜新厌旧中贪婪地追逐最新的时尚。直到20世纪70年代，时尚美学开始强调个性，并逐渐放弃了对千人一面的形式主义的追逐。这十年间的时尚美的标准转换，从精神到物质都获得解放，每个人都可以由着性子追求自己认为的时尚与时尚美。下文将重点阐述从20世纪到21世纪时尚美学活动所呈现的发展态势。

其一，时尚审美思想的解放

20世纪初，被时尚禁锢得无法行动的女“玩偶”们，用被裹得臃肿不堪的身体，鼓鼓囊囊的袖子，又填又垫的腰部，和垫得老高的屁股这一形象踯躅步入新世纪。这一堪称荒唐的世纪形象，迫使颇有影响的美国时装杂志《Vogue》发声：“给女人脱衣服简直就像在攻克一座堡垒。”①这种为女性出谋划策、教她们如何才能坐到椅子上的观点，得到了一些精于此道的男人的认同。与此同时，职业妇女们发现了由英国人瑞得芬（Radfern）发明的简便套装，她们称之为“轻便服装”。这一时期，人类再一次向紧身衣宣战。医生、女权主义者和政客们试图像削皮一样一点点地削减紧身衣的影响，甚至有人主张彻底取消。为了说明紧身衣是造成人类死亡的原因之一，或至少有时是造成猝死、导致肉体衰弱和精神萎靡的元凶之一，美国医生阿拉贝拉肯尼利给猴子穿上这种囚衣式的紧身衣，并四处向人们展示它们的痛苦，渴望自由的呼声与反面宣传的努力终于结出硕果，女人们最终抛弃了紧身衣，尽管其间不无懊悔与失落。当时，被认为消灭紧身衣的第一功臣、法国高级定制设计师保罗·波烈（Paul Poiret），推出了“苏丹王妃”式的时装系列和下摆很紧的长裙，其风格不仅接近古装，而且更像东方淑女的装束。这种时尚革命，给女性的思想、着装

① 参见古维烈：《在时尚中融化：时装、审美与女性独立》，治棋译，漓江出版社，2010，第40—41页。

与身体腾出了更多空间,取消紧身胸衣以自由的名义推广一种全新的服饰时尚和穿衣哲学,同时从某种意义上可以得出妇女思想与身体解放的结论。

其二,时尚审美大融合

随着第一次世界大战的结束,女性服装的轻便化引起了人们时尚审美观点的变化,促进了女性与男性的进一步平等——她们只需随意地穿上男装就可以出门了。但在这种两性服装大融合的时候,其时尚审美本质是女性的时装经常是在"抄袭"男性的时装,极少有相反情况发生,因为男装要比女装更舒服,也更适于在日常生活中穿着。显然,历史上,男人也曾在相当长的时期内穿着裙子,只是后来为了打仗的需要才脱掉。从"一战"结束后到"二战"开始前的这段时光,就是这种两性合一的时尚审美融合的真实写照。这一时期的审美标准也从服装延伸到体型,崇尚丰满的19世纪时尚已彻底过时,现代女性的身段应该更加灵活。这一时尚审美标准的出现,促使女性开始追求平板一样的身材,她们不再以曲线为美,她们胸部扁平、身材细直,穿上衣服一点都看不出腰身,为了彰显时尚苗条美,她们用弹力胸衣和松紧带把乳房包得紧紧的,把身段修饰得又平又直,甚至借助食物和药物来瘦身,这种时尚美的理念使得盲从的女性被推进了一个新的时尚模具里。

另一方面,化妆品产业开足马力进行生产和促销,大肆贩卖各种健美软膏和"外国高科技"产品,为狂热地推广专制审美模式的时尚产业推波助澜。资料显示,当时来自俄罗斯的芭蕾舞表演掀起了一场解放女性身体的新高潮,通过飞速旋转的四肢与躯干过程中所营造的东方氛围让时尚也开始转动起来,人们开始以年轻、高大、身材修长的东欧女性为审美标准,认为这些女性体现着一种具有端庄贤淑、怡情养眼的无瑕之美。① 与此同时,体育运动和户外活动的兴起使女人们得以保持身材,顺理成章地催生了三角裤、紧身褡、胸罩和紧身胸衣组合以及穿着方便、款式简洁的"运动服装"的兴起,这种着装方式成为彰显身体健美的时尚符号。此时期,香奈儿成为现代化时尚流行的代言人,她告诉《Vogue》杂志:"时尚不仅仅存在于服装领域,它还蔓延在整个空气中。时尚所反映的是受众的思想、境遇以及生活经历。"因此,香奈儿被《Vogue》杂志称为"时装界的福特",就像美国福特建立汽车王国一样,香奈儿

① 参见古维烈:《在时尚中融化:时装、审美与女性独立》,治棋译,漓江出版社,2010,第41页。

建立了工业化、大众化的时尚体系,其时装原则即“增一件不如减一件,减一件不如减两件,因为任何美都比不上自由的身体”。1972 年奥运会上首次亮相的紧身泳衣以“第二层皮肤”的魅力口号,让追求完美身材的人们惊叹不已,在贴身时尚的推动和销售公司的促销下,保持苗条身材成了许多人的生活信条,自此容颜美丽、精力充沛、身材苗条、青春年少成为时尚审美的“新”标准。显然,这种“新”标准至今仍是根深蒂固。由此可见,在时尚从业者的眼中,女性是“折服”于时尚产业链中的,“时尚”试图将其思想、理念、身体美、服装相融合并灌输给每一个人,以此推动时尚美的创造性发展。

其三,时尚审美新载体

电影、电视的出现,成为娱乐产业的象征符号,被作为抚平人们心灵创伤的安慰剂。在终日为经济衰退、政治僵化和意识形态冲突所困扰的西方世界,电影、电视成为推动时尚审美最有效的手段。伴随影视自身的视觉形象和传播力度,影视明星一跃成为世界时尚美的新载体,在唤醒了人们对时尚美的认知以及追赶时髦的热情的同时,无形中建立了“时尚专制体系”的掌控权。例如 1951 年,电影明星马龙·白兰度在纽约首映的《欲望号街车》电影中,以其白色紧身 T 恤的朴实着装和发达肌肉性感的形象赢得了全世界女性的青睐,T 恤也因此成为年轻人最受欢迎的时尚审美产品,在设计师的参与下,T 恤逐渐从平民化的衣着迈入时尚美的活动范畴,20 世纪 70 年代,T 恤已经风靡全球。如今 T 恤俨然成为男女老少诠释时尚美不可或缺的时尚风向标。再如 1987 年,费翔的一曲《冬天里的一把火》将春节晚会推向高潮,当时载歌载舞的表演形式令人耳目一新,演唱者本人也因此闻名全国,就连其发型也在青年人群中广为流行,并非这种发型符合“时代的审美标准”,而是光鲜的名人效应充当了时尚美的制造者。可见,传播已成为时尚美学链条中最重要的环节,如果传播缺失,时尚美就犹如一潭死水。显然,时尚审美意识的存在,可以通过电影传播的语言方式得以诠释,没有传播就没有时尚,但时尚往往被传播的推动力所毁灭,又因自身的发展与革新而延续时尚的生命力。这就是说,任何一种时尚行为,都是一个活动过程,任何一种现象和一种新生事物,从时兴到时髦,从时髦到时尚,从时尚到时疯,从时疯到时狂,从时狂到时亡,记录和反映了时尚美学活动在传播过程中产生、发展、壮大、兴盛、衰败和灭亡的过程与周期。

其四,时尚美学的表现形态

时尚美学所表现出来的形态有四种,从高端到低端再到高端,分别为豪华时尚、大众时尚、街头时尚和科技时尚。四个层次的时尚在时尚史上产生的时间有先有后,其中豪华时尚产生得最早,是时尚最初的表现形式;大众时尚、街头时尚次之,科技时尚产生得最晚,它是 20 世纪下半叶才开始在社会上出现的。四个层次的时尚自产生以后,一般同时存在,但具有不同的表现形式和特点,并且在社会上的影响也各不相同,下面我们将逐一进行分析。

首先是宫廷风格催生的豪华时尚。时尚美最初的表现形式产生于欧洲文艺复兴时期,那些新兴资产阶级的富商和工场主在掌握了大量财富之后,为了提升自己的社会地位,便仿效原来宫廷贵族的生活方式,竞相以豪华的服饰和珠宝来包装自己,导致了最初豪华时尚美的产生,同时造就了豪华的服饰和珠宝的华丽形式,精细做工和昂贵价格成为时尚美最初的表现形式。这种因极少数富商和工场主所追捧和拥有的时尚美,成为一种高高在上的时尚,也是当时社会上时尚唯一的形式,因此被称为“豪华时尚”。

其次是工业革命碰撞出的大众时尚。随着 19 世纪英国工业革命的发生,工场手工业被机器大工业所代替,资本主义生产便顺其自然地进入了机器大生产阶段。到了 19 世纪下半期,大众时尚美学在欧美一些国家进入工业化时期后开始出现,这种以中端形式出现的大众时尚之美,参与的人数最多,社会影响也最大,由于机械生产替代了手工制作的生活用品,生产效率大幅度提高,生活用品的成本和价格也随之大幅度下降,社会上的中产阶级乃至部分工人都能享有这种大众时尚美。从工业化批量生产至今,大众时尚一直处于时尚美学的中心位置,其时尚产品覆盖了整个时尚产业,诸如当代世界上流行的各类时装、化妆品、娱乐休闲产品以及汽车、建筑等时尚产品,都被囊括于此类时尚领域。

再次是反传统思潮冲击下的街头时尚。所谓街头时尚实则是一种小众的时尚美学形式,20 世纪 50 年代,它首先出现在一些欧美国家,后来传播至世界各国。这种以街头活动出现的时尚形式,被称为“街头时尚”,街头时尚不同于前文中两种时尚形式,其在本质上反映的是一种社会亚文化,在形式上往往表现为对主流文化和大众行为的公开怀疑与反叛,也就是人们所说的“另类”,像 20 世纪 50 年代“垮掉”的一代、60 年代的嬉皮士、70 年代的朋克、80 年代的雅皮士、90 年代的非主流等都是这种街头时尚叛逆的代表,他们穿着奇装异服来吸引街头人群的注意力。虽然街头时尚代替了一种与主流文化格格不入的亚文化,但随着时代的更迭以及社会文化宽容度的增强,社会对这种亚文化的认同度也在不断提高,从而也为这种街头时尚审美提供了一定的生存与发展空间。

最后是互联网时代的科技时尚。互联网时代推动了时尚美学革命,同时也催生了大数据、云计算和人工智能的新发展,为时尚审美开创全新的表现形态,进而形成了因科技更迭带来的“科技时尚”。当今互联网技术蓬勃发展,信息化、虚拟现实技术、人工智能的蓬勃发展,在时尚美学活动的理论高度上,提升了大众消费群体的美学思想、审美情趣和消费品位;科技时尚在时尚美学活动设计实践中,实现了当代设计“为人民服务”所带来的物质和精神上的审美愉悦,例如人工智能与时尚的紧密融合,促使智能服装、智能家电、智能家居等时尚科技产品的问世,给人类生活带来全新的时尚体验和审美趣味。时尚美学活动随着科技的变化而变化,在科技不断发展的当下创建了完善的可持续时尚美学活动服务体系。总之,只有深刻洞察社会变迁、技术理性、消费需求等影响下的时尚科技互动关系,探索人们进行自我时尚审美活动的原则、方法、意义,调查与梳理时尚通过科技催生出的各种产业、经济等时尚美学活动的需求与价值,才能挖掘时尚美学活动研究范畴,为时尚美学创建提供有效思路与对策。

(三)时尚美学与消费心理活动的扩张

西美尔称:我们暴露在时尚快速变迁中的程度越高,对廉价形式的商品的需求就越高,而这种廉价形式的商品又加速了时尚的变迁。① 从时尚与消费的活动来看,两者之间互动关系让人们意识到时尚的力量,意识到没有一件时尚产品是耐久的,意识到受时尚变迁的支配,时尚美的新标准影响时尚产品变化的同时,两者的审美标准与审美认知之间具有同步性。因此,就产品本身而言,作为完全功能性的产品是耐久的,而且其生产初衷也应是耐久的,否则它们就不是“优质产品”。但是,时尚美学的本质是生产愉悦感的有效符号,当产品的现存形式失去原有的时尚美的愉悦感之后,生产者会用尽全力对产品进行改版,以最具吸引力的全新产品形象重新问世。可以说,时尚美学活动的

---

① 参见拉斯·史文德森:《时尚的哲学》,李漫译,北京大学出版社,2010,第130—131页。

原则成为创造一种产品持续增长的砝码,在其活动过程中将时尚产品的运作称为时尚产业,不仅满足消费者已有的需求,而且创新并延续拥有这种需求而产生的感官乐趣和美学享受。

从消费心理活动的发展与扩张方式来分析,在经济发展的早期,毫无节制的物品消费,尤其是较高阶级的物品消费观念上,但凡超出维生最低需求之外的消费,通常归属于有闲阶级。从某种意义上来说,休闲在过往表现的规范通常是以"非实物"物品的形态出现。这类过往休闲的非实物证据,有关于礼仪规范、时尚服装、家具、陈设的知识,还有有关游戏、运动、饲养动物、赛马的知识等。值得一提的是,这种礼节规范在家庭装饰及整洁效果的选择性指引下所形成的品位,其效果是令人愉悦的,有时的确达到了某种实质美学价值的效果,同时这种礼仪规范所表现出的仪态、教养、礼貌谈吐、礼节和正式仪式的礼数,在人们的社会活动上占有很重要的地位,这种情形通常发生在文化发展处于以炫耀性休闲作为博取声誉象征的时尚的阶段。另一方面,与炫耀性休闲这个条件紧密相关的另一个消费心理活动,是与之匹配的炫耀性消费,主要表现在食物、衣着、住所及家具上的贵重物品消费,作为专业化的物品消费财富的证据,其消费活动无疑是为了满足消费者自身的享受。①

从18世纪起,消费心理活动伴随欧洲和美国的工业化所带来的新的社会巨变而呈现出扩张的趋势,这种消费心理是人们为获取更多商品而消除了传统的阶层界限才得以实现,从而促使越来越多的消费者拥有具有实用价值的商品。在增强社会流动性的局面下,装饰艺术与品位之间的联系得以加强,成为社会消费心理活动的一个重要指标。在随后的几年里,拥有工业制造品的社会阶层越来越多。因此,装饰艺术的地位被设计品和设计形象所取代,并发挥了区分社会等级的重要作用。设计品和形象成为许多消费者表达社会追求和成就的手段,同时还担任传播时尚和现代性的重要使者。但是,消费量与日俱增的产品和形象并不总是具有我们今天所理解的"时尚"美学特征,但人们对现代世界的消费生活已颇有经验和理解。例如,洛娜·韦瑟里尔揭露了英国城市与乡村地区拥有新产品水平的巨大差异,她曾经指出:"在伦敦和其他

---

① 参见凡勃伦:《有闲阶级论:关于制度的经济研究》,李华夏译,中央编译出版社,2012,第42—66页。

城镇，附炉炖锅的拥有数量是农村的四倍。在农村地区，只有二十分之一的家庭使用它。尽管农耕和家庭生活都用到陶器，但陶器的使用在伦敦比小镇更为普遍。"[①]她的开拓性研究论证了这个观点：贵族与平民消费实践数据的差异，证明"大众"消费需求动机与消费类型转变之间的互动关系中，社会和文化作用的方式在时尚美学与消费心理活动中的关键作用。证明了"大众"消费需求动机有助于引发"工业革命"相关的制造技术革新以及设计品和形象的创新，也有助于理解时尚美学刺激新消费者在社会和文化的作用方式下推动消费心理活动扩张中的关键作用。

在《设计与文化导论》一书中，哈米什·弗雷泽总结了19世纪英国制造品消费活动市场扩张的三个因素，即人口的增长、购买力的提高以及决定购买行为的品位变化。[②] 从市场消费活动来看，19世纪60年代，煤气价格的下跌，催生了煤气炊具在市场的占有率。至19世纪初新的家用器具的出现，如美国Bissell牌地毯除尘器进入英国市场，继在美国市场获得成功后，家用吸尘器于19世纪末20世纪初在英国出现，至20世纪头十年，自行车和汽车成为消费活动的一部分。[③] 为适应、维持和扩展这个新的大众消费市场而采取的策略不仅涉及以上三个因素，也涉及经济发展、社会文化、生活水平和设计的问题，以及受到大多数人追捧下所形成的消费时尚和美的塑造等一系列问题。可见，随着时代的发展，消费心理活动的全方位、多元化扩张，不仅仅依托时尚美学概念赋予商品和形象以审美与功能特征来吸引和满足消费者与使用者的活动需求，更重要的是经济全球化发展的当下，时尚美学和消费活动已经成为设计产业链的纽带和马达，刺激、活力、新事物、创举、各种觉醒、增长甚至进步皆与此关联。可见，时尚美学与消费活动在人们的需求得到满足并又不断萌生和更新中，已经成为当代任何情况下不可或缺的"绝对需要"，从某种相对意义上看，它使我们感到优越、自尊、愉悦，这类时尚美的消费心理需求很可能永无止境，一旦我们置身于全球化的视野和环境中，就拥有了更多的选择，由此便为时尚美学发展带来了更加广阔的空间。

---

① 斯帕克：《设计与文化导论》，钱凤根、于晓红译，译林出版社，2012，第20页。

② 参见斯帕克：《设计与文化导论》，钱凤根、于晓红译，译林出版社，2012，第20页。

③ 参见斯帕克：《设计与文化导论》，钱凤根、于晓红译.，译林出版社，2012，第20—21页。

三、时尚美学理论的确立

新解时尚美学理论,一是找准落脚点,从“时尚产品”出发,探索时尚产品美学需求的理论依据。二是理论突破,基于时尚产业、时尚经济美学的优化资源配置,体现在时尚产品与美学元素、时尚产业与时尚经济、时尚消费与享受乐趣的审美活动中,时尚产品美学需求有非功利的一面,而时尚经济美学有其功利性一面,可见从无功利到有功利,或许是人类追求美好生活、享受时尚自由的一大进步。

(一)解析时尚产品美学需求理论

人类对于美好生活的追求是随着社会经济发展和文明的进步而不断提高的,也意味着中国时尚产品正进入一个美学供给和美学消费新时代。面对人类的物质文化生活水平已不满足于生存与温饱,而开始追求奢华,追求通过消费来体现自身的社会地位与人生价值。因此,具有社会阶层识别功能的一个重要时尚特征,作为凸显个人在社会上所处层次的象征性指标,仅仅从其平时的穿着打扮、衣食住行上体现出来,而时尚正是为了弥补社会识别功能的单一性,就不能局限于观念和行为方式上,必须有一系列物化的产品和美学竞争力为载体。正是在这样的社会大背景下,与人们时尚观念、时尚行为、消费需求密切相关的各类时尚产品的美学需求便应运而生。

时尚产品的美学元素是基于消费者的美学需求而生产出来的,它既可以是一种有形的、具有使用价值的产品,如名车、名表、时装、珠宝、名牌香水等,也可以是某一项服务,如美容、健身、娱乐等,从这方面来看,时尚产品所体现的多元化的美学精神需求层面,凸显出时尚产品美学需求非功利的一面。可见,时尚产品自诞生之日起,经历了一个逐步发展的过程,与人类物质文明和精神文明的发展同步。毫无疑问,在物质需求方面,人类最初的时尚产品应归属于服饰类,最初生产力和经济发展的水平只允许人们通过服饰来装扮自己,并体现自己在社会阶层中所处的位置。长期以来,这种古老的时尚产品生存形式在时尚舞台上始终唱主角,一直延续到当代,至今,时尚服饰在爱美、求美、研美和创美的供需循环中占据着时尚产品的中心位置。随着社会经济的发展和人们物质文化生活水平的提高,审美需求不仅影响着人们对时尚产品的消费和消费方式，也决定着企业生产什么和如何生产。可以说，品位、个性和审美的美学需求成为催生时尚产品范围以及时尚产品更新换代的根本原因。如这些年来，面对机械美学、技术美学、环境美学、生态美学等席卷而来的各种美学新概念，许多与此有关的消费品加入了时尚产品的行列，涌现出来一批与此相关的时尚品牌，并带着强烈的目的性寻找其美学价值带给时尚品牌的生存之道。

当今时代，一切事物都要融入美学价值，人们将“美学元素”置入时尚产品日常的衣食住行、娱乐、学习中，时尚产品几乎覆盖了一切社会生活领域。人们在购买这些消费品与服务时，时尚品牌均有可能围绕持续变化的美学消费需求，不断创新理论和方法，突破固有产品设计思维的束缚，促进人与自然、科技与文化的内在融通，创建新的时尚美学生产关系，确立新的美学生产意义。关于这些时尚产品的创制和分类，截至目前，尚未有明确的规范，在经历时间的考验过程中，一个时尚产品中的美所追寻的不是某种永恒的美。① 从哲学理论来思考这一问题，即任何一个特定的时期，时尚美的某些方面被广泛接受而也有另一些方面遭到拒绝。② 同样，一个时期时尚审美标准能够被另一个时期的标准所取代，除了具有新奇原则外，根本不需要任何特殊的品质，不被任何功能性所左右，而在于完完全全的暂时性。显然，时尚产品的原则是创造一个恒定的增长率，尽可能快地制造越来越多的产品，直到它成为多余的，这样新产品就有机会出现。对此，当代快时尚品牌 H&M、Zara 就是很好的典型例子，因为这类品牌每星期就更换一次产品系列，这些时尚产品是为了变化而变化，而不是为了“改进”产品而变化，它们就这样存在着，除了让产品变得多余之外，没有其他功效。由此可见，时尚产品的生产、消费、美学创造等实践过程需要有时尚美学理论的支撑，才能规避时尚产业链在激烈的市场竞争中的生存危机。随着世界经济与文化的发展，特别是科技的进步，这些领域中必然会出现时尚产品争奇斗艳的景象。

---

① 注释：戴维·费里斯比在《现代性的碎片：齐美尔、克拉考尔和本雅明作品中的现代性理论》一书中说：“我们自己创造了时尚，而‘美的永恒部分就掩藏其中’。时尚的中心地位挑战了美的永恒观念，并使美具有了历史性。这样一来，永恒就处在过渡和短暂中，‘因为几乎我们所有的创造性都来自时间在我们的知觉上打下的烙印’。”

② 参见乔安尼·恩特韦斯特尔：《时髦的身体：时尚、衣着和现代社会理论》，郜元宝等译，广西师范大学出版社，2005，第 56 页。

（二）考量时尚美学经济理论

20 世纪 20 年代，美国宾州大学华顿商学院经济学家乔治·泰勒提出了一种“裙边理论”，指出当经济增长时，女性会穿上短裙，以此来炫耀自己的长袜；当经济萧条时，买不起长丝袜的女性不得不延长裙子下摆来掩饰她们的窘况。[①] 随着时间的推移，人们开始用当代的视角解读丝袜从 20 世纪 20 年代的奢侈品沦为 21 世纪的廉价品以及女性身着裙子的长短和经济走势之间的微妙关系，这种现象所揭示的理论启发了时尚与经济相关联的研究思考。在“裙边理论”的引发下，探究时尚与经济之间的密切关系。时尚是由经济状况决定的，反过来说，时尚通过引领消费对经济产生巨大的推动作用。这其实一点都不难理解，时尚作为一种生活方式，与人类的经济活动有着密切的联系，而且这种联系随着时尚消费和时尚生产得以实现。由此引申出时尚产业和时尚经济的概念，这些概念均是随着时尚的不断发展，在社会公众生活中的影响不断加大而出现的。

从时尚产业来看，着眼于时尚产品的生存特性来考量时尚产业的研究范畴，根据时尚产品所具备的三个基本特征：第一，时尚产品是一种个人消费品，其使用价值完全在于满足个人的审美需求；第二，时尚产品是一种暂时性的商品，具有鲜明的时间内涵；第三，时尚产品是一种导向性的商品，在一定时段内，它是为社会上一定数量的人群所直接消费，但是却为大多数人所推崇和仿效。依据这三个特征可以将时尚产品与其他商品相区分，大体上可以划定当代世界时尚产品的范围，划分类别即：服饰时尚、奢侈品时尚、饮食时尚、健康时尚、建筑时尚、旅游时尚、网络时尚、汽车时尚、娱乐时尚和美妆时尚。这十大类别基本囊括了衣食住行以及精神文化等时尚产业。从时尚经济来分析，所谓的时尚经济，就是为社会公众的时尚生活提供所需要的产品和服务的经济形态，它是在时尚发展到产生较大社会影响阶段时作为一种独立的经济形态出现的，并且随着时尚的发展而不断发展壮大，其范围包括与社会时尚生活相联系的各个经济领域。时尚经济就是生产和消费时尚产品的经济活动，时尚产业就是生产时尚产品的企业群体，二者都是建立在以时尚产品为基础的探索性研究，理应建立在对时尚产品美学需求理论的研究基础上，提出时尚美

---

① 参见黄恒学、程建强：《时尚学》，中国经济出版社，2010，第 95 页。

学经济理论,以期为时尚美学理论的确立做出系统性的梳理与辨析。

通过思考时尚美学经济理论,从时尚产业的发展来考量时尚经济的研究态势,我们应探究如何在当代时尚美学经济研究态势中获得理论上的新突破。面对这一问题,笔者通过马克思在《1844 年经济学哲学手稿》中提出的,动物只是按照它所属的那个种的尺度和需要来构造,而人却懂得按照任何一个种的尺度来进行生产,并且懂得到处都将固有的尺度运用于对象;因此,人也按照美的规律来构造①的观点,阐述"时尚产业和时尚经济"需要美学理论的支撑来确立时尚经济美学理论,并在此基础上提出"时尚美学经济"具有功利性的重大理论突破。从审美与经济的关系角度分析,马克思这段话中隐含着三个重要思想:一是生产活动和美都是创造性活动,都体现着人类的本质特性;二是生产活动是一种暗含着美的塑造的活动;三是生产过程和产品本身都内在蕴含着美的因子。由此可知,分析时尚经济美学的理论,基于时尚产业与时尚经济的研究为立足点,依托时尚产品的"美学元素",赋予了时尚产品的品质感与品位,使其一经上市就成为物有所值的畅销产品,因此时尚产品的消费过程验证了时尚产业和时尚经济"需要美学支撑"的理论事实,同时确立时尚经济美学在时尚美学理论创建中的必要性与重要性。此外,在对"商品"这一概念的理解上,马克思不仅看到了商品具有的生产属性,即它所凝结的无差别人类劳动,又看到商品具有的精神属性,即"商品拜物教"。然而,典型美学和商品拜物教都努力清除事物的具体性,把事物的感性内容从纯粹的理想化形式中剥离出来。正是在这个意义上,马克思深刻的反康德美学也是一种反美学②,它摧毁了一切非功利的沉思,把事物的功利本质作为基础而不是前提,我们欣赏它,就像我们在社会关系中的快乐与它的必要性是分不开的一样。③因此,我们将这种观点用于时尚产业和时尚经济二者的研究对象时尚产品中,

---

① 参见马克思:《1844 年经济学哲学手稿》,中共中央马克思恩格斯列宁斯大林著作编译局编译,人民出版社,2018,第 53 页。

② 注释:即便在传统美学之中,对于审美活动的功利一面的认识也从未消失。例如在康德美学中,涉及利益、目的、意蕴的"美的理想"与非功利、纯形式的"美的标准"恰恰处于二律背反的地位。"美在形式"与"美在道德的表现"、非功利的形式与形式的功利表现……统统尖锐对峙。而在后康德时代,形式与意蕴、非功利与功利的对立仍是人们所要关注的一个关键问题。

③ 参见特里·伊格尔顿:《美学意识形态》,王杰、付德根、麦永雄译,中央编译出版社,2013,第 187 页。

围绕需求、生产、消费将会推动时尚产品经济的增长这一观点,这种代表时髦符号的时尚产品成为买得起、能拥有的经济价值符号,针对社会政治、经济、文化、科技多元化发展的社会来说,物质文明与精神文明在维护稳定的根本作用的同时,消费社会对拥有时尚美学产品的无比依赖,需要确立时尚产品新的消费"符号"以及附加筹码,贯穿于对时尚产品的需求——消费——拥有——满足——享受等关系的思考,并以炫耀性消费、时尚消费、冲动性消费、超前消费等观念来满足人们从物质到精神的多种需要。相对富足的生活扩张了人们的各种欲望,促使时尚产品商业拉动了物质消费的扩张,不但要满足"必需的消费"还要刺激"更多的消费"和多样化的精神需求。可以说,精明的企业家会利用设计师不断推出各种新颖的时尚产品,以营造时尚美的生活方式和引领消费的新潮流。由此,时尚美成了操纵市场营销的一只无形的手,成为市场份额的有力推动者。① 过去人们会因为破损而淘汰旧衣物,这是一种废旧淘汰。然而,由于时尚美的流行,许多过时的衣物被丢弃,这就形成了一种新的淘汰法则,即在符合时尚美需求标准的原则下,实现企业家所推崇的审美淘汰和更新换代的时尚美学经济效应。可见,时尚美学催生了时尚产业以及时尚产品为了获取可观的经济效益,满足各种欲望的产生而凸显其强烈的目的性和功利性的一面。

第二节　时尚美学理论价值

时尚美学以价值的创造为核心,基于时尚美学理论建构价值中时尚美学的生产要素在产业、企业和产品中的具体作用,彼此之间相互影响,形成了一个系统性的价值体系。前文具体分析了时尚美学的衣食住行之美和时尚美学理论研究的形成与确立的时尚美学理论体系研究的主要核心范畴。在此基础上,本章将围绕时尚美学理论价值,进一步阐述时尚美学理论价值中的哲学、社会、文化等相关问题,揭开时尚美学理论引擎牵引下的价值内涵,为时尚美学理论研究注入新鲜的血液,做出具有推进时尚美学理论价值的明确阐述。

---

① 参见徐恒醇:《设计美学概论》,北京大学出版社,2016,第135页。

一、时尚美学的哲学价值

探析时尚美学的哲学价值,需要透过现象看本质,这种现象不仅揭示了时尚的本质,而且推动了时尚超越纯美学的讨论,因为“时尚”不仅是工业的、经济的、文化的连锁反应,同时也是美学活动的结果。显然,关注时尚问题就是关注时尚美学的问题,而且更倾向于关注时尚美学与社会、政治、经济、文化、消费等意识问题,基于不同学者所解读的时尚哲学的理论视角,探讨时尚学术背后对“时尚产业”、“时尚经济”逻辑的、理性的、多维度的哲学价值思考的一种时尚美学形态,由此开启了时尚美学的哲学价值新命题的研究与讨论。

仅能从一些哲学家的论著中找到些许他们从阐述时尚哲学研究视角对于时尚的谈论。例如,最早将时尚置于重要地位的哲学家之一亚当·斯密认为,时尚的第一个也是最重要的应用领域是适用于品位概念的中心位置,涉及服装、家具、音乐、诗歌、建筑等。康德对时尚的描述集中在人类生活方式的变化上,他认为所有时尚,就其本质而言,都是一种变化的生活方式。浪漫主义诗人诺瓦利斯认为,人类生活中唯一“真正的进步”发生在道德领域,生活中的所有变化“无一例外都是时尚”。哲学家兼社会学家西美尔在《时尚哲学》一书中对时尚和服装进行了区分。他认为时尚是一种宽泛的社会现象,影响着所有的社会场所,而服装只是其中的一分子。哲学家吉尔·利波维茨基认为,时尚是社会变革的一种独特方式,独立于任何特定的个体中,因而强调了服装不仅是服装的问题,也是社会机制的问题。符号学家兼批评家罗兰·巴特认为:时尚的物质基础是服装,而时尚本身是一个文化性质的意义系统。① 乔安尼·恩特韦斯特尔则主张:时尚与身体有关,它凭借身体得以制造和传播,并因身体的穿戴而成为时尚倾诉的对象。身体是时尚的客体,必须在各种社交场合穿着衣服,时尚因此构成了很多人的衣着体验。② 拉斯·史文德森在总结以上学者对时尚与服装、社会、文化、艺术、建筑、家居、音乐等方面相关联的基础上,提出时尚首先是在“新颖”原则的前提下,去寻求时尚与传播的一种

---

① 参见恩特维斯特尔:《时髦的身体:时尚、衣着和现代社会理论》,郜元宝等译,广西师范大学出版社,2005,第 278 页。

② 参见恩特维斯特尔:《时髦的身体:时尚、衣着和现代社会理论》,郜元宝等译,广西师范大学出版社,2005,第 1 页。

变迁法则,提出时尚与语言、身体、艺术、消费、生活理想等方面相联系的观点,认为时尚能创造个人的自我认同与社会意义,是一种生活审美哲学,在影响人类文明进程的同时,更强调要将时尚视为一种重要的哲学研究对象。

每一种事物都包含有自己的反面,尽管时尚美学能给人们带来诸多的好处,但也应该辩证地审视时尚美学与社会、政治、文化、经济、消费之间依然存在不和谐的现象,例如盲目追求时尚美,不仅会损害美的本性,而且也会造成不必要的损耗。因为并不是所有的时尚美都与个体特定的实际情况和审美需求相匹配,也没有任何特定的审美时尚可以完美地凸显自己的个性美,尤其对于服装时尚而言,在中国被公认为彰显女性优雅美的服装之一旗袍,其露胳膊、高开衩的设计对穿着者的身高、体型、皮肤等因素提出了较高要求,显然对于身材矮小肥胖的女性则不适宜。乔安尼·恩特韦斯特尔所主张的时尚美跟身体有关,人们借助身体来推广时尚与服装,可以说身体是时尚和服装倾诉的对象。当今的时尚发展已经越来越呈现为时尚以"身体"为中心,尤其是在消费社会的语境下,以身体美化为目的的审美消费是必然的。由此看来,时尚美学应重视它所属的范围,将各种时尚产品、时尚服务与人的身心、社会、经济、文化、消费联系起来,并形成一种互相依存、互通互动的有机关系,创造出人类未来美好的生活世界。①

二、时尚美学的社会价值

时尚是社会的产物,是社会对时尚和时尚美学的理解。在中国,人类对社会的认识经历了一个从自愿到自觉、从圣洁到庸俗的转变过程。一般来说,理解现代社会与时尚美学之间的关系,就是要明确它们研究的终极关怀,面对这一问题主要体现在考察其独特性的研究价值。时尚美学的社会价值是什么?马克思主义认为,社会存在决定社会意识,这里所说的社会存在不仅包括社会的物质技术基础,还包括建立在这种基础之上并与之相适应的社会结构。我们在马克思主义唯物史观指导下探究时尚美学作为人类社会现象的一种生活方式,与社会结构的形式与功能有着密切的、不可分割的关系。比如古代时尚

---

① 参见肖宇强、戴端:《国外时尚哲学研究的三重路径及其对时尚美学建构的启示》,《设计艺术研究》2020 年第 1 期。

中的尚玉、肥美,其存在的前提条件有两个:一是非垄断。比如中国于公元220—250年开始加强中央集权,到唐代,即公元618—907年,开始出现了限制消费条例或限售法,主要是针对商人阶级而言,商人的崛起势不可挡,他们的势力逐步威胁到官僚体制原本稳定的社会结构。17世纪,日本曾颁布一部法令,禁止包括商人在内的平民穿戴精美丝绸和金漆饰品。11世纪中国皇帝也曾下诏,除皇亲国戚之外任何人不得穿用黑白貂皮,平民百姓只能穿用黑色的绵羊皮或鼹鼠皮。类似关于毛皮限购的法令在中世纪后期的英格兰同样存在。① 所以,禁止平民穿戴的丝绸、金漆饰品、黑白貂皮也就成了过时的时尚了;二是稀有物,意味着所崇拜之物很难获得,如果能轻易得到,缺少了追求就不能称为时尚。因此,必须是所追求之物稀少且追求者众多的情况下,时尚才能成立。如同玉之所以能成为时尚,是因为珍贵的玉很稀有。肥胖能成为时尚美,是因为在物质匮乏的时代,肥胖很难获得。②

引古论今,时尚美学在现代社会迅猛发展的原因,可从四个外部条件的改变来分析,一是垄断的瓦解使得下层社会可以任意模仿上层社会,开放的社会滋生了时尚美的不断发展。二是发展工业生产导致了时尚成本大幅下降,而当成本的门槛提升,甚至过高之时,又极大地约束了对时尚美的追求。三是社会观念从"崇古"转向"喜新"的过程中,推动了时尚美的发展与流行。四是社会需求从"模仿"到"创新"的转变,证明了当代社会对于时尚创造的商品的重要需求。但是上面所述毕竟是外部条件。时尚美只有在契合了人们的内心倾向后,才能成为人的行为,只有在完成了心理功能后,才能行使其社会功能,彰显其社会价值。

基于上述分析,时尚美学社会价值发挥的作用从社会信息化到数字化,体现了时尚美学由非垄断到批量化,从普遍性到共性、个性的多元并存的价值革新过程,人类社会的感情期待和理性判断依靠时尚美学产品来定义自身,依靠时尚美学产品来炫耀。因此,时尚美学社会价值具体表现为:社会价值→时尚美学产品→社会分层→社会身份认同→社会功能→社会消费这样的过程,时尚美学社会价值得以最终实现,具体如图2-1所示。

---

① 参见苏珊·B.凯瑟:《时尚与文化研究》,郭平建、肖海燕、白静等译,中国轻工业出版社,2016,第88页。

② 参见郑也夫:《后物欲时代的来临》,中信出版社,2016,第151页。

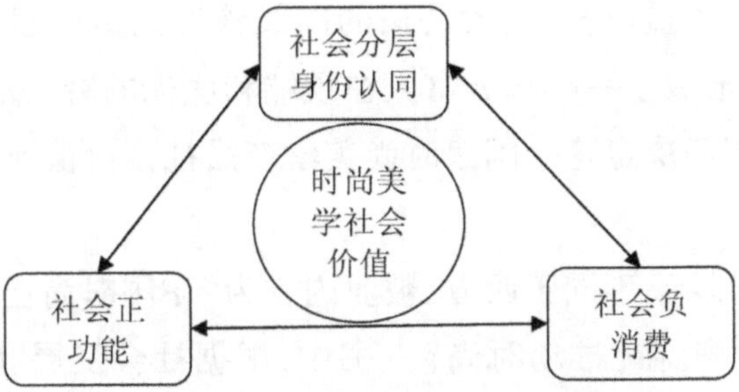

图 2-1　时尚美学社会价值研究模块

下文将对时尚美学社会价值的三个主要研究模块进行具体分析,需要指出的是对时尚美学社会价值研究模块的理解又需要借助这一社会结构的生成框架。

(一) 时尚美学的社会分层与身份识别

社会分层作为社会学范畴,是指按照一定的标准对社会的所有成员进行高与低的等级划分。这种普遍的社会现象标志着人类告别了原始社会,随之迈入文明社会之后,社会差异和社会分工的出现,造成了社会资源在社会成员间的不平等分配,从而产生了等级的划分,成为人类社会共同关注的中心话题即社会分层现象。20 世纪 40 年代,美国社会学家 W. L. 沃纳等人采用多重标准,从六个层次来区分社会成员:第一上上层阶级,由一代又一代的富人构成,他们不仅有大量的物质财富,也有一种独特的上层阶级的生活方式;第二下上层阶级,虽然他们的财产并不低于上上层,却缺少上上层阶级的生活方式,因而被简称为“暴发户”;第三上中层阶级,专指一些居住在美丽的郊区,拥有自己住宅的成功专业技术人员和企业家;第四中下层阶级,主要包括一些神职人员和小店员等;第五上下层阶级,他们的收入并不逊色于上中层和下中层,但以从事体力劳动为主;第六下下层阶级,主要是指没有工作、没有固定收入,只能从事一些非技术劳动的人。① 以上六个层次的划分正是基于韦伯所主张的财富即经济标准的社会分层,因此欧美国家的社会分层倾向于金字塔顶端的财富拥有者,如一些成功人士、私营企业主或电影明星。他们是这一阶层的顶级消费者,也是欧美国家总人口中所占比例最小的。另一方面,由中层管理人

① 参见苏东海、李宁:《社会学》,宁夏人民教育出版社,2005,第 159 页。

员、律师、职业教育人员以及中、大公司的高级管理人员所组成的人口比例庞大的社会结构中，形成了一小部分富人在顶端和底端的穷人的现状。可见，欧美国家的中间阶层便决定这个国家时尚美学产品社会价值所营造的真正的消费能力和消费水平。

中国的社会分层又不同于西方，被业内誉为“中国时尚业最有权威的管理咨询专家”的杨大筠，在《推动时尚》一书中，根据社会发展和政治制度，将我国的社会分层总结如下：“在中国的社会阶层中，排在第一位的是国家和社会管理阶层；第二位的是经理人阶层；第三位的是私营企业主阶层，然后再慢慢过渡到其他阶层，依次是专业技术人员阶层、办事员阶层、个体商户阶层、商业服务人员阶层、工人阶层、农民阶层、城乡无业或失业人员阶层。”①然而，一个国家的时尚美学研究，从理论探讨到实践落地，都取决于该国最大的社会阶层接受它并为它提供生存机会的能力。因此，时尚产业、时尚产品与社会分层的生成和互动中，时尚产品的定位不得不考虑到国家的社会阶层问题。由于我国特定的历史原因，社会形成了以下几个结构层面：

第一个结构层面是出生于 20 世纪 40 年代初到 50 年代初的人，作为中国社会购买力相对较弱的群体，他们更关心退休的舒适生活与身体健康问题，而不是时尚产品。

第二个结构层面是出生于 20 世纪 50 年代中期到 60 年代中期的人，这个时代的人经历了诸多特殊的运动，因缺少接受大学教育的机会，而导致整体教育水平偏低以及城市失业人口占比偏大的事实，因而所呈现的消费能力主要侧重于中低端市场。

第三个结构层面是出生于 20 世纪 60 年代末到 70 年代末的人，随着我国改革开放和经济崛起，这个时代大多数人都有机会接受良好的教育，也有机会了解和接触国际流行信息和生活方式，因而成为中国时尚消费品领域的主力军。

第四个结构层面是出生于 20 世纪 80 年代后的人，这个时期，中国社会结构由于特定的历史原因而处于断层状态。不同年龄段的人由于特定的历史，形成了不同的世界观、人生观和价值观，并在此基础上形成了不同的时尚生活

① 杨大筠：《推动时尚——杨大筠纵观中国时尚产业》，东方出版社，2007，第 16 页。

方式和时尚消费态度。因此,将这个断层时期称作“文化断层阶段”。

从这里可以看出,在时尚美学理论研究的影响下,不平等产生于社会阶层(职位)与时尚产品“消费”相匹配的过程。在不同的现代社会里,这些凸显社会价值的消费符号的内容会有所不同,且差异化较大。如表2-1中所列出的时尚产品与社会阶层赋予的社会价值消费的各种形态。

表2-1　为社会分层体系提供的时尚产品与社会阶层的互动关系

社会分层	举例	时尚产品与社会阶层互动关系
第一阶层	国家和社会管理阶层	对时尚产品有强烈的消费欲望,不过分炫耀、张扬,以免暴露自己的收入
第二阶层	经理人阶层	中国时尚产品消费主力军,集炫耀性消费与奢侈性消费于一体,以彰显自己的身份,表明自己在社会中的地位
第三阶层	私营企业主、专业技术人员、办事员、个体商户、商业服务人员、工人、农民、城乡无业或失业人员	中国社会低阶层,消费能力有待提升

无论人们基于什么样的标准,做出什么样的划分,社会成员被划分成不同的层次已经是一个不争的事实,这引申出了另一个重要的社会问题,那就是身份的识别与认同。在一个多层次的社会结构中,人们有一个基本需求和梦想,想要通过一定的手段和方式来表明自己所处的社会地位,同时区分自己与其他阶层的差异,这就是身份的识别与认同。一方面,社会成员有身份认同的需求,另一方面,社会消费俨然已经成为一种符号消费,时尚产品作为社会成员身份识别与认同的工具,将人们的社会地位由服装、汽车、手表、珠宝、鞋包等能够通过身体识别符号清楚地标志出来,个人在社会中所占据的位置一览无余。在某种程度上,社会身份需借助时尚产品的外力来表达自己是谁。这种表达建立了与时尚美学进行对话的必然性,通过时尚美学的短暂循环来彰显一种繁杂的自我身份认同观念,如同西美尔也将这种认同与时尚联系在一起,他认为,时尚是阶级分野的产物,即认定社会各界和谐共处,又认同时尚充当上层社会制造等级性的事实存在,这就意味着人们的欲望越膨胀,社会财富分化越趋向多元化,呈现一种以它为特征的社会圈子的共性,另一方面,在这种行为中,不同阶层和群体间的界限不断被打破。①

① 参见齐奥尔格·西美尔:《时尚的哲学》,费勇等译,花城出版社,2017,第96—97页。

（二）时尚美学的社会功能与社会消费

英国著名社会哲学家赫伯特·斯宾塞认为，任何社会现象的存在都必须满足一定的社会需要，就像人体的每个器官都必须满足其自身的生理机能一样。在阶级社会的前期，正如西美尔等学者所提到的，时尚演变为一种制造等级差别与身份认同的手段，成为满足阶级划分的功能性工具。随着社会的发展与革新，时尚美学理论研究得以确立，从时尚美学活动主体人的需求到消费心理的扩张，从时尚美学理论追问的无功利到有功利的相关分析，笔者试图从时尚社会价值中的正负两方面进行探讨，即从社会正功能与社会负消费的研究视角做出分析。

从时尚美学的社会正功能来分析，众所周知，在社会生产、社会经济、社会观念、社会生活的发展背后，时尚美学的推动因素显而易见。首先，推动社会经济。以时尚美的刺激来引导消费，这是时尚带动经济发展的直接方式。在社会概念中阐述人与时尚美的互动关系，当大众群体通过时尚美而表现出对某一特定物品的追求时，拥有该物品便成为加入时尚阵营的基本前提，进而极大地刺激了大众的购买行为和时尚消费功效。最典型的例子是在传播媒介蓬勃发展的当下，新款服装几乎在第一时间推广至各种消费平台，面对琳琅满目的时尚服饰，时尚潮人总会想方设法、不惜代价地将其收入囊中，每款最新潮的服饰生命力都是短暂的，然而在某种程度上可以说，面对这种被动追求，任何外力也抵挡不住大众与转瞬即逝时尚服饰的互动热情。其次，促进社会生产、丰富人民生活。在市场经济条件下，时尚流行的兴起意味着时尚产品的需求量和生产量同步增大。另一方面，时尚美学在改变传统生活的同时给社会生活注入了崭新的生机，在一个完全开放的社会，人们与多元化的时尚行为方式互相融合、自由发展，从而极大地丰富人们的日常生活，使时尚娱乐、时尚休闲、时尚运动等生活方式和生活态度为当代高压力、快节奏的社会生活提供了一个放松和缓解压力的渠道。再次，创新社会观念。时尚美作为一种特殊的生活方式，对社会观念的转变起着重要的推动作用，诸多社会观念的发展与革新都是依靠时尚美学所激发、推动、传播的。诚然，一种时尚美从兴起到被指责再到被接受的颠覆性变革过程，往往促使整个社会观念作出相应的调整与改变，这种情况在历史上也很常见。如改革开放后，流行音乐、婚恋观、服饰、美容美发等时尚生活方式激发了人们的开放、平等和宽容等现代意识。因此,时尚美的时代性不仅代表了一种新的生活方式和价值观念,也成为推动社会观念、社会生活、经济发展的动力源泉。

从时尚美学的社会负消费来分析,在肯定某些积极的时尚社会正消费存在的同时,应该反思某些消极的时尚社会负消费现象所存在的负面影响,主要体现在以下两个方面:第一,消费过度现象的出现。社会负消费以最大限度地获取财富为目的,凭借时尚美学所创造产品增值进行消费需求无限增长的同时,追求时尚美需要在一定闲暇时间和经济基础的前提下才得以实现,即凡勃伦倡导的"有闲"和"有钱"的时尚美引领者所要具备的两个条件,但时尚的追随者往往并不具备这些。例如,影视明星和歌手作为引领时尚潮流的先锋人物,但被引领者却往往忽略明星的经济实力而盲目追星,导致消费过度甚至远远超出自己的消费能力,甚至出现了以损害消费者为代价的情况。显然,古今中外这种现象不一而足,如伊丽莎白女王统治时代,宫廷服装以讲究做工精美而著称(比如:深色天鹅绒、锦缎、皮毛修边儿的服装、夸张的色绉领等),伦敦的大街上也可见服装所体现出的地位。过度追求时尚消费以及丝绸面料等奢侈品,导致现有的道德、经济解体,引发皇室贵族的焦虑。再如当下因消费而导致的消费过度案例:其一,美食店为人们提供时尚饮食理念的时候,所提供的食物却存在胆固醇、糖类、盐等含量过高的问题,有害身体健康;其二,信用卡引诱人们花费超出他们经济承受能力,购买了不必要甚至不想要的东西;其三,网络购物和电视购物平台使人们可以不受国籍、地域和时间的限制,在自由消费的情况下,无形中增加了人们超出自身消费能力的可能性,因而很容易使消费者购买一些不需要的东西。这种社会负消费现象,折射出因盲目追求时尚而造成消费过度的事实,这种消费过度会对社会发展和社会经济带来一定的负面影响。第二,负面社会风气的形成。如果没有正确的认识和引导,时尚也会对社会风尚产生一些不利的影响,往往表现出人与时尚的本末倒置,即以时尚为目的,因盲目追逐时尚而形成变本加厉的消费攀比风尚。例如,手机的推陈出新容易产生一些盲目攀比的心理,以免被人简称为"土包子",而不断更换手机,在这种情况下,时尚不仅降低了人们的幸福指数,而且会导致一些不良情感和心理。

三、时尚美学的文化价值

时尚和文化都有其复杂性,对它们的研究需要综合多学科、多领域的知识。时尚与文化研究作为一门跨学科的学科,需要运用多个领域的观点为支撑、理论方法为指导、应用实践为验证,只有这样才能对时尚与文化进行全面的分析。虽然时尚和文化研究可以追溯到几个世纪以前,但时尚研究和文化研究真正兴起于20世纪后半叶。然而,英国维多利亚时代的社会评论家、学者马修·阿诺德在《文化与无政府状态》一书中,将文化观点理解为:"通过观察、思考和阅读,获得世界上最优秀的思维和学问,使我们尽可能地接近事物的本真和规律……获得比现在更周密的完美意境。"①显然,阿诺德眼中的文化是甜美、光明的象征,表现了文化追求全面、和谐、普遍的完美,即"文化"就是为完美服务的。这一观点与波德莱尔将时尚与追求美的努力联系在一起的观点相一致,阿诺德和波德莱尔为时尚美学与文化的融合研究提供了哲学理性的研究桥梁。因此,笔者试图在时尚美学理论研究中提取时尚经济、时尚产业、时尚产品、时尚消费等研究基点,以期创建时尚经济与文化经济、时尚产业与文化产业、时尚产品与文化产品的研究价值生成关系,为形成时尚美学的文化价值理论研究创新提供可能,也为后续研究章节提供理论参考依据。

(一)审视时尚美学与文化的功能交织

在探讨时尚美学观的确立与理论创建的内在规律时,往往会思考时尚美学与文化之间的关系,包括世代相传的精神、制度、风俗、时尚等,常常被解释为一个时代观念的真实写照,总之就是人类积累文化经验的真实写照。从表面上看,时尚美与文化是一对不可调和的矛盾,一切时尚美都表现为对传统文化的挑战和颠覆。据记载,1553年法国王后凯瑟琳·梅第奇第一次穿着一双后跟高两英寸的鞋子去圣坛祷告,面对这种从未有人尝试的鞋跟高度,可以说是对传统的勇敢挑战。但是,不可否认她把高跟鞋从意大利带到法国,因在法国宫廷里迈着优雅的步履而大放异彩,从此高跟鞋便成了高贵典雅气质的象征,并逐渐成为一种时尚而风靡全球,这种对立关系无疑为时尚美的创造提供

① 马修·阿诺德:《文化与无政府状态——政治与社会批评》,韩敏中译,生活·读书·新知三联书店,2012,第22页。

了新的契机。

随着历史的变迁与多元文化的出现,时尚美与文化之间仍然存在着互相依存又缺一不可的一面。一般来说,时尚美作为人类一种独特的生活方式,不可能与文化彻底决裂,出现完全脱离文化的情况。因此,无论时尚美采取何种形式,无论它是多么令人向往和迷人,它的"根"都可以在文化中找到。就如同牛仔裤,无论它多么时尚,仍然是裤子而不可能成为西装。从功能价值的角度来看,时尚美与文化的关系是十分鲜明的。类似的功能也能彰显时尚美与文化之间所存在的传承关系。例如,1946 年法国推出了第一款"比基尼",但是人们还是能够找到它与曾经一度极力追捧的紧身胸衣文化之间的联系。随着现代社会迈入消费社会并与之融合发展,时尚美学所强调的价值已经表现为象征价值而不是使用价值。然而,无论时尚如何千变万化,它都离不开时尚美的功能性,这就是对时尚美学与文化之间不可分割的传承关系最有力的诠释。

(二) 注重时尚美学与文化的特性升级

当下,我们应从连接时尚美学与文化的视角出发,寻求时尚美学与文化的共性,为探讨时尚美学与大众文化的特性融合提供内核研究的理论线索。按照这一研究线索进行逻辑追问,可以总结出文化样式中"大众"体现的三个特点:数量的庞大,传递的时间快,占据的空间大。与之相对应,立足大众文化特点的基础,时尚美学与大众文化呈现以下六个特点:一、数量上可以大量复制;二、能在较短的时间内广泛传播;三、辐射的范围广,可以跨越年龄、性别、种族、教育程度等多种障碍;四、流行性,即大众文化是一种时尚文化,呈忽起忽落的变化趋势;五、娱乐性,即时尚美学与大众文化对受众具有抚慰和娱乐的功能;六、依赖性,即两者只有通过传播才能实现其发生、发展和变化的全过程。除此之外,时尚美学与大众文化特性的融合理念,推动了大众时尚的发展与革新,虽然大众时尚是在 19 世纪下半期欧美一些国家进入工业化时期开始出现的,属于时尚的中端形式,但是由于其参与的人数最多,社会影响力也最大。在当今产业化驱动背景下,形成了时尚产品健全、品类丰富、生产周期短、选择空间大、价格跨度广等优势,产品覆盖了时尚的各个领域及各类消费群体,真正实现大众时尚产业化的中国速度。

另外,基于时尚美学与大众文化的特性融合,不仅能够给受众带来精神的愉悦与满足,也能形成大众时尚市场竞争和更新换代的事实。在追求时尚潮流过程中,人们容易滋生炫耀和攀比心理。炫耀是一种暴发户心态,由于一朝暴富便要张扬自己的与众不同,想由此成为引领时尚的先锋人物。攀比则出于竞争心态,不顾自身条件而追求与人比肩而立,这些都是商品拜物化倾向的表现,它会造成市场机制的"哈哈镜效应",使大众的实际文化需求受多种因素的影响而被扭曲。因此,对于时尚应具有一种文化批判的眼光,以便使时尚保持健康向上的文化取向。①

(三)加强时尚美学与文化的产业融合

文化产业是目前中国经济转型升级的重要领域,因此也是市场结构调整、产业形态创新的重要经济模块。国家统计局发布的统计数据显示,文化及相关产业企业营业收入在2018年增长了8.2%,其中文化批发、零售业16728亿元,比上年增长了4.5%;文化服务业34454亿元,增长15.4%;文化制造业的营业收入为38074亿元,增长了4.0%。② 2019年,中国文化产业总体稳中有升,其产业数据显示了经济增长点强劲的发展势头,主要体现在:文化商品批发、零售业14726亿元,比上年增长4.4%;文化服务业35159亿元,增长12.4%;文化制造业营业收入36739亿元,增长3.2%。③

随着我国文化产业与时尚产业、设计服务产业发展的宏观政策环境不断优化、人民文化消费需求持续增长、知识产权领域的法律法规不断健全,大数据等新兴技术不断发展,④加强文化产业、时尚产业、设计服务产业与电影产业、广告传媒产业、新媒体产业以及制造业、农业、旅游业、艺术品和工艺美术业等产业的融合度与深度发展成为新趋势。借助时尚美学新模式的研究优势,反思时尚美学的消费心理、社会价值、时尚文化、设计创新等相关核心内容,我们可以以时尚美学理论的形成、阐释及确立等相关问题为切入点,最大

---

① 参见徐恒醇:《设计美学概论》,北京大学出版社,2016,第135—136页。

② 贾兆恒:《2018年全国规模以上文化及相关产业营业收入增长8.2%》,2019年1月31日,https://finance.sina.com.cn/roll/2019—01—31/doc—ihqfskcp1981476.shtml,访问日期:2021年3月25日。

③ 杨红军:《国家统计局:2019年全国规上文化及相关产业企业收入增长7%》,2020年2月14日,https://travel.ifeng.com/c/7u3WbF283Zw,访问日期:2021年3月25日。

④ 参见叶朗:《中国文化产业年度发展报告2017》,湖南人民出版社,2017,第161页。

限度地发挥时尚美学理论对产业发展的重大作用,实现从“理论先行”落地到“应用实践”的时尚美学价值转换。

第三节　时尚美学理论体系

一、时尚美学的流行体系

此部分将从时尚流行研究背后的发展过程来分析,可以看到百年间日常生活中各种时尚流行的变迁,主要围绕人们物质产品和精神产品相融合的流行时尚的更迭与变迁。然而,流变最主要和最显著的展现领域便是服装。因此,在20世纪所创造的时尚流行,除了流行时尚的精神层面之外,必须用服饰加以支撑,两者的互动关系十分密切,有很多重合点,虽不能说完全重叠,但是在研究时尚流行的脉络与变迁时,可以说建立在服饰基础上的探讨才能完美折射出流行变迁的意识形态,从这一研究视角出发,促使时尚流行与服饰彼此之间发生连锁型的互推力,呈现出了一个时代的风尚与整个社会的面貌。本书通过反思20世纪时尚流行变迁、时代特性、流行文化的时代因素,寻求时尚流行变迁链条中所隐藏的视角、方法和渠道等相应的学术问题和知识体系。

(一) 流行时尚的脉络与变迁

流行时尚或称为时尚流行,是时尚文化底蕴下的一种时尚美学观的使然,它代表了中国近代以来最具活力的服饰文化,对中国现代时尚的发展有很强的影响与引领作用。就时尚的客观条件而言,除了“有闲”和“有钱”外,它与社会大众传媒的勃兴以及各种时尚的兴起、流行、模仿紧密相关。就时尚的主观条件而言,时尚的主观状态与社会大众时尚意识的强弱密切相关。诚然,关于时尚流行发展阶段的划分,各界学者众说纷纭,因时尚流行的时间性而形成一种不同周期和不同节奏的变化形态。因此,本章节在时间维度上,根据时尚流行的萌芽以及重大历史事件节点中所呈现的不断变革,将时尚流行发展历程划分为两个部分进行阐述:

第一,流行时尚发轫与转型

历史刚刚迈进20世纪的时候,中国还在清王朝的统治之下,由于深受鸦片战争不平等条约的影响,中国社会传统的生活方式被打乱,战争强烈地冲击着传统社会和传统价值,也激起人们的激烈反抗。1900年,这种在民族危机中孕育的风暴终于以义和团的揭竿而起全面爆发出来,凡与洋人有关的衣食住行一切行径必毁之而后快。然而,《辛丑条约》签订后,朝廷宣布进行新政改革,先后派大臣出洋考察政治,派留学生出国学习,与义和团全面排斥西方的运动失败后形成的反差,社会上出现的竟然是一片洋化的景象,因此这一时期最为流行的时尚之一,就是用洋货。

从19世纪60年代开始,西式饮食便逐渐传到中国,据《清稗类抄》记载,光绪宣统年间,所有商埠,都引进了西餐。当时,开洋荤、吃西餐已经形成风气,俨然成为中上阶层讲究排场和时尚的一种方式。这时的中国人食西式饮食,或称为"西餐",或称为"大餐""番菜""大菜"。餐具主要有刀、叉、瓢等,不设筷子。随着西餐的输入,在我国繁盛的商埠还出现了专营西餐的西餐馆,还有西式饮料,如啤酒、香槟酒、咖啡、奶茶、汽水、冰棒、冰淇淋等,并有汽水店、咖啡店进行专门出售。到民国初年,官绅宦室则是"器必洋式,食必西餐"。自此,中国人传统的饮食形式和用餐习惯开始受到影响,尤其是西餐一人一器的饮食习惯,则引起了国人对这种新奇、互不影响、干净卫生的饮食习惯的极大兴趣,一些思想开放的人竞相模仿,自此餐桌文明悄然进入中国的餐厅和家庭。

最先传入中国的西方交通工具是非机动的西式马车。大约在19世纪八九十年代,西式马车开始出现在北京街头,1900年以后逐渐多了起来。乘坐西式马车成为世纪初的一种时髦,据说初到上海的人或青年男女都好乘坐马车,招摇过市,借以自炫,曰"出风头",1908年时,上海已有载人马车1142辆。民国之后,取缔官员乘轿,此时北京街头西式马车步入了黄金时代,当时的公共马车美观、舒适、快捷,加上具有外国进口货所特有的风格,北京城居民开始流行婚丧嫁娶租用公共马车。这一时期交通工具的发展除了西式马车外,按照传入中国的时间先后顺序依次是:汽车(1901年中国的小汽车是由一位匈牙利商人带到上海的)、自行车(19世纪末传入中国,1901年在当时英租界出现了第一家中国人办的自行车行,名为"同昌车行")、电车(1902年香港成立了电车公司,1905年正式通车,1906年天津建成围城电车,1908、1909、1917、1924年上海、大连、广州、北京的电车先后正式通车),十年间中国交通工具与时代一起转型，其引入速度之快、品类之多，改变了人们的出行方式，为丰富日常生活提供了前所未有的便利。

从服装形态考察流行时尚的起源与变革，特别是在 19 世纪末这个历史节点上，可以看到，当时深受禁锢且保守的社会思想所制约，男子常服主要是长袍、马褂、马甲。长袍，初期尚长，顺治末年减短后及膝盖，其后又加长至踝骨上。马褂，着于长袍外，长不过腰，袖仅掩肘，袖子只盖住肘部，袖口宽大平齐，有大襟、对襟和缺襟之分，缺襟可称"琵琶襟"，是一种典型的满式衣襟造型。马甲，又称"坎肩"或背心，男女都穿。门襟有对襟、琵琶襟、大襟和一字襟马甲，共计十三粒扣，称为"巴图鲁坎肩"。女装则出现了汉装与旗装共存的格局，造型宽大，无线条且缺乏个性。其中，以长袍为主的旗人女子服饰，线条笔直有力，衣长及脚踝。汉族女子则穿裙子，而不穿袍，仍然遵循上衣下装的形式，通常为上衣穿衫袄，下装穿裤子或裙子，上下不连属。

1911 年辛亥革命废除了帝制，民国初年，新气象与旧风貌并存，构成了一幅民初的奇特画面。当时，剪辫发、易服色成为这个时期的重要标志。民国元年(1912 年)，民国临时政府和参议院颁发了第一个正式的服饰法令，即《服制》(民国元年十月初三)。该法令对民国男女正式礼服的样式、颜色、用料都做了具体规定，其余全部内容都照搬了"国际礼制"的绅士服范式。[①]

这种服饰制度，最突出的特征就是采用西式服装作为服装，尤其是直接照抄西洋服装的大礼服，并将其作为民国初年正式社会礼服所特有的服饰流行标志。除此之外，男装的流行服饰还有民国初年半正式礼服西装，来自日本改良西式服装的学生服，还有西装翻领、装袖、开襟，衣长及膝的西式大衣。清末，女装从上衣下裤转变为以上衣下裙为时尚主流，主要特点是：袖长不超过肘部，袖口呈现喇叭状，右衽大襟，收腰后的上衣更为合体。裙子也比清末略短，也有改变马面裙的褶裥做法，任由面料自然下垂。

20 世纪 20 年代以来，追求时尚美是民众的一大进步，因而人们在选择服饰时以时兴、时髦为重要标准，旗袍便是这一时期的流行服装，从旗袍的改良过程来看，清代女袍装在形式上呈现出初期瘦、中期肥、晚期又瘦的发展变化。

---

① 参见商务印书馆编译所：《中华民国法令大全(增补再版)》，上海商务印书馆，1920，第 14 类 1—2 页。

关于改良的启动时间,有的研究认为自同治四年(1865 年)开始,到宣统时期旗袍已相当贴身了。不过,真正的改良应该是在民国以后,具体应是 20 世纪 20 年代初保留宽肥、平直,20 年代后其改良趋向适体、简洁。可以说,旗袍在中国 20 世纪初叶服饰史中没有明显的断档,1921 年以来旗袍的再次流行,从某种意义来说赋予其新的含义,历史上的"男装女穿"抑或对旗袍的多次改良,均成为新时代中国女性追求自由与时尚的表现方式。这一时期的男装,以中山装、西装、长衫和马褂为主,其中乡村和城市的上流阶层,流行穿中山装、西装、学生装。在此期间,国民党党部曾下发《党员服装宜用国货案》,意图号召党员穿用国货"中山装"。1936 年《修正服装条例草案》明确规定,将中山装作为男性公务员的"制服",从此以后中山装才得以普及和盛行。① 总结中山装在这一时期的特色与内涵,主要体现为:由翻领和底领所构成的八字形立领;前襟四个口袋标志"礼、义、廉、耻"的国家四个维度;门襟的五粒扣子意指"五权分立"(即行政、司法、立法、监督、考试);袖口上的三粒扣子意指"三民主义"(民族、民权、民生)的严谨治国理念。②

20 世纪 30 年代,旗袍俨然成为中国城市女性的一种重要服饰。无论是工厂女工、学生还是明星、名人,旗袍几乎被所有人接受。然而,旗袍的差异依然存在,主要区别在于面料、做工、质地以及穿着方式上。1929 年,旗袍的下摆有所提升,到了膝盖以下,袖子也随之变短;1930 年,旗袍的长度刚过膝盖,腰部逐渐缩小,下摆开始合拢;1931 年,短旗袍开始流行,合体紧窄的整体造型将腰部的曲线衬托得极为明显;自 1933 年起,旗袍开始由无衩或低衩的造型改为高衩;1935 年,交际花陈绮霞和陈玉梅倡导"低衩",于是旗袍开衩随之变小,袍长及地,遮住双脚,因此被称为"扫地旗袍"。这种不切实际的风格并没有流行太久,一年后裙摆开始上升,到 1937 年以后,袖长缩至肩下两寸,几近无袖,一年后袖子完全取消,回到旗袍马甲的样式。与此同时,历经前二十年的摸索,30 年代男装基本确立了以西装、长袍、中山装、军装及各式学生装的形制。西装在这一时期越来越普及,已作为新派人物的象征,成为一种时尚,是政界、商人、知识界和都市职员等的必备装扮。中上层人士通常穿西装、皮

---

① 参见袁仄、胡月:《百年衣裳——20 世纪中国服装流变》,生活 · 读书 · 新知三联书店,2010,第 117—118 页。

② 参见黄士龙:《中西服饰史》,东华大学出版社,2014,第 119—120 页。

鞋、呢帽等西式装束,"以示维新"。长衫依然是中国男性广为流行的一种服饰,搭配西式长裤、布鞋或皮鞋,构成了民国穿搭新风尚,被誉为政治活动的正式服装。在知识分子的圈子里,诸多学者、教师以穿着此衫为时尚,如蔡元培、胡适、鲁迅、林语堂、沈钧儒等,这种装扮成为20世纪30年代中国文人的经典服饰。① 这个时期战事频繁,政界要员中军人居多,所以军服也成为当时重要的礼仪装束之一。然而,一般下层贫民、劳动阶层的服饰变化不大,以棉质中式衫褂和中式布裤为主。可见,当时着装现象可以说是经济决定时尚,时尚仰仗经济。

以上是流行时尚的物质产品,但是流行时尚发轫与转型期的精神追求也不容忽视。从流行时尚的精神产品来分析,反映社会生活多样性的娱乐方式之一是电影,其发明不久就传入中国,世纪初电影都是在茶园酒馆放映,如1902年北京公映首场电影曾租借打磨厂的福堂放映。1905年第一批电影院诞生后,北京丰泰照相馆创办人任景丰购买了一架法国制造的手摇摄影机和14卷电影胶片,开始了中国电影制作的第一次尝试,由他摄制的电影《定军山》也开了中国人自己摄制电影的先河。20世纪初电影日渐普及,引起清政府的重视,1911年,上海自治公所颁布了《取缔影戏场条例》,规定"开设电影院,必须申请营业执照",而且要求"不得有淫亵电影""男人和女人必须分开就座""结束时间最迟应当限于夜间十二点钟"。据统计,从1905年到1930年,中国生产了几百部电影,这种新的时尚娱乐方式的出现,促使20世纪二三十年代影迷疯、明星红成为社会一大流行风气,也诞生了中国第一代影迷。此时期,大众认为电影就是时尚,看电影不仅成为中国人最直接最感性的娱乐和效仿方式,而且也对中国人的生活方式和生活观念产生了很大的影响。

流行时尚的发轫与转型期,商人与媒体为牟取利益不断推销国外时尚,使中国人从衣食住行的物质产品到电影的精神娱乐,从思想观念到生活面貌发生了巨大改变,这也建构了20世纪初中西合璧的时尚竞美独特现象(表2-2)。

---

① 参见袁仄、胡悦:《百年衣裳——20世纪中国服装流变》,生活·读书·新知三联书店,2010,第190—191页。

表 2-2　1900—1940 年时尚流行

类别		特点	流行元素	时尚观念
衣	1900—1910	男装:裁剪趋于合体、贵贱在于面料与做工 女装:仍保持上衣下裙制,装饰风格先趋繁杂再求简单	男装:长袍、马褂、马甲 女装:上着衫袄,下着裙或裤	被厚重包裹的时尚中,人们旧有的着装方式开始松动
	1911—1920	男女正式礼服:样式、颜色、用料都有具体规定;西式大衣:西装翻领、装袖、开襟,衣长及膝;学生服:日本改良西式服装; 女装:上衣下裙成为主流	男装:礼服、西装、学生服、西式大衣、长袍马褂 女装:礼服、上衣下裙	服饰等级制度被打破,女子的服装开始走向平民化,男子的时尚装扮为穿西装、戴礼帽、蹬皮鞋
	1921—1930	男装:西服、中山装、学生装是城市及乡间上层人士流行的服装 女装:重新流行的旗袍成为新时期中国女性追求解放的手段和宣言	男装:长袍、马褂、西装、中山装 女装:旗袍	中国女性开始了自觉扮美的时代,土洋不悖,中西结合
	1931—1940	男装:西装成为一种时尚;民国式穿搭的长衫被称为政界活动的礼服 女装:旗袍的黄金时代	男装:西装、长袍、中山装三足鼎立 女装:旗袍	穿洋装、吃洋餐,享受新生活是租界里的时髦,月份牌成为时髦的新载体
食	1900—1940	西餐、西餐馆、西餐饮料、西式糖糕点的接受与流行,促使中国创立了自己的品牌产品,如国泰饼干、冠生园糖果、张裕葡萄酒	西式饮食引入中国	民国初年,官绅宦室"器必洋式,食必西餐",买洋货、用洋货、开洋荤成为 20 世纪初一时的流行时尚
行	1900—1930	西式马车:美观、舒适、快捷、时髦 电车:方便、快捷 自行车:成为中国人最主要的交通工具	西式马车、汽车、自行车、电车	乘坐马车:借以自炫"出风头"、兜风、参观市容;电车:香港、天津、上海,大连、广州最早通行电车,从电车有电不敢乘坐到大众可坐,售月票
电影	1900—1930	自中国第一部电影诞生起,大众认为电影就是时尚	中国第一部电影《定军山》,从 1905 年到 1930 年间生产了几百部电影	看电影成为中国人最直接、最感性的娱乐方式和时尚效仿方式

第二,流行时尚的革命、复苏与振兴

流行时尚的复苏与振兴主要体现在服饰的流行时尚,在 1940—1999 年这一大跨度时期,社会经历了革命、复苏、振兴的变革历程。回顾 20 世纪 40 年代，中国人民经历了艰苦的抗日战争，面对战争引起的时局动荡，经济萧条，物资匮乏，国民全力以赴抵御外来侵略，大多数人已无心于服饰的奢侈，因此力求节俭的40年代给服装带来的是旗袍一统天下的局面，除了旗袍，都市女性也开始大量穿着西式女装，主要穿着表现为宽下摆连衣裙上配以中式绲边立领，长外套配上浪漫的灯笼袖。在这一时期，男装的长袍和马褂已经失去了作为主礼服的地位，但它们并没有完全退出服饰历史舞台，穿着者多为老人或德高望重的人。而此时的军装、中山装和西装成为重要场合的礼仪服装。在日常场合，长衫、中山装、西装等成为知识分子、教师、政治家、官员、职员、的主要着装，并由此形成了相沿成习的穿着风气。

中华人民共和国成立后，穿衣戴帽的习惯发生了变革，虽然此时期的服饰制度尚未建立，却成功地推动了新服饰以及审美标准的发展，凭借解放区特有的审美意识和朴素服饰形态的坚实力量，这一标准被带入了20世纪50年代。自此开始大力提倡节俭，反对奢侈浪费，甚至鼓励“补丁”，这些都成为时尚新风尚，着力将破旧、简陋、质朴的服饰审美新风尚推向极致。由此可见，20世纪50年代的时尚与革命有关，任何与解放军、解放区、工农群众近似的着装都归属于时尚美的范畴。因此，中山装、人民装和列宁装成为当时最为时尚的三种男装。而这一时期的女装，开始流行两用衫、长西裤以及布拉吉连衣裙、列宁装，形成了举国上下清一色妇女服装的时尚流行新风貌，最为时尚的装扮当数灰色或蓝色的工装裤搭配白衬衫。1956年，为展示社会主义欣欣向荣的新面貌，政府提出“人人穿花衣裳”的号召，促使捆扎着的女装松开了束缚，旗袍再次走进女性生活，以中国特色的旗袍标志着中国新女性的时尚新风貌，不仅深受海外人民的爱慕和赞誉，而且留下了旗袍在50年代的最后辉煌。

20世纪中国最有代表性的服装是60年代流行最广泛的服装——中山装。解放后的中山装与民国时期的样式相比，主要变化是简化，即取消了后背中缝和上袋的褶裥。当北京“红都”时装公司服装师田阿桐在为毛主席制作中山装时，根据毛主席的身体特点做了适当调整，将领子换成长且宽的尖领造型，并将前后衣片都加宽了一些，中腰稍微收敛。60年代的军装成为时尚标志，“军”字开始盛行，最为突出的时尚盛行标准有两点：一是当时的“抢手货”——军大衣、军装和军裤，二是姑娘出嫁将“一军（军人）二干（干部）工（工人）”作为时尚流行的标准。与此同时，此时期开始流行的军大衣和军便服采用相同的样式,以军绿色或黄绿色为主色,扣子通体为塑料。而军绿色的大衣款式则为双排扣、明门襟、翻驳领,植绒领子,前身两个插袋,后身有装饰扣的横带并开衩。① 这个时期的女装是十分单调的,造型基本上是直线型的,款式和裁剪都尽量弱化女性特征。

20 世纪 70 年代中期以前,女装继续保持着 60 年代的服饰风尚,逐渐从"红装裹身"的时尚过渡至时尚中性化。西装和旗袍被批判为封建主义和资产阶级意识的残余,服装的个性美和时尚美由此被扼杀。男装依旧是"老三样"(中山装、军便服、人民装)和"老三色"(蓝、绿、灰色)一统十年的主流服装及服色。军便装和两用衫成为女装的天下,由于政治需要,当时奢华的旗袍只用于出口,国内现有的旗袍却成为喜好收藏人士压箱底的收藏品。1976 年岁末,服饰的寒冬终于过去了,喇叭裤、花衬衣、迷你裙、大尖领子上衣、留长发的打扮等所谓的"奇装异服"开始流行,在国内掀起了轩然大波,但是这种新鲜感和意外惊喜早已与渴望服饰变革的心理相契合,人们用行动呼唤着中国服饰的新时尚。

20 世纪 80 年代开始,时髦的裤子首先就是喇叭裤,它作为改革开放之初最早进入中国的国际裤装流行样式,其造型特色为:腰臀和大腿部位收紧,由膝盖处开始向外伸展呈喇叭状。80 年代后期,有人将裤脚越放越大,宽达至 60 厘米,喇叭裤流行时间并不长,随后依次接替的还有筒裤、萝卜裤、老板裤以及迅速遍及全国城乡的"健美裤"。与此同时,在流行的裙装中,除了连衣裙、直身裙、衬衫裙、春秋裙、背心裙之外,值得一提的是,流行于欧美半个多世纪的女性职业套装,成为中国白领女性钟爱的服装款式,代表着成熟气质、高雅风度、成功典范的职业装应运而生,西装套裙的设计形式,使职业女性的自信与干练精神一览无余。这一时期中国男装的服饰标志当属"西装热",与民国时期西装流行主要局限于大城市社会中上层不同,这次的热度没有阶层和年龄的区分,到 80 年代中后期连农村都普及了西装。与西装热潮同期流行的还有文化衫,早期被国人称作"圆领汗衫""老头衫",在 80 年代末到 90 年代初大行其道后便有了"文化衫"之名,它具有其他服装所不具备的特殊功能,

---

① 参见袁仄、胡悦:《百年衣裳——20 世纪中国服装流变》,生活·读书·新知三联书店,2010,第 330—333 页。

其款式简单、价格低廉、生产批量大而形成了消费面大、流行性强的特点。再配合现代印染技术进行个性化图案的加工,使之共性中有个性——图案和文字的可选择性范围空间广阔,往往以一种浓郁的前卫意味而获得年轻人的广泛喜爱。

20 世纪的最后十年,在讲究品位、突出个性的审美风尚中,依托服装发布会,流行色、流行服饰与我国大都市相交融,营造出 1993 至 1996 年间的女装风格的大改变,虽然 1993 年仍在沿袭之前宽松、厚垫肩、蝙蝠袖、锥形裤等流行元素,但是到了 90 年代中期,超短裙开始流行,因款式丰富又涌现出诸如牛仔超短裙、百褶超短裙和喇叭形的超短裙,主要有真丝、棉、皮、化纤等多种材质,完美诠释了青春且休闲的动感时尚之风。1999 年之后,时尚逐渐倾向于合体风格,出现了无袖装、露脐装、吊带裙等性感装束的流行时尚。另一方面,时尚制造者不断翻新并创造各种卖点:一是强调装饰性,在流行的荷叶边、垫肩、闪亮斜肩和花卉的设计元素中,悬垂感强烈的荷叶边装饰几乎随处可见,其装饰性几乎囊括所有服装,充分挖掘女性的时尚美感;二是注重个性化与本土化服饰特色,将传统蓝色印花面料与旗袍以及现代服饰工艺相融合,既体现东方女性的古典美,又体现了现代女性端庄且妩媚的时尚之风;三是追求性感的服饰美,内衣时尚逐渐被国人认识并认可,一般用镂空衬料和蕾丝面料,将性感和情感与内衣的薄、露、透、小相融合,大胆超越旧有内衣概念的局限,同时将内衣外穿引入时尚领域,从而推动了吊带裙、镂空服、露脐衫等尽显女性曲线美、阴柔美、风情美的时尚之风,全统辖在这种服饰美的形式下,可谓美不胜收;四是红色再次受到追捧,穿红戴红的"红色风暴"成为当时城市服装的新时尚。红色服饰满足人们精神需求的同时,精明的商家抓住一切时机进行商业炒作,竞相推出"世纪红""千禧红"等品牌的红色调服饰。一时间,胭脂红、玫瑰红、藕红、粉红等红色服饰成为商场里的主角,真正体现了红色在中国的美学价值。回顾 90 年代的男装,西装不仅成为白领男士的必备行头,而且消费西装和高档服的主力军也是男士白领。可见,西装、白衬衫和领带的组合搭配在当时白领男士中的流行程度。90 年代中期之后,男士西装造型也跟随潮流,主要变化体现在:从宽松向合体过渡,垫肩变薄、袖笼收小,西裤臀围变小后立裆自然变短,随后裤腿紧跟着变窄,开始重视薄、轻、翘、挺为时尚审美流行。1993 年,戗驳领双排扣西装开始流行,但到了 1996 年三粒扣或四粒扣的西装雄霸天下。这一时期与西装同时流行的服饰还有宽松随意的休闲装、T恤衫、中式服装等，体现了20世纪90年代男装多元化的发展趋势。

值得一提的是，从20世纪50年代开始到21世纪初流行产品的发展与革新，作为20世纪五六十年代流行产品的物质追求“四大件”，即“三转一响”，包括自行车、收音机、手表、缝纫机，成为诸多家庭的一个梦想，并以拥有“四大件”成为一种生活水平和富裕程度的标志之一。80年代随着物质消费生活有了新的变化，收音机被电视机取代，机械手表被石英电子手表取代，国产28型自行车被涌现出的山地车取代，同时轻型摩托成为城乡青年的新宠，短缺了20年的缝纫机进入80年代便在饱和之后退出历史舞台，作为四大件的补充，洗衣机进入家庭。这样电视机、摩托车、电子表、洗衣机、录音机成为80年代的“五大件”。到了90年代，人们生活水平大幅提高，所谓的四大件完成了黑白电视机被彩色电视机取代，录放机代替录音机，影碟机代替录放机，空调、家用电脑、排油烟机、热水器等进入家庭，这时的四大件应推VCD机、摄录一体机、家用电脑、冰箱。21世纪初，随着科技时代的全面推进，人们对衣食住行的家庭生活用品全部升级换代，如果硬要说还有什么能代表当代家庭乃至婚姻的四大件，代之而起的恐怕应推房、车、工作、存款，也不乏将21世纪的四大件归纳为有钱、有闲、有貌、有情趣，这代表着21世纪物质需求与精神需求的统一性。

另一方面，我们可以从代表流行时尚精神层面的流行舞来分析，19世纪50年代，上海租界外侨举办的交谊舞会，掀起了一个巨大的西方歌舞传播潮，引发了中国人对于“西洋舞”强烈的兴趣。于是在20至30年代，以华尔兹、探戈、列队方阵舞为代表的西方交际舞开始大流行。接下来重点探讨20世纪50年代至今，中国人民如何从交谊舞的流行转型为全民健身的流行大变革。回顾50年代以后被集体号称“嘣嚓嚓”的交谊舞，成为全民性的普及舞种并广为流行，到了七八十年代交谊舞又回到人们的生活中，成为人们娱乐活动的生活方式，然而80年代中期，富裕起来的人们开始向器械健身迈进，拉力器、哑铃率先登场，组合式健身器、跑步机也在市场上露面，90年代开始，在自己的家里设置健身器材，已经成为一种时尚。进入21世纪，中国开启了全民健身运动，从开放式、人数居多的广场舞到太极拳、夜跑、游泳、健身房、瑜伽普拉提等新的运动形态，人们根据自身的年龄、时间、职业、兴趣爱好，可以自由选择适合自己的健康时尚生活，解读这种流行大变革的因果关系以及转型方式，反映出中国政治、经济、科技、文化的蓬勃发展，也反映了流行观念、行为和外化的物质形态的更迭变化，营造出新时代中国人的生活美学新模式。

流行时尚的革命、复苏与振兴期，流行时尚的演变始终与中国社会历史的变革相适应，呈现出阶段性的发展特征。对于当时所处的流行时尚演变历程，真正的复苏与振兴是在改革开放时期，蓬勃的经济建设给社会生活注入了无尽的活力，流行时尚从物质产品和精神追求两方面所呈现的多元化流行现象，在时尚层出迭现、不断铸新淘旧的时代，它反映了现代人不满足于现状、希望创新的心理状态和精神面貌（见表 2-3）。

表 2-3　1941—2000 年时尚流行

时期	年份	特点	穿搭方式	时尚观念
革命时期	1941 | 1950	男装：西服、中山装和长衫形成了根据着装者身份穿着的衣着习惯，美式夹克、西式衬衣抗战后开始流行	男装：西服、中山装、长衫	上海等大都市男性开始追求西洋生活方式，衣着打扮趋于西化
		女装：旗袍的成本降低了，装饰减少，长度减短，身体暴露程度有所加大，简约中显露出自然的美丽，朴素、淡雅成为这一时期的风尚	女装：旗袍、西式女装	国货运动以来节俭意识被大多数人认可，经济、美观、协调、卫生、健康成为抗战期间的审美观
	1951 | 1960	50 年代服饰呈现出两个鲜明的特点：一是崇尚革命精神，二是学习苏联	男装：列宁装、人民装、中山装 女装：列宁装、布拉吉连衣裙、两用衫、长西裤	朴素破旧的“补丁时尚”的畸形审美，以及与解放区、解放军、工农大众相似的装束所产生的无性别之美
		流行产品：五六十年代流行产品的物质追求即“四大件”	流行产品：手表、自行车、收音机、缝纫机	拥有“四大件”成为一种生活水平和富裕程度的标志之一
复苏时期	1961 | 1970	男装：中山装，是新中国领导人的统一服装 女装：造型基本上是直线型，十分单调，款式和裁剪都尽量弱化女性性征	男装：中山装、军装、军大衣 女装：春秋衫、中式外衣	不爱红装爱武装所体现的政治时尚美

续表

时期	年份	特点	穿搭方式	时尚观念
复苏时期	1971 | 1980	男装:“老三样”(中山装、军便服、人民装)和“老三色”(蓝、绿、灰色)为主流 女装:的确良衬衣、迷你裙流行一时 流行产品:80年代变成“五大件”,缝纫机退出历史舞台,作为四大件的补充,洗衣机进入家庭	男装:中山装、军便服、人民装 女装:两用衫、军便装 流行产品:电视机、摩托车、电子表、洗衣机、录音机	喇叭裤、花衬衣,留长发的装扮,形成胡乱模仿与胡乱穿戴的时尚流行,人们用行动呼唤着中国服饰的新时尚 随着消费大众对流行产品需求的提高,物质消费生活有了新的变化
振兴时期	1981 | 1990	男装:服饰标志是“西装热”,款式简单、价格低廉、流行性强、消费面大、生产批量大的是文化衫	男装:西装、两用衫、文化衫、风衣	时尚率先与国际接轨的新局面,让人们尽情享受时装风潮的生活美学。
		女装:流行的裤装有筒裤、萝卜裤、老板裤、健美裤和喇叭裤;流行的裙装款式有连衣裙、直身裙、衬衫裙、春秋裙、背心裙、西装套裙	女装:各类裤子、裙子、文化衫、风衣	
		流行产品:90年代黑白电视机被彩色电视机取代,录放机代替录音机,影碟机代替录放机,空调、家用电脑、排油烟机、热水器等进入家庭	流行产品:VCD机、摄录一体机、家用电脑、冰箱	人们经济、科技、生活水平大幅提高,流行产品全部更新换代
	1991 | 2000	男装:西装讲究轻、薄、挺、翘	男装:西装、休闲装、T恤衫、中式服装	模仿追随社会中理想的男女形象,为成功而穿扮,这一时期的青少年有强烈的品牌观念和国际化的审美观念,然而,由商业炒作推出的红色风暴真正体现了红色在中国的美学价值
		女装:女装风格的大改变,沿袭旧制的同时,流行超短裙、露脐装、无袖装、吊带裙等性感装束	女装:超短裙、锥形裤	

在研究流行时尚、流行服饰的进程中,通过梳理历史与现当代问题意识之间的博弈,全方位探讨时尚流行的变迁、时尚美学理论建构具有必要性与重要性,可以得出时尚流行一直处于革新与创新特性的意识形态中,在当下具有新思路、新领悟、新面貌、新态势的结论,但其是否能够经受当代与未来的时尚接

受、传播与可持续发展的考验及其价值判断，这是时尚美学理论创建中笔者提出的一个疑问，后续的章节中将带着问题意识去进行研究，探究时尚美学立足、理论创建、实践检验的真正有效成果。

（二）流行时尚新视野的时代特性

由于一种流行的时尚既是一种社会现象又是一种时代特性，一般来说，当引起大众注意的标新立异的时尚恰好顺应了时代潮流，会迅速在一群人甚至整个社会蔓延，形成时尚流行驱动效应中追求时尚、创造时尚的时代特性，在此笔者将具体从跨代、跨国、跨界三方面来分析：

第一，跨代：传统时尚与新时代的融合

通过阐述1900至2000年间流行时尚的演变态势，可以窥探时尚流行从萌芽、接受、传播到被另一种新的时尚所取代的发展过程中，不外乎是基于不同时代经受时间考验而表现出时尚流行的四个阶段。清末男子的着装，最典型的就是长袍马褂，也被称为中国男装的国粹。但是国粹并非就是先进的，值得倡导的、永久流行的时尚装扮。这一疑问很快在与侵略者交战时得到验证，与西方人穿着的灵活军服相比，我们披挂累赘的长袍、马褂，不仅反映了笨重服饰的物质条件表象，而且深层解读其思想的停滞、观念的落后本质，导致清末的中国无法抵御外来的侵略。受这种认知的影响，服饰才得以解开厚重的时尚枷锁，这一特殊时期的认知成为推动服饰改革以及传统与现代融合的原动力。从20世纪20年代开始，随着商品经济的迅速发展，西方文化的不断输入，民主改革思想的深入影响，在作为时尚潮流的上海，男子开始追求新潮服饰，其中新奇和个性逐渐成为上海人对着装的普遍要求，也正是这一点让传统与现代的融合成为服饰时尚的主旋律，贯穿于时尚流行体系中。

第二，跨国：国际化与中国本土化的融合

流行时尚之所以能够成为打破传统的先驱，体现在它具有与时俱进的特质。改革开放后的中国，在吸收外来文化的同时，以开放、包容的姿态接受并创新西方的流行文化，其中就包括西方衣食住行等方面的改革，这些使现代的中国社会面貌焕然一新。时尚概念包括大众的思维方式、社会思潮、情感表达和新学术观点等与人类流行精神产品相关的各类时尚现象。① 例如“西装热”，自民国初年西装传入中国，都市的上层中青年男性以穿西装为时髦，但是此时的新派中国知识分子，尤其是青年学生，虽然对西装有好感而不排斥，终因自己的民族情结和着装习惯而将西装拒之门外。当下，西装以品牌众多、质量优良、做工精细、设计时尚、穿着舒适等特点深受广大消费者青睐，因此中国的开放与国际视野成就了中国速度的流行时尚，中国人民与时俱进的开拓精神成为中国时尚产业可持续发展的动力源泉。

第三，跨界：时尚、文化与科技的融合

流行时尚兼容并蓄的文化精髓除了体现在中与西、新与旧的碰撞融合外，还体现在时尚、文化与科技的融合。尽管时尚行业并未处于新科技发展的前沿，但时尚产品的研发、创意、生产、传播与应用也离不开文化、科技的支撑。时尚文化、科技在流行时尚的孕育过程中，源源不断地提供创新素材，提升时尚产品的文化内涵和科技价值的同时，最终共同推动了传统时尚产业的更新升级。随着人工智能时代的来临，时尚行业实现了又一次创新和变革，从而为时尚行业创造了新的设计开发理念和营销新趋势。例如，服装设计与人工智能的融合创新，强调从设计理论的高度加强普通民众时尚消费的审美意识和审美趣味，立足于时尚产品设计开发实践，为实现流行趋势预测的功效与精确性，加大时尚热销款的开发力度；关注服装营销新趋势，一方面需要解决服装产业新零售“线下+线上+物流”与“消费+技术+市场”相契合的现实问题；另一方面，需要继续完善智能货架、智能试衣镜和智能试衣间的营销理念、服务体验以及新的商业运营模式，并在反复、科学的思考中不断开掘智能服务导购系统的实用应用价值，加快企业转型升级效率以及产业链营销模式，为振兴当代时尚产业经济服务。

（三）流行文化的美学原则

上述流行时尚的演变与时代特性，反映了一个时代物质产品和精神层面的流行变化，就是流行文化的变化。一方面是现代社会自 20 世纪 60 年代以来，随着经济和科学技术的蓬勃发展，现代生活方式推动整个社会生活方式转

---

① 参见周宪：《世纪之交的文化景观：中国当代审美文化的多元透视》，上海远东出版社，1998，第 252 页。

向以消费为导向的文化活动样貌,这种生活样貌在消费与生活互动中顺其自然,成为一种新兴的文化活动。另一方面,现代社会阶级和阶层结构的变化,催生了生活美学和身体美学的普及,流行文化的发展,根据它自身与社会大众日常生活实践的密切结合,在汲取国内外多种美学思想的基础上,创造了自身独特的美学原则,使流行文化美学的复杂性、不确定性和变化性在矛盾和悖论的立场中孕育而生。下面从几方面探讨流行文化所遵循的美学原则:

第一,流行文化的模糊美学

在阐述流行文化的模糊美学时,需要提到瓦尔特·本雅明在《单向街》一书中所指出的:所有的东西在所向披靡的混杂和浑浊过程中均会失去它们固有的特性。结果表明,它们的本色终会被一种模糊所取代。① 流行文化也是如此,关于流行文化所遵循的创作原则,从社会生活方式、社会阶层、经济发展以及科学技术发展成果等领域所蕴含的深刻变化,呈现出20世纪的"美"是随时随地依据生活本身的趣味而不断变化的,无论流行哪一种文化产品,没有美与丑之间的界限,没有"美"的概念作为标准,也没有考虑以固定不变的"美"的模式创造和衡量其产品,这种"美"的不确定性在某种程度上所隐含的内在矛盾和悖论,首先它基于一种"模糊美学",即流行文化本身的审美标准是不固定的,昨天、今天、明天的美之间没有固定的边界,一切"美"都是可能的。例如,法国依夫·圣劳伦公司的一位著名时装设计师宣称,任何一种美都是可能的,在可能的美之间只能有某种模糊的界限,设计师凭借自身敏锐的眼光,勇于在各种可能性中选择超越常人的审美标准方案。正因为流行文化中的美的可能性,因而相信设计师永远不会有危机感,永远不会觉得他们的设计正在走向"终结"。只有敢于打破各种时尚美的标准模式,才能开拓大众流行文化设计的新思路。因此,设计师不仅是模糊美学的跟随者,甚至连流行文化的推崇者也会无意识地按照模糊美学的原则挑选并使用流行文化产品。②

第二,流行文化的震惊美学

"震惊"是本雅明文艺思想中的一个重要概念,他在《论波德莱尔的几个主题》一文中指出,在特定历史阶段迎接"震惊"的方式形成了他思想的特殊

---

① 参见瓦尔特·本雅明:《单向街》,陶林译,江苏文艺出版社,2015,第49页。

② 参见高宣扬:《流行文化社会学》,中国人民大学出版社,2015,第364—365页。

性，这种同步性、碎片化、无深度的模式对后现代主义理论产生了巨大的影响，更不用提“复制”“传播”“震惊”“气息”“大众”“时间”“机械”等观念对于当代批评的直接启示。① 显然，本雅明的观点蕴含了两层含义，一是从膜拜价值到经验缺失，在20世纪几乎所有流行产品包括服饰、流行音乐、电影、娱乐、体育活动、发型等等都可以复制，复制技术使得流行产品的独一无二性被可重复性所替代，虽然它不再具有持久性，但现代人追求的流行文化的期待通过复制技术得以实现，接受人们的膜拜。然而，在现代社会，经验遭遇到了前所未有的挑战。复制技术的发展使人们丧失了交流经验的能力。反映在流行文化领域，就是在每一个时代，都憧憬着下一个时代通过流行文化来形成时代新兴的交流方式，它与讲故事的传统流行现象完全失去了关联。于是，经验开始萎缩，并且呈无限期延续的趋势。② 二是从展示价值到体验的革新，进入21世纪，机械复制时代形形色色的流行产品从更新换代中解放出来，被复制的流行产品更适合展览，它们是被当作流行文化来供人欣赏的，因而具有了展示价值。这时，诞生了一种与工业文明时代相契合的新生存方式，那就是“体验”，而“震惊”则是现当代城市生活“体验”的重要表现，智能时代的科技发展给人们带来了一系列新事物会让人体验到震惊，如触摸智能手机视频键，就能将一个情境、事件永久记录下来的手机；应用于服装实体店的智能导购系统，借助智能试衣镜自动识别人脸和体型，在30秒内“复制”出官方认证还原度高达85%的虚拟体型，消费者可以在3分钟内试穿100套以上的当季新款服装，并完成服饰整体搭配。③ 车水马龙的街道上那拥挤的人群会让穿行于其中的人体验到震惊，尤其是在危险的十字路口处；训练有素的工人在机器旁观看机械劳作也会产生一种震惊。因此，“震惊”美学也是现当代流行时尚的主导特征，其美学概念对于流行文化以及流行文化产品的意义和影响不容小觑，通过凝结“震惊”美学所反映的创作内涵，深入挖掘流行文化产品的“震惊”美学价值，可以为创新流行文化产品服务。

---

① 参见瓦尔特·本雅明《论波德莱尔的几个主题》，张旭东译，《当代电影》1989年第5期。

② 参见王杨：《从“震惊”美学看本雅明技术观的两歧性》，《常州大学学报（社会科学版）》，2021年第1期。

③ 一天一招：《智能试衣镜》，2018年1月15日，http://www.360doc.com/content/18/0115/13/8460198_722086267.shtml，访问日期：2019年10月1日。

第三，流行文化的生活美学

流行文化与生活的紧密联系基于其生活美学原则。自从社会分化的出现，每个阶级和每个专业领域都将生产、欣赏和传播引入生活美学领域，从而形成了专门研究美的生产、欣赏和传播的学科，这也逐渐成为美学家们的专门研究对象，成为他们的专属领域。时尚这一社会现象的出现，打破了社会阶层的特权与美学研究的垄断合二为一的局面。在20世纪流行时尚的脉络与演变史的资料中，无论是20世纪初的衣食住行、电影、流行音乐、追星族、娱乐方式，还是20世纪中后期人们对物质产品和精神产品所呈现的人生价值观和人生追求的表达方式，无疑反映了流行文化的生活美学不断更新的社会现实，这也促使大众在人与人、人与生产生活审美选择的社会与物质的限制中不断提升自我超越的能力。另一方面，在经济活动中，流行文化的生活美学将生产与消费作为日常生活世界的最高物神，在助推流行文化产品生产和价值增值的过程中，不仅生产高附加值的美的产品与服务，也被用来为商业、消费服务。换言之，流行文化的生活美学不仅现实地生产着美的产品，而且隐秘地生产着"美的权力关系"，即生产"美的标准"，锚定"美的需求"，制订"美的范式"，决定"美的价值"。①

二、时尚美学的传播体系

习近平总书记指出：我们应该适应大众化和差异化的宣传趋势，加快建构舆论导向的新形式，在促进融合发展过程中发挥新媒体传播的优势，强调需要从相"加"到相"融"，努力建设一个新的主流媒体。② 当代时尚美学理论的确立，从时尚美学文化到时尚美学价值、时尚产业到时尚产品的衣食住行，都显而易见地受到传播力量的影响，这使得我们对时尚传播的研究变得尤为重要。因此，我们将时尚传播的发展描述为"革命性的发现"，从传播学的角度来看，时尚美学的传播以社会大众为传播对象，以时尚文化为传播内容，借助全球政治、科技、经济所带来的诸如无线电、电视、电话、卫星和计算机网络等媒介技术的革命运动，我国时尚美学形态中所涵盖的时尚产业与时尚文化、时尚产品

① 参见邱晔：《美学经济论》，中国社会科学出版社，2020，第89页。

② 参见中共中央宣传部新闻局编《习近平总书记党的新闻舆论工作座谈会重要讲话精神学习辅助材料》，学习出版社，2016，第15—16页。

与时尚美学经济得到全面协调发展。基于此,我们更要正视时尚传播的演变革命、基本规律、美学思考等一系列重要影响。

(一)时尚传播的演变革命

时尚美学发展的基本手段是传播,而传播已经成为世界上成长最快、最为重要的大企业,从多样化的传播方式来看,时尚传播经历了以下三次浪潮:第一次浪潮,实则不能称之为浪潮,只是时尚传播的萌芽发轫期。在没有传播工具的情况下,无法涉及跨国、跨代、跨界的传播机会,人们只有极少数的对象可供模仿,而他们模仿的对象也是和他们一样见识非常有限的人物,因此,人们所得到的知识往往是重复的,对时尚的、美的认识非常狭隘,几乎所有信息都来源于闲谈,这也导致人们的知识、思想都停留在同样的观念中,所谓的传播正是基于闲谈、接触、交往中的有限模仿而已。

第二次浪潮,基于报纸、杂志、收音机、电影和电视等大众传播工具的出现。大众传播工具的势力越来越庞大,成为人们获得知识和信息的重要渠道。20 世纪 30 年代,由于美国好莱坞、英国、法国电影大量涌入上海,好莱坞女星千娇百媚的时装,成为上海名媛和电影演员们争相效仿的对象,加之印有明星肖像画的画报和海报广为传播,促使各大报刊开辟了服装专栏,这时月份牌作为红极一时的传播工具,为文明新装的推广起到了推波助澜的作用。与此同时,无线电广播和收音机的出现也推动传播新渠道。据有关资料统计,1932 年全国共有广播电台 89 座,其中上海有 41 座。这些广播电台每天广播十多个小时,在空中构筑构建了一个强大空间的无形网络,并不断地向人们传播各种社会新闻资讯、时事、现代生活、文化、教育和艺术,可谓信息市场输出的大融合。另一方面,传播工具的庞大与竞争给第二次浪潮带来了巨大冲击,从国外的传播工具的发展状态来分析,以美国为例,自 20 世纪 50 年代中期以来,几乎每年都有一家著名杂志宣布倒闭,《展望》《生活》和《星期六晚邮报》等全国性杂志全都寿终正寝。除此之外,报纸这个最年长的传播工具正在第二次浪潮中逐渐失去其读者群。以美国报纸发行量为例,自 1973 年后,每日发行量从 6300 万份下降至 1978 年的 6200 万份,并不断持续下降,美国人每天读报的比例从 1972 年的 69%下降至 1977 年的 62%。① 电视的崛起,直接导致了

---

① 参见阿尔文·托夫勒:《第三次浪潮》,黄明坚译,中信出版社,2006,第 101 页。

报界不景气的局面，报业彻底陷入销售的困境。直到 1977 年，第二次浪潮的传播工具遭受挫折，近 30 年来影响力最大的电视传媒收视率首次下跌，看似毫无关联的事件却互相牵动变化，报纸、广播、杂志、电视均受大众传播工具饱和的威胁，但多元化新媒体的迅速崛起，意味着第三次浪潮的传播媒体正在逐步吞没第二次浪潮的领地。

第三次浪潮因多样化的传播工具而生，20 世纪 80 年代随着有线电视、电视游戏机、信息服务（通过电视屏幕服务到家）、录像机等新传播媒介的普及，大众由被动接受者成为消息传送者，同时这些媒介分散了电视观众，使我们所能获得的文化内容更为丰富，削弱了商业电视垄断并操纵情报来源的传播工具威力。更重要的是，多样化的文化带来了大量的信息，大众迈入了“信息社会”之后，第三次浪潮已经粉碎第二次浪潮时代落伍的信息结构，重新建立起一个新的体系。电脑的崛起更是加速了这一过程，电脑时代以可操作、听指挥的重大突破，真实而有效地推进理论、观念、艺术见解、时尚审美以及政治、经济、科技上的革命。

（二）时尚传播的基本规律

从流行时尚短暂的满足到永久的不满足，所体现的是一种从相对到绝对的流行现象变动不居的心理之源。但构成这种从满足到不满足的心理变化，除了流行时尚脉络与演变中论述的社会历史变革、政治、经济、科技等诸多因素的影响和制约之外，与人们所处的社会生活、社会环境中催生的追逐时尚的心理密切相关，基于既要对强者求同，又要对弱者树异的矛盾思想，形成了传播媒介与时尚关系的两面性，一方面，传播媒介的作用，尤其是当代的新媒介，利用多元化的传播工具，如电影电视、出版物、广告宣传、文化娱乐、电子游戏、各种互联网平台的出现和普及促成了时尚的传播；另一方面，传播媒介的普及，主要指传播媒介的普及和思想观念的接受意识缺一不可，其中包括各种时髦行为方式的制造、推广，大众审美观念、消费观念的参与和满足，如近几年声势浩大的网红直播、双十一和双十二等刺激消费行为和培养消费习惯的狂欢活动，促使大众传播媒介加快了特定时尚在社会中的普及速度，同时也缩短了各种时尚流行的生命周期。

尽管从满足到不满足的心理变化是人类求新、求异的本能，但从更广的意义上说，是基于一系列不断变化的社会文化因素，包括物质财富和休闲的普遍增加，科学技术革命的快速发展，时尚创造者、引领者与赶潮者之间展开的多边运动，传播新媒介增加了国与国、地区与地区的交流。据此分析时尚传播过程有以下几种基本规律：

第一，上行下效的规律。在传统社会中，时尚传播基本上遵循所谓的“上行下效”规律，即时尚模仿也是一种传播，而传播的发起者或引领者往往是具有一定社会地位、身份和经济实力的人。换言之，时尚传播的上行下效规律与社会物质生产及文明程度成正比，如孔子所说：君子之德，风也，小人之德，草也。草尚之风，必偃。上好礼，则民易使也。孔子用最简单的语言建议统治者，上层的人要树立榜样，下层的人要效仿。这既讲了治国保民的大道理，也道破时尚传播的基本规律，同时一种新的思想或观念在一个脑袋里生根并构成某种时尚之后，这个革新就没有理由不以比较快的速度传播，它就会在无数相似的脑袋中传播，由此给予了更加精准的传播表述即思想与目的由里到外的传播。

在现代社会心理学领域，法国人加布里埃尔·塔尔德探讨了与孔子类似的时尚传播规律，他在《模仿律》一书中提出“下降律”作为时尚传播的主要规则之一，集中体现在较低的阶层总会感觉上层阶级的声望，因而面对上层阶级所提出或接受的变革便轻易传播到下层阶级。结果就产生这样的现象：由于这个持久的下移趋势，下层阶级逐渐上升，并且以众多的人数使上层阶级膨胀。① 于是，人们被这种强烈的“向上意识”所主导，但在这种自上而下的时尚传播过程中，仍然存在诸多障碍。其一是社会障碍。在古代的等级社会中几乎都存在严格等级制度的划分，也都在不同程度上禁止下层阶级穿用上层阶级的衣服和物品，笔者在论文第三章第三节“时尚美学接受反思”中对服饰等级区别有详细论述。换言之，上层阶级会有意阻止中下层阶级的模仿行为。但是，时代发展至今，这样的规则并没有消失。例如，中国在很长一段时间内，“红旗”车的使用仅限于省级和军队官员，这反映了地位和权力的象征。其二是经济障碍。面对当今富足的社会，虽然大众模仿上流社会的意愿在某些方面得以满足，但要实现全面模仿上流社会的风尚仍然举步维艰。例如，近年来

① 参见加布里埃尔·塔尔德：《模仿律》，何道宽译，中国人民大学出版社，2008，第262页。

名牌服装、鞋子、手袋、手表、汽车等奢侈品已经被极端富裕的标识有效地屏蔽了,成功拦截了普通大众的仿效能力或行为。其三是心理障碍。虽然人类先天具有追求新颖性的心理动机,然而过分的新奇会使人产生畏惧感,缺失大胆尝试新鲜事物的勇气,对时尚传播现象的参与和认同望而却步。①

第二,下行上效的规律。尽管"上行下效"已经成为时尚传播的基本规律,但却不是唯一的规律。一百多年前,在上流社会和下层社会清晰的分界线上,上层社会所拥有的也十分鲜明。然而,并非所有的时尚传播规律都必须遵循"上行下效"这一基本规律,正如塔尔德所指出的,在模仿中,除了"上行下效"规律之外,有时还会出现"下行上效"的规律现象。从国外到国内、语言到风俗都能反映出"下行上效"的传播规律,例如古代社会地位低微的青楼女子的服饰、妆造往往成为时尚的潮流代表,良家妇女的追随、模仿成为时尚传播过程中"下行上效"的例证之一。即使到了近代"下行上效"现象依然存在且日益明显,以美国20世纪60年代的青年运动和嬉皮士运动而引发的自下而上的反影响为例,囊括了所谓的个性、独特、前卫等时尚流行代名词,将牛仔裤、留长发、幻觉状态的T恤、文身、爵士乐、波普艺术等时尚符号肆意传播,一度成为青少年乃至中年人模仿的对象。与此同时,伊夫·圣洛朗在1960年根据垮掉的一代、街头飙车党为设计灵感,为迪奥设计了著名的"Beat"时装系列。到了20世纪80年代,嬉皮士文化传播的时尚之风在中国普及,牛仔裤、喇叭裤、男子长发、港台歌曲、迪斯科舞、黑皮夹克、超短裙,以及与黑话十分类似的"大腕""大款"等流行语的最初采用者无一不是社会下层。单单从牛仔裤从街头烂仔的腿上套到大学教授的腿上这一举动,就可以说明中国的时尚有一部分是从街头时尚开始的。随着世界政治、社会、经济和文化生活的巨大变革,当代设计师、品牌服装依然将嬉皮士文化、风格、元素与服饰设计相契合,以期突破传统达到求新、求异、求特的时尚新风尚,这些都足以证明"下行上效"的时尚传播力度。

第三,双向流动的传播规律。时尚传播的上行下效与下行上效呈现为周期性的循环往复状态,一般也被称为传播的双向流动。一般情况下,人们常常

---

① 参见周宪:《世纪之交的文化景观:中国当代审美文化的多元透视》,上海远东出版社,1998,第281—282页。

认为传播总是从高到低、从高位人到低位人的传播态势。但是,当传统的世袭规律被打破,贵族身份被自然挑选的方式取代,社会威望就必然转移到杰出个人的社会性之上。此时,在许多方面被模仿的人在某些方面也会模仿那些模仿他的人。① 由此不难看出,在时尚传播规律普及的过程中,模仿与传播演变成为相互的模仿与传播,进而形成了传播的双向流动。实际上,在当代新的消费理念、消费行为和消费欲望不断多元化的状况下,可以说是对双向流行的传播规律最好的诠释,基于当代新传播媒介的多元化,时尚传播系统从传统的思想、观念、人的传播到工具的传播再到互联网平台的传播形式,冲击并刺激着人们接受时尚资讯、自由选择传播渠道、自主确定时尚生活方式的重大革新,依托经济新常态为新媒体产业带来机遇。2016 年 4 月,习近平总书记在互联网安全和信息化座谈会上指出:"新常态需要新动力,互联网可以在这方面大展宏图。"②第 47 次《中国互联网发展状况统计报告》数据显示,截至 2021 年 2 月,中国互联网用户数达到 9. 891 亿人,互联网普及率为 70. 4%,比 2020 年 3 月增加 8498 万人,占网民总数的 99. 2%。截至 2020 年 12 月,中国网购用户达到 7. 82 亿人,比 2020 年 3 月增加 7215 万人,占网民总数的 79. 1%。移动互联网购物用户达到 7. 81 亿,比 2020 年 3 月增加 7215 万,占移动互联网用户的 79. 1%。③ 互联网的高渗透率推动了时尚传播的广泛性及覆盖率,同时也促进时尚产业的关联化、纵深化与美学化的发展,全面提升时尚产业竞争力,塑造国家时尚产业竞争优势。

(三)时尚传播

时尚传播推动中国审美文化价值,文化传播能把美的思辨更好展现在大众面前。近年来中国多样化的传播工具着力关注传统文化、工匠精神、衣食住行、大国重器、改革开放、一带一路、精准扶贫、科技创新、制度完善、社会民生、对外交流等主题,极力在主流层面传播国家形象,展示中国文化魅力,弘扬真、善、美的旗帜。④ 与此同时,技术传播与文化的渗透所形成的双刃剑,一方面

---

① 参见加布里埃尔·塔尔德:《模仿律》,河道宽译,中国人民大学出版社,2008,第 166—167 页。

② 叶朗:《中国文化产业年度发展报告 2017》,湖南人民出版社,2017,第 131 页。

③ IT 之家:《第 47 次中国互联网络发展状况统计报告》,2021 年 2 月 3 日,https://www.ithome.com/0/533/613.htm,访问日期:2021 年 4 月 8 日。

④ 参见骆志伟:《当下中国电视纪录片的美学传播策略》,《当代电视》2020 年第 6 期。

为审美文化带来了新的空间和途径；另一方面，它改变了审美文化的生产与消费观念。随着传播媒介入侵审美文化领域，必须采取一种开放的批判态度，一味迎合它们给审美文化带来的深刻变化，而忽视其给审美文化生产和消费带来的一个负面效应是不可行的，理应重视因生产力的飞跃造成的生产过剩和无节制消费的局面，这一问题不仅源自时尚传播的推动力量，也来源于企业对经济效益的追求。在消费时代，设计师的行为依然无法完全摆脱重视商业价值而不是审美价值的影响，为了最大限度地刺激消费，以时尚流行的外表营造出攀比、虚荣而无节制的消费假象，造成人类有限资源的浪费。因此，对于技术传播和工具传播向审美文化渗透问题，应该从可持续发展的视角，为公众提供恰当的时尚产品，无条件拒绝任何藐视环境污染、资源浪费和无节制地使用物品，正确引导大众健康的生活方式。其次，时尚传播创建大众生活审美品位。时尚传播的规律和功能向来都是与大众日常生活相关联的，如何传播、以什么样的工具传播所反映的都是大众衣食住行的物质需求和精神美学的价值享受，只有将时尚美融入大众日常生活，艺术美才是符合美的理念的存在。当代时尚传播一直试图将传播工具革新从其固有审美生活模式中解放出来，将“美学品位与美学文化”的美学意识注入日常生活中，使之能够丰富大众日常生活的同时，推动时尚传播与大众生活的融合发展，借助当代新媒体传播优势提升大众生活审美品位和审美精神风貌。

本章小结

时尚美学理论作为一个有机的整体，伴随现当代政治、文化、经济、科技的发展不断革新。探索现当代时尚美学的理论建构，则仰仗于三个方面的研究革新与体系创建：一是时尚美学研究理论的形成，用哲学的视角来分析美学与时尚逻辑关系，以美学的理论支撑和美学赋予时尚话语权的地位为研究基点，两者相辅相成、互为支撑的原动力给予了时尚美学观的确立，同时在时尚美学的理论需求以及“以人为尺度”的活动范畴中，找准时尚产品美学需求理论和时尚美学经济理论的落脚点，提出时尚产品美学需求非功利和时尚经济美学功利性并存的理论突破。二是时尚美学理论价值，围绕时尚美学的哲学价值研究的新命题做讨论,揭开时尚美学理论引擎牵引下由非垄断到批量化、普遍性到共性、个性到多元并存的价值革新过程,阐释推进时尚美学社会价值中社会正功能与社会负消费的研究思辨,创建时尚经济与文化经济、时尚产业与文化产业、时尚产品与文化产品的研究价值生成关系,实现从“理论先行”落地到“应用实践”的时尚美学价值转换。三是从全新角度探索时尚美学,回顾百年间日常生活中各种时尚流行的变迁,围绕人们物质产品和精神产品相融合的流行时尚更迭变迁。通过梳理20世纪时尚流行变迁、时代特性、流行文化、时尚传播方式和时代传播规律的重要影响和研究立场,我们可以探究时尚流行美学和传播美学生产链条中所隐藏的美的范式以及美的价值,借助时尚美学的流行体系和传播体系的理论优势,站在家国情怀立场,推动时尚美学与大众生活的融合发展,提升大众生活审美品位和审美精神风貌;站在国际视野,推动时尚产业的关联化、纵深化与美学化的发展,全面提升时尚产业竞争力,塑造国家时尚产业竞争优势。基于此,我们需要深入探讨时尚美学理论研究议题,从接受美学的角度来审视时尚美学。

第三章
融合与反思:接受时尚美学

中国当代时尚美学与接受美学在以人为主体的前提下,将互动融合消费者、时尚产品和设计师三者之间有机统一起来,这也避免了被传统思想围困,从而导致接受美学与时尚美学生成过程中引发出一系列疑问,如接受美学需要条件吗?其条件需要经过受众的欣赏和评价吗?是否存在主动接受和被动接受?如何平衡时尚美学范畴的接受生成关系?当代中国时尚美学也区别于传统时尚美学的认知,极度夸大个人主义的意识而忽视集体主义的存在。中国当代时尚美学对尧斯接受美学的核心观点不是进行倾覆和背离,而是进行一种内在的交融与升华,透过时尚美学的接受认知表层来探究其精髓,使时尚美学在不失接受的基本原则过程中,依然保持了时尚美的面貌。中国当代时尚美学对设计师和时尚产品形态同样尊重,并努力使时尚产品得以提升,使其成为时尚美学的经典。中国当代接受时尚美学的融合与反思,要求时尚产品不仅仅停留在纯粹观赏性、娱乐性的感知层面,还要求时尚产品具有经典的意义和品质。基于此,我们努力将接受美学与时尚结合在一起,共同探讨意味着死亡与重生的时尚如何在美学的引导、熏陶以及美学理念的外壳包裹下更具时代意义和理性价值。其价值需要以受众的接受为前提,来共同探讨时尚美学不同的接受方与非接受方所带来的问题与困惑以及所面临的时尚美学就是变革与创新的重要议题和亟待解决的问题这一现象。

第一节 接受美学理论

20世纪80年代初诠释学引入中国,在国内人文社会科学的众多研究领域有了一席之地,诠释学以其本身所具有的强烈实践倾向,揭示出接受美学理论以及接受美学理论应持有的积极态度。因此,本章节简要研究了接受美学理论观点的诞生及其发展,并通过探讨接受美学与时尚美学的生成关系,引申出一系列相关理论进行视域融合,即将接受美学理论研究应用于消费者、设计师和时尚产品的互动关系中衍生出的接受时尚美学这一观点。笔者针对当代时尚美学提出了许多新问题,以免在以消费者为中心的接受视角面前显得苍白无力。同时,笔者将蕴含着消费者、设计师和时尚产品的互动关系中的矛盾、冲突研究所碰撞出的融合进行再认识,希望通过接受美学理论纽带来理解和阐释接受时尚美学的同时,为接受时尚美学找到时尚产品的物质层面和精神内涵的理论根据,力图以接受美学理论为基础,建立一种接受时尚美学理论。

一、接受美学的诞生及其发展

(一)接受美学诞生背景

接受美学诞生于20世纪60年代的德国,随着美国和苏联之间的竞争愈演愈烈,全球形势发生了巨大的分化、动荡、改组,在社会、政治、文化背景的洗礼下,西德学术思潮出现了学术争鸣的繁荣景象。因此,在探讨接受美学的理论发展体系之前,我们首先把目光转向其诞生背景,看看究竟是什么样的思潮气候和文化温床培育了这一美学理论。

从哲学思想上看,首先是伽达默尔提出的“哲学诠释学”,重点强调人类的历史性,并在此基础上分析其所造成解释与理解之间的历史性和当代性。这一理论起点必然会导致诠释学更多地面向现实,并从现实视域出发的必然性。只有这样,一种基于人类本体的认识论将现象学的神秘主义提升到一个新的高度,同时又具有现象学所欠缺的历史性和现实性,这是西德社会政治生活新转折在哲学思潮领域中的一个曲折的真实写照。其次是法兰克福学派的哲学,他们试图将弗洛伊德主义的人本主义思想与马克思主义"结合",将马克思对人的社会政治、经济因素的揭示与弗洛伊德对人的自然本性即心理因素的分析"结合"起来。再次,他们倡导新黑格尔主义的主观辩证法,提出"绝对否定"的辩证法,对马克思主义的科学辩证法进行修正的同时,他们还对当代西方资本主义世界的现实进行了"新"的概括,认为当前时代已经进入了"工业发达社会",再加上受到"社会批判"思想的侵蚀以及社会经济制度转变而引起的"心理变革"的影响,直接将其指导思想推向学生"造反"运动,同时也成为学生造反的理论武器,①这种哲学思潮无疑在促进西德社会心理从非政治化向政治化转变的过程中,起到了举足轻重的"催化剂"作用。

整个文化思潮,都被政治化的社会心理所浸染,德国文学艺术从20世纪50年代,呈现出从"尚未克服的过去"的历史反思走向表现"尚未克服的现在"的过渡。20世纪50年代末至60年代,"倾向性"文学艺术逐渐占优势,对法西斯主义的历史批判也日益同对现实政治的批判结合起来。然而,进入20世纪60年代中期,面对精神文化范畴的重大改观,以及整个文艺思潮和哲学的政治化倾向,出现了大批文学理论与文学批评流派的断层、危机与转型。在文化思潮涌动的时代背景下,联邦德国的美学界和批评界提出美学和文艺学走向何处这一问题。然而,时代危机在呼唤新美学的同时,也为新理论提供了理论契机与可能性,为了抓住这一新的契机和理论构想,②以汉斯·罗伯特·尧斯和沃尔夫冈·伊瑟尔为代表的康士坦茨学派的理论家们,提出让接受美学来克服危机的历史重任,这不仅是特殊时代的特殊需求,也是接受美学自身对时代需求的适应程度。

接受美学(Rezeptionsasthetik)亦称"接受理论"(Rezep—tionstheorie)、"接受与效果研究"(Rezeptionsforschung)等,亦译作"接收美学"。③ 发端于联邦德国的接受美学,在其诞生背景下,表现出以下几方面的发展过程:一是接受美学理论的共鸣突破,折射出接受美学选择了克服理论危机的最佳"突破口"即"文学史悖论",希望将文学的审美自主性与历史性有机地统一起来,以此来解决审美与历史互动的对立关系。因此,接受美学作为文学史研究的新模

---

① 参见朱立元:《接受美学导论》,安徽教育出版社,2004,第49页。

② 参见朱立元:《接受美学导论》,安徽教育出版社,2004,第54页。

③ 参见金元浦:《接受反应文论》,山东教育出版社,1998,第8页。

式，提出理论建树的四个核心：文本问题、读者中心论、读者作为接受主体、文学史研究；二是接受美学理论的独特起源，以尧斯的《文学史作为向文学理论的挑战》为标志，从读者或消费者接受的角度入手，以期调节美学和历史的辩证难题，并从根本上把握文学史研究的发展进程，在其后的20年时间里，接受美学冲破了意识形态的屏障，传播到西欧诸国，已形成流派众多、生命力旺盛的新思潮；三是接受美学理论的"中国化"演变。80年代中期，在我国新时期美学文艺学研究范式转型之时，接受美学作为一种新的美学文学方法论已经进入国内，随着接受美学译著的出版，接受美学的基本理论及其最新发展在国内得到了全面推广，也为中国接受美学的研究和阐释提供了多元化的视角。本书将在该章节中融合接受美学与时尚美学的生成关系，依托接受美学的理论研究探寻时尚美学当代论的研究新模式。

（二）康士坦茨学派：尧斯的核心观点

20世纪60年代中期，精神文化范畴的重大改观以及整个文艺思潮和哲学的政治化目标，被政治化倾向取代的社会心态给各种学术文化思潮带来了前所未有的打击，一时间关注政治、学术等同于现实生活和政治斗争，"高悬"于各种意识形态之巅的文学研究表现出对现实政治的关心、对国家前途和民族命运的担心，具体表现为文艺思潮"政治化"造成了哲学和文艺思潮发展的走向问题。于是，导致了美学和文艺批评理论不能适应时代变革而陷入了绝境，解决这一理论难题就必须回归到克服危机的理论家尧斯，他从解决美学难题接受美学入手，从观赏者接受的角度，全面地、辩证地把握文学艺术本质，其核心理论观点有以下几点：

第一是文学研究的新模式：历时性与共时性相融合。尧斯重点论述了自己对"文学的历史性"的独特看法。在这个问题上，一方面，为了弥补历时性的不足，在接受美学基础上，建立起一种可能的文学史，将文学生产与一般历时的共时性和历时性联系起来，试图利用某一时期作品所反映的一般历史过程，准确地发现文学表现形式在"文学演变"过程中的社会构成功能，探索文学与其他艺术力量和社会力量共同作用所呈现出的功效，将人类从自然、社会和宗教束缚中解放出来。只有这样才能在美学、文学、历史之间架起一座桥梁。另一方面，为了打破现实与历史、艺术与历史、历史观与美学观的困境，尧斯提出了新的文学史观,并在接受美学的互动中突出接受主体。他认为,文学史就是文学作品的消费史,即消费史。[①] 然而,过去的文学史只包括作品和作家的介入和参与,却忽略了作品、作家和读者之间的互动关系中的读者一方,以及作家和作品与读者之间的多重互动,从而"忽视了文学史的独特性"。其实质是将文学史变成一个"闭塞的研究范式",这无疑使文学史沦落为一种"事实"的地位。综上所述,尧斯得出结论:文学史应该是作家、作品和读者三者之间的关系史,主张文学史的研究必须回归历史的语境,通过历史的研究视角深入用运动、变化和发展的观点去探讨当今文学史研究范式,也正是在接受这一基点上,找到了调节美学与历史的最好方式。

面对上述问题,时尚美学研究应该在时尚理论背后深入探讨时尚史的发展逻辑与时尚流行规律,为时尚美学的研究带来历史与当代的博弈,深度剖析时尚史与传统历史、时尚史在接受逻辑层面与当代时尚变革过程中的辩证关系,如何解决或探讨时尚与美学联姻后时尚美学的研究形态,乃至时尚美学的历史演变、革新过程中历史性与当代性的关联,借助接受美学这一理论中介,探讨时尚美学的历史、发展、变化、创新等多元维度。

第二是方法论顶梁柱:期待视野。尧斯文学史理论的一个重要概念是"期待视野"(或译为"期待水准"),是指读者在阅读一部作品时,因文学阅读经验而形成的先在结构或思维定则。用尧斯的话说,这是他最重要的理论文章的"方法论顶梁柱"。[②] 作为接受美学基本概念的期待视野,在不断更新创造过程中还提出了"经验视野""生命经验视野""视野结构""视野改变""物质条件视野"等不同概念,目的是在读者与作者的持续互动过程中操作文学,具体表现如下:其一,针对从未谋面的一部新作品,应先关注读者所具备的知识框架、艺术素养、教育水平和生活经历,在此基础上对该作品进行文学体验、评价、理解、接受。缺失这个环节,便无法呈现新作品的接受状态。只有具备先在视野,才能诠释"新"的理解,易于建立新的理解视野。其二,所谓的新作品,是作品以新的姿态证明自身和接受者更新状态的变化的历史语境中产生的。这样一部新作品需要通过公开、预告或隐秘的信息传播,暗示和展示作品

---

① 参见林一民:《接受美学:精要与实践》,江西人民出版社,2019,第20页。

② 参见H. R. 尧斯、R. C. 霍拉勃:《接受美学与接受理论》,周宁、金元浦译,辽宁人民出版社,1987,第340页。

自身的特色与风格,以便提前提醒读者接受一种特殊的视野,以此来唤起读者对新作品的心理欲望和情感互动。其三,期待视野是变化的,它伴随人与时代的发展而不断发展,只有读者的文学本文审美趣味与期待视野契合于接受水平,才能唤起读者期待视野的新的审美准则和新的评判标准。

然而,在现实的接受过程中,不同的读者有不同的期待,不同的人对同一部作品的认知可能会产生两种对立的极端现象。那么对于那些达不到唤起期待的作品,应该建立怎样的视野呢?尧斯提出了三条普遍途径:其一,建立读者、作品、作者之间的互动关系,通过三者之间矛盾与融合过程中所反映出的视野展望,来调整、修改文学作品的标准、类型、主题和形式等;其二,以期待视野为中介,建立读者、作品、作者之间相关性的纽带,深入剖析接受文学史与文学历史之间的基本原则;其三,分析文学作品内在的逻辑关系,需要通过语言的诗歌功能与实践功能之间、虚拟与真实之间的对峙、沟通来实现。正如尧斯所说,在文学作品出现的历史时刻,第一读者的期待视野是满足、绝望、逾越或驳斥。这种方法能够真实地反映主动接受与被动接受之间“视野的变化”的审美距离,同时也为读者的期待视野提供了一个从认识的审美标准到超越以往的新的生产的转换。

第三是实践论立足点:审美经验。在《审美经验与文学解释学》一书中,尧斯对审美经验做了全面的论述,他认为,审美经验包括“感受”、“创造”和“净化”三个基本范畴。[①] 从尧斯对这三个基本范畴的态度来看,虽然它们揭示了与审美经验所对应的生产、接受和传播的整体内涵,但并未将它们设定为具有等级差别的层次结构,而是用不同的方式从多方面进行连接。

其一,范畴是创造。主要针对生产的意识而言,体现艺术家在艺术作品创造过程中,抛弃了根植于传统思想的永恒美的固有观念,摒弃艺术家创造理念超越模仿的审美认知模式,通过对接受主体创作的新定义和对观看者所需要的审美活动的系统概括,古典美与现代美、艺术作品中现实与艺术之间的界限最终被完全消除,也消除了作为古典艺术理想的最终目标的美与现代不再美的艺术之间的界限。其二,范畴是感受。强调审美经验接受方面的美学研究,

① 参见汉斯·罗伯特·耀斯:《审美经验与文学解释学》,顾建光、顾静宇、张乐天译,上海译文出版社,1997,第49页。

可以定义为“审美感觉”或“审美愉悦”。它不同于以往艺术活动在于通过审美愉悦产生的接受性内涵，在否定了传统的阅读文化之时，认可并总结当代艺术接受的新方式。其三，范畴是净化。可以理解为艺术与接受者之间的交流所产生的审美快感。而尧斯的净化范畴，一方面，通过交流意图和行为范式，来激发和释放接受者的情感想象；另一方面，让艺术接受者在交流和实践的过程中，解放思想并获得一种纯粹的满足，从而提升艺术接受者的审美意境。在此基础上，尧斯又提出了审美鉴别的五个模式：即联想型、敬慕型、同情型、净化型和讽刺型，在体现这些美学范畴间相互影响、相互自由转换的历史连续性的同时，又获得了看待事物的新方式和经验。

二、接受美学与时尚美学的生成关系

在接受时尚美学研究中，我们需要弄清接受美学与时尚之间的互动关系，这一点极其重要，在时代赋予时尚不同时期的“一时之尚”概念基础上，虽然并未给时尚下一个确切的定义，但在全球化和后现代的语境中，被定义或被束缚的时尚概念不太可能，也没有必要。相反，随着时代的不断更新与发展，时尚美的传统与现代、内涵与外延仍是值得关注和讨论的。正如拉斯·史文德森在《时尚的哲学》中所指出的，时尚作为一种历史现象的出现，与现代性具有相同的重要特征，即脱离传统，致力于对“新”的不断追求。① 换句话说，传统与时尚之间似乎只有背离和决裂。事实上，传统和时尚之间的关系要复杂得多。一方面，时尚在不断地摧毁它自身，看似时尚美与传统之间存在背离关系，而事实上时尚美的革新却离不开传统时尚美的接受视野；另一方面，时尚美给大众提供了一个宽阔的思维空间，但要保持时尚的持久性，就需要给时尚美提供一个强大生命力，经得起时间和实践的考验。基于此，努力将接受美学与时尚美学结合在一起，共同探讨意味着死亡与重生的时尚美，如何在接受美学的引导、熏陶、理念的外壳包裹下更具时代意义和理性价值，由于其价值需要以消费者的接受为前提，因此需要共同探讨接受美学理论介入时尚美学所带来的问题与困惑，以及时尚美学所面临的变革与创新重要议题的发展趋向。

---

① 参见拉斯·史文德森：《时尚的哲学》，李漫译，北京大学出版社，2010，第3页。

（一）期待视野介入时尚美学

从尧斯关注的读者期待视野入手，将读者期待视野引入时尚美学的研究中心论即消费者的期待视野中，将成为设计学科背景下审视时尚产品设计趋向的典型特征。目前，时尚美学的研究探索还处于转换理论的时期，站在历史性时尚产品的美学视野，以独特性、时代性的眼光审视当代时尚产品的期待视野，通过期待视野的理论支撑来解读当代时尚作品、设计师、消费者之间的期待关系，最终完成时尚产品价值服务的一系列蜕变。同时，提供消费者满意的时尚作品，完成这一系列蜕变的过程，需要修正先前的设计理论、时尚美思维模式的不足，在设计体系中不断拓宽理论的视野广度，围绕"一千个观众心中就有一千个哈姆雷特"的消费者现状，不纠缠于传统时尚产品的短板实践，保持开放、包容的设计姿态，关注以"人"为中心，以"期待视野"为中介，唤起消费者对时尚产品物质和精神文化视野的同时，建立消费者对时尚作品独特的理解与阐释，实现设计师、时尚产品与消费者三者之间从矛盾到统一，再从新矛盾到新的统一的转变过程。

作为接受美学的期待视野中的重要原则就是"视野融合"，视野融合介入时尚美学，将时尚美的设计特性、时尚美的面貌和流行状态融进消费的视野与期待中。消费和市场需要源源不断更新产品问题，满足消费物质需求与精神需求的期待，推动时尚产品功利性外壳包裹下的经济创收、炫耀消费、心理暗示等有形或无形的消费功利目的。在时代发展的今天，消费的期待视野在不断变化的过程中，一方面推动设计师不断设计出新的时尚产品供消费者消费，另一方面处于矛盾心理的消费者期待时尚产品在考虑大众喜好、流行趣味、产品用途的同时，时尚产业之间也需要视野融合。时尚产业的数量、规模、种类等方面虽然不能相互替代，但可以相互融合，共同促进时尚消费产业链。在当今时尚产业链中从外到内、从思维到实践等一系列时尚产品根本性的转变与融合，以及时尚美学与期待视野的融合，更为深刻地改变了面临当下和未来的时尚美学的理论向度。

（二）效应研究解读时尚美学

效应研究是在"本文——读者"的整体接受美学中着重于本文及其作用的研究。从关注文本的效应研究产生的三个基本论题入手，借鉴效应研究理论解读时尚美学在时尚产品生产、上市、消费等环节所引发的矛盾与困惑。首先，文学本文是如何展开其作用的？为解决这一问题，效应研究应努力调动读者的能动作用，促使他们对本文中描述的事件进行个性加工。据此，我们可以说，在时尚美学产业链中，如果时尚产品能主动唤起消费者的消费行为，便可以构筑时尚产品与消费者之间沟通的桥梁。其次，驾驭接受活动的本文结构是什么？通过这一系列接受活动文本结构来解读时尚美学，从研究内涵的视角来看，时尚美学的研究应重视时尚产品的现实功能与消费者的消费需求相统一，从外延的学术视野来看，无疑为时尚美学从理论到实践再到体验提供了实事求是、切实可行又行之有效的方法。最后，文学作品的本文在其与现实世界的相互关系中具有何种功能？实际上，为了打破人们对接受美学固着于读者文学本文的普遍误解，文学本文通过对现实的选择干预及重新组合的方式创造着新的现实，经过这种组合，现实世界的某些成分被置于新的结构体系之中，从而实现了语义上的自我超越。因此，解读时尚产品的设计方向、设计实践、设计未来需要从宏观的前瞻性视野中寻求新突破，一方面完善时尚产品设计理念创新、设计功能定位、设计服务健全的设计实践体系，提升设计能力和专业水准方面的改革力度；另一方面，大力发展设计理论和设计教育，重视设计实践和原创设计能力，加快设计理论研究步伐，努力创建当代时尚美学理论体系，推动时尚事业和时尚产业的健康发展。

（三）审美经验评估时尚美学

审美经验对时尚美学的评估重点体现在时尚产品设计上，一般多指时尚产品从创造到交流即上市过程中所体现的生产、接受、交流的一系列心理上和精神上的状态。从心理上来分析，面对时尚产品问世，消费者内心是充满某种或多或少的期待的。通过新产品的造型和功能来维系消费者对产品有用性的物质需求，同时满足消费者的审美接受和精神上的审美愉悦。因此，审美经验的创造成为评估时尚美学又一重要因素，也承担了消费者的心理感受，成为审美经验评估时尚产品美的起点和重要因素。从创造角度去探究时尚美学，无疑也需要经历接受、推广、普及的过程。

当今，随着时代前行脚步的加快，时尚也需要创造，时尚的创造在美学的基础上不断改革并更新换代。但是，时尚美学创造在生产与消费方面还有一种表现,即“喜新厌旧”的心理欲求。消费者作为创造接受的主体,采用习惯方式审视时尚新产品的审美抉择与同化过程,而不是被动地接受时尚新产品的信息灌输;另一方面,他们不断地打破自己的习惯,调整自己的创造、审美和净化过程,以期盼和兴奋的情绪接受新产品与原有视界不同的、或缺的甚至相反的东西。用茅盾的一段话来解读,是非常符合审美经验的创造实际的:“我们都有过这样的经验:看到某些自然物或人造的艺术品,我们往往要发生一种情绪上的激动,也许是愉悦兴奋,也许是悲哀激昂,不管是前者还是后者,总之我们是被感动了,这样的情感上的激动(对艺术品或自然物),叫作欣赏,也就是我们所看到的事物起了美感。”①总之,时尚美学研究主体与客体之间的互动关系中,完善从生产、作家、作品的交流作为出发点,再到消费、读者、接受的交流作为终点,需要用理解、判断、评价的标准来审视当下时尚设计新产品,更需要审美经验由远距离的静观演变为交流互动的强行介入,审美经验由远距离的静观演变为创新、感受、净化所对应的生产、接受、交流的强势介入,由心灵沉醉的时尚美感转移为精神愉悦的审美享受。

第二节　时尚美学接受融合关系

众所周知,时尚美学研究在传统与现代、过去与现在、历史与今天、新与旧之间呈现出时尚产业中设计师、时尚产品、消费者之间的生成关系是重要的,因为它彰显了时尚产业链中将设计师的设计理念通过时尚产品从创作构思传递至消费大众这一过程中的重要作用。只关注时尚美学某个创新的发展或某个消费者对它的接受情况是不够的。首先,如果他们把设计师、时尚作品和消费者纳入接受时尚美学理论研究范畴,并有意无意把时尚产品、消费者从接受时尚美学的理论范畴中驱逐出去,这无论如何是不公正的。其次,他们故意将时尚产品的接受归结为消费者和设计师之间的二元关系,从而忽略了时尚产品、设计师和消费者之间的良性循环与互动关系,忽视了时尚美学是作为三环节活动的整体而存在的也是不公正的。所以,在具体探讨时尚美学的接受方

① 茅盾:《鼓吹集》,作家出版社,1989,第5页。

式时,我们需要从设计师、时尚产品、消费者的有机统一关系中寻求出研究新思路和新模式。

在当今社会,时尚美学活动无论是日常生活实践,还是在商业竞争形态中,乃至社会生产力发展中皆起着举足轻重的作用。生活中的每一件时尚产品都融入了设计师的思想和灵魂,都离不开消费者的鉴赏与批评,都体现着人类智慧和优秀文化的美学品格。由此可见,时尚美学所呈现的时尚产品,其研究主体即消费者,根源在于设计师的设计思维与设计价值凝结的独特性,所以时尚美学活动范畴的接受生成关系研究中,主要围绕消费者与设计师、时尚产品与设计师、消费者与时尚产品之间的三角接受关系(如图 3-1 所示),用一种独特的哲学的接受美学思维方式去探索研究时尚美学活动范畴。

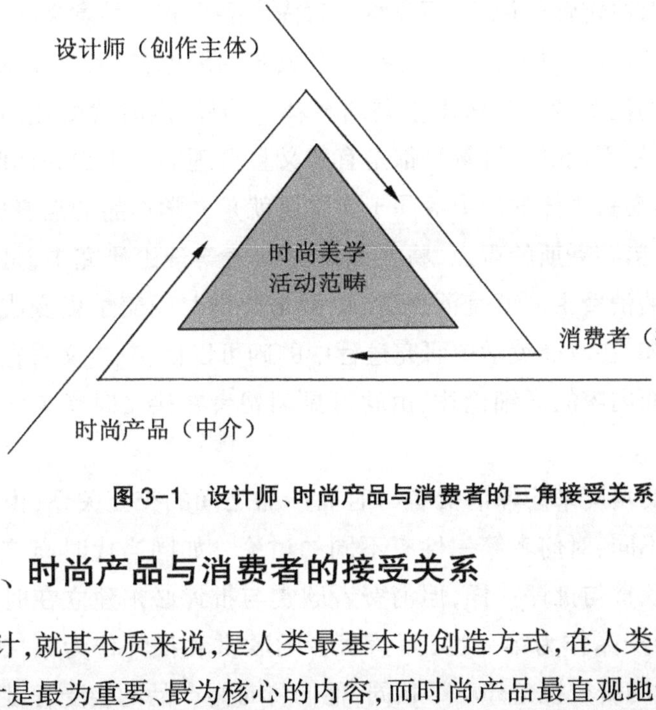

图 3-1　设计师、时尚产品与消费者的三角接受关系

一、时尚产品与消费者的接受关系

设计,就其本质来说,是人类最基本的创造方式,在人类全部的实践活动中,设计是最为重要、最为核心的内容,而时尚产品最直观地诠释了设计活动的运作成果。在顺应客观世界的事物存在与发展规律的前提下,需要考虑时尚产品是否能被消费者接受,是否能满足人们生产生活的需求,是否能契合时代发展中时尚作为大众生活方式的物质需求和精神追求。

从接受美学理论研究中强调读者的作用这一观点来看,将其引进时尚美学理论研究,可以看出,在消费者、时尚产品和设计师的研究关系中,消费者的作用存在差异。借鉴接受美学研究理论，将消费者对时尚产品的理解深入时尚产品的构成要素之中去，虽然时尚美学活动范畴中承认消费者对时尚产品的接受存在主动性和被动性的不同，但是无论是哪一种接受状态，必然要承认消费者的能动创造力。由此可知，消费者对时尚产品的接受过程就是时尚产品的再创造过程，也是时尚产品成果得以真正实现的过程。基于这一运行过程，探讨消费者的主观能动性便会发现时尚产品的实现不仅仅是由设计师独家创造的，也是时尚产品在更新换代中由设计师和消费者共同创造的。这时的消费者不只扮演鉴赏家、批评家的角色，更重要的是通过鉴赏和批评的本身来反思时尚产品再设计、再生产，即时尚产品得以实现的根本原因。

探讨接受美学读者的不同作用，将该理论引入时尚美学活动中，便出现了反对时尚产品具有决定性的说法，不仅承认时尚产品只有一种意义和价值，而且认为时尚产品的产品结构是一个多层次、开放式的形态，它的存在意义和价值仅仅在于不同的消费者对它做出不同的解释。同样，因时代变化的意义和价值而有所不同，但无论哪一种解释都是有意义且合理的。正因为如此，所以借鉴尧斯的观点：消费主体的历史等同于文学史就是文学作品的消费史，是十分恰当的。那么，借鉴尧斯的观点，将其引入时尚美学理论研究中，是否可以理解为这里的所谓消费主体就是消费者，也就是要把时尚美学史变成消费史呢？关于这个认知，在时尚美学史研究过程中的确可以证实，本文将在后面的章节中进行这方面内容的详细论述，由此可见消费者在接受时尚美学中具有举足轻重的作用。

从时尚产品的角度来诠释消费者与时尚产品之间的交互关系，由于两者的地位和关注点不同，对何者第一性有不同的讨论。如同当代时尚美学理论研究重视消费者欣赏与批评一样，但消费者欣赏与批评必须建立在时尚产品基础之上，即时尚产品作为第一性，而消费者的欣赏和批评作为第二性。然而，接受美学理论的研究视角却不尽相同，他们将时尚产品的接受程度进行了区分，在消费者为主体的基础上，得到了有差异化的认知，认为被消费者接受的时尚产品作为第一性，而没有被消费者接受的时尚产品作为第二性。因此，基于接受美学的接受理论“得”与“失”，通过对时尚产品的欣赏和批评、消费者的审美判断乃至时尚产品创造性探讨上都具有很大的启示意义和借鉴价值。

首先,分析消费者对时尚产品创作的启示。“视野融合”作为接受美学的一个重要原则,所体现的只有将时尚产品与消费者的期待视野结合起来,才能探讨理解与接受问题。然而,面对当下消费者期待视野并非一成不变的事实,形成了因人而异、因时代的变化而不断发展的局面。因此,设计师在设计时尚产品时,要考虑到消费者当时的期待视野,以及消费者当时的审美品位和接受程度。这其实就是人们通常所说的创造的原因,即创造的对象,也就是创造的时代性和大众性的问题。不同的是,接受美学认为,设计师在设计创作时要斟酌消费者的期待视野,也就是说设计师的设计创作受到消费者的限制,无形中消费者就成为没有参与创作的设计师。显然,这里的期待视野,包含了人的道德情操、思想观念、直观感受、审美情趣和接受程度等。随着时代发展步伐的加快,消费者的直观感受和接受程度也随之提升,所以面对时尚产品新品开发,设计师在设计创作时应该恰当提升对产品的目标和期待,以此来刺激消费者的领会力和联想力,给消费者的想象和理解预留无限存在空间。

其次,分析消费者对于时尚产品的欣赏和批评的启示。接受美学其实就是消费学,是研究消费者的积极能动作用的科学。在时尚产品设计理论中,消费者的欣赏是由时尚产品所决定的,虽然这样的评论对于设计师来说是消极被动的,但是接受与欣赏理论只是时尚产品的一个从属部分。面对接受时尚美学的研究领域,消费者的地位已经超越了设计师,消费者不仅间接成为时尚产品创作的设计师,也终将成为将时尚产品推向市场的无可替代的设计师。立足时尚美学的研究视域,反思接受时尚美学给予了消费者的高尚地位,既有利于加强对时尚产品批评与欣赏的研究,又有利于将以往的批评理论用于追踪设计师在时尚产品中所传达的真实意图,时尚产品一旦问世并进行批量生产之后转变成设计师的最高裁判者与消费者的最高裁判权之间的辩论。所以说,接受时尚美学为时尚美学的研究探讨提供了最充分的理论依据,为时尚美学的研究范式提供多元化、多视角的理论基础,是时尚美学研究过程中重要的组成部分。

最后,分析接受美学对消费者的审美判断的启示。消费者对时尚产品的欣赏就是对时尚作品的创作的认可。消费者作为间接设计师,理应具备设计思维、设计文化、设计理念的基本素养,以及一定的接受水平和审美能力,这些都需要通过各种美育手段来实现。显然,接受美学重视消费者接受过程中的审美教育,认为培养消费者知识和想象力尤为重要。只有消费者期待视野的提高,设计师才能创造出更有价值的时尚产品。接受美学和时尚美学与现象学美学一样,都认为文学、美、艺术是文化的要素,都应该根植于一定的文化背景下,这体现在当代人的意识中。因此,文学的提升有赖于人们意识水平与文化水平的提升。

基于上述研究分析,接受美学的接受理论"得"与"失"离不开历史的检验和批判。因此,本书希望通过两个简单案例,深入分析时尚产品与消费者接受关系中的"得"与"失"。追溯历史舞台所呈现的时尚流行现象,在不同的历史时期和不同的时代背景中,服饰时尚美学都蕴含着不同的审美标准,无论是从美学思想还是从社会时尚风潮的演变来分析,其表现出的善变、求异甚至周而复始的特性背后,均是站在"美"和"礼"的立场上,将社会时尚风向标和当时人们的审美结合起来,纵观历史变迁中东西方文化碰撞的融合关系,曾经流行的时尚美学现象可以摆脱历史外衣的笼罩,如何在当代时尚美学的社会转型中立足?如何协调好消费者与时尚产品之间的交互关系?基于这些困惑,以期从社会时尚流行的影响因素入手,探究消费者与时尚产品之间的接受关系。站在历史性维度来思考装扮身体美的时尚产品,首先,时尚美的变革起始于从"紧身衣"到"文胸",展现了时尚产品开始由社会畸形美学观向身心健康与审美愉悦转变的真相。推崇"紧身内衣""束腹""裙撑架""臀垫""肚兜""背心""乳罩""文胸"等身体装扮功能的产品革新,表现出女性对身体装扮的曲线美的魅力源泉的审美理想与审美追求,其精致的技艺、唯美的纹饰色彩设计,广受女性消费大众欢迎,革新之后,紧身衣以"文胸"的形式发展,成为现当代女性服饰中必不可少的品类。因此,从紧身胸衣的起源、发展和改革,到文胸的起源、发展、改革再到不可替代的时尚产品的内在演化,所体现的"得"就是在文胸为满足女性消费者需求的同时,不断进行产品设计革新与技术革新,随着女性消费需求与"文胸"产品的契合度越来越高,文胸所展现时尚产品的新价值不能用价格来衡量。文胸产品的革新成为时尚美学演变的典型案例,见证了时代在时尚产品与消费者接受度关系中的"得"。其次是现已消失的"三寸金莲",曾经作为以缠足为"贵",不缠足为"贱"的等级符号,最早流行于宋代初期,由舞鞋演变为"仙""雅""俏"的审美特色再转变为超越身体美感的审美目标,推动了缠足的变革与三寸金莲的流行新风尚。发展至明清时期,

“弓鞋”的长度为三寸左右，宽度在40mm～65mm之间，一般用绸缎和棉布手工做成，而且常在鞋面上绣饰吉祥富贵的图案花纹。从纹饰上看，普通妇女不能穿绣有龙凤的弓鞋，不能在“三寸金莲”上装饰珍珠和金绣；从色彩上看，贵族妇女的“三寸金莲”通常为金黄色，普通妇女不能穿黄色和绿色，只能穿杏黄色；从材质上看，贵族妇女的弓鞋多采用绸缎精工制作，结构完备，而平民女子多用耐脏、耐磨和耐折的普通棉布，结构简单且做工粗糙。因此，从“弓鞋”的纹饰、色彩和材质上就能区分主人的身份地位。[①] 由此可见，流行了一千多年的缠足陋习，在封建社会一直被视为一种“美”，其精湛的工艺技术、优美的纹饰设计，实现了三寸金莲与消费者满意度相契合的理想局面。然而，因其对女性健康的巨大损害，依然无法摆脱被时代抛弃的命运，从而失去了其原有的社会地位和审美价值。针对这两个案例所引发的时尚流行与变迁、时尚美学研究范畴与消费者的接受方等相关问题，笔者将在本书后面的章节中继续探讨。

总之，中国审美文化的历史源远流长，在社会多种因素的共同发展下，需要用科学的、发展的眼光看待时尚美的历史性和现代性之间的关系之辩，需要用欣赏的、批评眼光审视时尚产品能否立足于消费者的日常生活。虽然各种时尚习俗、消费需求都曾盛极一时，但是随着时间的推移，这种审美趣尚均不可能一成不变，但作为中国历史上时尚美学史的重要组成部分，它们以其独特的审美趣尚、特殊的审美形态创造了耐人寻味的审美意味，在反映不同时代的审美精神和审美需求的同时，关于时尚产品与消费者的接受关系，无疑对我们研究时尚美学有很大的启发，当我们急于要探索当代时尚美学活动中时尚产品和消费者何者第一性的争论时，需要在时尚美学研究内核即设计师、时尚产品、消费者的互动关系中，提出有建树的理论研究新高度、新视角，从时尚美学实践研究中的矛盾或不足乃至急于求成的实践探索上下功夫，开拓当代时尚美学理论与实践研究融合新模式。

二、设计师与消费者的接受关系

20世纪初期，随着设计学界对时尚美学理论研究的重视，将时尚美学研

---

① 崔荣荣、高卫东：《“弓鞋”文化内涵刍议》，《江南大学学报(人文社会科学版)》2008年第1期。

究内涵架构在消费心理学场域下,思考设计师与消费者的接受关系的当代意义。关于两者的研究在诸多著作、文献资料乃至重要的学术会议中被提及,尽管延伸于时尚美学范畴外延之后,其当代性的探索仍未形成具有比较全面系统的研究体系,但是,重新整理和分析西方与中国、传统与现代消费转型期,设计师与消费者的接受关系,可以更快速地厘清时尚美学活动范畴内涵的矛盾与融合,对后续探讨时尚美学理论创建研究具有重要意义。

从古代与现代、东方与西方的变革轨迹来看,消费者与设计师存在互为因果、相得益彰的关系。思考不同时代消费者和设计师之间存在哪些审美举动,即从历史文献的话语中发现设计师所处的那个时代观念究竟到达何种意识层次,需要从历史哲人的理论观念入手,审视当时审美观念、社会风尚、审美理想到底处于何种思维水平,本文从实证的角度,分析了在一个时代的时尚审美活动中,消费者和设计师的审美接受凝聚为何种类别的时尚产品,而这些时尚产品以形态呈现方式来反映消费者与设计师接受的互补生成关系或接受的基本条件。

从文学研究新模式的角度,分析不同时代消费者与设计师的接受关系,需要回归到接受理论研究,并在此基础上开辟一个新方向,在这个方向它消融了主观主义和客观主义的对峙,统一了共时性和历时性①,承认了艺术作品的客观地位,或者说更多地考虑到了审美接受活动的动态性的构造过程。它把接受者当成审美活动的主体而不是被动的接受者。在此基础上探讨时尚美学研究中设计师与消费者在接受关系问题上的地位,据此可知接受美学研究既承认了时尚作品的客观地位,又考虑到审美接受活动中消费者的主体、主观地位,认为时尚产品已经成为设计师和消费者之间的中介,它的外观和内部结构都在时间和空间中随接受环境(接受的社会的结构)而改变着。所有这些给予了研究者在探讨设计师和消费者接受关系方法论上的启示。

借鉴接受美学中文本接受程序的图式即:文本→阅读者兼演出者→听众→观众,此处的"接受"暗含方向,即明确影响力的传播方向。通过对作者与读者互动关系的研究发现,影响力源泉是作者和文本,其矢量方向是:输出者

① 参见叶朗:《现代美学体系》,北京大学出版社,1999,第98页。

→信息→接受者。[①] 引入接受美学对作者与读者互动关系的研究，将这种研究方式融入设计师与消费者的接受关系中，接受理论则认为，接受的矢量方向为：设计师（输出者）→时尚产品（信息）→消费者（接受者）。

由此可知，设计师和时尚产品不仅给消费者以影响力，并且还要接受消费者的反馈。这种理论并不是纯思辨的产物，而是对时尚产品实践的总结。例如在高级服装定制时，消费者把自己对服装的款式、色彩、面料、设计细节、穿着效果、穿着场合等需求或目的告诉设计师，而设计师的定制设计也渗透着消费者的影响与预期效果。在这里消费者是设计师的合作者，而不是单纯的接受者。

通过对时尚产品的接受做考察，可区别设计师与消费者之间的纵向与横向互动情况。其中纵向互动，是以时间为纵轴，对时尚产品接受的影响力做评判分析。例如，从汉服着装消费热点来分析，随着大数据、智能化时代推动人们生活节奏的改变，人们的消费观、衣着审美观念也跟着当今中国消费者的接受热点而变化，都市日常服装中随处可见的汉服装扮越来越多，从仅在景区可见的汉服装扮扩展至时尚商圈、商场、校园等随处可见的着装面貌。据中国报告网发布的2020年中国汉服行业分析报告统计，2019年的双十一，仅天猫汉服的成交额就有近2亿元，而年青一代占比超过一半。品牌汉服供不应求，产业规模超过10亿。[②] 这种汉服着装再现的时尚随着时间推移，变成了消费群从众的社会时尚事件，被消费大众广泛接受和使用，实际上就是一种消费时尚、消费文化欲望、消费需求的时尚文化认同与当代表现。显然，汉服着装的当代再现，创建起设计师与各级各类汉服设计大赛的创新实践桥梁，用学术视野去探寻消费者从被动模仿到从众的消费观念接受热点，集设计师与消费者接受关系的新观念、新思潮于一体，形成历史与当代服装消费文化认同、消费场域的成功转换。所谓横向互动就是设计师、时尚产品和消费者之间的共同影响力的传递，如作为国内首位参加巴黎高级定制时装周的服装设计师马可，曾为一些有重要身份的客人定制服装，在定制过程中需要将设计师的构想、设计的意义和消费者的预期在横向上进行反复的交流，将以时尚为基础元素，融

① 参见林一民：《接受美学：精要与实践》，江西人民出版社，2019，第36页。

② 中国报告网：《2020年中国汉服行业分析报告——市场竞争现状与未来规划分析》，2020年4月10日，http://baogao.chinabaogao.com/fuzhuang/421226421226.html，访问日期：2020年12月1日。

入消费者的预期目标,通过设计师与消费者共同努力,形成一致性或者分裂性的时尚设计,使欣赏同创作一样,成为设计意义改变的一种主动行为。这时的消费者并不是一个纯粹的旁观者,而是时尚产品的合作者了。

其次,接受美学肯定消费者对时尚产品进行再创作,在理论和实践上都有一定的意义。笔者认为它在理论上的最大意义便是促使时尚产品的实用价值与预期效果相匹配。这里所谓的设计自由或设计民主是指设计师与消费者的平等地位。在以往的设计生活中,设计师较之消费者具有更多的精神优越感,设计师自以为是时尚产品这种精神食粮的唯一生产者,而消费者则是这种食粮的唯一享受者,设计师处于主动施予的地位,消费者处于被动接受恩赐的地位。有的设计师可以无视消费者的意见、愿望和要求,我行我素地闭门造车,因而常常抛出一些奇思妙想但又不实用的时尚产品。如果作品能取得成功,则其功劳全部据为己有,而将消费者的贡献,如鼓励和支持、批评和评价等客观的贡献全部否定。

基于以上论述,在设计师与消费者之间的接受关系上,可进一步探讨时尚产品与时尚流行之间的逻辑与规律,深度剖析设计史与消费史在接受逻辑层面与当代时尚变革过程中的辩证关系,如何解决或探讨设计师与消费者在时尚美学的历史演变、革新过程中历史性与当代性的关联问题,借助接受美学共时性和历时性这一中介,探讨时尚美学在历史、发展、变化、创新等多元维度中设计师与消费者的接受关系时,需要用历史性的眼光给予正确的评价和解读。如服装设计,分析设计师与消费者之间关系,可得知服装设计师都处于主导地位,消费者大多作为受众。但是随着消费者自主意识的觉醒,设计师与消费者之间的被动接受关系发生转变,使得设计师在做设计时,学会基于消费者的立场,考虑设计的细节,以提升其产品的市场占有率。因此,消费者由初始的被动接受,到当前为主导的实践检验高度。服装产品由于其属性特点、创新方法和理念、地域差异等有不同的定位,但都应该以消费者接受与否为前提,即根据其需求,设计师调整设计思路,促使设计师与消费者通过服装产品为纽带,形成情感共鸣。

设计师与消费者在面对时尚产品时,其地位是不平等或不够平等的。当我们充分强调消费者作用,充分估计消费者的主动精神和对时尚作品的影响时,当我们认为消费者可以参与时尚作品的再创造时,还能说消费者是无足轻重吗?如果人们高度评价设计师在时尚产品中的重要地位,那么设计创造的时尚产品没有市场,没有消费者认同与接受,欠缺了时尚产品应有的价值或价格,还能正视设计师的主导地位吗?在时尚产品活动中介过程中,设计师与消费者之间的关系相互依存。这两个相互关联的行为需要两个不同的施动者,精神产品、情感共鸣这种既具体又臆想的客体,只有在设计师和消费者的共同努力下才能出现。这些论述和文学接受理论一样,充分肯定了消费者的作用。这当中包含着三层意义:

1. 时尚产品经过消费者的检验便发生了变化,成为有价之物;

2. 唯有消费者认可的时尚产品才能获得价值,才能体现其设计生命的同时,超越时间和空间的限囿;

3. 即便在设计创作阶段,设计师也不能无视消费者的存在,时尚产品是在设计师和消费者的共同努力下脱胎问世的。这些理论有其新颖独到之处,能触发时尚美学理论研究的深思。

目前针对设计师与消费者之间的接受关系需改变一些观点。第一,转变设计师对消费者的情感控制,优秀的设计师会存在让消费者听其摆布的思想,而不成功的设计师则完全无法掌控消费者。第二,拉近设计师与消费者空间隔阂,有些设计师习惯孤芳自赏,不考虑设计的产品是否能让消费者接受,对消费者不屑一顾,甚至对消费者存在鄙夷思想,使得一些设计即使有价值,但也无法摆脱无人问津的命运。第三,摒弃投机"热点"的狭隘思想,设计师要从现象看到本质,从中寻找到自己真正的产品设计创作起点。否则,迎合与迁就也会"宠坏消费者",一旦消费者接受热点有了新的转移,设计师还茫然无知,这就需要设计师用知识武装自身,在学习、交流、模仿、借鉴、矛盾、碰撞、反思后,处理好设计师与消费者在设计观念变革中的互补接受关系。

近年来随着人们生活方式的转变,设计师所传递的设计灵感、设计理念、设计趣味等要素给人们的生活注入了新的活力。智能化时代带给设计师和消费者诸多利好的同时,也形成了诸多其他变化,如过度消费,快生活节奏。因此,如何让人们改变生活态度,放慢脚步,思考生活的意义?由时尚美学所引发的设计师与消费者之间的接受关系,需要设计师立足于知识层面的理论高度,用设计相关知识丰富消费者的精神生活要素和发挥物质生活的原动力,为大众的一切行为提供最高标准。从当下的社会现象看,亟须设计师作为原动力，积极引导消费者形成良好的生活方式。人们消费的产品和服务仅是表象，其实质是生活方式，生活方式影响时尚产品，通过生活方式也可区分消费人群，因此设计师需要深入观察和感知不同人群的生活方式，形成其实质性的消费需求，在产品设计中加以体现，同时设计师承载影响和改变人类生活方式、生活环境甚至整个社会环境的设计责任，从时尚美学、接受美学的研究视野中探寻设计师与消费者的时尚活动范畴中的成见、矛盾与融合等诸多问题，一方面这些历史性与当代性碎片论述很难形成体系，勉强为之可能产生拼凑的感觉。另一方面，设计师与消费者的接受关系很难直接套用于时尚美学理论研究层面，尽管设计师与消费者接受关系的研究在不同时期存在不同的观念，就如泡沫经济时代的投资与消费狂热以及与其相反的新冠疫情时期的节约与储蓄的观念一样，均是面向未来且未知的一种消费考虑。可见，设计师与消费者的接受互动在时代特殊性和交融共同性方面都会为接受时尚美学研究提供极为重要的学术价值和社会价值。

三、设计师与时尚产品的接受关系

谈起设计师与时尚产品的接受关系，我们本能地认为应该是设计师主导两者间的接受地位。简而言之，设计师是时尚产品的制造者，设计师的设计揭示了产品时尚现象的新角度及成果表现形式。设计师通过时尚产品打通开往时尚产品体系的大门，但不同的是，设计师在时尚产品设计过程中，寄希望于后继时尚产品能够解决前一时尚产品遗留下来的形式美和功能美等时尚设计问题，并且进一步提出新问题。

显然，人们衣、食、住、行的生活日用品都应符合实用、经济和美观的设计审美优化标准，物质与精神、实用与审美都处于平等地位，需要协同把握，并积极调整和规范相互之间的关系。因此，探讨设计师与时尚产品的接受关系，对设计师与时尚产品提出了双重的任务，要求设计师区分两种不同的接受方法。这意味着，一方面，设计师必须说明时尚产品的效果和意义所赖以具体呈现在当代消费者面前的实际过程；另一方面，设计师要重新打造时尚产品在不同时代的不同接受方式和创新同类时尚产品的过程。这就要求设计师在衡量一件时尚产品的现时效果时，必须参照构成时尚产品的美的主要因素，并且在实用、经济和美观的基础上形成设计师与时尚产品的接受评判。

第一是实用原则。纵观历史,实用原则是时尚产品最基本的原则,无论生产工具还是日常生活用品,必须对消费者有使用价值、外观优美,能够为消费者所用,并且用起来感到方便、顺手合适、舒畅,才能使人充满愉快,从而产生美感。克赛诺封在《苏格拉底言行回忆录》中记载,苏格拉底曾说:"凡是我们用的东西如果被认为是美的和善的那就都是从同一个观点——它们的功用去看的。"①2020年新冠疫情暴发之时,口罩和金钱在当时的环境下,口罩的实用性能说美吗?当然,在实用性面前,新冠疫情期间的口罩可以说是美的,而金钱却是丑的。欧阳修有一首咏砚的诗:"砖瓦贱微物,得厕笔墨间。于物用有宜,不计丑与妍。金非不为宝,玉岂不为坚。用之以发墨,不及瓦砾顽。乃知物虽贱,当用价难攀。岂惟瓦砾尔,用人从古难。"②从时尚美学活动范畴看来,产品的设计优劣,首先是实用性,其材料结构和形式都围绕该目的。从一个方面看,这里美与不美的问题不是关键,更重要的是实用就是美;但从另一方面看,这里也存在着美或不美的问题,在使用当中,符合自身目的的就是美的。所以,解决好设计师与时尚产品接受关系的途径之一,即设计师与时尚产品共同作用下的新产品是否能满足消费者需求、实用与服务等相关问题。在这一复杂的时尚美学活动范畴中,实用原则既关系到设计师与时尚产品的接受关系,也关系到消费者的接受层面,甚至关系到时尚美学理论的接受维度。因此,在时尚美学活动范畴中,必须以实用原则为前提,来探究设计师与时尚产品的接受关系。

第二是经济原则。融合时尚美学活动范畴和接受美学理论,探析设计师与时尚产品的接受关系都离不开经济,凭借经济作为设计师与时尚产品互动新产品的存在基础与价值,来阐明经济作为时尚产品设计的优化形式论辩的得失。从"得"的方面来分析,要求设计师所设计的产品简洁、灵巧、恰当和耐用,在不影响实用美的首选条件下,尽可能避免一切不必要的浪费,在产品的形式和结构上排除一切多余的部分,在发挥实用效用的同时,用最低限度的物质消耗获取最大的效益;从"失"的方面来分析,应当处理好时尚产品物美、实用、价廉、新颖的现实挑战。对此,时尚产品如何达到物美价廉需要设计师乃

① 北京大学哲学系美学教研室:《西方美学家论美和美感》,商务印书馆,1980,第19页。

② 陈新、杜维沫选注:《欧阳修选集》,上海古籍出版社,2016,第42页。

至设计师团队站在以人为本的设计立场，不以追求价格美而失去时尚产品造型美、材料美、工艺美等美美与共的理想产品愿景，无疑是用一种功利性的金钱利己主义败笔来贬低设计师与时尚产品互动的行为。

当今的时尚产品设计，在符合经济原则的基础上，设计师将事物或各种事物进行组合，在消费者所能接受的限度内尽可能美观、简练地将其呈现出来。换言之，设计师经过对时尚产品进行选择、提炼、想象和加工而创造出适合于消费者接受的"美的王国"。[①] 因此，这里的"失"不仅仅指设计新产品丢掉、落空或失去事物原有的优点，还意指评论家和消费者在批评与检验过程中所失去的繁复、夸张、缺乏内容的形式中产生出的美的不同性质。但无论所属哪种"失"之意味，其目的都是尽可能满足消费者对时尚产品的物质需求和精神愉悦。伴随着消费社会在20世纪的出现，设计师不仅关注新产品的实用性，亦对时尚产品的生产、分配、消费等发挥着举足轻重的作用，成功的设计师能避免时尚产品披上伪装的外衣，以经济优化为原则，顾及时尚产品特性、功用及其美所存在的价值。所以，设计师与时尚产品在新品更新换代斗争中，需要在得与失的互动接受中不断修正。

第三是美观原则。时尚产品本身就是以美为前提，意指产品外观具有较强的新颖性，然而如果仅关注外观形式，不考虑内在需求，则显得肤浅和刻意，同样如果完全无视外观形式，则显得过于片面。产品的形式美与功能美是一个统一的整体，缺一不可。好的时尚产品不仅外观亮丽，吸引大众，使用起来也很方便，产品的功能美与形式美完美结合。因此时尚产品的美具有两个层次：内在的形式美和表层的外观美。设计师必须努力为自己所创造的时尚产品的功能美寻找合适的形式，让功能服从形式，不能把功能和形式的关系搞颠倒了。一种产品可能有无限多样的形式美，但适合于功能的最完美的形式结构应该只有一种。这种最佳的形式结构是怎么得来的呢？有人说是理性的选择，有人说是实践的筛选，但是更多的设计师说是无意识的、凭直觉的选择，是偶然获得的。这使得完美的形式结构染上了某种神秘色彩，要彻底揭开其中的奥秘，还有待于进一步研究。

谈到时尚产品的美观原则所蕴含的个性和人情味，这是一个迫切的课题，

---

① 参见朱立元：《接受美学导论》，安徽教育出版社，2004，第119页。

也是一个难题,而如今设计师与时尚产品则已经成为连接美观原则各个组成部分的一种独特方式。当然,在增强产品的表层外观个性和人情味这个层次的同时,外观美是加分项,可从整体上提升产品设计的美。然而,影响外观美的因素有很多,如毛绒地毯柔软又厚重的质感,窗帘轻如薄纱的透明飘逸感,服装面料及其工艺的平整挺阔,玻璃器皿光滑如镜等,甚至连菜肴的颜色和香味,都可造成一种感官舒适之美。这种外观美最主要的体现是形式美的规律,诸如反复与交替、节奏与韵律、对比与平衡、协调与统一等,因为器物材料质地及其加工所造成的美,并不能单独存在,它使人们在多种鉴别美的领域里得到提高,按照时间或空间栖息在时尚产品结构形式中提倡设计的多样性和个性风格,强调产品内部蕴含的审美趣味,以求最终克服大批量生产带来的这种个性和人情味的匮乏。

第四是功能美的原则。对时尚产品的接受有着不同的侧重方向,在这些不同侧重点中有两种尤为明显,一是时尚产品实用、经济、美观的三原则,这三条原则的论述构成了产品设计过程中不可分割的整体美。如果片面强调其中一条而摒弃另外两条,都必然有损于时尚产品的整体美;二是时尚产品的功能美,即将实用、经济、美观“三位一体”的整体美概括为功能美。从理论上阐明功能美,并探讨在实践中创造功能美的途径,这就是设计师与时尚产品接受关系共同作用的宗旨。

功能美原则是设计师不断创新时尚产品的核心范畴。对于功能,历来有不同的理解。最常见的一种理解是把功能直接等同于实用。例如我们日常生活中使用的茶杯,从实用功能上来看,只不过是一种容器,只要能够达到可以盛茶、饮料或水的目的就可以满足人们使用上的要求。对此,列宁也曾有过一段精辟的分析,他说使用玻璃杯作为饮具,那么其形状、材质都不是最重要的,最重要的是不要漏水,不能表面粗糙划伤嘴唇,等等。[①] 然而,在一般的情况下,人们却并不满足于它们的这种实用功能,而总是要求自己使用的茶杯在造型、色泽、质地、手感、图案等方面产生出一种效用,这种整体的效用应该说就是一种功能美。依照功能美的界定,时尚产品所探讨的功能美不是简单的实用加美观,而是实用、经济、美观的和谐统一,是在此基础上与产品、环境、人相

① 参见李砚祖:《从功利到伦理——设计艺术的境界与哲学之道》,《文艺研究》2005 年第 10 期。

匹配的最优化关系。如瓦雷里曾说,建筑有三种:一是哑巴,不能说话;二是会说话的;三是能唱歌的。[①] 这是一个很好的比喻。笔者从瓦雷里的观点中引发出对功能美的思考,深入探讨时尚产品实用美观但不经济会使消费者望而却步,仅实用经济却不美观而使消费者感到乏味。在时尚产品日常生活实践中,消费者需要的是一切符合功能美的实用、经济、美观的设计,正是这种"三位一体"的功能美,才能使消费者获得生理上和心理上的愉悦与享受。

关于设计师与时尚产品的接受关系的论述,都习惯站在消费者喜好及接受因素影响的不同视角上进行探析。回顾接受美学的一个重要理论观点,"读者决定一切",读者,即消费者有权决定设计师与其设计的时尚产品是否有价值。一方面,因为设计师与时尚产品的接受关系都是面向消费者的,所以消费者应该处于主体位置,这会削弱设计师的主动性,从接受美学角度,设计师与时尚产品易成为被动客体,使设计师将接受热点认为是产品卖点,而影响设计的独立性。另一方面,影响消费者接受因素也有多方面,如文化背景和价值观、世界观、职业或者阶层、经济状况(涵盖收入情况、可自主支配的时间、生活条件等)、审美差异、教育背景、曾接受时尚产品类型、性别和年龄等,这些因素决定了消费者对设计师与时尚产品接受度的差异,影响了设计师与时尚产品创新方式,同时基于消费者的接受因素影响,推动了设计师积极利用大数据、智能技术等新技术应用于时尚产品,以满足不同消费者的审美需求和情感共鸣。当然,在时代呼唤时尚产品不断创新的同时,也同样呼唤消费者个人接受能力的提高与培养,需要消费者在面对新产品时,针对产品造型、创意、色彩、材质、技术等元素需要思考一些问题,如时尚产品吸引或打动人的原因,让人愉悦、激动、激情澎湃因素等,消费者只有提升自身接受能力,才能最终获得真实的美的享受。"设计师——时尚产品——消费者"三者各为中介、互为中介又各有其价值,其关系如图 3-2 所示。

三者具有同等重要的地位,离开了任何一者,"三角形"关系就会解体。[②] 可见,基于时尚美学活动范畴来看三者的关系,便可得出"设计师——时尚产品"就构成了时尚学的实践体系,"时尚产品——消费者"又构成了时尚传播

---

① 参见叶朗:《现代美学体系》,北京大学出版社,1999,第 362 页。

② 参见马以鑫:《接受美学新论》,学林出版社,1995,第 38 页。

学，“设计师——消费者”又构成了时尚接受学的互动结果。当然，从时尚美学活动体系角度考虑，接受时尚美学的融合离不开接受美学的中介理论。设计师、时尚产品和消费者之间完整的接受关系如图3-3所示。

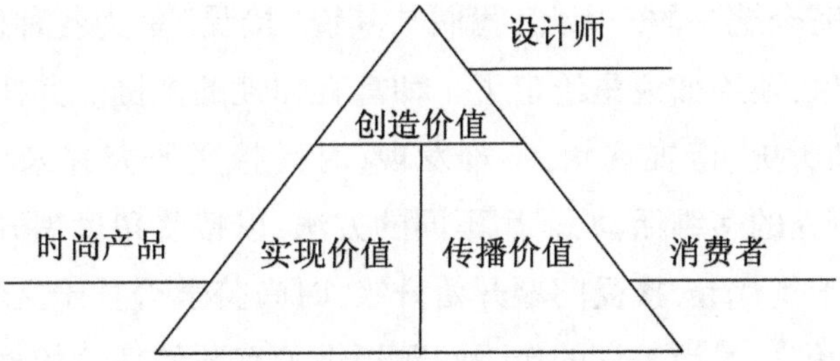

图3-2　设计师、时尚产品与消费者的价值

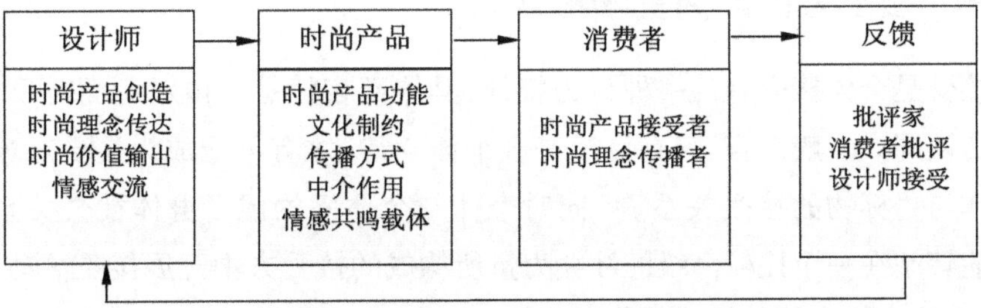

图3-3　设计师、时尚产品与消费者关系

第三节　时尚美学接受思考

从哪里开始谈论时尚接受并非易事，时尚接受本身绝非轻描淡写的话题，从上述接受美学理论和接受生成关系中去讨论，理清“接受”的词义再去探讨接受之维的认识与反思更为合理。首先，从丁宁《接受之维》一书中对接受的论述来看，法国学者伊夫·谢弗莱尔曾经指出，德语、法语和英语中的“接受”一词尽管连读音也几乎是一样的，但是其内涵却并不一致。同时，它们在用语传统上也颇有差别。譬如，在法语中，“接受”一词虽然尚属新名词，但实际上在法国文学批评中却由来已久，因而这个词在运用上似乎并没有什么困难；德语中的接受一词稍有不同，它来自法律史，特指文艺复兴时期的欧洲对古罗马法律的采用,含有承受和吸引之意。到了研究读者接受的康士坦茨学派那里,就"接受"的词义而言,它已无丝毫被动的意思,而更是指某种占有行为。[①] 但是,事实上汉语中的"接受"一词并不像"占有"那样是显而易见的主动色彩,它与德文是不完全统一的。因此,我们与其说"接受"是为各种研究者确定了一种绝对的对象,还不如说是给定了一种富有弹性的范围。其次,接受研究的多维活动,回溯历史、审视现状,不难发现,时尚接受研究并未得到应有的重视,时尚接受研究的多维活动,采用不同的方法,以接受角度展开。应该指出,二十世纪六七十年代起,接受问题开始升级,时尚美学得益于文学接受理论的呼吁与倡导,为解决时尚美学的接受问题提供了重要的理论依据,同时也为时尚美学研究范畴提供了严肃的时尚美学活动之先决条件。

一、接受方的时尚美学再认识

接受是个体接受者的一种行为特征,具体而言就是个体对所面对目标的接纳和认同。一般而言,只有目标符合个体期待,才有可能成为接受对象,形成个体与目标物的接受关系。[②] 同时个体与个体间构成了群体社会关系,个体才能够站在一个比较高级的社会力量所构成的接受方中开展接受活动。所以,从身体作为个体的第一受体到身体之"衣"作为群体的第一受体来分析时尚美学接受方的再认识问题,基于接受美学所认为的不同时代的接受方对同一件服饰的理解、判断、评价往往不尽相同,甚至存在很大的差异,导致时尚美学接受方再认识将横跨整个世纪,衔接着历史与现代的接受理论,对时尚美学的接受方产生直接影响。确切地说,现代接受方的影响因素则孕育于历史性时尚美学探讨的接受行为中。笔者将在下面内容中专门探讨历史性与现代性两个维度中,接受方从认识到再认识的变化轨迹,以厘清时尚美学创建理论前接受方再认识的整体状态。

如前所述,作为时尚美学思想来源之一的接受理论研究的接受方萌发于古代,在恢复与过去的精神世界的联系中,接受方的实践性与现实性行为被长期遗忘,只有重新进入时尚美学研究视野中,接受美学的接受方认识才有望获

---

① 参见丁宁:《接受之维》,百花文艺出版社,1990,第5页。
② 参见唐震:《接受与选择》,中国社会科学出版社,2009,第89页。

得连续性和稳定性的再认识。由于中国服饰研究学者的卓有成效的工作,建立了一座通向接受大众的桥梁,本书将通过衣之美的接受方来恢复历史性接受方的物质与精神认知联系。接受方的历史解释,从古今、东西方服饰时尚美学的审美接受方轨迹来看,服饰时尚美学与历代不同的接受文化之间既互为因果,又相辅相成,可通过历史文献来实证探究接受的形态类型,并描述总结审美接受经验和设计成果,接受方应掌握服饰生存于整个国家的事实性知识,方能进行历史解释。

关于史前时尚服饰美学与接受方的探讨,由于文献资料的缺失,只能凭逻辑推演获得,为了获得两者可信的关系,需要借助大量文献加以求证。关于美学思想与接受方的等级关系,春秋战国之交,是一个处于战乱频繁、急遽动荡的时代,诸子百家文化争奇斗艳,诞生了诸如孔孟、老庄、墨家等系列哲学及美学思想,并以美学思想确立接受方的地位。如孔子以"礼乐"为纲,提出服饰美学思想,即服饰分贵贱,体现等级区别,"质胜文则野,文胜质则史,文质彬彬,然后君子"。提出君子着装朴实与奢华有度,符合礼仪和场合要求。荀子的美学思想也论述了服饰具有等级性和差别化特性,如《富国篇》中有"礼者,贵贱有等;长幼有差,贫富轻重皆有称者也。故天子袾裷衣冕,诸侯玄裷衣冕,大夫裨冕,士皮弁服。德必称位,位必称禄,禄必称用"。再如《成相篇》中有"守其职,足衣食,厚薄有等明爵服"。据此可以得出一些制约接受方的美学论点,如讲究接受方穿着必须合乎衣人合一,通过所穿着服饰的外在特征体现接受者尊卑贵贱的身份地位,以接受方穿着的服饰来评价其社会地位和人格风貌。因此,通过强化服饰等级观念,维护文化理念,引导接受方求雅求美遵循等级观,其所衍生出的"衣冠取人"或"以貌取人"则明显具有时代局限性,本书后续将引入时尚美学批评基本理论,弱化这种片面和肤浅的价值取向,建构新的时尚服饰文化接受思想。同时从接受者内在精神上,孔子和荀子的美学思想要求接受者只能根据其社会地位或身份在规定的范围内被动做选择。

美学思想中服饰色彩与接受方关系,代表性论点是,马克思的色彩的感觉是一般美感中最大化的形式。考察中国服饰流行色与接受方关系,主要有主从关系、等级制约和契合关系。首先,主从关系的体现有:夏代以黑为美,如

《礼记·檀弓》所指。商代以白为美，如《王制》的记录。① 周朝推崇赤红，见《礼记·檀弓》。春秋齐国流行紫色，如《韩非子》中有“齐桓公好字紫，一国尽服紫”。其次，等级制约关系。如周代有“衣正色，裳间色，彼此不能互换”；汉代有公主、贵人、妃以上，嫁娶得服锦绮罗縠缯，采十二色，重绿袍。特进、列侯以上锦缯，采十二色。六百石以上重练，采九色，禁丹紫绀。三百石以上五色采，青绛黄红绿。二百石以上四采，青黄红绿。贾人，缃缥而已；唐代天子袍衫稍用赤黄遂禁臣民服，朝廷官员三品穿紫色，四品穿深绯，五品穿浅绯，六品深绿，七品浅绿，八品深青，九品浅青，其他不入品的杂役、士卒、庶人、商贾等只能穿黑、白二色，形成黄、紫、朱、绿、青、黑白所构成的服饰颜色等级序列；②宋代“近年品官绿袍及举子白襕下皆服紫色，亦请禁之。其私第便服许紫皂衣，白袍。旧制庶人服白，今请流外官及贡举人、庶人通许服皂”；元代，凡乐人、娼妓、卖酒的、当差的，不许穿好颜色衣。明代太祖洪武年间“士庶许穿杂色盘领衣，不许用黄。民间男女不得用大红、鸦青及黄色。是年又定，教坊司乐人衣服止用明绿、桃红、玉色、水红、茶褐色、绯色，长乐工俱皂头巾、杂色绦”，英宗天顺年间“定官民衣服不得用……元、黄、紫及元色、黑绿、柳黄、姜黄、明黄诸色”，宪宗成化年间“禁官民妇女不得僭用浑金衣服，宝石首饰”，武宗正德年间“令军民妇女不许用销金衣服、宝石首饰；清代：八品以下官员不得服黄色、香色、米色及秋香色”。③ 再次，契合关系。清代李渔《闲情偶寄》有“妇人之衣，不贵精而贵洁，不贵丽而贵雅，不贵与家相称，而贵与貌相宜。绮罗文绣之服，被垢蒙尘，反不若布服之鲜美，所谓贵洁不贵精也。红紫深艳之色，违时失尚，反不若浅淡之合宜，所谓贵雅不贵丽也。贵人之妇，宜披文采，寒简之家，当衣缟素，所谓与人相称也”④。因此，以上论述体现了人需要根据其身份地位穿着合适的服饰，而服饰需要根据其特点要匹配合适的色彩。

通过对接受方与服饰色彩等级制度、色彩搭配与流行色关系论证，可得以下结论：第一，接受方被流行的服饰色彩所主导，服饰流行色被最高统治者掌控，往往流行现象仅仅只是其个人喜好而已，接受方或普通民众只能被动接受

① 参见张志春：《中国服饰文化》，中国纺织出版社，2009，第 24 页。
② 参见蔡子谔：《中国服饰美学史》，河北美术出版社，2001，第 25 页。
③ 参见缪良云：《中国衣经》，上海文化出版社，2000，第 311 页。
④ 缪良云：《中国衣经》，上海文化出版社，2000，第 431 页。

或顺从。第二,服饰色彩的等级正是其所代表的政治权利和社会秩序的体现,如隋唐以后禁服“黄”色,正是为了彰显政治权威。第三,服饰色彩与接受方关系上,虽然服饰色彩有一定的装扮美化要求,但实际上还是以人为本,服饰应与人的地位相称。①

接受方的审美标准随时代的不同而呈现出不同的标准。如战国楚墓出土的彩绘,人物腰间束丝织物大带,将腰身束细②,以及“楚王好细腰,宫中多饿死”,“昔者楚灵王好士细腰,故灵王之臣皆以一饭为节,胁息然后带,扶墙然后起。比期年,朝有黧黑之危”等记载。说明当时美的标准就是衣着瘦长,凸显腰身曲线。由于受统治阶级的审美趣味支配,形成自上而下的传播,进而影响普通的接受者,使统治阶级的审美趣味演变成社会习俗,其中典型代表就是赵飞燕,诸多文献都有记载,如《赵飞燕别传》、《飞燕外传》、《西京杂记》卷一、《独异志》等,都描述了细腰服饰审美,究其原因是汉成帝对体态美的审美趣味,并由此引起接受方、个体转变,并上升到共性审美,形成普遍性的审美趣味和判断,即形成全社会的共同审美观念,使得具备如赵飞燕这样“燕瘦”特征的人群,获得了大众的仰慕和推崇,形成了中国古代审美观。

到了魏晋时期,不仅女子注重容貌和服饰装扮,男子也开始注重自己的仪容和穿着,出现“何郎敷粉,荀令熏香”,将男子具有柔媚姿态作为美的标准。如《世说新语·容止篇》有“卫玠从豫章至下都,人久闻其名,观者如堵墙。玠先有羸疾,体不堪劳,遂成病而死。时人谓看杀卫玠”。《语林》有“安仁至美,每行,老妪以果掷之满车”。还有诸如“杀马玠”和“掷果潘安”将卫玠和潘岳的形象作为美男子标准,反之容貌丑陋而是不可接受的,再如《世说新语·容止篇》“左太冲绝丑,亦复效岳游邀,于是群妪齐共乱唾之,委顿而返”,可见,魏晋接受方的审美观比较极端,审美取向上形成一种狂热的唯美取向,审美评价上对容貌姣美与丑陋呈现严重的两极分化的评价标准。

盛唐时期中国国力强盛、经济繁荣,形成“尚肥”的审美标准。如《按筝图》题跋上有“尝持以问曰,人物丰秾,肌胜于骨。盖画者自所好者?余曰,此固唐世所好,尝见诸说,太真妃丰肌秀骨,今见于画亦肌胜于骨。昔韩公言,曲

---

① 参见刘红娟:《李渔生活美趣研究》,博士学位论文,首都师范大学文学院,2012,第73页。

② 参见沈从文:《中国古代服饰研究》,上海书店出版社,2017,第57页。

眉丰颊便知唐人所尚，以丰肌为美。昉于此，知时所好而图之矣”。① 在这种审美趣味下，唐代女子为满足“唐人尚肥”的独特时代审美趣尚，着装更加凸显肥美体态。

再如明清时期，“三寸金莲”审美趣味兴起，形成以缠足为美的观念，缠足作为女性美的首要准则，女子缠足失去自立能力，只能成为玩物供男子观赏；而缠足又影响择偶和婚姻，如权贵阶层形成娶大脚女子为耻的风气，使得“三寸金莲”成为男子娶妻首要标准；对于女子而言，缠足者为贵，不缠足者为贱，使得缠足成为贵与贱等级区分的标准。

综上所述，审美标准随时代的变迁呈现出较大的差异性，并且伴随统治阶层审美趣味的变化，甚至形成了一些荒谬的审美标准，这些审美标准影响了男性接受方，并要求女性接受方顺从。在人类社会发展的历史中，由于社会生产力、物质文明和精神文明的程度不断提高，我们不能继续局限于陈旧的审美标准，当现实存在形态和观念形态成为审美标准时，接受方渗透着情感的这种评价或者说判断能力，便以独特的审美趣味被接受方理解、接受乃至流行并传播，审美价值和审美标准需要重新确立，同时满足接受方个性化的情感需求，但这种价值和标准的评判则是建立在历史性接受方认知的基础上，综合分析现代性接受方的再认识，并寻找时尚美学接受方认识变化的真正价值。

从接受者到接收方，改革家企图建造一个系统性和理论化的接受新体系。然而，受传统的审美文化、审美价值接受理论的影响，现代接受方的接受维度在内容和意义上所形成的方法论坚实无比，借助文化与价值的理论武器撬开依附在思想和手段上的再接受，用现代接受方的眼光审视衣食住行中时尚产品的生产、交换、消费等一系列接受再认识时，从接受效果、接受态度、接受途径和方法的分析和阐述，成为打通由历史性通往现代性的接受通道的重要性和必要性的必经之路。

文化在人类接受关系中承担重要作用，一方面文化是人类活动的接受产物，另一方面文化又限制人类活动的接受效果，但实际上却包含着文化的“要求”这层深意。显然，封建社会的消亡，打破了传统的被动接受意识和接受观念的格局，着眼于现当代接受方的再认识，在各种物质需求和精神追求中形成

① 蔡子谔：《中国服饰美学史》，河北美术出版社，2001，第547页。

了“文化接受”，因此，文化绝不仅仅是历史的，其更多的指向是现当代。探析接受方的多维度变化所引发的接受现象是有制约的，这个制约首先是文化的制约，文化造就了接受方在文化背景中找到接受的位置，并随着接受对象不同、时间变迁、场合变化等多因素而呈现差异化。这种接受观念多维度的变化，所体现的就是文化在现实中的接受效果。由此，引发笔者对接受维度再认识的拷问，即价值观决定文化，但文化又反过来影响到价值、价值观念和接受效果的变更。价值观同文化一样，它不是一成不变的，那么接受方的接受效果也不是一成不变，因文化和价值观的不同，从而导致原本处于接受方的接受效果转变为非接受方的接受差异化，出现由接受方转变为非接受方的原本处于接受方的一面而变为非接受方的另一面，追问这种情况的出现，其根源于文化还是价值。如果由价值决定，接受方的接受效果是否与功利性价值有关。

显然，从时尚接受的角度分析所谓的功利性，其接受再认识具有一定的现实意义，有企图通过接受某种时尚产品达到某种目的现象，正如《马克思恩格斯论文艺和美学》一书中提及的商人在贩卖矿物时只关注其商业价值，完全不会关注其美。[①] 但是与之相反，也存在非功利的接受，这种因素的存在是对时尚产品的一种情感，针对情感接受应该隶属于接受者个体对某一品牌产品或设计师的认可与钟爱，由于这种情感的心理寄托与情感需求的满足，往往该品牌或该设计师的新作品一旦问世，将毫无疑问地一味接受，这种接受情况也许是因为该产品所带来的品牌文化或品牌价值，也许是设计师的个人魅力，其体现的接受效果是一种情感解脱或情感净化。说到底，对时尚美学研究范畴中接受方的不同接受反应，与接受者个人的知识多寡、审美经验以及当时所处的环境和心情有关，从文化到价值、功利性到非功利性的接受进程，为拷问时尚产品接受维度再认识提供接受兴趣和效果的轨迹。

随着当今消费者接受热点的关注，接受方必须寻找到恰当的接受态度，顺应时尚产业的发展需要，凝练接受过程中的接受蜕变与接受创新，推动时尚产品接受维度的新思潮、新理念的更迭步伐。因此，接受者在接受态度中应有两把尺度。一把尺度是自己的接受标准与需求，另一把尺度是社会的舆论与评价。例如在欣赏某一件器皿时，人们往往会有不同的评价，如“不像说的那么

---

① 参见马克思、恩格斯：《马克思恩格斯论文艺和美学》，文化艺术出版社，1982，第37页。

好”“也不像说的那么坏”,这就是接受者本身两把尺度的角逐。显然,个体接受意味着个体与器皿之间的矛盾通过预设、识别、经验、评估、筛选、期望、拷问等作用正在消解,由此来看,起决定作用的是个体接受尺度,不涉及社会尺度,便会引起个体对社会传播尺度的质疑与非议,因此影响接受者个人尺度和社会尺度心目中地位还有传播、功利价值、好奇心理学等因素。但是,因社会的评价潜移默化影响个人的接受态度,于是接受态度出现了从模仿到从众再到传播的接受反应,如果从传播的角度思考接受态度,提升对时尚产品审美的理解,不仅需要提升接受者的审美兴趣和情感,还需要提升其观察和想象能力以及人格塑造,即将乐趣与人格勾连,从时尚产品乃至时尚美学研究范畴改变接受方。

接受方的时尚美学再认识,在围绕现代性的接受习惯上,以史为鉴,在接受方缺乏接受的系统性和理论化的基础上,探寻接受方的接受途径和方法,具体从以下几方面切入:联想、想象、意象、意会等。

联想是用一种新的方法连接接受者与接受活动,在接受过程中的联想,大多数情况是使接受者产生一种愉悦、一种快感或一种宣泄,其联想的思维结果超出了接受者对产品本身的认知。因此,联想作为接受的主要途径和方法,将联想思维凌驾于产品之外,远离产品本身的底蕴和内涵,促使接受者在产品的表象下进行心灵的升腾,用心去感悟设计师和造物者丰富的设计故事。

想象区别于联想,所体现的作用在于创造性,可以使得旧的产品或设计复活的时尚产品接受过程中的想象,简单归纳起来可呈现为三种形式:第一,将无限的想象思维空间,用视觉与听觉的设计表现形式出现时,想象出现了,无形的创造性使片段化的设计构思变为整体。第二,在完成一件时尚产品时,往往会想起产品的现实状态,在进行一番斟酌的比较以后,将旧内容开辟出新的主题或赋予新的形式。它不是改良或创作,因为这个过程大多为接受者吸收并停留在接受者本人的思维之中。第三,时尚产品上市之后的总体评估。这种想象将对产品有一个全面的衡量,或许还要与其他产品或其他品牌产品进行一番比较。它不同于评判,它是一种极其自然和顺畅的思维习惯的产物,这里不需要殚精竭虑,也不需要进行逻辑的梳理。

所谓意象,一般指的就是在主观想象中所创造的意识化的新形象。这种新形象不同于设计师灵感的形象塑造,因为它仅仅是隐约游走于接受者的思绪之中。它没有固定的造型、结构，在无形的思维空间难以感受和捕捉。因此，意象的最大特征是意识化，用接受美学理论来解释这种意象，其呈现出三种主要接受能力：阅读、观看、聆听，并从中产生大量视觉化的意象，这种与时尚美学相对应的接受能力可以理解为解读、审视、评论。因此，善于创造的接受者将会牢牢捕捉住这些虚无缥缈、转瞬即逝的意象，获得精神世界的极大愉悦。

意会这个词的概念也许是中国文化传统中的特性之一，是一种非具象意识的领悟。这种领悟往往是不全面的，也许只是一个点、一个方面。这种现象是很多的，面对一件智能化、高科技的时尚产品，意会往往很难用言语表达其外观的独特和功能上的强大，它的表达只能是："也许、大概"或者"似乎、好像"，接受者也只能从意会中发现，通过意会的出现将诱使接受者进一步思索，并产生一种难以名状的陶醉、愉悦的情感升华。

对时尚产品做理性的接受分析并应用于产品设计创作，通过分析时尚美学研究范畴强调接受方命题的实证，无疑是以一种现代的接受思维模式来解读时尚美学研究范畴的相互关系，但需要注意的是，通过以上接受方历史性与现代性的探讨可知，所论述的接受方的"接受"并非指全盘的接受，而是一种有选择的接受，只有通过接受方的传播过程，将时尚产品置入一种连续性变化的审美经验视野之中，时尚产品才能在一代一代的接受之链上被丰富与革新，永葆其应有的价值和生命，同时为时尚美学研究范畴的接受融合找到学理逻辑上的依据。

二、非接受方的时尚美学反思

所谓非接受方，是与接受方相对的接受状态，是面对对象时表现的不接纳、不吸收、不认同的态度。但是，为了讨论在时尚美学研究范畴中设计师、时尚产品、消费者之间的接受问题，需要接受视野立刻引进一个新的且更为普遍的辩证法，即接受方和非接受方之间的辩证法。一般而言，世界上的万事万物都是辩证统一的存在，因此有接受方的行为特征必然会有非接受方的行为特征，两者所处的接受状态、个体接受的对象都存在差异，处于差异化的对立面。从历史性的服色研究视野来看，数千年来，中国传统服色的运用在很大程度上标志着社会各个不同阶层，使用范围受到一定的约束。如官服按照官职品级设定不同的服色，低级官员一旦僭用高级服色会被追究，民间则根据军民士庶身份不同设定限用色。① 因此，在议服色制度与接受方的主从关系、制约关系及契合关系时，从服饰禁用色入手，应关注服色制度与非接受方的关系，着眼其禁用色研究对象，辩证地看待其与非接受方的关系，不外乎是在统治阶层与军民士庶之间搭建起一座非接受方的桥梁，禁用色与限用色的诏禁，代表着个体接受者的最高统治权，象征着限用色所带来的荣誉、地位、刺激等神圣不可僭用的愉悦。然而，这种皇帝专用的限用色将官员、士庶划分到黄色接受范围之外的非接受方，统治阶层内部的禁用色无形中将士庶纳入非接受方的领地，传统服色制度的出现将不符合要求的群体纳入非接受方的现象，正是非接受方存在的萌芽状态。显然，在统治者和社会秩序的维护者所限定、禁用的服色制度下，被自然地纳入非接受方的思想是禁锢的，不享有接受与不接受的选择权，而是在传统服饰制度约束中呈现出依从的特殊面貌。

从非接受方历史性的萌芽期到现代性的生成期来分析，在不同时代的时尚美学语境之下，时尚美学研究范畴开始反思非接受方对接受方的冲击和推动作用，正如当今时尚美的流行风潮的冲击力和推动力一样，原本深受接受方喜爱的时尚产品，在经受时间考验的寿命中终止，并在宣告原有的认同感结束的同时，将接受方的风向标转为非接受方的一面，基于时尚美流行的时效性，诞生了新的产品和一批新的非接受方。换句话说，由于时尚产品本身的缺陷及缺乏审美愉悦感而出现了时尚产品不被接受的现象，生成了非接受者以及非接受方的群体。因此，时尚美学研究范畴中的设计师、时尚产品关注消费者的主体地位，即为消费大众接受方的接受状态不断寻找新的出路，创新时尚产品的期待视野，将接受方的审美寿命既定在一代一代的接受之链范围内，并将其引入时尚产品消费的洪流之中，才能永葆其价值和生命。另一方面，从经济方面来分析非接受方的生成因素，对当今非接受方的个体而言，可能会出现几种非接受状态的形成：首先，只是出于生计上的需要，成为消费者处于非接受方的首要条件，也使非接受方的接受需求变得理性化和合理化。当然，时尚美学的研究范畴必须以一种不受任何简单的功利性和非功利逻辑所控制的话语模式来重新思考时尚产品和非接受方的关系。尤其重要的是，现代社会时尚

① 参见缪良云：《中国衣经》，上海文化出版社，2000，第310页。

消费理论中,非接受方所能接受的时尚产品是根据自身的理性需求程序来获取各种基本生活用品的功利性占有。其次,以经济基础决定消费者所选择的接受方与非接受方的接受领地,实际上具有自身的特殊性或内在合理性。那么,如何从经济的角度选择消费者接受权,应该看到,当今社会引入时尚消费符号,即奢侈品,犹如服色等级制度,针对经济基础薄弱的非接受方,面对奢侈品的时尚消费符号,往往呈现的状态或因经济条件不足使消费心理产生望而却步的举动,或因经济条件不足而形成接受其奢侈产品而不接受其价格的现状,马克思提及,对于穷人,当其被生活所迫,外界景色再美也与他无关,对于没有音乐鉴赏能力的人,即使再美的音乐,他也会无动于衷。基于以上以经济基础为接受条件而成为非接受方的生成现象,无论从理论还是实践视角来分析,与有音乐感的耳朵、能感受形式美的眼睛一样是有条件的,研究者应该看到这种接受条件与个体的需求、激情、愿望等接受条件之间的差别,说到底,对奢侈品的接受反应的不同,不仅仅是接受个体观念上的差别,也能反映出经济差别。

当然,在对奢侈品研究过程中,除了以上所分析的经济方面的影响因素之外,客观地解读非接受方的消费个体对奢侈品的理解、判断、评价往往也不尽相同,甚至存在很大的差异。为此,笔者将明确阐述造成这种差异的原因及看待这种差异的新视野。其一,中国当代设计必须为人民服务,立足供给侧设计要求,而仅仅满足少数人所需的“奢侈品”,难以与消费大众的接受观念形成共鸣,这样的接受势必处于“身外之物”状态,也就谈不上多少真正的接受者了。其二,奢侈品本身具有创造力,一个奢侈品品牌不能因为消费者不接受而失去不断创新的能力和动力,只有处在不断延伸的接受链条中才能存在逐渐由非接受方转向接收方的可能性。其三,着眼于经济基础缺失的非接受方,面对奢侈品的时尚消费符号,呈现的状态往往是因经济实力不足而不接受,但也存在非接受方对时尚产品的审美愉悦和精神需求的接受效果,深入探析消费者对时尚产品的接受辩证关系,正确看待消费者接受关系中物质需求大于精神追求,或者精神追求大于物质需求之间的差别,这种差别不仅仅是经济状态上的真实差别,也是赋予消费者追求精神至高无上的权利,同时也是真正解读消费者面对时尚产品所产生的接受与不接受状态的根源与本质。其四,接受者本身的美学基础、审美经验以及当时所处环境和心情,其影响不仅是消费者对奢侈品接受与否的成因，也是打破消费者消费标准和消费行为习惯的成因，当消费者关注一件奢侈品时，线上展示效果与实体店体验效果因接受时的环境、心境不同，在很大程度上决定了消费者的接受状态，当消费快感、审美愉悦、享乐主义的线上购物心境占上风时，奢侈品的接受状态变得简单，易被消费者接受。相反，当品质第一、消费体验、精神愉悦的购物体验占上风时，即使是最精美的奢侈品也失去了消费者线上购物的接受意愿，这就是同样一个文艺节目（戏剧、舞蹈、音乐、电影），一个人坐在电视机前收看，与在剧场观看相比较，效果和心境会有显著的不同。

正是从以上的研究视野出发，人们愈发重视消费者期待视野的升级，设计师源源不断的创造力以及不断提升的经济实力，均影响着消费者主体地位的接受态度。对消费者来说，之所以会产生对时尚产品的接受与否差异，从表面上看，面对同一种时尚产品，接受者甲、乙、丙、丁等，因消费时所处的时尚语境、经济、文化、环境、心境等的不同，有时会分别出现喜欢、排斥、赞赏、保留等不同态度。如果他们的年龄、家庭、文化、学识等背景都相似的话，那么，寻找这种态度的差异，我们就应该多从甲、乙、丙、丁等人的个体身上去寻找原因了。① 因此，平衡好消费者对时尚产品精神愉悦与物质需求的杠杆，结合时尚产品供应链服务的新消费需求以及消费分层需求，改善因非接受方的不接受状态，而造成时尚产业链陷入生产创新与主动接受的两难困境，需要融合时尚产业接受之链的经验和感受来进行填补，促进消费者与时尚产品之间双循环的新格局。

一般来说，反思非接受方的不接受状态，除了上述分析的历史、社会、经济等因素外，思考与关注时尚产品所涉及设计责任和设计伦理问题，有助于改善当今由时尚产品而引发非接受方不接受的情况。第一，时尚产品设计时，设计师以自我为中心，没能考虑接受群体，②容易忽视在时尚美背景下，时尚产品所反映的人与物的设计责任。第二，时尚产品将设计重点转移到产品之间的辨识度及功能美的研究探讨上，缺乏对人与人、人与社会、人与自然中有关设计伦理的考量。基于此，思考与关注设计责任和设计伦理，从哲学、社会、经

---

① 参见马以鑫：《接受美学新论》，学林出版社，1995，第 80 页。

② 参见李超德：《从亚历山大·麦昆的设计看设计伦理》，《中国服饰》2012 年第 1 期。

济、法律、环境等多角度反思衣食住行的产品设计,当代设计需求已超出衣食住行的生活和生产范畴,延伸到社会公共产品、设计服务、设计扶贫、设计资源利用以及非物领域,从设计与设计责任、设计与设计伦理高度结合的角度,时尚产品设计会受到设计责任和伦理的约束和控制,从时尚产品的行为接受伦理到时尚产品接受批评的合一关系中,反思时尚产品非接受方不接受现象所蕴含的设计责任和设计伦理的本质问题,不断修正时尚产品的设计理论及设计实践的发展举措,拓展时尚产品创作者、接受者、评价者共同的审美活动尺度和思考维度,完善时尚产品的实践整体规划、现实约束和未来引导的认知与实践相结合的时尚美学研究范畴的时尚产品设计体系。

随着时尚变迁的设计浪潮的冲击,无论是从历史发展的设计事件,还是到当代日常生活的设计文化表达,在审美愉悦的时尚生活理念影响下,每一件时尚产品所传达出的审美愉悦都将建立在设计责任的价值判断基础上,从国内1979—2020年的时间跨度来分析设计责任,主要包括设计教育、可持续、社会责任、设计师责任、环境责任、设计服务责任、设计的文化与历史责任、设计扶贫责任等内容,也佐证了当前设计实践和设计活动的履行状况。所以,时尚产品不得不将非接受方的不接受因素引入设计责任的实践检验中,重新审视设计责任在设计理论和设计实践中对设计向良性轨道发展的引导力和助推力。用曾经引发轩然大波的“服装事件”来阐释设计责任这一问题,某女星刊登在《时装》杂志上的照片,因穿着带日本军旗的裙子,经国内媒体曝光后,受到非接受方民众的不满与谴责,虽然事后再三道歉并发表声明,也无法平息非接受方的民愤。当然,作为明星,身着日本军旗裙违背了公众人物的职业道德和行为规范,但非接受方民众却忽视从源头探究“军旗裙”与设计师之间应遵循设计责任这一要务,从道德的角度而言,设计师作为“军旗裙”的设计主体,完全没有考虑到这款服装穿到公众人物身上后会对中国民众的爱国情绪带来的巨大伤害,这样的设计有悖设计师的设计责任、社会责任、设计的文化与历史责任的高度统一。反过来追问所有的产品设计,其设计的最终目的是解决人类理想、道德、情感与工具等问题,并将共享、服务、关怀、尊重、愉悦注入设计职业活动精神内涵中,为人类的真正需要负责,而不是制造问题激发矛盾,不利于社会的安定和谐。所以,反思非接受方的不接受现象而引发的设计问题,不仅有助于设计师运用新知识来履行他们的责任,也有助于消费大众从接受角度检验设计师的设计作品。

对设计伦理与设计行为关系进行论证,需基于学理角度做伦理分析。首先,引入概念的学理性分析,从社会学角度看,伦理是指人与人的社会"应该"关系,侧重于社会客观因素。① 人们面对生产和生活现象的系统反思活动,需要的是人类理智的伦理定位给予对自身行为规范的认知,随着不同时代经济、政治、文化科技影响及人类自身认识的深化,伦理的研究对象出现了不同的理解和规定。在现代社会里,伦理顺理成章地成为社会现实密切联系的重大实践问题。事实上,不管是哲学角度,还是人类史学角度或现实生活角度,设计在客观上必须与伦理相结合。② 因此,基于人与自然平衡发展,如何积极将设计伦理学作用于现代设计是必须考虑的问题。

诚然,设计伦理提出者是美国设计理论家帕帕奈克,他在《为真实的世界设计》中确立了设计与伦理之间的三个关注点。第一,设计应服务于所有大众,特别是应该为欠发达的第三世界服务,而不是局限在少数发达国家,这个理念是设计学领域的平等约定,不因种族、阶层、信仰和贫富差异因素而区别对待,这也是许多设计师的最终追求。第二,设计需要关注残疾人的需求,这是人性化设计应有的考量。但为残疾人设计和服务这种说法也带有一些健全人的偏见,设计时往往无法充分掌握残疾人内心的真实需求,作为一个新的提法——为非正常状态的人做设计,则更能体会对这些人的关怀。第三,设计需要最大限度节约资源,即设计应融入资源节约和再用的理念。现阶段,不同人群所拥有的资源不同,不同地区之间也存在着资源的不均等,但如果人类的设计对资源过度滥用,必将影响未来人类的资源使用。③

本部分,将围绕时尚产品设计展开论述,阐释设计伦理与设计实践之间的行为接受伦理的考量。时尚产品越是显得纯粹、规则,它也就越接近于审美接受的贫乏,越成为一种审美接受的极限情况。所以规则的形式很少能被认可为审美接受方愉悦的东西来看待。那么毫无疑问,时尚产品越是打破设计规则,它也就越接近审美接受的满足,对持反对意见的观赏者和参与者会提出用亚历山大·麦昆的设计作品来反驳这些看法。例如,2009 年米兰媒体报道了

---

① 参见刘军:《新设计伦理》,中国文联出版社,2017,第 9 页。
② 参见高兴:《设计伦理研究》,合肥工业大学出版社,2013,第 11 页。
③ 参见帕帕奈克:《为真实的世界设计》,周博译,中信出版社,2013,第 11—12 页。

巴黎时装周一款10英寸高的“犰狳鞋”遭到模特的坚决抵制事件,报道呼吁时尚界重视模特的健康安全,当时抵制事件参与者阿比·李·肖克表示,曾因穿麦昆的鞋子展示出现了膝盖疼痛症状,必须坐下休息很久才能继续上T台,严重危害了模特的身心健康,此事件一经报道立刻引起时尚界的关注,作为参与者不接受的罢演事件引起时尚界的关注。

基于设计伦理的接受视角,此次事件的三位名模作为“犰狳鞋”的非接受方,提出罢演事件体现了设计伦理与模特接受伦理之间的冲突。当然,这里需要指出的是,过去模特为尊重设计师,很少发生罢工事件,随着女性模特意识的崛起,她们有选择拒绝接受穿危险服饰的自由权,与其说犰狳鞋是模特与设计师的伦理向度的冲突,不如说是设计伦理与接受伦理的对话。相应地,由“犰狳鞋”的设计案例所引申出的时尚设计问题,逐渐显现出设计师对时尚产品本身的思考局限,流行、造型、材质、技术与工艺等设计要素依然是设计师最关注的时尚立足点,然而却因此忽视了设计为广大人民服务的宗旨和理想。由此可见,大众与时尚产品之间的关系,无论是接受还是不接受、被动顺从还是主动行动,通过平衡设计伦理与接受伦理,克服那些内容与形式之间对立的产品设计,促使大众接受伦理与时尚产品伦理取向达成共识,大众接受和时尚产品的价值取向才能达到审美愉悦的和谐语境。

本章小结

在世界时尚文化语境中,中国当代时尚美学的接受融合与反思,无疑会受到接受美学的碰撞和影响,同时在与时尚产品这一中介的交流、碰撞中相互影响,中国当代时尚美学研究以接受美学理论为基础,对设计师、时尚产品、消费者三者之间的接受情况做了梳理,有效地吸收康士坦茨学派中尧斯的核心观点,并将其转化为时尚美学研究范畴的表达方式。在融合上,将读者的期待视野引入时尚美学的研究中心论即消费者的期待视野中,审视时尚产品设计取向的典型特征;借鉴效用研究理论解读时尚美学在时尚产品从生产到消费的一系列环节中所引发的矛盾与困惑。立足于审美经验评估时尚美学研究范畴中的时尚产品从创造到交流即上市过程中所体现的生产、接受、交流等一系列心理上和精神上的状态,不断修正时尚美学研究范畴的接受生成关系,形成设计师、时尚产品、消费者之间新的接受关系。在反思上,关注当代设计责任和设计伦理的文化格局,同时还要警觉设计责任和设计伦理对当代时尚产品设计的影响。反思时尚美学的接受理论,其意识形态在通过设计为所有人服务的新的服务立场上,比较隐晦地潜藏在时尚产品设计利用有限资源为广大人民服务的和谐社会中,为设计伦理与接受伦理的不断对话搭建了沟通的桥梁。在这种情形下,中国时尚美学应当肩负对话的当代使命,这就是中国当代时尚美学的责任。因此在形象的表达上,应该重新塑造时尚美学内在逻辑关系和学理价值,创建"时尚美学研究"的新视角,笔者将在下一章中对中国当代时尚美学研究实践做全新解读和分析。

第四章
实践与转型:新解时尚美学

基于舒斯特曼的新实用主义美学观点,思考时尚美学与身体美学的关系可知,人类对身体的理解总取决于当时盛行的时尚,因而被时尚塑造过的身体,越来越接近于一种理想身体的审美标准,无疑满足了人类对身体美的需求或欲望。基于人类社会活动中时尚美与身体美的相互成就,促成了身体作为时尚美学实践研究的重要载体。因此,时尚美学实践研究的新的突破需要从根本上关注人的身体,依托身体美学解构时尚美学实践研究成为本章的重要议题。

随着当下身体美学研究关注度的空前高涨,在缺乏最具说服力的时尚美学实践研究探讨中,以身体美学所具有的实践研究谱系为基础,在服务于多元化的时尚美学实践逻辑的同时,身体作为时尚美学的实践研究基点,也为身体美学提供了彰显其身体价值、身体消费、身体传播、审美文化、精神世界等多元维度中发挥的身体优势,将身体美的有限性与身体开发的无限性囊括于时尚美学实践与转型研究范畴中。因此,本章思考的首要问题是,时尚美学与身体美学的成因,如何通过身体消费和身体传播来证明时尚美学的实践应用价值,如何解决时尚身体消费观念和审美观念的转型,如何建构当代时尚身体美学,进而为当代时尚美学可持续研究提供新思路与新方向。

第一节　舒斯特曼新实用主义视域下的时尚美学

一、从实用主义美学到新实用主义的独特立场

实用主义概念是19世纪70年代由皮尔斯首先提出，指的是一种发现抽象概念内涵和现实语词的方法，该方法可分析符号、语词、观念及思想的实践意义，并成为让人们坚定信念、实施行动以达到最终目的的工具。实用主义理论是由詹姆斯于19世纪末在美国确立，其核心理论是解决实践不同理论差异的方法。[①] 20世纪30年代，杜威将实用主义理论继续发展，提出必须改变现有的哲学理论模式，立足生活与实践，让哲学更贴近现实生活，解决理论与实践、哲学与生活的对立问题，同时将哲学问题归结到人的问题。杜威的理论，充分体现当时美国人的民族精神，即以行动见实效，以创新促进取。该理论影响深远，不但在美国哲学理论中占据主体地位，还影响了其他国家，如中、英、法、意等。20世纪60年代罗蒂将实用主义再度发扬光大，他对传统的哲学进行全方位的批判，提出建立"后哲学的文化"理论，积极推动新实用主义发展，并影响社会文化。新实用主义集大成者是舒斯特曼，他继承了杜威的经典实用主义，吸纳东方传统哲学文化，反思罗蒂的新实用主义，建立新的实用主义哲学和美学理论，理论建构过程如下：

第一，继承传统实用主义观点。舒斯特曼强调实践的重要性，真理来源于生活，人对于行动、行为和实践等的理性认知，对理论形成具有决定性和优先性原则。因此实用主义又可称为"行动哲学""实践哲学""生活哲学"。正如舒斯特曼在《哲学实践》一书中对于实践哲学优先性继续存在的论述，他指出："作为生活艺术的哲学实践不仅曾经有一个很强的传统，而且在现代社会中也有继续存在的理由。其一，专业哲学是在一定历史阶段产物中利害关系本质上的发展必然结果；其二，专业哲学的目标和手段上的矛盾，将使得它必然从理论思想领域走向生活实践领域；其三，作为生活艺术的哲学实践，是现

① 参见理查德·舒斯特曼：《情感与行动：实用主义之道》，高砚平译，商务印书馆，2018，第13页。

代专业哲学发展的一个重要方向。"①另一方面，实用主义思想来源于经验主义，是对传统经验论的继承与发展。对于审美经验，舒斯特曼实用主义继承了杜威的传统经验主义理论，但是他未倡导杜威经验主义中的自然主义，比如对审美经验的根源等问题。

第二，扬弃杜威与罗蒂的实用主义。首先，舒斯特曼对罗蒂思想作了反思和批判。众所周知，罗蒂美学的关键词可以用语言和乌托邦来概括，在罗蒂看来，所有真正的哲学问题，其本质是语言，通过逻辑语言可解决任何哲学问题，而身体则不起作用。舒斯特曼认为有些身体感受是很难用语言表述或还原的，人们对完美生活的追求，包含人的身体、语言、对社会认识与社会关系以及心理作用的共同创建。对舒斯特曼而言，身体快感可以说是其身体美学所追求的核心目标之一。其次，在对杜威思想继承与发展的基础上，对实用主义所做的有效推进。基于杜威美学关键词的经验与自然，舒斯特曼认可杜威的艺术即经验观点，但他提出经验不一定是完美的，还存在破碎和差异化的经验，要学会欣赏或认可不同声音和审美意见。对于艺术与生活之间的关系，舒斯特曼认为艺术与生活既有相关性或延续性，同时艺术也高于生活，是对生活的提升，既包含故事结构，还包括人的张力和能量，总之艺术可认为是生活的戏剧化表现，既要强调经验，又要关注形式和结构。对于通俗艺术，杜威的《艺术即经验》一书中仅提及其被歧视和排挤的问题，未能通过努力而为其正名。反观舒斯特曼，则一直努力消除通俗艺术与高雅艺术之间的界限，提出通俗艺术同样具备让人审美满足的作用，应该具备其应有的地位。对通俗艺术的评价，舒斯特曼站在客观立场上，既指出其缺点和弊端，也赞扬其优点。②

第三，确立舒斯特曼新实用主义美学理论。舒斯特曼继承并发展了杜威的经典实用主义，反思了罗蒂的新实用主义，提出"有机统一"和"解释"的概念，即事物整体结构及其局部之间有一定的内在规律，同时具有统一性，但该理论没有考虑因时间的发展变化事物也随之变化的情况。当然舒斯特曼的观点突破并超越了解构主义和分析哲学的限制，由此而形成了新的实用主义哲

---

① 理查德·舒斯特曼：《哲学实践 实用主义和哲学生活》，彭锋等译，北京大学出版社，2002，第3页。

② 参见韦拴喜：《身体转向与美学的改造：舒斯特曼身体美学思想论纲》，中国社会科学出版社，2016，第76—79页。

学和美学思想。

二、新实用主义视域下时尚美学的实践出路

基于舒斯特曼新实用主义的美学观点,思考时尚美与语言的实践关系可知,如果时尚美想成为一种语言,也需要将时尚美的非语言的规律或经验还原为语言形式,在原则上需要借助服装语言中的款式、风格、色彩、面料等诸多词汇量以及语法,来表现服装语言的类别已经达到了相当高的时尚美的程度。但是,通过服装语言来表达时尚美这一语言形式,则有三种倾向,一种是衣服不多的人,只能通过衣服表达有限的时尚信息;另一种是对时尚感兴趣并且有很多衣服的人,可以表现出很多不同的时尚信息,当然,大多数服装所传达的时尚信息都不多;还有一种有很多衣服的人也无法传达很多时尚美的信息。显然,舒斯特曼新实用主义美学观点中对服装语言传达时尚美的信息不是特别有说服力,在探讨时尚美学的实践过程中,包括通过身体、语言、认识、心理和社会之间的合作或相互支持,以实现自我的改变和丰富社会的观点应该得到肯定。正如罗兰·巴特在《流行体系》一书中所论述的观点,流行时尚体系是时尚存在必要的行动和社会关系的总合。如服装的三种存在形式,即真实服装、象征性服装和使用的服装。真实服装是通过生产加工产生的服装,象征性服装是仅仅通过视频或图像展现的虚拟服装,使用的服装则是被消费者购买并穿着的服装。在巴特看来,时尚之美和服装材料特征毫无关系,而是先有建构话语("象征性"服装)而后有被建构的真实。① 可见,舒斯特曼新实用主义为时尚美学的实践研究找到了恰当的语言形式定位,从而确立了时尚美学实践多元论的研究思路。

梳理舒斯特曼新实用主义哲学和美学理论,他提出了有机统一的观点,要求任何构成整体的独立部分均不得孤立对待,当把事物有机统一的哲学引入时尚美学中就有了关于设计师、时尚产品、消费者的实践逻辑关系问题。从设计师、时尚产品、消费者三者关系入手,对其交互规律,特别是接受效果做深入分析,形成产品设计研究的新模式,提升其学术应用价值。另一方面,舒斯特曼的审美伦理学观点,不仅是当代哲学、美学家而且也是时尚美学理论与实践

---

① 参见罗兰·巴特:《流行体系》,敖军译,上海人民出版社,2016,第3—4页。

研究很难回避的话题,它既能摆脱二元论的局限,又可以调和艺术与政治之间的矛盾。因此,笔者从第三章的非接受方的时尚美学反思视角入手,从时尚产品的行为接受伦理到时尚产品的接受批评的合一关系中,反思非接受方的不接受现象而引发的设计伦理问题,不断修正时尚产品的外观装饰、设计文化及设计与政治的审美策略,拓展时尚产品创作者、接受者、评价者共同的审美活动尺度和思考维度,完善时尚产品的实践整体规划,重新塑造了时尚美学设计实践的内在逻辑和实践价值体系。

第二节　时尚美学与身体美学的成因

身体美学是舒斯特曼将希腊语中的"soma"(指身体)一词,与英语中的"aesthetics"(指美学),合并形成的新术语,并尝试将其定义为:一种对身体作为创造性自我塑造场所和感官审美欣赏的功能与体验的改善性和批判性研究。① 因而,身体美学涵盖身体关怀或改善的知识、讨论、实践等,并考虑身体在艺术创造和欣赏中赋予功能、价值观的物质载体语境中,1997 年舒斯特曼在自己的著作《哲学实践》中首次提出"身体美学",在 2000 年《生活即审美》著作中,通过研究身体意识的不同形式和层面,得出身体意识的各种问题源于理论,试图解释 20 世纪哲学中身体意识在我们经验中的功能。同年,在舒斯特曼《实用主义美学》第二版著作中,详细论述了身体美学需达到的目标及要素。近年来,身体美学不仅引起哲学、美学学者的关注,设计学的一些学者也积极参与到身体美学的研究之中。本书在厘清身体美学的文化语境、基本内容及应用范围基础上,将身体美学引入时尚美学的实践研究中,寻找两者之间的成因、文化语境、消费观念与审美观念的实践转型,以期将这些问题设定为解构时尚美学的解决目标,以实现对时尚美学研究实践的解构和转型。

一、时尚美学与身体美学的成因

众所周知,自古以来人类在自我表达、自我认同的塑造过程中,均是通过

① 参见理查德·舒斯特曼:《实用主义美学——生活之美,艺术之思》,彭锋译,商务印书馆,2002,第 354 页。

身体的外表所构成。追溯古希腊的审美理想,体现在贵族中所保持的一种适度摄取食物的理想,因为这标志着自我控制。另外,类似的禁食现象到了维多利亚晚期,将节食行为扩散到了中等阶层,这种规定食物摄取量的方式,其核心目标是拥有一个理想的、苗条的身体。另一方面,中国历史上也曾出现过这种节食现象,如《韩非子》"楚王好细腰,宫中多饿死",到《墨子·兼爱》"昔者楚灵王好士细腰,故灵王之臣皆以一饭为节,胁息然后带,扶墙然后起"等记载可知,因楚灵王喜欢纤细的腰身,导致满朝臣子以每天只吃一顿饭的节食行为来达到这种特殊的审美理想。当然,与这种因节食而拥有苗条身体的审美现象相反,肥胖曾经也被看作一种身体美的标志,揭示了道德、心理素质、经济繁荣中懒惰和缺乏意志力的一面。① 但是,这种肥胖身体,仅为迎合当时社会政治、社会经济和社会面貌的一时之需,因而在很短的时间内便消失了。然而,随着节食的现象愈演愈烈,渐渐地身体开始占据了中心位置,俨然成为塑造身体认同的时尚主角。

当我们从时尚美与身体美的成因延伸到时尚、服饰与身体,反思黑格尔所强调的身体与服装是截然不同的,二者都必须得到自由发展,并用当代的学术视野审视身体美与服装的关系,可以得出不能简单地将其界定为毫无关系的自由发展这一观点。当人类在身体美的基础上寻找认同,服装则自然而然成为身体美最直接的延伸。正如时装设计师艾尔萨·夏帕瑞丽(Elsa Schiaparelli)针对身体与服装关系时所宣传的那样,不应该是衣服适合身体,而应该是身体适应衣服。② 比如,将自己的脚挤进与自己脚形不匹配的鞋子里,看似反映了脚与鞋的形状差异,实则以此来强调身体形状应该适应服饰的观点。然而,在身体美与服装的关系方面,无论是紧身胸衣改写身体美,借助胸衣架和裙撑塑造腰身和髋部变细的身体美的表达形式,还是人类对身体美的理解受制于当时流行时尚的影响,在时尚自由维度的影响下,身体美与服装的"对话"形式,突出时尚美与身体美的关系,时尚需要身体美得以体现,即由身体穿戴表现,③而服装是身体美的事实表现。

---

① 参见拉斯·史文德森:《时尚的哲学》,李漫译,北京大学出版社,2010,第 75 页。

② 参见拉斯·史文德森:《时尚的哲学》,李漫译,北京大学出版社,2010,第 76 页。

③ 参见乔安妮·恩特韦斯特尔:《时髦的身体:时尚、衣着和现代社会理论》,皓元宝等译,广西师范大学出版社,2005,第 1 页。

二、时尚美学与身体美学的文化语境

随着时尚与身体、服装与身体关系的论述,思考一个被时尚塑造过的身体,换言之,一种体现身体流行状态的时尚观点,其所隐藏的一个人或者一个身体真正本质的东西,大多与文化相关联。当然,舒斯特曼新实用主义的"身体美学"思想在不断深化的过程中,舒斯特曼越来越意识到身体在文化领域中的重要地位。基于此,关注当下的时尚美学与身体美学,出现了诸多有关两者的语义表达,比如身体训练方式中的瑜伽、武术、太极拳、禅宗,身体修饰中的时尚服饰、美容化妆、健身、节食,时尚与身体消费中的服饰消费、时尚产品消费、健身减肥、整容等热点话题,不可否认,当代文化在某些方面,对于时尚与身体的关注已经过度,从而解构自身文化修养、大众文化和消费文化对时尚美学和身体美学的文化认同与接受。

从文化修养视角看,身体美学文化存在被漠视的问题,包括哲学领域也在漠视身体美学文化的重要性。① 从身体意识被忽视的现状,说明身体文化中自我意识被扩大,形成固定审美模式或相同标准,导致民众无法欣赏或排斥非审美标准下的其他身体,导致审美文化因单调,而无法感受真实的身体,无法理智地形成自我身体意识,进而导致身体的自我时尚难以展现。基于这种鲜明的对比,应该广泛呼吁并倡导身体美学的自我时尚意识及其反思的时尚价值。

从大众文化视角看,雷蒙·威廉斯曾提出大众文化仅仅是其他人形成的一种身份认同,包含低档或刻意制作仅以博取眼球的作品。② 进而视之,大众文化可称为程式化或重复的肤浅文化,丧失了传统价值观,仅为感官快乐而存在。然而大众文化本身受到了一定程度的认可,或是大众带来文化民主,其之所以受到批判是因大众文化对旧有的特权集团构成威胁。为此舒斯特曼一直写文章为大众文化辩护,从身体美学角度寻求大众文化的审美地位,客观角度讲,大众文化也有一些弊端,身体美学也不能全盘接受。正如朱立元等在《舒斯特曼身体美学述评》中指出,对于身体美学也有不同态度或观点,即质疑与

① 参见理查德·舒斯特曼:《身体意识与身体美学》,程相占译,商务印书馆,2011,第19页。

② 参见陆扬、王毅:《大众文化与传媒》,上海三联书店,2000,第12页。

鄙视、关注与重视，还有介于两者之间的中立态度。舒斯特曼通过辩证性分析和实践，确立了关注并重视身体观点，强调自主的身体意识。① 对身体的态度解读，引申出身体在现当代大众文化时尚审美实践中的悖论，这种悖论在于重新审视身体美学在时尚审美实践正反两方面的判断及其影响，正面判断的实质在于它迎合了大众文化中时髦的身体美学快感与满足，一旦成为消费产品，便可以自然地沉溺于感官的时髦身体享乐中。然而，没有一种文化会听任身体毫无装饰，但凡是文化，人类总要对身体进行梳妆打扮，以提高它的吸引力。基于这种改造身体时个体对他们的身体所实施的各种行为的反面判断，实质则有可能构成一种不健康的身体审美趣味的扭曲观念，例如大众对以瘦为美的时髦身体的追求而引发的节食风潮，对高鼻梁、大眼睛、肤白貌美的时髦身体美学标准的追求而导致的整容行为泛滥等，这些行为在认知上违背了幸福、健康、自然美的身体自我表达。正如刘成纪在《身体美学的一个当代案例》一文中指出，当代大众文化立足点多是围绕身体建构的文化，涵盖欲望和身体愉快，在实践上则多表现在对人体的改造或再造，正如“人造美女”日趋增多的现象，表明传统身体美学价值理念已经失去了约束力和号召力。“人造美女”现象既有人权合法性地位，又包含人在自我选择标准的盲从中呈现出审美和伦理的双重恐惧。② 根据目前国内的大众文化视域中时髦身体审美实践的研究成果，我们理应积极提倡建立和谐、合理的身体美学标准，既尊重大众文化中时尚与身体审美实践形式多元共存的合理性，又各取所长，互补互渗，引导大众文化视域中时尚与身体审美实践健康良性发展。

从消费文化来分析，大众文化中身体美学的审美实践形式只有放在消费文化的大背景中，才能得到最为详尽的展示。周宪在《身体表征：从美到极端》一文中提出身体美已经沦落到大众消费文化的消耗品，被利用在追求商业利润上。③ 当下的确如此，身体作为时尚消费品，不仅在消费社会中扮演了至关重要的角色，而且提升了身体在时尚消费语境中被神化的“功用性身体指数价值”。但是，不同时代的消费社会所呈现的功用性身体价值具有明显的差异性，正如笔者在第一章和第三章中论述的身体被消费的事实，按照不同时代所

---

① 参见朱立元、李琳琳：《舒斯特曼身体美学述评》，《四川戏剧》2015 年第 2 期。

② 参见刘成纪：《身体美学的一个当代案例》，《中州学刊》2005 年第 3 期。

③ 参见周宪：《身体表征：从美到极端》，《中华书画家》2020 年第 2 期。

塑造的美之标准去规训、消费自己的身体,从第一章中孔子所提倡的“宪章文武”可知,服饰不可以不分贵贱,必须穿出等级区别,揭露出服装与身体的消费关系,即重视服饰与穿着者身份相匹配的等级观念,再结合第三章中关于服饰色彩等级制度与接受方的制约关系,这种服饰与身体之间身份与地位等级区别无疑限制了普通民众对身体的消费行为。除此之外,笔者在第三章中论述了关于紧身胸衣、缠足等身体审美观,由此引申的一系列相关身体审美趣味的盲从与模仿,同时也反映出大众身体消费的不同需求,即一方面过度修饰身体容貌而蔑视了真实的身体感受,另一方面沉溺于时髦身体审美趣味的快感和享受时髦身体消费产品(如三寸金莲)所带来的满足感。进入21世纪以来,人类的生产模式与生活方式发生了翻天覆地的变化,消费文化、时尚美学、身体美学牢牢地捆绑在一起,营造出了各类时尚身体装扮与身体审美标准,如“网红脸”“人造美女”等时髦身体的典型代表,借助摄影、广告、多媒体、互联网平台等视觉媒体的推波助澜,在个体心中产生身体“镜像”,让形体有缺陷的个体(相对于理想化的身体形象,很明显每个人都有身体缺陷)主动审视自己。[①]审视完美的身体镜像,以女性为主的个体在功利与非功利诸因素驱动下完全有可能转化为美化、装扮形体的时尚消费行为,同时在商业利益驱使下滋生了诸如健身、化妆、整容、瘦身等身体产业与时尚产业的繁荣态势,这些理想的身体镜像已经成为时尚的引领者,而且会在很长一段时间持续发展。

第三节　时尚美学与身体美学的实践问题

衣着和身体是相辅相成的,在时尚、衣着与身体的研究中,常常呈现出一种时尚服饰作用于身体的方式,即时尚服饰如何产生有关身体以及直接作用于活生生的可以从感官上来把握身体的时尚衣着实践的话语。目前,在已有的研究资料中,有关身体的文献往往忽视时尚,而有关时尚的文献通常也无视身体。因此,当代时尚美学的研究,需要建立在实践研究基础上,借助时尚与

---

① 参见廖述务:《身体:美学的与实践的——大众文化视野中“身体美学”的反思与重构》,博士学位论文,福建师范大学文学院,2010,第51—52页。

身体之间相互关联的方式，力求从身体游戏、身体消费和身体传播中解构时尚美学实践研究的新模式与新思路。

一、时尚与身体

“衣着”或“服饰”与时尚和身体之间密不可分，关联为一个有机统一的整体。古代的时尚往往指一些特殊人群（身体）穿着的衣服，而当代时尚则有两类对象，第一时尚专指服饰，第二时尚作用于所有领域。① 显然，时尚不仅仅体现在服饰上，它还体现在消费、身体、艺术、商业、技术、现代性、全球化等方面。研究时尚服饰与身体之间的契合点，我们可以发现身体和时尚服饰之间所反映的实践形式并非纯粹的个体化，它们囊括于社会维度的结构与中介之间复杂融合关系中不可分割。关于时尚美学实践中的身体，人们对其的理解总是取决于当时盛行的时尚，于是借助服饰表达的绝佳实例，解构时尚与性别、时尚与身份、时尚与身体游戏的实践所呈现的具体状态和表现形式。

（一）时尚与性别

按照威尔逊的说法，“时尚与性别紧密相连，它一次又一次划定着性别的界限。”②因此，尽管当今游走于无视性别之分的流行时尚之风愈演愈烈，但是“中性化”“潮牌服装”也很难完全避开时尚与性别之间的界限。看似不分男女的时尚，受困于男人和女人日常服装性别差异的影响，而进一步证实时尚无法脱离被性别所左右的事实。于是，在讨论时尚时便出现了性别、身体这样的论题。服饰作为唤醒不同性别身体的最有力的实践工具，将服饰时尚的风向标转移到男女身体差异中，根据不同性别的身体实践探究人类身体如何频繁地借助时尚服饰之力来解读自身性别的魅力，同时也为时尚美学实践提供诸多可供探讨的实践空间。

首先，从女性身体面貌来分析，在人类的世俗观念里，一般认为女性柔弱、丰满、文雅、温和，身材较男性矮小、纤细、肩膀较窄、脂肪丰满、胸和腰臀部曲线起伏，是阴柔之美的代表。因此，在心理上女性重视自身形体，经常通过运

---

① 参见齐志家：《时尚与身体美学》，人民出版社，2015，第16—17页。

② 珍妮弗·克雷克：《时装的面貌：时装的文化研究》，舒允中译，中央编译出版社，2000，第178页。

动和节食来达到形体曲线美的目的，并潜移默化地赋予身体和服装之间既时尚美又显示身材的共识。基于此，女性性别特征的标识以裙子、高跟鞋、腮红、眼线、口红、美甲、美睫等表现特性为基础，在时尚中扮演丰富、多元的女性身体角色。然而，在制造"女性身体气质"的方式中，最直接最有效的手段是采用蕾丝、荷叶边、蝴蝶结、袒胸露肩、缎带、花边、细腰等服饰设计元素，当今社会，除了这些特性鲜明的女性身体标识之外，在我国唐代出现女扮男装的现象，在当今社会已经演变成女人男性化的趋势，一方面是体现女性穿着男性服装或女装"中性化"，另一方面是女性呈现出"男性化"身体，这种现象已经屡见不鲜，不仅不会遭人非议，而且由此所形成的性别模糊装扮被大众接受的同时，在部分年轻人中已成为流行时尚，伴随时尚流行风潮的起伏呈现出忽高忽低的发展态势。

其次，从男性身体面貌来分析，一般认为男性刚强果断、矫健有力、生机勃勃，其体型特征主要表现为身材高大、体格魁梧、肩膀宽阔、骨盆狭小、肌肉发达、汗毛浓密、有胡须等。由此可知，男性所赋予的时尚美深受其身体体型与特性的局限。正如爱德华兹所言，现代男性时尚往往不受重视①，所以，在男装款式造型上的身体塑造，以夹克、裤装、西装领带为典型代表，搭配以简洁线条并以此凸显男性宽阔的胸和肩膀。换言之，只强调面料和工艺的效用，而忽略造型设计、色彩、装饰等设计元素，沉溺于将"男子汉气概"在男性身体特征中塑造得淋漓尽致的满足感。从另一方面来讲，男性想要成为社会性和政治性的工作主角，可以通过炫耀别的东西来弥补装束上的单调。从这个角度来说，工作可以充当"炫耀"的一种方式，将身体从被动展现转换到主动窥视的地位，即"被看的欲望转化为看的欲望"。由此可以提出，男性喜欢一种"替代性的展示"，因为男性可以借此欣赏爱人的风采并为此感到骄傲的同时，为自身提供了一种完全满足与炫耀的快感。例如，从 J. W. Anderson 2013/14 年秋冬伦敦男装秀到 Moto Guo2017 年春夏米兰男装秀再到 Palomo Spain2018 春夏马德里雌雄同体男装系列（图 4-1），均体现了柔美纤弱与男子汉气概的碰撞，阐释了超短裤、带口袋的小抹胸、荷叶边的超短裤、蝴蝶结、连衣裙以及薄、透、

① 参见乔安妮·恩特韦斯特尔：《时髦的身体：时尚、衣着和现代社会理论》，皓元宝等译，广西师范大学出版社，2005，第 219 页。

露等极具女性设计元素运用于男装设计上。这种服装，既坚持反中性化的中性矛盾理念，也颠覆传统审美观念，本质就是男人穿着女人衣服，以男装扮者的角色探究和挑战男性观念以及自我表现欲望。

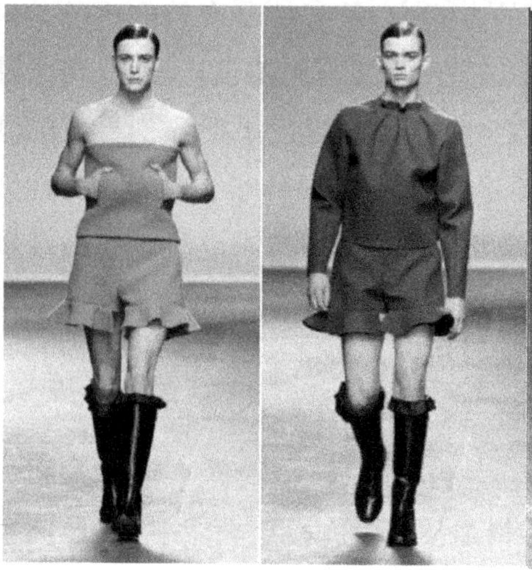

J. W. Anderson2013/14 年秋冬男装秀

Moto Guo2017 春夏男装秀

Palomo Spain2018 春夏男装“雌雄同体”系列

图 4-1 男性的自我表现欲望(图片来源：网络资料)

综上所述，在探讨时尚与性别时，会发现女人和时尚的联系要比男人密切。本节回溯两性之间时尚、衣着和性别的差异，将女性的“变化无常”时尚与男性“固定单一”的时尚进行对比，从两性衣着和性别方面对这一问题做了解答,但问题的分析依然不够全面,我们应在身体消费和身体传播中继续探讨时尚身体价值的同时,为解构身体消费和身体传播中的时尚美学实践研究提供新思路。

(二)时尚与身份

在历史上的大部分时期,政治、经济、权力、社会地位的塑造都以身体作为身份的表达工具。在中国古代的每一个历史阶段,都存在着一定量的时尚美与身份的博弈,时尚最大限度地为身体提供了身份与身体美的各种需要,无论是古代文献字里行间的美学思想、文化景观还是服饰的造型、色彩、面料和纹饰的差别,均是建立在身体的立场上,明确地标志了"贵贱有等"的身份特权,人们通过这种身份特权来获得时尚美的身体塑造,满足身体所赋予的物质需求和精神追求。然而,即使实现时尚美的身份塑造,依然摆脱不了以时尚区分身份等级的这一事实,由此形成了较低阶层开始模仿较高阶层的时尚的必然趋势,当这种模仿成为流行并广泛普及时,时尚开始通过流行服装与商品的不同风格和标签作为划分身份等级的出口,于是形成了限制、控制和引导有关时尚身体"地位性商品"做交易的情况,①同时身体作为身份等级的实践工具成为诠释时尚是阶级分野的产物这一论断的最佳佐证。

当我们着眼于现当代社会的时尚与身份的关注热点时,会发现过去稳定的身份系统受到来自知识商品的供给过剩、符号商品和消费商品的快速流通的威胁,伴随当代时尚美作为身体与身份的照妖镜,人们对时尚美的认知发生着潜移默化的改变。很明显,大众将制造"身体美"和"时尚美"聚焦作为物质需求目的,身体经由时尚美的渠道,最大限度地发挥既有身份、地位又能彰显时髦、前卫的有价值的身体,在对时尚既定模式的追随、模仿过程中,它威胁着标志社会地位的商品——那些既有安全感又可满足个体求新、求变需求,对消费者经济能力和社会地位等做展现和区分的商品。但是,展示身份的选择并非无所限制。相反,身份的展示受制于特定人群、特定阶级和特定文化共同体的一分子的社会地位中成为穿着没有个性的着装的"克隆人"。为了理解时尚与衣着关联现代人身份意识的表现形态,西美尔提出服装具有重要的社会属性。因此,在讨论和时尚身体有关的身份时,进一步的议题就是时尚与衣着

① 参见迈克·费瑟斯通:《消费文化与后现代主义》,刘精明译,译林出版社,2000,第24—28页。

如何表达集团性的身份，尤其是时尚与衣着是怎样被用来标志出人们在阶级与集团上面的区别的。① 这触及了社会地位以及社会地位如何通过人们的时尚、衣着和风度举止体现出来的问题，这种衣着无处不在的特性似乎指出了这一事实，即衣着或饰物是将身体社会化并赋予其意义与身份的一种手段。正如西美尔对时尚的分析，他认为精英阶层通过穿极端的、时髦的衣服而将自己和大多数人区别开来。② 再如，当代中学生的身体出现在任何特定的社会情境中时，穿着要求他们有意或无意地与其身份相匹配，除了"校服"着装的文化规范之外，染发、化妆、整容、佩戴首饰，各种张扬个性等身体装扮都是违反学校校规的行为，因而要承担被惩罚、排斥的危险。因此，即使个人有意要无视这些衣着的身份规则，但至少也会意识到来自规则的压力，以及尽量避免让别人把自己的穿着归属于有意反叛的破坏者。鉴于团体性身份的论述，由此延伸出衣着身体与身份的关联，让人一眼就能识别衣着身体中着装者的职业，譬如身着军装的军人、穿白大褂的医生以及穿保洁制服的保洁员，等等。

以上论述都是基于团体性身份的时尚、衣着面貌，反思个体的时尚、衣着与身份的表达，一方面，衣着和时尚被认为是揭示了个体真实身份的一种表达方式，就像森尼特所述，直到 18 世纪中期前后，外表的诚实性和个体的社交能力密切相关，那时候大家都不太拒绝以貌取人的时尚与身份的本真性，并从中透露出有关穿着个体的性别、职业、阶级、地位等信息；另一方面，人们的衣服并不能完全真实地被"解读"，仅仅凭借穿着就被定义或被归纳到所处身份的某一方，明显存在不合理甚至被"误读"的可能性。显然，当人们接触一位陌生人时，在没有任何其他可被解读的信息的情况下，往往更倾向于借助衣着和身体仪态来判断其身份的可靠性标志。因此，在时尚与身份易于被"人为制造"的社会中，个体可以肆意地用特定的方法思考和处置关于他自己的身份信息，但是到了 19 世纪，这种以貌取人的习惯渐渐受到质疑，如芬克尔斯坦就针对一些追求自我时尚风格，并通过服装和新潮的物件来彰显或炫耀其身份社

---

① 参见恩特维斯特尔：《时髦的身体：时尚、衣着和现代社会理论》，皓元宝等译，广西师范大学出版社，2005，第 144 页。

② 参见恩特维斯特尔：《时髦的身体：时尚、衣着和现代社会理论》，皓元宝等译，广西师范大学出版社，2005，第 157—158 页。

会地位。[①] 按照芬克尔斯坦的说法，在 21 世纪这个新兴技术蓬勃发展的时代，时尚越来越成为自我提升的手段，人为制造的时尚与身份的认同关系并没有消失，因为人们至今仍然通过别人的时尚、衣着的整体外貌来解读个体的身份。不仅如此，随之而来的衣、食、住、行的各类物质需求成为个体伪造身份的重要手段，且呈现出多元化的发展势头，其身份除了住豪宅、开名车、穿戴奢侈品等所谓物质财富决定身份地位的肤浅表层认知之外，借助各种健康计划，诸如节制饮食、运动健身、医疗整容等手段，有意实现自我时尚化而爬上了象征身份阶梯的高位。值得一提的是，在当代文化中身体已经成为身份的容器以及个人的思想情感、文化修养的表达，要破译上述这些所谓的身份符号信息，取决于读者的文化知识，即使是衣着的符号也需要解读者具备一定的文化知识，以此来正视衣着符号所蕴含的深层意义，就如同一个人怎样穿这些衣服，怎样给他的身体“着衣”，怎样保持身体的站姿、坐姿、走姿、手势、语态、吃相等身体举止，俨然已经成为社会身份的载体，所以当今社会因消费模式的变革打破了时尚、衣着与身份之间原有的稳定关系，在讨论时尚与身份的个体性所扮演的角色时，既要看到衣食住行充当的身份隐喻的视觉功效，也应看到文化外衣包裹下身份隐喻的思想情感表达，所以认识到身份所具有的社会性的意义是十分重要的，个体可能想“鹤立鸡群”，但她或他也希望在不同性别、年龄、职业、种族、爱好者等多样性的身份中与群体“融洽无间”。

（三）时尚与身体游戏

基于服装这一中介，在服装与身体综合体以适应某种具体的习性或环境的方式运作中，从身体保护来分析，一般认为引发身体保护的起源，来自因身体裸露而突破了服饰遮羞的底线，所以关于身体裸露的是与非的问题，中国远古文化对此便有了贬损斥责之意，不仅不能容忍任何人的裸露体肤，而且认为这一行径是对人的无礼与侮辱。孟子形容柳下惠的洒脱时曾说，虽袒裼裸裎于我侧，尔焉能浼我哉。可见孟子也认为谁能在人面前赤身露体，谁就是自侮且辱人。[②] 与之观念相反，服装遮蔽身体不仅实现了对人对己的基本尊重，而

① 参见恩特维斯特尔：《时髦的身体：时尚、衣着和现代社会理论》，皓元宝等译，广西师范大学出版社，2005，第 158 页。

② 参见张志春：《中国服饰文化》，中国纺织出版社，2009，第 140 页。

且在两者综合体的视觉愉悦也给人们带来了精神的满足与享受。

从身体模仿来分析,人类在完成服饰与身体组合最基本的“遮羞说”之后,身体模仿将服饰与身体的游戏组合在极大程度上扩展到崇拜、流行、时尚、美学的研究范围,回旋于自上而下或者自下而上的模仿,无疑为服饰与身体游戏之间创造了新的时尚与身体的美学研究空间。基于这种研究模式,笔者从自下而上的模仿入手,将视线从远古时期拉回到20世纪60年代,为了制造服饰与身体最大限度的时尚,纵观西方20世纪60年代时尚符号的全貌,以朋克为首的亚文化的衍生品形象为代表,以其反流行的姿态演绎朋克着装风格与身体互动形态为时尚流行,来彰显朋克时尚自由与无政府的特质,如服装、珠宝都采用了无政府符号或语句。自20世纪70年代末,一方面为了回应硬核朋克风格的身体需求,另一方面则是对工人阶级更为真实的反映,反对既定的朋克场景中被视为以时尚发展为导向的朋克本身,在这一时期延伸出了不同倾向的着装风格,并以留着平头的发型、穿着朴素的T恤衫、牛仔裤、长筒靴或运动鞋的装扮被国内外青年广泛模仿并开始大肆流行。随着朋克风格的接受度越来越高,以及人们对时尚美学的追求,对于朋克风格的模仿脱离了服饰与身体的界限,被应用于各类时尚产品设计中,为时尚产品拓展注入美学新视野。

从身体装饰来分析,着眼于古今中外时尚与身体游戏,首先要正视服饰保护、修饰身体使其更具吸引力而对身体所做的一切努力。2000年珍妮弗·克雷克在《时装的面貌》一书中提到服装的作用不仅仅是保暖、装扮和舒适,还依托技术手段,让其体现着装者的个人习性。① 解读克雷克所论述这种“习性”的存在,是通过身体接受了训练来表达具体的姿势、动作和手势。如明清时期大受追捧的缠足,改变了女性走路姿势,19世纪的欧洲盛极一时的束身型内衣,妨碍血液循环,几乎让人无法呼吸,但是那个时候的女性们却是乐此不疲,相互之间竞争着谁的腰围细,这两种现象受到根深蒂固的潜意识倾向及等级观念的影响。到了20世纪,服装设计的创新让身体得到解放,时尚、服装与身体游戏产生了一种新面貌,时尚与服饰的修饰身体功效使形体更具吸引力,而出现了游泳的时候穿泳装、运动的时候穿运动装,洽谈合作或求职面试

① 参见珍妮弗·克雷克:《时装的面貌》,舒允中译,中央编译出版社,2000,第6页。

的男士穿西装打领带，婚礼现场的新娘穿婚纱等现象。可见，不同的情境要求不同的衣着方式，有时这种要求体现为一定的衣着"规则"或法令，有时则表现为大多数人在大多数时间约定俗成的一种衣着习惯。换言之，时尚与衣着中的身体，既是日常装扮中具有时尚外观的现实的身体，又是话语建构的时尚的身体。其次，是人类对身体的加工，除了上述通过服装对身体进行装饰之外，还有对身体进行的直接加工。实际上，人们身体上完全没有被加工的部位基本上不存在，对大多数女性来说，日常生活中梳头、剪发、绑发，画眼线、眉毛、腮红、涂口红，打耳洞、戴项链、做美甲、文身、吸脂、隆胸等，对于男性来说，除了定期剪发、刮胡子之外，时尚男士化妆、打耳洞、戴项链、做美甲等现象已经不足为奇。显然，在时尚与身体游戏中，一直都在反思时尚与身体、时尚美与身体美的关系，虽然经历了一个由"摆脱身体束缚"到"认可身体外观"再到"追求身体理想"的更迭过程，但在这样的互动关系中，意味着没有一个时代一种文化会听任身体一无装饰，相反，被梳妆打扮后的身体，在提高它的吸引力且不断走向物质性、肉身性的同时，时尚由此成为"切身化"的时尚，甚至就是身体时尚。① 思考当代时尚美学研究实践中时尚产品如何满足当今的身体欲望，需要进一步在时尚产品与身体消费中深入探讨。

二、时尚产品与身体消费

时尚美学领域中由身体消费而引发的实践研究探讨，在时尚美学实践研究中容易被忽视。随着市场经济快速发展，时尚产品具备了一定社会功能，而不仅仅实现人们的物质需求和精神追求，人们在消费时所关注的不仅仅是时尚产品的美学价值，还需要通过身体消费来证明时尚美学的实践应用价值。显然，时尚美学研究实践的新突破需要从根本上关注人的身体。因而，依托身体美学解构时尚美学实践研究维度，试图从身体消费实践研究视角出发，将时尚产品与身体消费相结合，即着眼于时尚产品市场而进行的时尚产品需求—生产—消费的实践和身体消费的实践之间的双向关系，真正实现借助身体消费实践，解构时尚产品美学需求理论和时尚美学经济理论到时尚美学应用实践以及时尚产业转型升级。

① 参见齐志家：《时尚与身体美学》，人民出版社，2015，第 303 页。

阐述时尚美学与身体消费的实践关系，笔者将从以下三个方面进行探讨。

（一）时尚产品的身体消费人群

针对时尚产品的消费人群是建立在所谓的“个人身份确立”的基础上，即不管大家是在购买时对商品做选择还是不购买商品，都暗示其消费者的身份。齐格蒙特·鲍曼曾指出，商品价格标签的不同往往导致潜在消费者的差异，但价格标签不是决定性作用，仅是表面上一种购买可能性而已。因此从表面上看，广告营销针对所有消费者，即大家接受信息是均等的，但由于消费者本身个性和能力的差异，会引起差异较大的选择权限。① 换句话说，消费人群所形成的差异，除了经济因素之外，不能忽视消费文化对消费者身份的影响而出现消费人群的不同划分。借鉴社会学家彼德·伦特（PeterLunt）和索尼娅·利文斯通（Sonia Livingstone）为证明消费文化确立个人身份的研究条件，按照人们的购物习惯将其分成不同的五个消费群体（表 4-1）②，从表 4-1 区分的五个消费群体所蕴含的消费模式及购物习惯，不难看出在将时尚消费品与身体相结合时，或多或少能够反映出大众购物习惯因年龄、性别、种族、职业、收入、兴趣爱好等身体差异，形成了不同的消费观念和购物习惯。

表 4-1　五个消费人群的对比研究

消费人群	消费观念与购物习惯
选择型购物者	没有体会购物的压力和快乐
例行公务型购物者	购物只是例行公事，无法从中获得快乐
休闲型购物者	喜欢体验多样性的购物经验，但在各种社会交往中，将消费品当作回报、承诺和贿赂物品
谨慎型购物者	经济实惠的消费观，使购物者形成了有趣且小心翼翼的购物习惯
节俭型购物者	喜欢与家人一起购物，享受节俭、货比三家以及贵重物品要等大削价时才去购买的消费观念和购物乐趣

（二）时尚产品的身体消费需求

时尚产品的应用实践研究需要通过身体的消费需求得以验证。显而易见，关注身体这一议题，关注点不外乎是以身体需求为先，从身体对时髦、前卫的追求必须经由时尚的通道的理论观点可知，时髦的身体需求同样离不开时

---

① 参见西莉亚·卢瑞：《消费文化》，张萍译，南京大学出版社，2003，第 4 页。

② 西莉亚·卢瑞：《消费文化》，张萍译，南京大学出版社，2003，第 234—235 页。

尚产品的塑造与包装,由此而形成的时尚产品满足身体消费需求,在验证身体消费需求与时尚产品应用价值的互动关系的同时,将现实身体消费需求蜕变为“最畅销的时尚产品”。基于“最畅销的时尚产品”这一目标制高点,在消费社会这样一个被身体所包围,并以消费群体和身体消费需求为特征,改变人们衣食住行的日常生活的同时,不遗余力地将身体的消费需求渗透到关注身体自身的需求,按身体消费需求的性质分类,可分为吃的需求、穿的需求、用的需求。

第一,吃的身体消费需求。这种消费需求的时尚因时代的不同而出现不同的流行食品,所以身体对吃的消费需求因时尚流行的不同而存在差异性。例如20世纪五六十年代,流行高热量、高蛋白食品(巧克力、牛奶及其制品,牛肉、鸡蛋),20世纪七八十年代以来,健康无公害的天然食品成为流行食品,20世纪90年代,世界主要发达国家和中国等一些新兴工业化国家,绿色食品新概念独揽吃的时尚,无污染、无农药残留,不使用化肥、添加剂,采用有机肥料的各类食品成为身体消费需求的主流。[①] 进入21世纪,淘宝、天猫、抖音、吃播、网红打卡等新一代吃的流行时尚模式的创新,在丰富大众生活方式的同时,为吃的身体需求消费提供了丰富的消费选择,使我国吃的消费需求向年轻化、多样化、时尚化转型。

第二,穿的身体消费需求。一方面是身体本能的需求,例如笔者在时尚、衣着与身体的研究中,提及的遮羞、保暖所形成的消费需求关系;另一方面是身体功能的需求,从形形色色的消费观即理性消费观、科学消费观、奢侈消费观、从众消费观、享乐主义消费观、炫耀性消费观等概念,来解析服饰所赋予身体功能的消费符号需求。在人们日常生活中,为了显示自己的身份,专门购买奢侈、贵重首饰,以这种消费符号来满足自身追求社会地位、名望的消费心理,一旦当季最新款的时尚服饰进入市场,符合这类身体消费需求的人群就会形成一种消费时尚流行浪潮,产生身份消费需求的第一阶段。在攀比心理和模仿消费的带动下,有些企业抓住这一消费需求心理并广泛宣传,催生了众多消费者因模仿而产生的购买行为,由此模仿的时尚消费需求带动了社会人数众多的中等消费阶层而发展为从众的消费需求,从而产生追求时尚身体消费需

① 参见王春利:《消费心理学》,首都经济贸易大学出版社,2006,第161页。

求的第二阶段。第三阶段被称为盲目的身体消费需求,这种需求的特点是明知没有消费需要,但无法摆脱时尚流行服饰的吸引力以及求新求美求名的从众心理动机而产生一种新的购买需求心理驱动力。

第三,用的身体消费需求。用的产品是塑造人们时尚生活、便捷生活的必经之路,可以给身体带来时尚美的消费需求享受和消费需求体验。如化妆品,中国已成为继日本、美国之后的全球第三大化妆品市场,国家统计局公布的最新消费数据显示,从中国化妆品十年间消费数据统计对比来看,2006 年中国化妆品行业销售额首次突破 1000 亿元,到了 2017 年,全年化妆品销售额超 2500 亿元,①对比十年间化妆品消费收入数据可知,以女性为主的消费群体对身体美的需求的重要性。再如汽车作为交通工具进入家庭,不仅节省了上下班时间,而且使周末、节假日驾车出游成了一种身体需求消费新时尚。值得一提的是手机的普及,方便人们保持有效的即时通话,而智能手机则凸显其移动支付和网上办公的功能,构建了"身体、产品、消费市场"的商业体系,将与身体相关生活方式的变化延伸,身体生活的内容、形态与场景都发生根本性变化,导致满足吃的需求、穿的需求、用的需求与购物内容、购物形态、购物场景的消费需求的增长。

(三)时尚产品的身体消费功利性

基于身体消费功利的研究视角,以关注功利这一话题来解读笔者在本书第二章中提出的时尚产品审美需求无功利和时尚经济美学功利性并存的这一理论突破,可以得出时尚产品美学需求是非功利的这一观点。然而,在符合时尚美的标准原则需求下,既要实现企业家所推崇的审美淘汰和更新换代的时尚美学经济效应,又要为时尚产业以及时尚产品获取可观的经济效益,因这种双重功效而形成了时尚美学有关产业链强烈的目的和功利性的一面。为了进一步验证时尚美学研究具有功利性的学术观点,笔者在第二章理论突破的基础上,将身体消费纳入时尚美学功利性研究维度,用身体美学实践解构时尚产品功利性的实践应用价值。

功利是一种最基本的价值,以身体为中心,围绕身体与时尚产品之间的关系思考其功利性,着眼于人类不可能不追求功利,而问题在于追求怎样的功利

① 参见陈文晖:《中国时尚产业发展蓝皮书(2018)》,经济管理出版社,2018,第 16 页。

主义。思考历史上与现实中的功利主义,基本离不开两种情况,即积极作用和消极作用。约翰·斯图亚特·穆勒在其《功利主义》一书中就提及功利主义的这两个作用,即道德与约束力,如以道德为准绳获取终极幸福;如以约束力要求,则功利会成为人的习惯,这种约束力包括社会责任、对他人的情感,可以结合教育、社会舆论或者法律文件等形式实现,如人脱离约束力,则会显得痛苦或难受。① 显然,在物资匮乏的年代,无论是中国所提倡的"黜奢崇俭",还是西方的"禁欲""节欲",均主张以节俭遏制物欲的消费观念,来维持日常生活。这种状况一直持续到工业文明才出现了根本性转变,随着社会的丰富物质,为人民提供了大规模的消费选择,滋生了人们对物质享受的极端推崇。回顾历史的这一消费现象,反思身体的消费已经从原始的身体需求到实现基本衣食住行的身体需求消费,发展为追求时髦的、美的身体,在这种情况下,身体的消费无论出于什么目的,站在什么立场上,都带有浓浓的商业气息和功利气味。然而,在当代的身体消费中,在追求最大的幸福之时兼具功利主义的二重性,即在最美的身体中所获取的最大的幸福,使人积极进取,然而在"物欲横流"的消极作用下,消费的消极作用便油然而生。面对身体消费功利主义的博弈,笔者从以下几方面进行探讨并修正:

其一,基于身体消费的积极进取的功利主义,笔者认为人们应努力坚持求功利与求幸福相统一。改革开放促进了中国经济全方位的高速发展,消费的发展滋生了联结时尚产品与身体的社会活动,伴随国人生活水平的不断提升,大众开始追求有品质的物质生活和精神生活的同时,催生了国人对身体消费的物质需求和精神追求,身体消费不仅成为社交活动中推动时尚产品发展的直接动力,也是社会文明进步的直接体现。

基于21世纪身体带来的强烈的商业气息的侵袭,归属于商业地带的身体功利性凸显这一时代背景以及人们为了某种身体目的而形成的消费符号表达,逐渐将身体消费囊括于功利性的消费维度,因而需要拥有与之相适应的、更加理性的功利主义消费观。一方面,身体作为最美的时尚消费品,因服饰、手机、汽车的多元化消费形态以及整容、健身、节食等身体消费项目的增加,促成了身体从头到脚装扮的消费实践空间,在时尚产品的身体塑造驱动下发挥

① 参见约翰·斯图亚特·穆勒:《功利主义》,刘富胜译,光明日报出版社,2007,第1—5页。

出了身体美的极限,实现了当代审美标准下他或她最美身体的愿景,将身体所有美的功能发挥出来,营造身体无穷无尽的视觉审美价值的同时,身体将时尚美学理论中不能被人们发掘的内在价值从身体消费中得以实现,依靠时尚产品塑造最美身体以获取最大乐趣,彰显身体的外在价值,获取幸福生活的精神愉悦。另一方面,身体作为畅销时尚消费品的载体,需要破除传统"何必曰利"的道德说教,鼓励人们对物质利益进行合理的追求,鼓励人们在合理适度的消费基础上,满足身体消费的物质欲望。当下,商品化的身体功利消费已经成为连接时尚产品与社会关系的纽带,而身体消费需求已经蜕变为"最畅销的时尚消费品"链条的重要一环,在时尚产品与身体消费之间的逻辑关系中,从一个时尚产品走向另一个身体装扮时,消费者购买时尚产品 A 时,出于自我价值体现或者满足个人欲望,而购买了时尚产品 B 和 C,①这说明消费者瞄准的不是时尚产品,而是身体的功利价值。然而,在人们追求物质欲望时,身体消费实践要摒弃炫耀性消费、攀比消费、过度消费、无节制消费的心理误区,倡导主观与客观、可能与现实、感性与理性、思想与行动之间的平衡或一致的健康消费需求的适度和必要的节制,让一个符号参照另一个符号,让一个时尚产品参照另一个时尚产品,让一个时尚产品的身体消费参照其他时尚产品的身体消费,降低人们的物质消费需求,提高其精神消费追求——人类最高层面的精神需要,这是对有序且积极追求身体消费功利性的另一个解读。

因此,身体消费必须将合理的求功利与求幸福相统一。身体消费在社会交往过程中往往是对功利的追求,而追求功利的终极目标正是对幸福的追求,而不是仅体现在社会活动上。

其二,基于身体消费的消极功利主义,我们需要努力修正"物欲横流"的消极作用。由于人类对身体的理解总是取决于当时盛行的时尚,将身体消费纳入时尚美学消费研究的视野,并自觉地关注人类日常生活中时尚美学消费领域的身体问题,并按其本性将身体所引发的身份、美学、时尚等相关问题纳入消费领域并影响消费的层次和走向,使身体消费成为人类获得功利性的手段和目的。

当下有三种有关身体消费的观点:第一,凡勃伦在《有闲阶级论》一书中

① 参见让·鲍德里亚:《消费社会》,刘成富、全志钢译,南京大学出版社,2014,第 6—7 页。

提出了“炫耀性消费”术语，即部分人群通过华丽的服装、精美的家庭装修、名贵的首饰等表现或者炫耀自己，来彰显自己高贵的身份和地位，以实现获得社会认可的功利目的。第二，珍妮弗·克雷克在《时装的面貌》一书中提出“为了体面而装扮的观点”①，例如从19世纪晚期，男子服装以统一的颜色、风格和布料为特点的简化服装成为势不可挡的潮流，到20世纪，套装作为白领职业的体面男装的典型代表一直没有受到威胁。然而，体育宣扬男子肌肉特点的同时给体育服装提供了合法的渠道，人们缓慢地认识到运动的实际需要比体面观念更为重要，即便如此，到了19世纪晚期，运动员们才将外衣和法兰绒长裤（变形的办公套装）换成特制的体育服装。与此同时，由于中产阶级将牛仔裤作为反体面观念和社会规范的标志，时装业力图将牛仔裤变成一种定期变化的时装，随着越来越多的富人开始穿牛仔裤，美国时装设计师加尔文·克莱因于1989年推出“裁剪得体”的加尔文牌牛仔裤，克莱因利用名牌牛仔裤、两性通用牛仔裤的特殊性，使普通牛仔裤注入了高级时装的特性而一度成了一种体面服装，男子的服装所表现出的不同体面观念的装扮，说明了服装设计师所推崇的身体消费理念与时装消费者多变的消费趣味契合了身体体面消费的价值。第三，2008年年底全球金融危机爆发以来，反思美国所推崇的“超前消费”特色，虽然一度为美国经济的快速发展做出了贡献，但是当这种消费理念引入中国，并被部分中国人效仿的时候，“超前消费”被消费社会时尚浪潮极力地推进了身体的消费，从而使得身体彻底沦落为功利性和商业行为。不同的身体消费观所推出的“新”的时尚产品，均为身体消费提供了一次又一次实现功利欲望的机会，但因此而形成的身体消费享乐主义者在疯狂消费之后，所造成的生产过剩、资源浪费、社会发展失衡等问题值得消费大众重视。因此，应当彻底转变大众身体消费观，树立起身体可持续消费观念来引导并修正人们的物质需求。

通过分析上述不同的身体消费观念可见，当今身体作为时尚产品消费的核心，以功利主义为目的的身体消费符号来获取最大利益的消费观念和消费行为已经屡见不鲜。例如利用轻松休闲的生活观念，将运动装、旅行装、牛仔裤、休闲服、帆布提包、慢跑鞋、自驾游等营销理念引入身体消费领域，推动衣

① 珍妮弗·克雷克：《时装的面貌》，舒允中译，中央编译出版社，2000，第255页。

食住行等全方位的时尚产业、时尚产品消费模式。近年来,消费市场在推崇身体美的形象理论上所塑造的“瘦就是美”的概念已经深入人心,这种全民高度认可的身体美的标准盛行至今,随之而来的形象设计、化妆、瘦身、健身、整容等的消费盛行,俨然已经成为时尚产品与身体消费高度契合典范,身体消费推动了有关时尚衍生产品的再生,开拓时尚产品身体消费符号的市场空间,同时时尚产品又源源不断地生产、制造着身体美的神话,不可否认,两者的双向联结为时尚产品以及相关产业带来了巨大的商机和利润。与此相反,人们在追求身体美的消费过程中所带来的危害也不可小觑,在减肥、整容的身体常态化的驱动下,过度减肥而引发的厌食症,整容后的美丽所承担的手术风险与后遗症,或者因整容失败而惨遭毁容以及为支付高额的整容费用不得不进行超前借贷消费等个案,不仅给个人的身心健康带来危害,甚至给一个家庭带来沉重的打击与伤害。值得大众警醒的是,个人的身体消费功利主义行为,无论是为了社会交往的需要,还是为了获得赞美本身的有用性而强行甚至是无节制地对身体进行加工、改造,无形中将身体沦落为“人造美的加速器”的功利主义消费的极端行为,纵使个人“欲望”得到了暂时满足,但依然不能掩盖精神世界的“贫困”,依然解决不了精神世界所面临的困境——人们并不能感受到真正的幸福。因此,反思历史与当下的消费主义生活方式,人们从中国传统消费文化中发现其所蕴藏的宝贵的生存智慧,能够为解决经济与消费危机以及诸多全球性问题提供良方。我们应当很好地继承并发扬中华传统消费文化并将其引入当下身体消费的“炫耀性消费”“为体面而消费”“超前消费”“过度消费”“无节制消费”“借贷消费”“啃老消费”等消费观念,使之与当代时尚美学研究的发展和现代社会文明相结合,建设一个“量入为出”的可持续消费的社会。

三、时尚美学与身体传播

人类对身体的理解总是取决于当时盛行的时尚,因而被时尚塑造过的身体,越来越接近于一种理想身体的审美标准,这无疑是为了满足人类对身体美的需求或欲望。基于人类社会交往中时尚美与身体美的相互成就,促成了身体作为时尚美的传播工具,在时尚美学实践研究过程中所发挥的桥梁作用。毋庸置疑,在全球化消费浪潮的冲击下,当代的时尚产品被无孔不入的身体广告所影响,无论是传统纸媒还是巨幅广告牌,抑或电影电视、互联网络等各类媒体所张扬的有关身体的时尚产品,经由身体传播媒介转化成时尚身体产品的这一重新赋值。经由这一赋值,笔者试图以时尚美学与身体传播实践关系为研究视角,从身体美的传播、身体传播解构时尚产品实践的经济价值、时尚产品塑造身体传播的应用价值三个方面,探讨身体传播在最大限度地扮演时尚产品传播意识形态最佳符号承载者的角色。

(一) 身体美的传播

当人的身体作为时尚产品的传播媒介时,所呈现的重要特征有两种:一是人的身体作为时尚产品传播者又作为时尚产品接受者的双重性;二是人的身体可以提升时尚产品的流行资讯档次,进而能体现时尚产品所引申出来的文化与科技发展态势。因此从传播角度,将着眼点回归于身体本身,力图从身体美的演变历史,着眼于身体美的传播视角,探讨身体移动媒介传播方式在解构时尚美学研究中的独特性与不可替代性。

阐述身体美的传播应着眼于身体美的演变历史,力图从身体审美演变过程中发现身体传播中蕴含的身体美与时尚美的双重价值。众所周知,身体美所形成的不同审美标准,源自人体从孕育到死亡都被技术化,这种被时尚塑造过的身体,将人类器官演变为器官工具,从器官媒介演变为媒介机器;从简单身体装扮演变为身体面具,从身体角色演变成身体自身发展这一过程中,在人们交往、模仿、传播中将身体技术的时尚化的演变面貌展现得淋漓尽致。举例来说,在 18 世纪时,日本颁布了一种阻止商人穿戴贵族才能穿戴的“上好绸缎或金银饰物”的禁令,因而商人们为了显示自己身份地位,将昂贵的文身作为服装的替代物而广为流行,并一度发展为受人尊敬的身体装扮,以至于在日本出现了一家专门展览有文身的皮肤的私人博物馆。1980 年以来,文身在西方的流行性有所回升,发展到今天的全球化文身装饰也是此起彼伏,非永久性文身(张贴文身)和可去除文身技术的发展,为文身提供了张扬身体美的个性标志,人们可以根据自己喜好任意选择各类文身主题、图案和技术来装扮自己的身体。到了 19 世纪晚期,随着广告、美容产品和杂志中图片的增长,在推动化妆品和消费时装大量生产的同时,美容技术也得以发展,因而“化妆”受到尊重便顺理成章,而且一度被认为是女性身体美的必需品。这一时期,化妆品广告及其使用功效的集中宣传,使消费和女性的身体形象连成一体,并成为女性身体美的重要组成部分。虽然,广告和时装被认为有能力从根本上改造身体美,但是在具体运作中却受到了妇女楷模的限制。正如《威尔士王妃时装手册》中以戴安娜的服装实例,教会读者如何用服装表现身体,如何使身体语言与环境相配合。当时,戴安娜的(模特般的)瘦体形被誉为理想体形,适合这种理想体形的服装并不适合其他体形,因此该书的作者为下列四种"有缺陷"的体形改造了戴安娜的服装:沙漏型体形、短腰型体形、梨形体形和头重脚轻型体形,其服装改造的目的完全是为了掩饰身体缺陷。可见,女性改造身体,为了让自己达到身体审美的标准而打扮,是对身体美的重新创建,并涉及体形、手势、姿态、举止以及身体表面修饰的身体美表现技术的一部分。

从19世纪晚期到20世纪,身体技术的时尚化所彰显的身体美的演变升级,提出通过对身体美的管理,使身体受到训练并做出反应而成为"有用的"身体。然而,这种有用性在对身体的理解和身体的利用的观点中,对身体的控制变成通过节食、运动以及药物来达到人们追求理想的体重和体形的目的。统计显示,20世纪晚期几乎所有的西方女性都对自己身体的某些部位不满意,其不满意程度依次为大腿71%、臀部58%、腹部56%、髂部40%、腿部32%、乳房22%及上臂17%。[①] 无疑,这些数据支持将节食作为获取理想形体的观点,与楚王好细腰、宫中多饿死的节食现象一样,那些以病态方式追求某种理想体形的厌食症患者和饥饿症患者对自我身体形象的歪曲最为严重。但是,进入21世纪,身体技术的时尚化比以往任何时候都有机会适应这一科技发展的时代。以往通过化妆品、体形锻炼来修饰身体均具有一定的局限性,取而代之的是通过美容手术对身体进行直接干预(这个部位减少一点,那个部位增加一点),使越来越多的身体有能力获得并适用于任何年代的理想的美貌。随着美容手术成为一种产业,即便是在仅有460万人口的国家挪威,在2004年,大约有8万挪威女性接受了美容手术,超过2.5万的人称她们考虑要做该手术。这当然还不包括"所有"女性,部分男性也顺势而行。近来一项研究称,美国男性对自身的外表不满意程度占到43%,这个数字是25年前的三

① 参见珍妮弗·克雷克:《时装的面貌》,舒允中译,中央编译出版社,2000,第93页。

倍。[1] 确实,美容手术的常态化,在使越来越多的女性和男性通过美容手术来修饰他们的外貌的同时,也使人类身体达到了先天条件自我发展无法达到的一种极端化审美标准。当下,尽管身体美的标准仍然是纤细苗条而又朝气蓬勃,但是保持这种美丽的身体必须有足够的脂肪与肌肉,以此来证明为了达到苗条的、理想的身体美,需要在美学的身体、运动的身体、节食与美容手术的身体、摄取食物的身体融合中把握健康与适度这一原则。

(二) 身体传播解构时尚产品实践的经济价值

从身体传播到时尚品牌产品经济的发展,依托身体的移动传播媒介,将被传播的服装、首饰、化妆品等时尚产品与身体结合在一起,不断加快时尚品牌产品经济增长的步伐。当代世界的服装、首饰、鞋袜、化妆品等时尚品牌产品最佳的传播和扩散方式之一,就是移动的身体。目前,身体传播已经成为时尚品牌产品发展以及时尚品牌产品经济发展的重要途径。随着经济全球化不断加快,时尚品牌产品市场竞争愈演愈烈,服装、首饰、鞋袜、箱包、化妆品、眼镜等各类时尚品牌要想打开市场销路,迅速实现在国内乃至国际市场上占领一定份额的目的,借助身体自身所承载的大量视觉移动信息,能够精准地通过大量动态图像、色彩、形状或空间等视觉移动元素的独特魅力,这种身体视觉移动传播正好契合了时尚品牌产品面对面、身体对身体所进行有效的视觉说服力度,最终将品牌形象渗透于消费大众的意识中,在提升时尚产品品牌销量的同时,也对推动时尚产品品牌经济发展乃至应对其在激烈的市场竞争变革、整合和发展壮大中发挥了重要的促进作用。

从消费身体和商品身体的传播到时尚产品消费价值增长,一方面消费身体的传播,围绕身体的吃、穿、住、用、行等广义的消费需求,促使其身体的消费需求欲望在生产的刺激下而不断扩张。在消费社会中,身体扮演了生产、消费者和消费的角色,因而消费身体这一有力吹鼓手,助推着一波又一波消费浪潮。身体广告的视觉语言告诉人们,提高身体吸引力的重要手段就是身体装饰。比如奢侈品消费所显示的炫耀或炫富心理,眼影、睫毛膏、粉底液等化妆品能掩盖身体表面的缺陷,戒指、美甲可以使双手富有美感,项链可以凸显脖颈和胸部之美,高跟鞋可以修饰形体使得身体更加性感等。在这种只有不断

---

① 参见拉斯·史文德森:《时尚的哲学》,李漫译,北京大学出版社,2010,第80页。

消费身体才能装扮出理想的身体的传播刺激下,越来越多的时尚产品成为身体的消费对象,越来越多的人相信身体装扮的时尚消费品越多、越昂贵,身体就越高贵。于是,几乎每个人的身体一时之间都成为时尚产品流动的广告,提升时尚产品消费需求增长的同时,身体依赖所消费的时尚产品来建构自己的身体体系。另一方面商品身体的传播,如波德里亚提出身体在消费体系中具有最为重要的地位,比其他物品显得更加美丽、珍贵和光彩夺目,比加了重物的汽车更具沉重的内涵。① 显然,在商品社会和消费社会中,当身体的一切形态都集中于"交换价值"视野时,身体也成为被消费的商品、被消费的对象。人的身体毫无疑问被符号化为"最美的消费品"。在商品社会和消费社会中,身体确实是人人都有、最容易开发、最容易引起关注的资源,这种资源为时尚产品的开发提供了可开发、可生产、可消费、可拥有的设计领域与新产品拓展的机会,当身体成为欲望和消费的对象时,佩戴眼镜以及选用各类眼影、睫毛膏甚至是经过美容手术加工的眼睛,品尝各类美食的嘴,戴戒指、拿包包的手,穿上各类时尚鞋子的脚,穿着多品类服饰的身体,坐拥几十万或成百上千万豪车、豪宅的身体等。可以说在肆意开发身体并激发身体消费需求与消费欲望的实践中,身体在衣、食、住、行的时尚产品包裹下对其进行扩散和传播的同时,时尚产品一旦发现身体新的商机,便将商品身体游走于生产、销售、消费的视觉传播关系网中进行无限消费。因此,商品身体开发的有限性与商品身体传播的无限性对时尚产品消费价值增长起着至关重要的推动作用。

(三) 时尚产品塑造身体传播的应用价值

时尚产品以其独特的视角审视身体传播的价值。众所周知,用身体直接传播服装、首饰、鞋袜、箱包、化妆品、眼镜、汽车等时尚产品,推动了时尚产品的品牌影响力、知名度和产品价值增值。但值得一提的是,时尚塑造身体美的驱动力不可忽视,从身体被时尚产品包裹之后进行装扮或塑造的实践应用效果来看,对身体的体型、身份、职业、阶层等可塑性的审美标准造成了影响。反过来,身体也会影响时尚美的标准,两者在双向传播过程中相互影响并互相成就。首先,从时尚演变规律对身体的影响来看,社会心理学家和社会学家习惯将时尚看作有进化能力的有机生命体,将其演化规律称为时髦,如设计的新款

---

① 参见让·鲍德里亚:《消费社会》,刘成富、全志钢译,南京大学出版社,2014,第120页。

服装,刚展示时,可称为时髦,但当这种时髦与身体相结合变为装饰或者炫耀之后,着装的身体所反映的就是地位、财富、身份和教养的象征符号,变为一种时尚,一种时尚的身体与身体的时尚的价值观念或行为方式。其次,从时尚产品对身体美的传播来看,在工业社会之前时尚产品对身体美的传播作用并不鲜明,主要原因是生产力不够先进,所生产的物质商品不够丰富,而且人们工作时间较长,没有足够闲暇时间用于消费,使得民众虽有追求身体美的要求,但客观条件不允许。随着生产力的提升和经济的发展,民众消费实力显著提高,服装、首饰、鞋袜、箱包、化妆品、眼镜、汽车等时尚产品迅速占领市场,刺激人们身体装扮需求不断增强,身体在多元化、品类丰富的时尚产品装扮之后,出现了活泼的、优雅的、性感的、妩媚的、干练的、绅士的、精英的、成功的等多样性与可变性的身体代名词。于是,这些可以代表女性和男性形象的身体美被大胆塑造出来,使身体在社会活动实践中无限扩大和传播着身体所赋予的地位、财富、身份和教养等身体符号,运用这种身体符号的传播手段进一步缩小个体在社会交往关系中身体与身体之间的差距。换句话说,在当今的快节奏时代,能够想象的是,缩小身体之间的差异,通过时尚修饰身体外在形象来掩盖身体的本来面貌,力图用时尚与时尚产品的力量助推身体美的模仿与传播力度,同时用身体美的传播媒介解构时尚产品实践研究中的经济价值与美学价值具有不可替代的重要作用。

第四节　时尚美学与身体美学的转型问题

时尚美学与身体美学的转型问题是本章节论述的重点。面对时尚美学与身体美学在实践问题中所生成的时尚身体美学议题,该问题的提出将时尚身体消费观念的转型、时尚身体审美观念的转型以及当代时尚身体美学的重建作为其探讨核心,进而从系统的理论与实践层面思考这一议题所面临的实践困境转型与现实挑战。

以上分析表明,时尚身体在当今的消费时代趋向可持续消费、重视质量消费和追求精神消费观念转型及其实践的主导方面,在值得肯定的同时,面对大众时尚身体审美趋向日益崛起的情况,从精神层面审美需求的提升到良好审美趣味的培养再到聚焦审美理想的共建，均表明新的消费观念的转型与审美观念转型需要着眼于大众日常生活实践，从根本上消除时尚身体美学的道德色彩和欲望泛化。正是受这种特定时代时尚身体美学所生成的消费观与审美观的相互渗透与影响，当代时尚身体美学的重建才逐渐得到重视。但值得注意的是，由于我们所面临的时代，是一个转型快速但缺乏社会有效引导的时代，因此特别需要重建人文精神和大众日常生活对时尚身体美学的持续性支撑，为时尚美学可持续研究提供一种理想图景的可能。

一、时尚身体消费观的转型

在这个主宰消费者身体为时尚的时代，身体投资与身体开发已经在中国不断滋长，成为消费社会时尚美学与身体美学的一大景观。反思中国人对自己身体的伤害与修复中所获得的全新身体发展观，即1949—1980年的身体使用时代，1980—2000年的身体投资时代，2000年至今的身体消费时代。① 面对身体的过度使用与疯狂修补的恶性循环这样一个时代，提出以时尚身体消费观的转型为主题，遵循时尚身体的可持续消费，以期可以突破以往的时尚美学实践研究。因此，回顾身体消费功利主义的积极作用与消极作用的实践立场，修正停留于时尚身体消费表层的无节制的、过度的、片面的物质需求与物质享受，遏制为满足人类贪婪的物欲而实现单纯经济增长以及消费数量的增加所造成的社会畸形状态。因此，笔者力图将时尚身体消费的弊端囊括于时尚身体可持续消费的发展语境下，以改变大众消费价值观为宗旨，树立从时尚身体过度消费到时尚身体的可持续消费，从重视时尚身体消费数量到重视时尚身体消费质量，从享受物质消费第一到追求精神消费第一的转型，实现当代时尚身体健康消费与全面可持续消费最终目的。

（一）从过度消费到可持续消费的转型

在各种不同身体之间的差异、融合、冲突的互动过程中，过度消费的物质享受观念造成了资源过度开发与消耗，加速了地球与人类濒临毁灭所带来的生活质量下降，致使人与自然、社会的失衡带来不可持续发展的严峻挑战。因此，改变时尚身体过度消费观已经成为当下乃至未来继续关注并重视的课题。

① 李西建：《消费时代审美问题研究》，商务印书馆，2013，第214页。

那么,应当如何消费,如何改变人们过度的、无节制的、片面的贪婪物欲,德谟克利特提出节制是控制欲望的主要手段,人所追求的快乐有很多种,只有高尚的有节制的快乐才能持久,同时为了满足人的感性欲望,人需要知足,他认为适度就是幸福。① 卢梭在其《爱弥儿》中也提及如果用金钱可以买到任何东西,那么首先要买的就是时间自由,因为这是所有人都喜欢和最想占有的,其次就是健康,但是人为了健康就必须节制自己的欲望,因为健康是生活乐趣的根本。因此,应当节制欲望,树立起时尚身体可持续消费的新观念,满足人们正当的时尚身体需要,遏制虚假的、过度的时尚身体物质需求。

从时尚身体可持续消费概念来看,包括有关时尚身体的生活消费和生产消费,这种全新的时尚身体消费模式,有利于提高当代人的生活水平和生活幸福指数,既适用于任何收入水平的群体,也不妨碍未来生活水平的提高;从时尚身体可持续消费基本内涵来看,作为一种价值观念和生活方式的时尚身体可持续消费发展观,在对时尚身体消费的生产、消耗、废弃的全过程中尽量减少对环境造成负面的影响前提下,遵循人类时尚身体与经济、社会、环境之间的协调与均衡的系统原则,提倡一种所谓“新五四”精神的时尚身体可持续消费理念,即现代时尚消费理念“五 R”,包括节制(Reduce)、品质(Re—evaluate)、文化(Restore)、可重复使用(Reuse)、循环再生(Recycle);传统价值“四 S”,包括简单生活(Simplicity);精神追求(Spirituality);运动强身(Sporting);与自然和谐相处(Sustainability)。② 在全球共同的联合与努力下,使人类一代一代地与自然和谐共处,持续生存和发展;从当代时尚身体可持续绿色消费的发展趋势来看,当前国际市场上“绿色食品”“绿色汽车”“生态住宅”等形形色色的绿色产品无处不在。例如美国废旧汽车处理业,将其约 75% 的重量回收再利用或者翻新后重归市场。中国关注食品绿色安全,提倡建设绿色场所(如绿色奥运),全面实施的垃圾分类、碳高峰以及买房限购、买车限购的中国特色的限购消费哲学的消费生活,将有关衣、食、住、行的可持续作为一种发展战略,在保证经济的可持续增长,时尚身体消费的可持续牵引的同时,呼吁越来越多的人逐步认识并决心要走可持续发展之路。

---

① 参见周笑冰:《消费文化及其当代重构》,人民出版社,2010,第 246—247 页。

② 参见周笑冰:《消费文化及其当代重构》,人民出版社,2010,第 249—250 页。

(二)从重视消费数量到重视消费质量的转型

时尚身体消费的大范围扩张,使越来越多的人将消费数量等同于满足体面的、高质量的生活,以购买商品的数量作为幸福指数。然而这只是短暂的、虚假的幸福,生活幸福的决定因素与消费无关,而与婚姻和家庭幸福感、工作成就感、发展前景和潜能以及社交产生的人与人之间的友谊有关。有时,在生活中不是通过正常方式获得的大笔金钱往往以失败告终,比如中了大奖的人会失去其原有生活,被原有社会关系所孤立,甚至原来的关系密切的家人和朋友也与他疏远。还有一些针对高收入人群幸福感的问题,部分精神分析学家认为挑战性和技巧性工作岗位往往比机械性岗位更有趣,比如白领相对蓝领来说工作幸福感强,即经理、董事长等岗位人群比那些低等级工作岗位人群的精神回报多。

正如迈克尔·阿盖尔在其《幸福心理学》一书中提出社会关系、工作岗位、空闲时间是真正影响幸福的主要因素,但由于消费过程被过度商业化,导致这些因素被忽略。① 所以,幸福并不直接和物质相关联,两者没有必然联系,艾伦·杜宁曾提出当前人们的财富是其祖辈们的四倍半,但并不能说幸福指数也提升四倍半,高消费能带来幸福感的论断具有讽刺意义,个人幸福与消费之间相互作用微乎其微。随着社会经济发展,人们越来越忙碌,影响幸福感的社会关系和空闲时间越来越少。被消费获得的虚假幸福感所蒙蔽,人们经常会感到莫名其妙的空虚,进而又继续通过购买商品来满足自己社会交际、心理安慰以及精神的需要。社会学家通过研究发现,随着当前社会消费水平的提升,购买的物品再多,也不会让人得到期望的幸福感或满足感,但通过道德约束,降低人的物质欲望和消费水平,也只能是一种理想。然而,从时尚身体可持续消费观念出发,在缩减消费者消费数量的基础上,努力将部分消费转移到高质量、低产出的时尚身体耐用品上,通过闲暇、人际关系和其他非物质途径来得到满足的同时,实现从重视时尚身体消费数量到重视时尚身体消费质量的消费价值观的转型,进而为维持人类可持续环境改变大众身体消费价值观的最终目的。

---

① 参见艾伦·杜宁:《多少算够——消费社会与地球的未来》,毕聿译,吉林人民出版社,1997,第22页。

(三) 从物质消费第一到精神消费第一的转型

通过上述人类可持续环境、闲暇人际关系和其他非物质途径来得到满足的消费观点来看,实则是提倡一种缩小对时尚身体物质消费的占有欲望,转而追求时尚身体精神消费的满足。人们的幸福感并不随着物质购买或者消费来实现,物质财富越多,并不代表越幸福。因此在物质提升的同时,提升人们的精神素养,满足人们精神生活需求,才能最终得到幸福。

诚然,时尚身体的物质消费与精神消费一样,都是时尚身体需求的两个基本方面。但是两者之间存在着较大的差异,从时尚身体物质消费来看,大众对时尚身体消费品的购买、拥有、享受、花费,都只是消费“事先的必要条件”。显然,着眼于对当下时尚身体物质消费的重新界定,如斯坦福大学蒂博尔·斯克托夫斯基曾提出消费上瘾论,即许多人在购买奢侈品后会将其演变成必需品,不断去发现并购买新的奢侈品。① 这样的消费现象,无疑使时尚身体的物质消费在诸多层面重新打造着身体,用常穿常新的服装与随穿随扔的服装消费观,或者用前所未有的速度去毁掉、穿坏、更换或扔掉的时尚身体物质消费模式,推动物质消费增长轨迹而上扬消费线,对资源的掠夺性开发,成为环境危害高涨的指示剂。通过购买物品达到物质需求的满足,形成日常存在的攀比状态,即要比他人有更多的物质消费,这样形成无休止的恶性攀比和竞争。换句话说,要抵制时尚身体物质消费所带来的侵蚀,最佳方法是在当下物质需要已基本得到满足的前提下,以合理适度消费又不会破坏环境为基准,着力将精神生活品质作为衡量生活消费和生活质量的重要标志,补足快节奏生活常态下所欠缺的精神富足与精神愉悦,让精神消费成为人们完善自身和实现人的全面发展的重要内容。

既然将追求时尚身体精神消费放在首要位置,就需要建立时尚身体与精神消费的契合方式,一方面实现消费方式的全面发展,在时尚身体物质消费和精神消费关系上,避免使人陷入异化消费,沦为“消费机器”而不利于人的全面发展。面对人的物质消费需求,摒弃一味追求时尚、追求品牌、追求高档的消费模式,将关注点集中在满足衣、食、住、行的基本物质生活需求的同时,更

---

① 参见艾伦·杜宁:《多少算够——消费社会与地球的未来》,毕聿译,吉林人民出版社,1997,第21页。

重要的是追求人特有的精神生活和需求,即通过精神消费来达到幸福,当然物质消费还是必要的,因此物质与精神消费需要达到平衡。① 另一方面,需要重视培养国人的美育教育,提升国人尤其是广大青少年学生的审美素养和审美能力,才能让国人真正体会时尚身体消费品中物质美与精神美共融的幸福感和愉悦感。所以,从享受时尚身体物质消费第一到追求时尚身体精神消费第一的转型,需要国人从自身的现实需求出发,树立取之有理、享之有度的适度消费观,做一个精神上的富有者。

二、时尚身体审美观念的转型

审美观念,广义上是对美的现象的总体反映和认识,或者说审美主体(特指人)对审美客体(一切事物)的反映和认识。狭义上是审美主体(特指人)对美的事物和现象的态度和见解。② 审美文化一直以来都被摆放在“金字塔”顶端,自成审美观念体系,成为与其他文化形态交互作用的主要沟通环节。因此,当代中国在审美领域的新变化和新发现中,诸如社会群体成员的审美生存行为、审美态度、审美意识的自觉、对美的追求以及审美生活的普及化与广泛化,正是由审美观念的变革所带来的结果。

虽然大众对时尚身体的审美观念变革的主流趋势表现出积极健康的面貌,但是时尚身体所呈现出的商品形象日趋浅显化与媚俗化,同商业价值共生一体之后,集中体现了时尚身体群体性的审美需要、审美趣味和审美态度,为人们提供了大量“理想身体”的形态供大众模仿,同时也难免带有某些经验的、随风入俗的、盲目从众的社会心理情绪,其结果在一定程度上不仅打破了时尚身体所创造的经典形象,而且由此产生的泛形象崇拜(歌星、影星、舞星、笑星、体育明星、媒体明星、广告商品等)、经过整容的网红脸(大眼睛、尖下巴、高鼻梁)等时尚身体审美观念开始蔓延,并大面积地覆盖人们的视听器官,这种具有批量性形象泛化产生的直接危害是引发“审美疲劳”,进而导致审美判断力的下降,甚至丧失审美判断力。因此,笔者提出时尚身体审美观念的转型这一议题,围绕审美观念的内在转化,推动时尚身体新的审美需求,不断提

---

① 参见胡振生:《生态环境的恶化呼唤共产主义》,《当代思潮》2000 年第 4 期。

② 参见李西建:《消费时代审美问题研究》,商务印书馆,2013,第 77 页。

高审美趣味和审美教育,真正解决时尚身体从模仿到再造、强化再到消费的逻辑方式中存在的困惑与问题。

(一)时尚身体审美观念转型中精神层面审美需要的提升

随着社会的不断发展,时尚身体在消费需求得以满足的同时,时尚身体的审美需求也将被推向更高的发展水平。笔者在第四章第三节中提出将身体自身的需求渗透到关注身体消费需求中,依据身体消费需求的性质分类,探讨了身体消费的三种基本需求,即吃的需求、穿的需求、用的需求。然而,分析时尚身体审美观念的转型,仍然要关注审美需求,将问题转移到马斯洛所提出的"需求理论"中,时尚身体需求除了生理需要以外,遵循其递进规律即基本性需求向精神性需求逐渐发展,并直接反映与时尚身体审美需求的联系。首先,在安全需求上,立足于时尚身体的安全装扮(如男士洽谈合作的代表性装扮即西服套装配领带),在社会交往、交流和接触中达到一种有效沟通,取得一种心理上有所归依的安全感,达到一种心理认同和身份认同。其次,在情感需求上,时尚身体代表一种生活方式,这种生活方式是一种选择,让身体适应世界变化,得以更好生活的同时,让时尚身体成为理想生活的必备要件。① 例如,原始人为什么在生产力低下的情况下,不遗余力地烧制一只动物形器皿,相信除了满足人类实用之外的某种需要,最合理的解释便是审美需求,试想一下,烧纸陶鸮尊比烧制圆筒形套杯花功夫,从实用观点来看确实是无用功,但是从巧妙的设计、精美的制作、身体的审美体验观点来看,给身体带来的情感抚慰、精神享受以及对生活的热爱与追求的确是有用的。反观原始人的审美情感需求,着眼于当今时尚身体的品牌产品消费市场,每一年每一季琳琅满目的新品餐具层出不穷,以较高的市场价值为目的,赤裸地迎合当代人追求理想生活方式的审美情感需求。可见,古今在器皿上增添的审美因素,不仅体现了审美需要比实用需要更高级,同时这种审美形式也满足了人们对时尚身体胜任理想生活向导这一重要角色的肯定。再次,在尊重需求上,为了使自己拥有尊严又能获得他人尊重,一方面追求人体美,这是建立在身体气质和文化修养基础上,通过肢体语言、服饰与时尚身体形成一种有机的联系,以此表明自己的身份和社会地位;另一方面追求人格美,体现在社会关系和交往中,是靠人格魅

---

① 参见拉斯·史文德森:《时尚的哲学》,李漫译,北京大学出版社,2010,第148页。

力取得尊重和爱戴。① 从马斯洛的多样化的需求延伸至审美需求，在所呈现的安全需求、情感需求、尊重需求与时尚身体的多元化装扮的关系中可以看出，这种审美需求从理论到实践、物质到精神、身体到心理的层面具有了从低级到高级的发展轨迹，这种高级形态的审美需求实则是在满足时尚身体物质需求之后，将精神层面的审美愉悦的观点作为时尚身体审美观念转型中新的审美需要，进而将审美精神愉悦转化为时尚身体内在的信念和信仰，不断激励时尚身体参与、介入新的审美生活实践，并将其注意力和社会活动引入新的审美崇尚和新的审美追求方面。

（二）时尚身体审美观念转型中良好审美趣味的培养

审美趣味是具有倾向性的主观爱好的特性，其形成是随着人类社会发展而生成的带有个性和多样性的对审美对象做出的审美判断。审美趣味有时表现为普适性和一致性，有时又表现为差异化和个性化的特点，表面上看审美趣味体现为对审美感兴趣，或者是具体的、有前置性的审美标准。② 虽然影响审美观念体系的因素较多，但最重要的因素还是时尚身体，但是时尚身体本身的审美鉴赏能力就具有偏向性，这个偏向性在一定程度上会制约或影响审美行为，即时尚身体对时尚产品鉴赏和评价时有所侧重，导致“畸趣身体”的产生③。无论是因强迫而营造的畸形美还是自由追求所谓的美，均不值得模仿与提倡。因此，为了摒弃病态的、畸趣的、庸俗的身体审美趣味现象，急需进一步培养良好的、健康的、积极向上的审美趣味。

基于以上原因，在培养良好审美趣味的观念中，一方面，强调脱离庸俗趣味，克服审美趣味的单一化。着眼于多姿多彩时尚身体美的具体形态，以开放的胸怀和开阔的眼界唤起大众积极的审美介入，用思想来改进人们判断审美趣味中美与丑、好与坏、高雅与低俗、精致与粗放的能力，正确引导人们鉴赏不同时尚身体形态所折射出的特质和魅力。另一方面，重视审美教育。在审美趣味问题上，审美教育的作用不可忽视。如卢梭曾提出天生形成的好的趣味几乎不存在，好的趣味往往都是通过后期培养和社会环境影响才能形成。卢

---

① 参见徐恒醇：《设计美学概论》，北京大学出版社，2016，第 109 页。

② 参见罗爱军、张慧欣：《审美情结与审美构建研究》，东北大学出版社，2014，第 165 页。

③ 参见叶朗：《现代美学体系》，北京大学出版社，1999，第 274—275 页。

梭提及的教育涵盖范围极为广泛，包括社会舆论导向、法律规范、社会环境影响、娱乐场所导向以及自身所处生活环境的影响等文化层面，不特指向学校教育。好的审美趣味形成既要提升个体官能感应水平，如审察能力、辨别能力、直觉感觉、敏感性和专业素养提升，同时要提升个体的认知水平、理解能力等。① 现代化审美教育中，要重视并引导大家的趣味格调，即积极向上的健全的，高质量的审美态度、爱好和要求，树立一种当代时尚身体特有的审美理想。

（三）时尚身体审美观念转型中聚焦审美理想的共建

着眼于审美文化的当代发展，时尚身体消费在日常生活审美化的鼓噪中，最为突出的审美话语是形象泛化与身体的崇拜，它不仅挑战了传统审美核心观念和审美理论的价值构成，而且也滋生了一种时尚身体非审美或伪审美的取向，在不同程度地颠覆和改变着人类审美理想的秩序与和谐，甚至产生新的人性误区。因此，将进一步分析和探讨这一方面的问题。

从时尚身体审美误区来看，当前的大众文化传播以及由此导向的时尚身体消费，普遍存在着不合理的审美现象和审美行为。关心时尚身体所带来的利益得失重于关心时尚身体审美文化建树，关注时尚身体审美行为中的社会功能、精神追求和人文价值的感官愉悦，被当成衡量身份、地位、职业和经济的普遍尺度，同时被这种功利主义和商品效应的身体价值所遮蔽的时尚身体，也因此失去了自身审美的价值意义。例如大众传播中过分渲染的“明星效应”，致使普通大众乃至青少年的盲目崇拜、追随和短期的审美行为，将时尚身体审美行为过多地停留于服饰、美容、美发、整容等外在装饰热点和审美包装方面，直接诱发了重视身体可视、可读、可听的所谓物质崇拜和理想功能，进而忽略了从身体到人再延伸到整个民族文化水平、人格素质的提高和健康审美行为的培养。面对时尚身体的这些审美行为，应在加强对它的改造与培育的基础上，提出在审美观念转型中开展“审美理想”共建这一议题。

探讨时尚身体审美理想这一方面的问题，从当代审美文化所具有的鲜明的消费社会关系角度，需要满足人们日常生活的“美学化”需求。人类对美学的自觉不能被外部生存环境所制约与局限，要关注人自身情况，不仅要更为关注人身体本身和身体外观，而且对身体外观、身体塑造和展示比以往任何时代

① 参见姚文放：《当代审美文化批判》，山东文艺出版社，1999，第 372—373 页。

被人们所关注和重视。这方面在现在特别流行的医学美容和演艺化妆上有所表现，小到个人的形象设计，大到人体体型塑形，如健美行业热衷的“身体产业”，时尚身体从日常生活的“美学化”要求，转到专业领域“美学化”的追求。[①] 身体的“美学化”离不开人们在生活中对自己身体外形的关注，作为个体，希望调整自己的身体外形，满足当前的时尚标准，其标准中最重要的内容是“健康”与“美”，促使人们为了满足时尚标准的要求，而不断将其当成终极目标去追求。如舒斯特曼“身体美学”观点所提出的“身体美学”涵盖多方面、多层次的内容，不只是从表面上看或表面所理解的通过对身体的塑造让其“看上去很美”就行，而是一门专业的学科体系，包括身体改造、塑形等实践为主的，对身体作改良的“身体意识”，还包括对身体的感知度，包括人的五感即听觉、视觉、触觉、嗅觉、味觉，也包括人的器官变化，如呼吸和心跳运动频率，肌肉运动情况，也包括其他感觉，如身体与环境之间冷暖感、刺激感，以及对象身体与环境事物相互作用引起的感受等。[②] 总之，由于当代社会中身体的商品化发展态势，从时尚身体审美误区到新的时尚身体审美理想形态的不断修正，其修正的关注点仍然是伴随不同时代、不同审美观念、不同环境并受制于不同的政治、经济、生理条件、生活阅历、文化修养、个人兴趣及年龄性别而不断变化与修正的时尚身体美，所以这里的时尚身体审美理想形态的“美”可称之为“不断修正的美”。因此，思考共建一种更具理论的“知”与实践的“行”并举的当代时尚身体可持续的审美理想，提出用“健康”与“不断修正的美”来维护当代时尚身体的审美理想形态，既体现了自然身体的健康美，又满足了社会身体的功能美，从而将时尚身体带入一种物质欲望尺度和精神价值、引导于一体的时尚身体可持续的审美理想形态。

三、当代时尚身体美学的重建

在当今时代，时尚美学的研究空前高涨，并且日益延伸到人的身体、人的身体美学和时尚身体等深层领域，随着人的生存与发展，时尚美学实践研究将研究视角转移到时尚身体研究中，因而时尚身体研究的前景与困境也获得了

---

① 参见李西建：《消费时代审美问题研究》，商务印书馆，2013，第 236—238 页。

② 参见方英敏：《理查德·舒斯特曼与儒家身体美学思想对话的可能性、限度及启示》，《河北师范大学学报(哲学社会科学版)》2018 年第 3 期。

越来越普遍的社会关注。基于此,笔者在时尚美学研究过程中,顺理成章地依托身体美学的批判力与洞察力,将其扎根于时尚美学的实践应用研究,力图揭示时尚美学实践研究中的应用价值与转型策略,同时探索一种在以人为本的前提下,在关注时尚美学与身体美学的转型问题中,提出当代时尚身体美学的重建,重塑当代人的人文信仰,努力寻求一种能适合当代人发展的生存价值和精神,抵制当代人的时尚身体消费误区和审美焦虑,有效遏制身体意志和欲望的无限膨胀,为时尚美学提供可持续研究服务。

具体来分析,当代时尚身体美学的重建主要体现在以下两个方面。

(一) 人文精神的重建

人文精神的重建是当代时尚身体美学重建的重要理论来源。李西建在《消费时代审美问题研究》一书中指出:"所谓'人文精神',从中国文化的发展历史窥探,是人为基准和尺度去观察世界和宇宙,对外在事物进行衡量。从逻辑基点、内容等方面均体现了以人为本这一文化价值趋向。"①当代时尚身体中对重建人文精神的重视,是在人的身体消费尺度和审美价值取向的基础上进一步提出的,是针对时尚身体转型的消费观和审美观而兴起的重建议题。

人文精神的重建问题,首先需解决的是时尚身体对物质、商品的崇拜问题以及盲目追求享乐的现状,即解决时尚身体过度问题中的感性消费和不正常的审美趣味问题,将时尚身体引导到有序、健康、和谐、文明、美学追求等正确的审美路径中。如果过度地迷恋物质和商品,易于将人文精神遮蔽,造成身体的畸形发展,使自然的身体日渐失去自然美与个性美的多元并存,时尚身体复制所带来的千人一面的身体视觉形象,将身心情感推向颓废而匮乏的边缘,由此而产生出烦闷、疏离、孤独、焦躁,身体的尊严、使命、价值,身体的自由而全面地发展,反映出时尚身体由表及里的健康均有待重新定位和建设。

在当代文化条件下,人文精神重建的现实根据和当代背景更为重要,在这个问题与矛盾并存的时代,它为人文精神的重建带来新的难题。例如,如何处理终极关怀和现实关怀的矛盾,面对时尚身体自身所存在的实用心和功利心的问题,重建并弘扬人文精神,树立新的人文精神势在必行。因此,我们既要为时尚身体确定理想目标,也要尊崇时尚身体本身固有的物质需求与精神追

① 李西建:《消费时代审美问题研究》,商务印书馆,2013,第269—270页。

求;既对时尚身体训练与技术提出相应的价值规范与要求,也充分培育健康文明的时尚身体消费和时尚身体审美形态。在人文精神重建的基础上,将时尚美学重建的注意力的中心落到当代人的日常生活中,努力寻求当代人的精神生活境界。

（二）大众日常生活世界的重建

大众日常生活世界的重建,既是时尚身体美学一个落地研究的逻辑点,又是一个长期的时尚身体研究实践转型与发展战略的实施过程,任何急功近利的态度和短期效应的行为,都会为时尚美学可持续研究带来弊端,需要建立并完善大众日常生活世界的宏观引导策略。

首先,重建日常生活状态引导崇尚身体价值观念。从中国当代文化现状和大众日常生活状态来说,尤其是倡导日常生活状态所折射出与之相契合的时尚身体形态,在极具生命力和感召力的日常生活状态下,必须依托新型社会价值观念做导向,根据当今时代特色,在持续完善和创新日常生活形态基础上,使其传播和扩散的同时,只有融入时尚身体美学形态之中,才能防止大众日常生活过程中时尚身体价值认知失重现象的产生。

其次,重建日常生活方式中所反映的社会规范作用,是对时尚身体审美文化的引导。在当前时尚身体审美文化发展的自发性和大众日常生活的盲从性比较突出的情况下,反思社会规范作用对大众日常生活的引导,需要对时尚身体的审美趣味、消费追求、审美崇尚等进行必要的价值规范和引导,在此基础上建立良好的社会道德规范机制、文化行为规范机制以及审美价值规范机制,为大众日常的时尚身体审美文化选择提供一种理想图景和可能。然而,当今的突出问题仍然是各种思想和观念相互交织,呈现出一种观念凌乱与价值错位的状态,其症结在于缺乏必要的社会规范,大众日常生活中的随意、盲从和低品位、低格调的消费倾向,直接对当代时尚身体审美文化建设造成影响。因此,重建提升大众日常生活方式,加强社会文化规范与引导,有利于时尚身体审美价值目标的明确和大众日常生活中的价值自觉。可见,重建日常生活方式中所反映的社会规范作用是提升时尚身体审美文化的一条有效途径。

再次,重塑日常生活方式中所呈现的人文思想引导时尚身体精神世界。时尚身体美学形态的模仿传播力度强,功利色彩突出,容易使人的物质欲望高度膨胀，同时严重影响日常生活中的消费方式，出现相互攀比、生命精神的平庸化、身体文化意识的消失等现象，为时尚身体精神世界的提升带来了负面效应。面对大众日常生活方式向快时尚消费与快餐文化转型的多元文化景观的当下，有必要在日常生活方式中注重良好的人文素养和人文品质的培养，有利于重新塑造国民时尚身体所反映出的心理与人格。另一方面，重建日常生活方式中的文化批判对时尚身体精神世界的积极作用。在当今的市场经济条件下，我国当代文化批评呈现出时尚化、包装化和复制化倾向的日常生活价值、信念、方式追求失落之后，批评日常生活中身体消费所形成的奇异外表、花哨包装填补人们的精神饥渴。因此。重建大众日常生活世界所倡导与坚持的文化批判原则，应该强调从现实生活状态和时尚身体的实际生存需要出发，进行合理有效的价值阐释与引导，以培育大众在日常生活世界中对于时尚身体价值选择与精神世界提升的自觉，避免将一种理性规范强行灌输给大众。因此，重建日常生活方式中的人文思想和文化批判成为重塑时尚身体精神世界的引导策略，同时也为重塑时尚产品人文内涵、时尚产业美学价值创造提供了一条重要的发展策略，进而为当代时尚美学可持续研究提供了重新定位和建设的新思路与新方向。

本章小结

时尚美学存在重理论轻实践的现状，这一要因为时尚美学实践研究提供了新的发展机遇与挑战。在舒斯特曼新实用主义视域下，引入身体美学理论，对时尚美学的实践做研究，并在此基础上寻求时尚与身体之间的相互影响方式，并力求从身体游戏、身体消费和身体传播三个方面来解构时尚美学实践研究的新模式与新思路，以确立时尚美学实践多元论的研究路径。

基于时尚美与身体美的相互关系，人们建立了身体美与时尚美的活动关系，即人类对身体的解读取决于当时盛行的时尚，因而被时尚、服装塑造过的身体，越来越接近于一种理想身体的审美标准，同时又提升了身体在时尚消费语境中被神化的“功用性身体指数价值”。反过来身体作为时尚消费品，不仅享受时尚产品给予身体享受的满足感，而且在传播与推广时尚产品创新、商业利润增值中均起到积极的重要作用。因此,针对当代时尚美学与身体美学的文化语境,既尊重时尚与身体之间多元共存的合理性,又提倡时尚与身体之间呈现健康良性的发展态势,无疑需要在时尚美学实践与转型问题中得以验证。

从时尚美学与身体美学实践研究视角检视,本章涉及的主要观点有:其一,时尚与身体。在女性阴柔之美与男性阳刚之美的身体面貌基础上,当今社会以“人为制造”时尚与身份的认同关系并没有消失,人们至今依然通过别人的时尚、衣着的外貌来解读个体的身份。然而值得一提的是,要破译“人为制造”身份符号信息,只有解读者具备一定文化知识,才能正视衣着符号所蕴含的时尚与身份、时尚与身体模仿、时尚与身体装扮关系之间的深层意义,在这样的互动关系中,身体往往被毫无廉耻地展示,时尚由此成为“切身化”的时尚,甚至就是身体时尚。其二,时尚产品与身体消费。按照人们购物中的五个消费群体所形成的不同的消费观念和购物习惯,围绕三种身体消费需求即吃的需求、穿的需求、用的需求,在验证身体消费需求蜕变为“最畅销的时尚产品”的可能性的同时,将身体消费介入时尚美学功利性研究维度,通过在身体消费中进取型功利主义与消极型功利主义两方面来解构时尚产品功利性的实践应用价值,并不断修正“物欲横流”的消极作用,努力坚持求功利与求幸福相统一的“量入为出”的可持续消费观念。其三,时尚美学与身体传播。在全球化消费浪潮的冲击下,当代的时尚产品被无孔不入的身体媒介所影响,促使身体传播成为时尚品牌产品发展以及时尚品牌产品经济发展的重要途径。同时,身体美被时尚产品大胆地塑造出来之后,通过身体自身的移动传播力度,进一步缩小个体在社会交往关系中身体与身体之间的差距。

当我们从时尚美学与身体美学转型研究视角,检视时尚美学与身体美学在实践中生成的时尚身体美学议题时,发现其通常涵盖时尚身体消费观念的转型、时尚身体审美观念的转型以及当代时尚身体美学重建三个方面。在时尚身体消费观的转型方面,我们应树立起从过度消费、重视消费数量和物质消费到可持续消费、重视消费质量和精神消费第一的转型,实现当代时尚身体健康消费与全面可持续消费的最终目的。在时尚身体审美观念的转型方面,我们应围绕时尚身体审美观念转型中精神层面审美需要的提升,推动并培养时尚身体审美观念转型中良好的审美趣味,共建一种更具理论的“知”与实践的“行”并举的当代时尚身体可持续的审美理想。在当代时尚身体美学的重建方面,我们应依托时尚美学与身体美学的转型问题,提出重建当代人的人文精神以及大众日常生活世界,有利于从根本上矫正时尚身体存在的物质崇拜、商品崇拜和盲目享乐,将大众所表现出来的高于一切的感性消费倾向与审美趣味引入健康的、文明的、和谐的、美学的、有序的日常生活审美化的现实生活轨道上。以上,为重塑时尚身体精神世界、时尚产品人文内涵、时尚产业美学价值创造提供了一条重要的发展策略,进而为当代时尚美学可持续研究提供了重新定位和建设的新思路与新方向。

总之,面对方兴未艾的时尚美学实践研究,面对各种层出不穷的时尚美学问题,无论是时尚美学还是身体美学、时尚产业还是身体产业,都不应该局限于学科与产业偏见的研究范畴,应通过学科与产业跨域结合,建构全新的时尚美学新模式,这部分将在第五章加以论述。

第五章
创新与体验:建构时尚美学

时尚美学研究之所以成为一个从现代社会发展到当代社会一直备受关注的话题,是因为它是理解现当代的一把钥匙,这种无法逾越的存在,源于消费时代催生下的体验美学消费的勃兴,并伴随着体验美学消费的勃兴而达到顶峰的一个发展时期,使得时尚美学在当代社会获得前所未有的发展。时尚美学作为一种灵活多样的现实经济表现形式,正在成为推动时尚产业经济发展的新动力源,贯穿时尚美学研究主线,完成了从第一次探索时尚美学、第二次接受时尚美学到第三次新解时尚美学再到第四次建构时尚美学的四次递进。当代时尚美学建构研究在高举"时尚体验美学研究议题"旗帜的基础上,梳理并思考时尚体验美学研究创新的当代语境问题上的新突破,不仅能解决时尚产品创新模式予以推陈出新,又能围绕建构时尚体验美学消费新路径研究议题,有效地推进时尚体验美学消费热点和体验经济增长点,时尚产品设计之美往往可通过消费者的购买来间接体现,其中既有功利性原因,也有非功利性因素,这也是时尚美学"创新与体验"的建构中,必须解决的双重任务。

在探究时尚美学与体验美学的生成关系基础上,其落地研究的关键问题是如何激活时尚体验美学;如何通过时尚体验美学设计理论建构时尚产品在当代的新的设计地位和新的设计价值增值;如何诠释时尚产品体验美学来重建时尚产品体验的创新价值体系;全面剖析在时尚美学与人们日常生活审美化的"衣、食、住、行"第三次融合研究中如何建构时尚体验美学消费研究新路径。在本章节的研究中,笔者带着这些问题,试图通过体验来克服以往旧经验研究推断新结果的弊病,在挖掘建构时尚美学过程中所蕴含的体验价值的同时，进一步证明从体验的角度来研究时尚美学比从实践角度来研究时尚美学更具优势。

第一节　体验美学研究范畴

一、体验的概念

在过去的二十年人们很少使用“体验”一词，直至1870年后，出现了“经历”这一词汇，人们将“经历”当成“体验”一词的来源和基础。“经历”一词更强调人们直接从事或者参与一些事情后形成的印象或想法，而不是通过他人语言获得的一些主观结论。因此“经历”具有直接参与性的特征，所指的事情是过去式，有主体参与，并可留存下来的内容。① 伽（加）达默尔对体验一词的来源做了考证，发现其最早出现在黑格尔的一封信中。正式提出体验概念的是狄尔泰，他开始将体验当成人的“内在感觉”或“内在经验”，后将“内在经验”一词换成“体验”，形成了体验的概念。伽达默尔对狄尔泰研究做了总结，得出体验的两个过程，即泛神论和实证论，实证论是体验的结论，泛神论是体验的过程。② 人作为个体，生老病死是常态，但作为生命这一共同体，可以通过体验促成社会和历史的传承与发展。③ 狄尔泰的“重新体验”理念实现了个体从体验到理解的转变，进而能通过对前人或周围人的理解与吸纳，实现个体与社会、个体与人类整体的有机统一。

伽达默尔在吸收狄尔泰的体验和重新体验理念后，结合艺术原理，确立了体验具有生命的诠释学循环历史性特征，建立了包含艺术的诠释学理论。伽达默尔认为体验最重要的纽带是艺术真理诠释学，体验需要从审美角度出发，形成独特见解。伽达默尔体验理论的重要特征有：一、突破狄尔泰传统的体验体系，促成体验与艺术诠释学的结合与关联，将体验作为美学理论重要支撑。

---

① 参见谢地坤：《走向精神科学之路：狄尔泰哲学思想研究》，江苏人民出版社，2003，第60页。

② 参见加达默尔：《真理与方法：哲学诠释学的基本特征（上卷）》，洪汉鼎译，上海译文出版社，2004，第83页。

③ 参见狄尔泰：《精神科学引论第1卷》，童志奇、王海鸥译，中国城市出版社，2002，第146页。

二、提出体验的双重性特征：主体倾向性和诠释学的特征，并将这种双重特征与艺术经验结合，确立体验在艺术诠释学上的核心作用。① 伽达默尔的体验观点，密切结合了审美过程，形成审美体验概念，即审美体验与其他的体验是并列的，一致的，都拥有体验的本质特征。如对艺术作品的体验，则抛开了现实体验的过程，是一种自为的世界。艺术作品由于是人为的有目的地制作或加工，可以成为一种确定性的审美体验。艺术作品让体验者摆脱其自身的生命联系，让体验者返回到其所存在的整体。伽达默尔还分析了体验和体验艺术两者之间的密切联系，提出艺术来自体验，并通过体验来表现的观点。② 在体验和体验艺术关系中，体验艺术涉及的作品是通过体验来完善和建立的，同时艺术作品也会受体验制约。体验艺术区别于体验者认知和生活境遇之处，往往来自天才灵感的无意识创作，体验者可将有限的现实体验与艺术作品的无限可能统一起来。虽然伽达默尔强调了体验艺术的重要性，但他也认为体验艺术虽然可以作为艺术作品评判的标准，但不能当成唯一标准，仅仅起到了艺术与真实世界之间的连接纽带作用。③

二、体验美学的产生和演化

与"体验"相关的学说有很多，从痴迷角度提出的有柏拉图的"迷狂"说，尼采的"酒神精神"说等；从愉悦角度提出的有席勒的"游戏"说，马斯洛的"高峰体验"；从理性角度有叔本华的"静观"说，萨特的"存在主义"，杜威的"经验"；从感觉角度有柏格森的"艺术催眠"说和"直觉说"，克罗齐的"直觉表现"说，弗洛伊德的"艺术起源于下意识"说等。比如结合艺术，将"体验"中美的因素或美的感觉引入体验中，则形成了"体验美学"的概念。体验美学的产生与演化可从以下两个方面展开。

（一）中国体验美学的发展脉络

中国20世纪80年代的体验美学，不仅以西方体验美学（泛指叔本华、尼

---

① 参见王姗姗：《论伽达默尔的体验概念与审美转向》，《山东大学学报（哲学社会科学版）》2014年第3期。

② 参见加达默尔：《真理与方法：哲学诠释学的基本特征（上卷）》，洪汉鼎译，上海译文出版社，2004，第91页。

③ 参见王姗姗：《论伽达默尔的体验概念与审美转向》，《山东大学学报（哲学社会科学版）》2014年第3期。

采、狄尔泰、柏格森和弗洛伊德等对体验所做的精辟论述)为切入口,同时得益于中国古典美学摒弃逻辑思维而注重以个人体验去把握审美对象的主张,从而形成独特的体验美学。

中国传统体验美学,可用以下几个词来形容,即“兴”“感兴”或“妙悟”等。从体验美学的“兴”来看,正如王一川的《意义的瞬间生成》一书中所指出的:“中国的‘兴’的美学也可以说是一种诗化美学。这种‘诗化’禀赋不仅在于它不是追求表述的精确性、明晰性,理论的系统化、科学化,而是追求表述的模糊性、含混性,讲求顿悟式、即兴式、点到即止式表述,篇幅一般短小、精粹;而在于它的表述形式往往就是诗。”①“兴”对应中国古代辩证学的思想,如虚实转换,由形到神,一生万物的思想,从体验美学的感兴来看,美的感兴是指美具有一种使人感动而情感兴发的特性,意味着交感、动感和精神性快感的体验。《庄子·齐物论》中提及:“不知周之梦为胡蝶与,胡蝶之梦为周与?”其主要思想是人与万物融为一体的无我境界。南朝宗炳的《画山水序》提及“况乎身所盘桓,目所绸缪,以形写形,以色貌色也”和“圣人含道映物,贤者澄怀味象”的重要命题,前者表现出人与世界、身与万物之间所形成的和谐共鸣、翩翩共舞的动感关系,后者则凸显具有高深道德修养和有学问的人“不争”“无为”“处下”的一种精神性快感。

当我们从朱光潜的“无言之美”来看中国现当代体验美学,会发现其与孔子的“予欲无言”和庄子的“天地有大美而不言”的思想一脉相承。司空图在《二十四诗品》中提及“落花无言,人淡于菊”的诗歌境界等所推崇的无言之美,朱光潜也提出无言只是注重内在含蓄特质,而不特指不讲话。② 因此,朱光潜的无言之美议题的新起点,主要是从美术(艺术)视角出发,提出艺术的功用和使命,在于超脱现实人生而另辟理想世界。③ 正是基于美术(艺术)具有创造理想、实现超越以及人心净化的生命救赎作用,否定语言背后的思考、逻辑、实用、理性等,强调“美术产品”对宇宙、人生、艺术的体验。由此不难看出,朱光潜所论述的无言之美,应是指无言的艺术方式或美术产品超越受困于现实世界的缺陷,实现对理想世界的追求。将体验美学纳入美学的一种研究

① 王一川:《意义的瞬间生成》,山东文艺出版社,1988,第 22 页。

② 参见朱光潜:《无言之美》,江苏凤凰文艺出版社,2018,第 166 页。

③ 参见宛小平、张泽鸿:《朱光潜美学思想研究》,商务印书馆,2012,第 271 页。

方式是由王一川提出的，其研究历程可分为三部分，第一部分是他撰写的《意义的瞬间生成》，主要对西方体验美学做了全面而系统的梳理，得出西方体验美学是借助瞬间的体验来实现人生的价值和意义。[①] 第二部分是他撰写的《审美体验论》，提出审美体验的基本内涵，即审美与体验密切相关，首先审美体验区分于非审美体验，审美体验不包括功利、实用和理智认识等，应指向非功利、非实用目的、直觉感知等特性；第二审美体验重在直觉体验，具有深层次、无法表述的、爆发式的体验过程。[②] 第三部分是他撰写的《中国现代性体验的发生》，提出中国人的现代体验过程，可从其对所处的生存环境的切身体验来理解。正是这种对体验美学的追求，从梳理西方体验美学到落实对中国现代性体验的发生，构成了人生中意义充满的瞬间，并成为艺术的灵性之源。

（二）西方体验美学的产生与演变

西方体验美学不同于中国“兴”的体验美学，西方体验美学起源于古希腊，主要学说有古希腊神话中提及的“回忆”“酒神”以及柏拉图的“迷狂说”。这些学说都寄希望于用体验的迷狂寻求理性的复归，并表达对理想美的人生的追求。

中世纪体验美学思想进入复苏期，被长久禁锢的希腊人性精神此时已经苏醒，在以席勒为代表的体验“游戏”说中，他将体验定位到新的高度，把人作为感性和理性的融合体，并从这两个角度解释并解决人生和社会问题。

西方体验美学理论在19世纪中叶快速发展，出现了一大批学者，如尼采、狄尔泰、柏格森、叔本华等。当时的西方世界存在比较严重的生存危机，社会存在大量尖锐的对立与冲突。从这些美学家所标举的体验美学议题来分析，叔本华率先提出感性生命本体论，他认为以“静观”说去遏制永不满足的生命意志，认为人的生命本质就是痛苦、苦难、悲剧和罪恶的反思，在此基础上把解救的希望托付给体验，尼采则凭借诗的“沉醉”说去享受生命力的充盈、丰满。在尼采看来，生命本身并不是痛苦之源，而是欢乐、享受之源的乐观美学，从而实现对艺术的超越性的追求。

进入20世纪上半叶，西方体验美学融入文化人类学、心理分析学等学科，

① 参见王一川：《意义的瞬间生成》，山东文艺出版社，1988，第365页。

② 参见王一川：《审美体验论》，百花文艺出版社，1999，第5—6页。

结合当时西方社会的生存问题、社会矛盾日趋尖锐的复杂现状，试图从不同途径追问有关体验问题，于是西方体验美学进入多元发展时期的同时，形成四种学术流派：第一，结合文化人类学理论，从人类文化发展角度，形成新的体验美学；第二，基于心理分析学，探索体验中的"原欲"为基础的体验美学；第三，结合存在主义哲学，从吸引人谈体验美学；第四，与现代语言学、结构主义、符号学、解释学、现象学等密切相关的以形式为探究中心的体验美学。① 可见，从古希腊到 20 世纪，西方体验美学经历了发轫期、复苏期、高峰期和多元期。截至目前可以说仍处于多元期，虽然体验美学这一议题愈益兴盛，并与人类生存、人生的意义以及人生问题的艺术体验解决等重大问题息息相关。

三、时尚美学与体验美学的生成关系

探究时尚美学与体验美学的生成关系，诸多问题有待厘清。本文仅凭借体验美学这一视角来建构时尚美学研究的核心问题。关注建构时尚美学的研究基点，将"体验美学"引入建构时尚美学研究范畴，全面剖析时尚产品、设计师、消费大众在时尚新与旧的循环交替过程中，所需的时尚美学体验是什么，为什么要体验，体验如何形成，它重塑的时尚美学体验研究价值和推断是什么，它是如何发生的，它对时尚美学的当代意义及其价值是什么，如此等等。带着这些问题，试图通过体验来克服以往旧经验推断新结果的弊病，切实解决时尚美学实践问题中的生存内核以及时尚美学实践中所蕴含的体验价值。

显然，需要在时尚美学与体验美学之间搭建一个可供实践环节参考的框架或者结构，而这种结构又必须是从时尚美学实践问题的诸多要素出发，可以梳理出时尚美学与体验美学的互动生成关系，即美感认识—情感体验—创新体验—消费体验的关联要素（如图 5-1），并呈现出一种依次递进的层级类型。

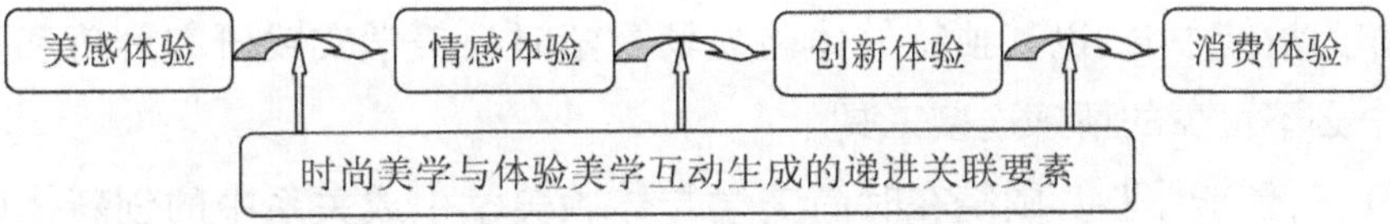

图 5-1　时尚美学与体验美学的生成关系

---

① 王一川：《意义的瞬间生成》，山东文艺出版社，1988，第 8—9 页。

其一,美感认识。在时尚美学和体验美学的美感心理活动中,不能脱离美的认识孤立存在,其客观事物对人的意义以及与人的社会需要的各种关系,则必须通过人的认知活动才能被了解。然而,人的情感总是伴随着认识活动而出现的,是在认识的基础上产生的。在时尚产品创作中,设计师对时尚产品所呈现的实用性和功能性越丰富,对人的需求的认识才越强烈而深刻。在时尚产品审美与消费过程中,大众必须对时尚产品中通过设计元素所反映的社会生活有了具体的感受和一定的理解,才能对产品形象产生各种不同的认知,体现出不同的情绪体验。因此,在大众对时尚产品体验活动过程中,认识内容采用了美感所特有的情感形式表现出来,或者说不论哪种情况,时尚产品体验必须同时包括认识和情感的要求。

其二,情感体验。情感是主体对客体满足需要程度而必须经历的体验。① 因此时尚美学研究,必须基于人的需求,并在实践活动中,经过体验的活动产生一些情感上的反应。因而,笔者提出将情感体验作为时尚美学和体验美学两者之间的桥梁,搭建一个可供它们实践环节参考的主观形式和表现方式。从情感体验的特点来分析,能够带给人们一种生动的感受和主观的品位,有效吸引我们并将我们的注意力集中在它的直接存在上,进而从普通的体验中脱颖而出的这种时尚美的独特体验,真正诠释了时尚美学与体验美学的生成关系是有价值的,所带来的情感体验是令人愉悦的。除此之外,一种以味觉的情感为议题的新思路,也被纳入情感体验范畴中,这种体验是不同于单纯快乐的情感,而是依赖于想象力的运用,建立在某种单纯的感情基础上,以联想的体验方式来呈现,采用某些形式、颜色、质地、曲调、气味等勾起人们对时尚事件的记忆和对过去经历的回味。显然,情感体验作为一种全新的体验出现了,在涉及人们情感敏感性和情绪状态的同时,也意味着能够参与时尚美学研究实践并作为情绪中介,以其独特的体验立场重塑时尚美学实践研究价值和推断过程中必不可少的情感连接工具。

其三,创新体验。围绕在时尚美学与体验美学生成关系中的创新体验议题,探讨当下从时尚产品创新模式的维度阐释品牌产品竞争优势的诉求,其解决问题的关键可以通过体验美学来实现。基于这样一个崭新的研究视角,需

---

① 参见彭立勋:《美感心理研究》,湖南人民出版社,1985,第 183 页。

要敢于突破传统创新思维的固有模式，将时尚产品创新方式与体验实践相契合，以时尚产品创新体验为核心，以时尚产品体验所塑造的产品自我超越为指向，来把握时尚产品创新成果中的美感认知、情感体验以及产品审美体验价值，从而收获意外的服务体验和体验愉悦。因而，当代建构时尚美学研究在高举"时尚体验美学"旗帜的基础上，重新梳理出创新体验的思想结构，以探知创新体验在时尚与产品设计问题思考上的新突破，将时尚体验美学议题作为当代时尚产品创新过程中的必经之路，既能解决时尚产品创新模式予以推陈出新，又能有效推进时尚美学实践与其他产业的关系，切实完善时尚美学"当代建构"所必须解决的双重任务。

其四，消费体验。正如大卫·哈维所述，近几年消费体验领域有了较大的变化，首先是消费商品形式发生变化，出现了越来越多的非物质形态的商品，进而深远地影响了人们的生活方式和生活习惯。其次视觉符号成为流行，在消费时尚和趣味上的作用日益凸显。① 思考当下消费领域的变化与发展，在美感认识、情感体验和创新体验的研究基础上，将探究视角集中于时尚美学实践研究的消费体验领域中，对待时尚产品需保持冷静和理性，消费者对产品进行对比，并选择最佳的产品消费体验，满足自己个性化需求。于是，在衣食住行的现实消费过程中，为了实现时尚产品销量的爆发式增长，产品的设计师、生产商和经销商力推产品销售"卖点"，让很多产品达不到使用期限或者不能紧跟市场时尚潮流而被无情地抛弃掉，从而导致人们患上"喜新厌旧"的病症，在不停地抛弃、不停地购买的消费体验中获得物质和精神上的极限满足，其结果促使消费体验变得理所当然。

第二节　创新时尚体验美学的当代语境

时尚作为一种常见的社会现象，随着人们所处时代、生活环境等的不同而有不同的表现。当下，在社会物质生活富足的条件下，目不暇接的各种新潮时尚潜移默化地影响着时尚审美的变革、传播与发展的速度，在这种前提条件

① 参见罗钢、王中忱：《消费文化读本》，中国社会科学出版社，2003，第 8 页。

下，时尚审美为人们提供了有趣的、有价值的体验，所形成的时尚审美体验通过人们对某种行为方式的认同和遵从，产生对社会生活和大众行为的规范力量，进而推动着一个社会的演变与进步。正是由于这些原因，本文将时尚审美体验纳入时尚体验美学研究中，在阐释时尚审美给予人类快乐的同时，归纳时尚审美体验所蕴含的内涵包括：第一，时尚审美范围逐渐扩大，既包括快乐审美体验，也包括痛苦和难受的审美体验，即丑怪也具备审美享受。同理，高级趣味是审美体验，低级趣味也能达到审美体验效果，如人们的衣食住行就具有多层次的审美需要。第二，时尚体验美学基于审美体验的铺垫作用，将审美体验中美的高度的、充分的、深刻的、丰富的内化建构系统引入时尚美学实践活动中，创造情感激烈、想象丰富、物我两忘的时尚产品感官体验，通过切身体验时尚产品而获得与大众的沟通、共鸣或对话，在这种沟通、共鸣或对话中实现时尚美学世界图景内核的新创造、新发展与新价值的建构。因此，笔者将从以下几方面入手，对时尚体验美学当下语境的具体表现形态展开逐项的讨论。

一、激活时尚体验美学之必要

时尚审美观念在日常生活中各种社会活动关系的转移中换取新鲜、轻松或者异质、刺激的体验。然而，时尚审美观念存在形式的多样性与丰富性的事实，对整个社会文化发展产生了一定的影响力和辐射力。因此，围绕时尚审美观念的变革与反思，从大众生活方式、社会心理效应、时尚文化价值及精神价值等诸多层面，探讨从时尚审美观念视角激活时尚审美体验之必要。

第一，时尚的大众生活方式要求。时尚审美观念一方面在形式美的设计原则要求基础上，给予人类多元化的生活方式全新的创造与美化，展现其实用价值与形式美的高度契合。人们追求美，并依据自己对美的理解，在改变自我的同时，改变周围环境或创造新的产品，并寻找因改变而存在的差异化。例如，从衣饰、住宅、日常用具，到生产工具、产品、商品等，都需要遵循一定的美的规律和原则，包括造型、材料、色彩、表面处理等中西方传统文化共有的平衡感与和谐感的审美体验中，来实现外在形态美与内在功能美的和谐统一。另一方面，随着互联网、人工智能时代的勃兴，时尚审美观念在对传统生活方式叛逆表达的同时也促进了审美方式和需求的变化，审美趣味与追求多元化情况的发生，重塑了人们新的生活方式和新的审美观。时尚审美观念既针对物质属性，又针对文化属性，审美观念中共识性的内容包括易于让人接受、具备便捷特点、智能化等，依托审美娱乐和享受过程，达到满足人们审美趣味或愉悦的需求，这种转变也促使当代人的时尚审美观念在体验的过程中呈现出崭新的性质和面貌。

第二，时尚的社会心理效应。时尚审美观受到社会经济、心理状态、世界观、思维习惯或生活方式等影响，时尚审美观念一旦形成便会直接渗透于社会心理层面，其表现方式是集体性的审美崇尚或追求，甚至可以形成大范围内的审美价值需求，达到制约或支配审美心理的目的。纵观中华五千年历史，时尚审美观念对社会心理一直有着影响，通过文化信仰和意识形态的培育，形成了时尚审美观念。① 同时，时尚审美观念也伴随着大众文化传播的虚荣欲，呈现出流行风格、时尚元素多元化的发展特性，其辐射和影响的范围广泛，时尚审美在一时之尚的频繁转换的体验过程中，时尚可以先声夺人、炫人耳目，激发感性共鸣的同时，将所谓高端、大气、上档次的标榜来满足人的虚荣心理。如康德对时髦的论述就是只为了表达自己不比别人卑微的目的，或者希望得到赞美，虽然这种赞美对自己一点用处也没有。时髦只是一种生活方式，仅仅与虚荣心有关。② 所以，注重对社会心理效应的感性满足，在一定程度上为麻木的神经找到新的刺激，虽然这种新鲜感难以持久，但是换个角度看，时尚审美观念的变革激活了时尚审美体验新视角，加快了时尚市场中商品流通与循环，促进时尚产品更新换代，也为商业运转注入新活力。

第三，时尚的文化价值取向。在追求时尚中，更多偏向的是时尚文化所涉及的价值取向，或者时尚文化价值的代表——文化符号，其中传播是时尚能得到文化符号认同的主要方式，通过传播实现文化认同，可以促成新的文化价值观。以唐三彩为例，这种瓷器既可呈现当时的文化艺术价值取向，也可体现当时的社会繁荣情境，是国力强盛的标志，体现了时尚文化价值。诚然，在时尚文化传播的推动下，促使人们在文化生活中不断革新技艺水准，在增强文化记忆与文化交流的同时，进一步提升了时尚的审美水平。另一方面，时尚作为文化产业的一部分，在不断追求利润最大化和崇尚金钱的现代社会中，与产业化

---

① 参见李西建：《消费时代审美问题研究》，商务印书馆，2013，第 80—81 页。

② 参见康德：《实用人类学》，邓晓芒译，上海人民出版社，2005，第 156—157 页。

手段生产的产品相对应，依然遵循着包括表征、生产、消费、身份和制约的时尚文化研究模式，这既体现了时尚文化与市场、消费者的紧密关系，也体现了消费贯穿于人们日常生活各项社会性活动体验中，已经成为金钱与物质交换的一种表现方式。从这个意义上看，一个人的消费体验，是其自身多种综合因素的体现，消费体验行为可较好地表现消费档次或品位的差别。简言之，时尚与消费体验的脉脉相通折射出各个时代人们的文化理念、生活态度和审美取向。①

第四，时尚的精神价值层面。时尚审美观念的深层存在方式即精神价值层面。在时尚的精神价值范畴内，一切以时尚精神活动所追求的精神价值作为践行真、善、美相统一的集中体验，力图将精神价值层面所蕴含的诸多新的时尚文化体验和时尚美学知识包容进自己的研究体系，以其独特的时尚创新方式、身份符号与身体塑造、消费观念与消费符号、生活方式与生活理想等表现形态，建构一个较为全面的、完整的时尚审美的精神价值体验系统，从而促进整个精神价值体验系统的发展与蜕变。此外，在人类自身发展需求和精神价值追求的过程中，着眼于时尚审美观念的精神价值体验领域，以其独特的流行性、渗透性、传播性和辐射性，来应对人类精神世界的内在需求与变革，因而努力将个体纳入新时尚的审美体验情境中，引导其按时尚美的规律自觉塑造自身，不断促进人类确立时尚审美的精神价值尺度以及对审美理想的自觉追求，并力求审美观念以其自觉的姿态创造与提升人类文明成果和价值体系，构成人类时尚精神进步的感性动力。

总之，时尚审美观念的变革与反思在大众生活方式、社会心理效应、时尚文化价值和精神价值的诸多层面中，依然按照审美的规律进行培养和训练，使时尚审美感性情境的心理素质、人格状态、精神面貌也随之发生变化，因而在人类时尚审美观念创新与提升研究视角中，需要将时尚审美体验作为中介机制，改变和调整时尚的审美尺度、审美取向和审美愉悦结构的组成成分，这就是时尚审美观念激活时尚体验美学之必要。

二、时尚体验美学设计理论

基于时尚美学研究中所涉及的探究时尚美学、接受时尚美学、新解时尚美

① 参见王一川：《大众文化导论》，高等教育出版社，2015，第 187 页。

学的研究范畴,均与体验相关联。体验设计是一种强调消费者参与,强调服务意识的新型设计方法,它以消费者的参与为中心,使消费者获得一种愉悦或美好的感觉。① 当前时尚经济发展的客观需求,呼吁设计师用设计理念和方法与消费者在情感上进行沟通和交流,目前涉及体验设计理论有以下五种:思考式体验设计、情感式体验设计、感官式体验设计、行为式体验设计和关联式体验设计。这五个方面既是从时尚美学理论与实践发展的经验中提炼出来的,也是在实践基础上,以时尚产品为中心,以体验为方法,创新时尚体验美学设计理论可持续研究以及学科未来发展的重要方向。

(一) 思考式体验设计

本书着重从时尚产品的构思设计维度入手,围绕思考方式这一研究视角,分析思考体验设计的理论议题。思考式设计是在一种启发性思维方式指导下通过创新的构思方式实现传统方法难以实现的效果并获得新的认知体验。当下,随着高科技产品的不断推陈出新,设计者会采用创新等设计手法,甚至包括使用"计谋",增加诱惑等方式进行设计,并在这些产品传播时,运用思考式设计手法,达到吸引消费者关注的目的。思考式体验包含有三种方式,即收敛式、发散式、逆向式。收敛式思维体验,体现在思路集中在一点,集中考虑用哪种方式去实现体验目标;发散式思维体验,体现在思维模式上,在流畅性、变通性和独特性三大特点的基础上,产生出一种拓宽思路、脑力激荡、激发兴趣、集思广益等的体验过程;逆向式思维体验,在考虑市场、竞争对手以及消费者等各种因素前提条件下,从体验开始倒推逆向构思,催生出有创意的想法,将其融入时尚产品与服务中,实现传统的方法难以实现的效果,进而探寻出时尚产品与服务所给予消费者最恰当的良好体验,这种尽可能站在消费者立场上思考问题,以消费者体验优先的思考方式,一般被认为是高效的解决方案。

思考式体验通常故意设置讨论的话题,在设计师以及企业的诱导下促成消费者的思考体验,并通过这种思考体验设计,进一步了解时尚产品,认可或接受时尚产品,满足消费者对美好时尚产品的憧憬与好奇心理。

(二) 情感式体验设计

情感式设计,通过刺激或者感染等方式,引起消费者情感共鸣或者融入设

---

① 参见余杨、夏佳:《体验设计》,辽宁美术出版社,2012,第7页。

计者预设的情景中,或者以视觉冲击力,触动消费者的情感体验。本质上就是积极调动消费者情绪,借助消费者良好的情感反应唤醒消费者的兴趣,从而实现与消费者的沟通,这便是所谓的触景生情的情感式设计策略。

当我们着眼于探究现代设计与感受方式的强大动力,反思情感式设计来源于“美好生活”这一设计思路,会发现在日常生活中,情感化体验设计已经屡见不鲜,如原研哉在《设计中的设计》中,所提及的日本机场出入指示标志的设计,原本简单直接的圆圈和方块被设计师佐藤雅彦改为印章模式,分别用向右飞的飞机表述入境,向左飞的飞机表述出境,更凸显人性化和温暖。生活中的情感式体验设计案例,如图 5-2,这种“感动”的美好情绪传递给入关与出关的旅行者们,也为生活提供了一种非常可行的相互沟通的方法。由此可见,将这种美好的情感式设计运用于时尚产品细节设计中,必定会成为时尚产品与消费者直接情感化传递的一种好方法,并在建构时尚产品体验中具有启示的意义。

图 5-2　佐藤雅彦的出入境印章设计方案

图片来源:原研哉,设计中的设计,朱锷译,山东人民出版社,2006,第 48—49 页。

在基于生活中的情感体验设计基础,将情感式体验设计思路融入时尚产品设计的过程中,设计师也需要关注现实生活所引起的丰富情感,能够及时将情感直接渗透于设计创作中,通过时尚产品形象的联想、想象中的情感设计表现,引起情感设计体验的不同差异,以便产生更丰富的时尚审美体验产品,在优化时尚产品情感体验设计的可行性研究中进行实践剖析,进一步提高时尚产品的情感认知高度。近年来,时尚产品或品牌一直致力于创意的丰富性所带来的直击人心的情感链接体验,基于时尚生活方式多元化的发展态势,针对有关情感链接的节日，诸如情人节、520、儿童节、七夕、父亲节、母亲节、重阳节等，既能从不同视角、不同维度来挖掘情感式体验设计是消费者与时尚产品互动中情感升级的纽带，又能设身处地链接人们内心深处的情感世界，使人们获得主观上的情感满足和精神享受。以2021年奢侈品牌"520"主题情感式体验设计"战役"为例，通过跨越虚拟与现实、线上与线下、传统与创新的奢侈品行业数字化营销形式，尝试与消费者在多维度、多品类的时尚产品视角上建立深度的情感联结新突破，如图5-3所示。

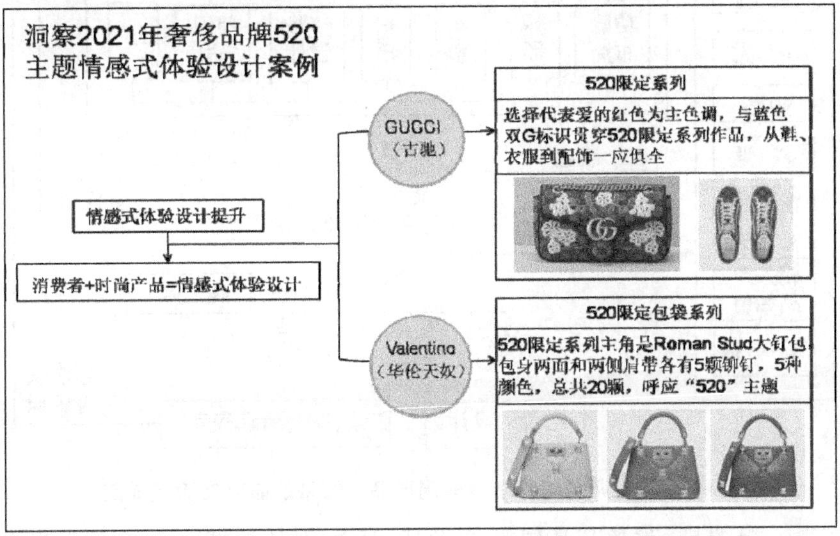

图5-3　2021年奢侈品牌"520"主题情感式体验设计案例

（三）感官式体验设计

如前所述，体验设计不仅仅是前面所强调的思考、想象和情感的一系列体验形式，其感官式体验设计也不可忽视。感官式体验设计是建立在身体感官系统基础上，通过眼睛、耳朵、鼻子来诉诸视觉、听觉、触觉与嗅觉，创造出感官式的体验设计。因此，时尚产品设计一旦与感官体验设计联姻，便可将时尚产品的功能、外形、色彩、材质、情感表达、使用方式等感官诉求展现得淋漓尽致，既可以在时尚产品创新中重塑产品的独特性，又可以借助感官设计识别品牌标识和时尚产品风格表达，进而不断优化时尚产品的感官体验设计满意度（见图5-4），并在此基础上，推动时尚产品创新设计在感官式体验设计中再度崛起。

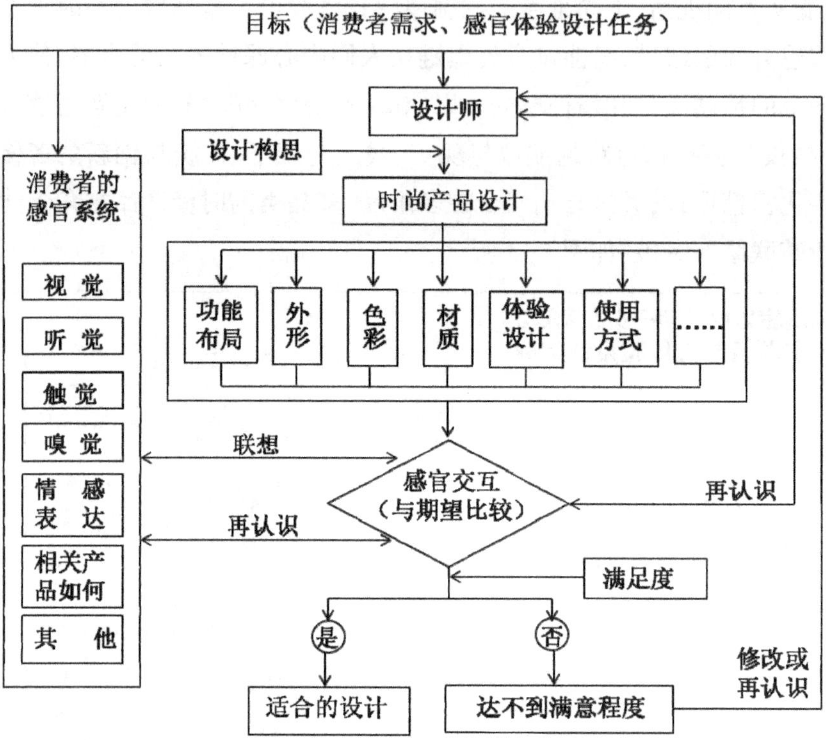

图 5-4　设计师与消费者以时尚产品为纽带的感官交流模式图

值得一提的是，时尚产品感官式设计，通过刺激消费者的参与热度，让其得到精神享受或者情感需求，通过体验可以达到感官上的满足，也可提升消费者在精神上的体验维度。① 以可口可乐品牌包装设计为例，近年来，可口可乐在其醒目的红色与字体的品牌包装设计特色基础上，越来越重视感官式定制体验设计（见图 5-5），运用其简洁的造型、特殊的定制需求工艺以及理性的设计风格，建立在重塑消费者感官需求、尊重个性以及尊重情感的体验设计独特视角上，完美诠释了产品形象视觉传达的文化内涵、品位追求的精神愉悦。

① 参见邱晔：《美学经济论》，中国社会科学出版社，2020，第 246 页。

生日定制　　　　婚庆定制　　　　企业定制

图 5-5　可口可乐品牌感官式定制体验设计案例

(四) 行为式体验设计

任何体验设计都要以消费者的实际需求为导向。当代的时尚产品设计根据消费者需求和市场发展变化不断地更新迭代，在解析行为式体验设计过程中，重视个人行为产生的需要并以此作为出发点，通过引导个人的行为产生需求的三个要素（见表 5-1），即动机、能力/成本、触发因素，来剖析如何利用个人行为所产生的需求有效实施行为式体验设计。

为了满足人的行为需求而设计，在行为式体验设计的实践中，以消费者亲身体验为中心，得到一种通过交流所体现的非视觉审美，这种交流包括人与物品，人与周围环境等，进而促使设计师在关注消费者行为体验的同时，设计出消费者喜欢的时尚产品。随着智能化、大数据时代的到来，面对各种大型时尚博览会或艺术节，人们往往驻足于体验互动展区而流连忘返，行为交互设计，可以激发参与者的体验行为，激发方式包括空间营造、气氛渲染、情绪调动等，给参与者以新的体验。可见，将个人行为产生需求的三个要素与行为式体验设计这两个方面相结合，便可得出以下设计流程：获取行为产生需求信息→统计分析→时尚产品设计→消费者行为体验设计验证。因此，面对行为体验设计的不断创新，即使处于高科技互动时代，其优势虽无法被取代，但依然不是唯一的优势，设计师在设计实践过程中通过增加行为体验的方式，为消费者行为体验设计获得诸如吸引、保持、熟悉、交互、拥护等经历，并进一步让消费者在现实生活的有形体验、生活方式体验以及互动作用体验中实现现实的、物质的愉悦与满足。

表 5-1 个人行为产生需求三个要素①

要素	产品体验
1. 动机（三种类型）	直接动机：通常指与人的生理需要相关联，如饥饿、口渴、睡眠、性等； 间接动机：通常指外界对自身的影响而产生的需求，如听名人演讲而受到感染，也想成为这样的人，这个动机迫使自身开始奋发图强； 社会认同/拒绝：通常指人天生具有交往的动机，在交往动机的基础上，产生社会认同的需求。如少年叛逆，更多是做给同龄人看的，希望获得同龄人的崇拜。
2. 能力/成本（六个维度）	时间成本：消费者的时间都很宝贵，耐心也有限； 金钱成本：如成本都是有预算的，不能超出心理接受范围； 体力付出：如折腾身体的运动量太大，消费者肯定不买单； 脑力付出：如呈现起来太复杂，表达不清晰，学习成本高； 社会压力：如获得社会认同，动力很大，否则就适得其反； 习惯的力量：如打破了日常习惯，成本是不是很高。
3. 触发因素（三个维度）	刺激：如消费者没有足够动机，需要用各种方法刺激其产生动机，如时尚产品各种传播渠道； 辅助：如当消费者有足够动机，不知道怎么做，帮助消费者完成，这就要体现出服务体验的力量； 信号：如消费者既有动机，又知道该怎么做时，就适时给个提醒。

值得一提的是，验证消费者行为体验设计，不可忽视不同的情绪对人的行为产生不同的影响这一事实，反过来思考不同情绪对人的行为产生不同影响的要因，通过不断调整行为式体验设计方式，验证消费者行为体验设计带给消费者新刺激的愉悦指数的提升。因而，解读情绪的两种分类，即基本情绪和复合情绪。基本情绪建立在人类情感世界的基础部分，包括积极情绪（如快乐、优美、美好）和消极情绪（如悲伤、厌恶、生气），复合情绪作为基本情绪的混合物和集合物，让人们可以同时感受到由同一事物而引起几种不同情绪的现实情况，其研究表明，复合情绪可导致积极和消极情绪的共存，并在共同存在的时尚产品中唤醒观众强烈的吸引力。显然，不同的情绪以及不同人对情绪加工处理效果的差异显而易见，为了深层次解构情绪，1984 年环境心理学家拉塞尔和拉尼厄斯按照情绪维度中的愉快维度和唤醒维度描述人在不同场所中的情绪（见图 5-6）②。由此可见，在物质极大丰富的体验经济时代，关怀不同

① 表格来源 李伟魏等：《好设计，有方法：我们在搜狐做产品体验设计》，机械工业出版社，2003，第 22—23 页。

② 图片来源 余杨、夏佳：《体验设计》，辽宁美术出版社，2014，第 38 页。

的情绪对人的行为以及行为式体验设计的不同影响,使设计从过去的被动参与行为向互动参与行为转变,为了满足人的行为需求而设计的行为式体验设计宗旨,设计师通过互联网平台,营造特殊的体验经历(这个经历在生活中难以实现),既可形成商业效果,也能给消费者带来精神享受,并乐此不疲。

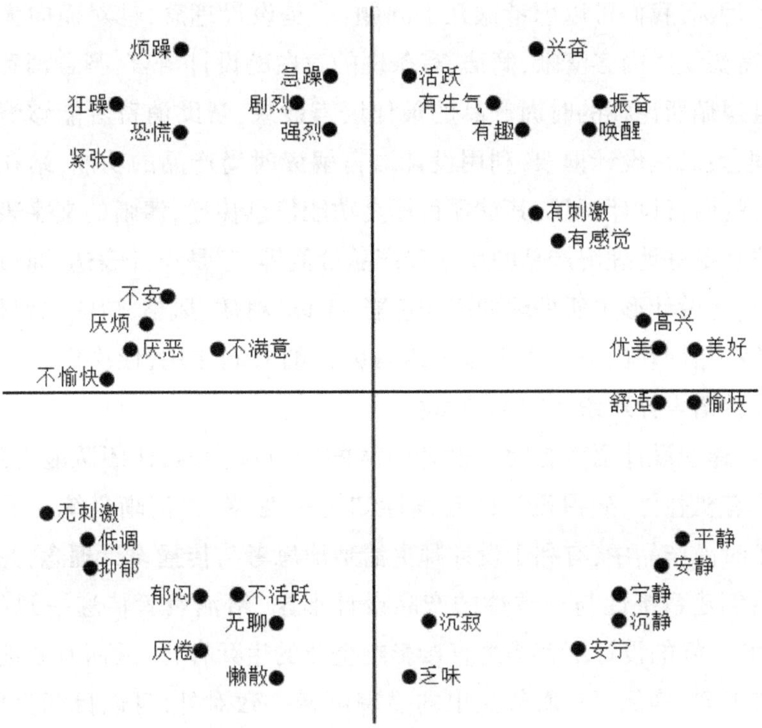

图 5-6 人在不同场所中的情绪

(五)关联式体验设计

关联式设计是多种方式融合的综合体验设计,包括前面所述的构思、情感、感官和行为体验设计。主要用于日常用品、化妆品等产品的设计。关联设计需要对体验设计和体验功能加以提升或完善,可以借助品牌形象塑造、设计语言的关联式体验设计策略来关联体验设计,从实现人与人、人与社会、人与物之间的价值关系出发,将承载文化和文化媒介作为关联设计的外在表现形式,关注文化内涵、时代精神和体验价值,重视关联体验设计精神并超越其设计所呈现的有形功能和表现形式的同时,提升为无形的价值体现。因此,笔者着重从设计语言和多元设计价值建构两方面,来阐述关联式体验设计策略的重要性和必要性。

第一，设计语言。

设计语言是搭建时尚产品与消费者对话的一种平台，在设计语言的传递过程中，希望设计能带来可用、有用及有态度的体验。① 怎样才能利用语言来实现这个目标，我们可以思考这几个问题：一是设计理念，针对面向大众的时尚产品，需要使用内容清晰、简洁、有条理的直白的设计语言，契合消费者的接受维度且遵循所论述的时尚产品的最佳语言效果，帮助消费者能够清晰地理解设计理念；二是设计框架，利用设计语言解读时尚产品的功能，站在以消费者为中心的语言设计视角，其首要目标是功能信息传递，清晰的文字表述可以帮助消费者更好地理解产品的用法和产品价值等；三是设计表达，通过语言的有效沟通，将设计形象所呈现的诸如色彩、字体、材质、风格、口味、型号等衣食住行相关产品展现出来。这三方面语言因素的共同作用，便决定了不同产品设计中设计语言异彩纷呈的不同面貌。

显然，建立设计语言有助于设计团队的交流和沟通，让团队能有效沟通，形成一个有机整体，确保设计的延续性和统一性。② 将清晰且统一的设计语言倾注于时尚产品中，有利于设计师更清楚地思考与传播设计理念，并借助互联网平台创建系统性与一致性的产品设计形象，给消费者传递一致的体验。对企业而言，好的设计语言描述直接影响企业的生死存亡，因而有效地塑造统一的品牌形象，确保语言所传达出的品牌声音一致对外，且以目标为导向，以此来吸引消费者的注意力，并刺激消费者引发购买行为。在当下，面对琳琅满目的衣食住行时尚品牌，同一种产品几十个乃至上百个品牌，一旦消费者最需要、最认可的品牌声音已被强大的对手所占，就应该采取下面两种方法：一是从消费者的需求出发，整合时尚产品卖点，提炼设计语言营销理念；二是将对手使用的设计语言卖点转换为更有效、更易被消费者接受的差异化新语言，形成自己的卖点。例如，某知名纯净水品牌以“我们不生产水，我们只是大自然的搬运工”，这句流行语传遍中国，让消费者熟知，使它一度成为大自然搬运工

① 参见迈克尔·J. 梅茨、安迪·维尔福：《触动人心的体验设计》，黄群祥、周改丽译，清华大学出版社，2021，第3—7页。

② 参见李伟巍、霍冉冉、钟秀等：《好设计，有方法：我们在搜狐做产品体验设计》，机械工业出版社，2003，第38页。

的代名词。然而,怡宝纯净水自成为中国国家队合作伙伴后,其产品卖点建立在为中国体育事业发展做贡献的基础上,所提出的“国家队运动员的选择,你我的怡宝”这一设计语言深入人心,触动了消费者的情感体验。除此之外,同类产品中采用不同的设计语言,重塑差异化的语言体验卖点,进而在纯净水市场上获取一席之地(见表 5-2)。

表 5-2　同类产品的设计语言体验卖点

<table>
<tr><th colspan="2">品牌名称</th><th>设计语言体验卖点</th></tr>
<tr><td colspan="2">怡宝纯净水</td><td>国家队运动员的选择,你我的怡宝</td></tr>
<tr><td colspan="2">农夫山泉</td><td>我们不生产水,我们只是大自然的搬运工</td></tr>
<tr><td colspan="2">百岁山矿泉水</td><td>水中贵族百岁山</td></tr>
<tr><td colspan="2">娃哈哈纯净水</td><td>我的眼里只有你</td></tr>
<tr><td colspan="2">乐百氏纯净水</td><td>健康新生活,从“乐百氏”开始</td></tr>
<tr><td colspan="2">康师傅矿泉水</td><td>多一点,生活更健康</td></tr>
<tr><td colspan="2">雀巢优活纯净水</td><td>纯净从雀巢优活开始</td></tr>
<tr><td colspan="2">昆仑山矿泉水</td><td>天然的,才是健康的</td></tr>
<tr><td colspan="2">依云矿泉水</td><td>来自阿尔卑斯山底</td></tr>
<tr><td colspan="2">西藏冰川矿泉水</td><td>西藏好水,世界好水</td></tr>
<tr><td colspan="2">云南山泉</td><td>云南山泉水回味甜</td></tr>
<tr><td colspan="2">崂山矿泉水</td><td>百年名饮,传奇品质</td></tr>
<tr><td colspan="2">恒大冰泉</td><td>不是所有大自然的水都是好水,恒大冰泉,世界三大好水</td></tr>
<tr><td colspan="2">九千年冰山泉水</td><td>九千年牌矿泉水,给你九千年前的口感</td></tr>
<tr><td colspan="2">益力矿泉水</td><td>优质天然矿泉水</td></tr>
<tr><td colspan="2">陆宝矿泉水</td><td>高“硅”好水,天然珍宝</td></tr>
<tr><td colspan="2">冰露矿泉水</td><td>深山古泉,泽润心田</td></tr>
<tr><td colspan="2">纯悦矿泉水</td><td>纯悦,钻石般纯净</td></tr>
<tr><td colspan="2">爱夸矿泉水</td><td>爱夸矿泉,从不简单</td></tr>
<tr><td rowspan="2">今麦郎</td><td>软化纯净水</td><td>好水不硬才养人</td></tr>
<tr><td>凉白开</td><td>不喝生水,喝熟水。口感柔,喝着舒服(体验中国传统饮水文化)</td></tr>
</table>

以上强调设计语言营销概念提炼,主要是从产品、消费对象、竞争对手这三方面切入,另外还可以从文化层面(描述一个关于品牌成长的生动故事)、技术层面(迅速吸引消费者眼球的语言方式,也是有效竞争的法宝)、情感层面(用营销语言打动消费者的创意空间)三个层面进行思考,这已经成为设计语言在使用和营销体验过程中的坚实依据。

第二,多元设计价值建构。

从时尚体验美学到时尚审美体验要素再到体验设计融合点的探寻研究过

程中，立足于体验设计理论的研究视角，建立在关联式体验的塑造独特品牌形象和设计语言基础上，阐释设计价值以人的体验为中心论题进行人、产品、企业与市场多元设计价值建构，力图突破以往设计价值的局限，对多元设计价值的维度和体验做新的阐明。

着眼于多元设计价值建构，其落地研究的议题是设计应该为人服务，用设计来满足人们的需求、能力和行为方式。因而在以人为体验设计价值核心范畴中，如何理解设计是不是真的满足人们的需求？如何判断消费者所获得的审美体验和情感体验是有价值的？试图从设计的这一基本前提出发，探讨其建构的多元设计价值。

从审美价值与设计创新的关联来分析，在求新求变的生活方式和审美趣味中，时尚产品伴随时尚设计创新浪潮不断与时俱进，重视时尚产品进行对比、辨别、筛选的现实意义。从这个意义上看，在设计创新与时尚生活、审美体验融合中，使设计创新真正为人的生活服务，获得衣、食、住、行等差异化、个性化、多样化的实用价值。在此基础上，进一步重视设计创新的体验能否给大众带来心理上、生理上、审美上最大的满足，并在适应人的精神需求中呈现出审美价值的新的超越，从而收获时尚产品实用价值和审美价值所体现的服务体验和审美愉悦体验。从情感体验价值与设计元素的关联来分析，选择什么样的设计元素作为情感体验价值凸显的刺激条件，是设计元素的重点，也是从情感体验价值回归经济价值的目的。近年来，情感体验价值作为建构设计价值的重要设计元素之一，其所体现的主要目的是为经济利益服务，通过品牌宣传和推广，让消费者通过该品牌的购买和使用而得到情感满足。① 如某品牌护手霜提到的“就像妈妈的手，温柔可依”，某兔奶糖让人联想到童年的记忆。可见，设计元素的情感性功利价值的魅力，不仅可以获取最大限度的效用价值和经济价值，而且也可以让消费者收获一段美好的情感体验。

显然，建构多元设计价值，一方面促使当下正处于流行高峰期的时尚产品，既可赢得消费者的审美愉悦和情感寄托，又可以在产品设计创新中营造产品的独特性，让产品更有价值并足以保证设计价值所带来的经济增值。另一方面，设计价值的多元化趋势，能够让企业以创造价值、维系消费者为目标，更

① 参见段淳林、戴世富：《品牌传播学》，华南理工大学出版社，2009，第7页。

加高效地重视产品与设计的契合关系，在优胜劣汰的市场竞争中为企业提供正确的战略框架，帮助公司在诸多竞争者中脱颖而出，同时走向创新，以充足的信息和反脆弱的方式回应外界的变化。①

综上所述，体验设计是一种战略框架，探讨体验设计在创新时尚产品和优化当代时尚产业门类中新的设计地位和新的设计价值增值很有必要。由此，在不同的设计领域中归纳出五个体验设计理论，如图 5-7②，分别是思考式、情感式、感官式、行为式以及关联式，体验精神是核心理念，五个体验设计理论的体系相辅相成，以适应新经济时代的要求和人们的消费需求特点。因此，体验设计是对传统时尚产品设计理念的继承，同时也是对体验设计所关心的三种需求，即现存的、未满足的和新兴的当代时尚产品设计图景的探索。

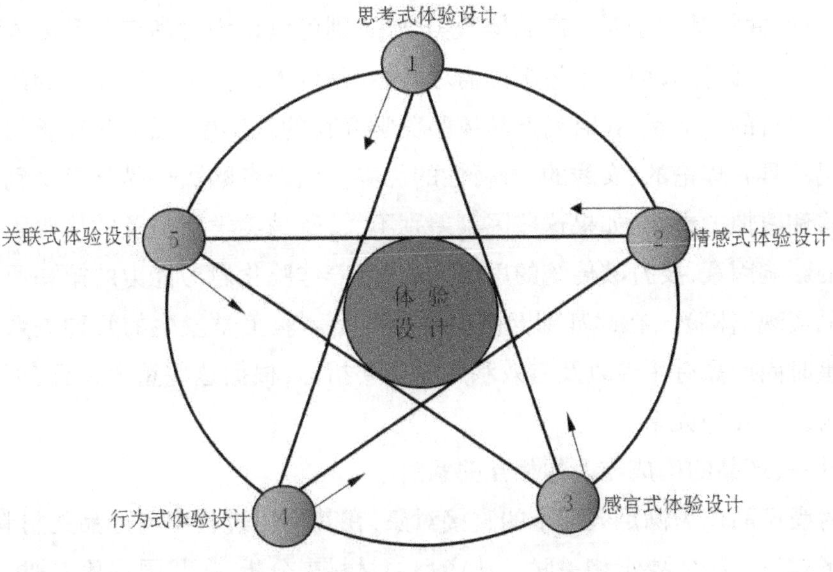

图 5-7　体验设计的五个主要设计理论

三、时尚产品体验的创新价值

俗话说"人靠衣装马靠鞍"，时尚产品的体验创新如同人的衣服，与人的品位相符的时尚产品能够给人一种愉悦的感官体验。随着时尚产业经济的发

① 参见帕特里克·纽伯里、柯文·法恩汉姆：《体验设计：一个整合品牌、体验与价值的框架》，邹其昌、全行译，电子工业出版社，2017，第 86 页。

② 图片来源 余杨、夏佳：《体验设计》，辽宁美术出版社，2014，第 8 页。

展，人们对时尚产品体验的要求不断提高，关于时尚产品体验创新的思考也越来越受重视，在建构时尚美学实践研究体系中具有重要的地位。时尚产品体验研究中以“体验”为出发点，以产品为中介，以“体验”为归宿，通过构筑“体验—产品—品牌—体验”的循环阐释模式，并将其贯穿于产品的体验主线，沿着“产品体验”范畴来全面诠释时尚产品体验的创新价值体系。因此，本书在梳理时尚产品体验发生的几种关系的基础上，通过分析时尚产品功能的创新体验所存在的更大优势，来探究体验影响当今时尚品牌产品体验价值的学理所在。

（一）时尚产品体验美学发生的几种关系

基于设计是为人的设计，人是设计的出发点和根本目的。[①] 反思为人服务的设计，并将其用于时尚产品体验美学中，则可以认为时尚产品是因人的需求而体验，又因体验而产生更多的需求，这就是说人的需求是产品体验的出发点和根本目的。但是，在时尚产品体验美学存在的现实中，以人为体验的根本目的仍然具有理论的、实践的、可行性的优势。消费者购买产品与否受到其生活方式和习惯的影响，如果这些因素差别不大，营销美学所提及的体验则成为重要的影响因素，要打破传统的思维方式，培养体验化思考能力的第一原则是让产品实现“体验”，在此基础上梳理时尚产品体验美学发生的几种关系便成为衡量时尚产品有用性以及有效利用的重要指标，根据这些重要指标，可以被归纳为以下几种关系。

其一，产品的构成与人的相互关系。

时尚产品作为满足人需求的直接对象，在其使用过程中与产品的材料、结构和形式三种构成要素相关联。从产品的材料来分析，在我国春秋末期《考工记》提及“审曲面势，以饬五材，以辨民器”，说明产品的材料质地或者特征需要先行考虑，整治五材，制备民生器具。[②] 因而，探究材料并发挥其性能和物质美，需要重视材料的色彩、质地、纹理等，如木材的亲切感、金属的坚硬感、玻璃的明亮感、皮革的柔软感等。另一方面在了解材料化学成分的基础上，考量材料的组成以及经过加工的材料，通过视觉、听觉、触觉、嗅觉、味觉等不同感

---

① 参见李砚祖：《造物之美：产品设计的艺术与文化》，中国人民大学出版社，2000，第353页。

② 参见闻人军译注：《考工记译注》，上海古籍出版社，2008，第1—2页。

觉的相互作用而产生“联想”或“联觉”，这种感觉可能来源于曾经使用的或者见过的类似产品，具体就是将能够想到的最优材料，将其与所制作的产品联系起来，形成美好的心理感受。消费者可以随时随地通过想象来体验，不必通过切身经历来完成体验，这种想象的体验活动比实践活动得到更多感受，即想象性的体验比实践活动更美。

产品的结构是基于材料构成的，是材料的组合形式，具备系统性和物质性。例如以玻璃为材质，通过结构变化，可以做花瓶或者镜子，两者材料相同，结构完全不一样，功能也千差万别；同理，花瓶也可以用陶瓷、塑料甚至金属来做，产品功能一样，但材料不同。产品的结构包含基础材质和功能要求，结构与功能之间有对应关系，结构包含零件、组合件、部件等多个层次，有一定的规律和目的性要求，不仅极具有序性的特征，同时还具有确保功能可靠以及人与产品安全的稳定性。当然，随着智能技术、高新材料以及大数据信息对时尚产品转型节奏的加快，产品的结构与人在具有牢固性、安全性、可靠性和可操作性相互关系中保持着一种长久的平衡态。

从形式美的建构来分析，通过色彩、线条、纹样、符号等装饰形式以及合理的功能结构设计外形，直观地表现产品材料和结构的外在形态。围绕时尚产品形式构成人——机界面，成为人的知觉和操作对象，由此发挥出其物质功能和精神功能。① 在技术条件的制约下，形式的自由度受结构、材料、科学等诸多方面的限制，需要在受限范畴内去探寻产品造型的多样化和多元化。

从功能视角来分析，如前所述，结构决定了产品功能，其表现形态与对应关系，既可以是同功同构，也可以是同功异构，这与产品的技术选择和技术条件有关。在产品设计中，不论是装饰形式的选择、造型结构的确立，还是材料和工艺技术的处理，都是基于实现产品功能这一核心而展开的。因此，产品推陈出新的节律，正是通过产品功能的开拓来实现的，以满足人们日益增长的多元需要。

其二，产品与人的体验关系。

消费作为产品与人相互连接的体验中介之一，表明产品只有在人的消费中才能实现其体验的功能和价值，如一件衣服由于人消费后的穿着体验行为

① 参见徐恒醇：《设计美学概论》，北京大学出版社，2016，第 48 页。

才成为服装产品;一个杯子无人体验,事实上就失去了杯子作为产品所具备的话语权。马克思对产品有以下论述,即产品通过消费行为证明自己属性与自然物品的差别,消费活动让产品体现价值,重点是消费者主体,而不是产品物化的活动。① 显然,透过消费作为产品体验与人相互连接的中介视角来分析产品,它同样也作为人与自然、社会联系的中介,是人在体验过程中对产品功能的一种深化与拓展。

由此可见,产品在人与自然的关系中,成为体验的工具和联系介质,达成人对于自然的美好体验过程。例如,一套独具匠心的餐具,将美和体验联系起来,无论是否亲身体验都可以通过想象来体验美食所给予的幸福和愉悦。在人与自然、人与社会关系中,以设计语言符号为标志,让产品能够成为人们交往交际的方式。如职业装在标识人的身份、角色和职业特性的同时,便于识别以便于人际交往。在人与社会的联系中,职业装的可识别、有尊严、易于劳作的优势,有利于人际沟通的同时,促进人与社会的和谐发展。

其三,产品与环境的体验关系。

人们感性体验的对象是产品与环境,都具有直观的形象性,并诉诸人感官和情感的体验感受。因此,产品与环境设计着眼于人的中心位置,为人们提供一种具有特定功能的体验系统,这种体验表现在环境和人的关系上。产品和环境的功能以满足人的需求为目标,但是因为人的任何活动都伴随着精神现象,所以任何产品和环境在提供物质体验功能的同时,也提供了相应的精神体验功能。可见,分析产品与环境的体验关系,为继续探讨时尚产品的功能体验发挥了不可或缺的研究基础和研究思路的纽带作用。

(二)时尚产品功能的创新体验

人类活动受其行为方式影响,从行为方式看,人类活动可分为实践、认知、审美三类。将其与时尚产品的功能体验联系起来,则功能体验可分为:实用功能、认知功能、审美功能体验三类。这种划分有利于为使用者提供物质层面的依托,并能从物质活动和精神活动两个层面对产品的实用功能进行体验的同时,享受它给予人们不同的心理感受和审美体验。

---

① 参见中共中央马克思恩格斯列宁斯大林著作编译局:《马克思恩格斯选集(第2卷)》,人民出版社,1995,第9页。

首先，产品实用功能体验。实用功能是时尚产品必备功能，从产品所发挥的效用来看，主张通过产品的技术性能从而提高产品效能、价值和品牌效应，借此进一步提高市场竞争实力。但是单纯的技术性能不足以反映实用功能体验过程中的好与坏，因为超出人的能力范围或者环境允许范围的技术性能是没有实际意义的；从产品的环境性能来分析，它需要通过诸如生活环境、污染物排放、工作噪声和粉尘污染等环境的生态因素来直接反映产品与环境的和谐程度；从产品的使用性能来考虑，面对当今高科技产品以及多功能产品，简洁的操作至关重要。针对当下琳琅满目的高科技产品，为什么会让人产生一种陌生感和畏惧感，往往是因其繁多的装置和复杂的操作程序，很难让人在短时间内依靠直观反映来操作它，进而导致产品的实用功能背离了人的知觉体验习惯、感官体验以及生活体验乐趣。例如汽车这一具有代表性的实用化产品的多维视域，可以从不同角度、不同层面将汽车放在不同行驶环境中，考虑对不同身份和角色的乘客可能产生的影响体验，以此来验证汽车产品实用功能体验是否将人的物质或人文关怀落到实处。以汽车为例，分析它与不同的人群之间可能存在的六种功能体验关系。

第一，汽车与消费者的功能体验关系。消费者作为产品的拥有者，在关注产品的使用价值的同时，也关注其性价比以及汽车外观、内饰、色彩等。它对其拥有者来说，是一种身份、地位的功能体验符号，从某种程度来说也是一种炫耀或炫富的功能体验符号。

第二，汽车与驾驶者的功能体验关系。因汽车的行驶、制动性能及其安全性能直接关系着驾驶者的生命安全，所以作为驾驶者首先关注的是产品的具体功能是否满足日常使用，以及能否适应不同环境和不同道路条件的功能体验。

第三，汽车与乘坐者的体验关系。乘坐者最关注的是汽车行驶时的安全平稳性，进而让其体验乘坐的舒适性。

第四，汽车与行人的功能体验关系。汽车在行驶过程中会与路上的行人擦身而过，是否会扬起灰尘或溅起路面的污水，汽车的玻璃涂层的反光效应是否会干扰行人的视线，汽车的制动性能直接关系着路上遇到的行人的感官体验和安全体验。

第五，汽车与维修者的功能体验关系。汽车的工程结构和布局关系到汽车内部的检修体验系统。维修者寄希望于易发现运行中的问题、零部件便于检测更换的工作体验。

第六,汽车与旁观者的功能体验关系。汽车在街道上行驶,构成都市一道流动的风景线,会给旁观者带来独特视觉的体验。汽车爱好者对于不同的车型、颜色及行驶状态会给予格外的关注,并从中获得丰富的想象性体验而形成一种最美好的心理感受。

其次,认知功能体验。认知功能往往需要通过体验语言对产品进行宣传或者展示。体验语言包含产品类别、使用方式、价值和意义等,这便是产品自身的符号认知功能。任何符号都是约定俗成的,产品对自身信息的传达主要通过造型来完成,使人们在形象的直观中获得相关意义的领悟。有人将缺乏认知功能的服装称为"无言的服装",就是说它不能将其与自身相关的信息传递给人们,而将具有认知功能的服装称为"会说话的服装",通过自身的装扮将相关的信息传达给人们。

显然,产品的认知功能是作为实用功能得以实现的前提。对于一个产品来说,人们在使用时,如果不知哪个按钮是开关,如何能使之启用,那么人们便无法操纵它。然而,认知功能的特点为人们营造了一种约定俗成的认知形态,即不同类型产品的形态同样具有约定俗成的特点。例如,便器与餐具形式迥然不同,如果用便盆、痰盂形状的容器盛食物,那么势必会影响人的食欲。从体验的角度来探讨这一现象,这种约定俗成的产品形态的认知差异,俨然会打破体验与审美之间的这种"亲和"关系,阻碍了我们从体验的角度来研究时尚产品美的可能性。此外,符号所传达的信息还起着象征和标志的作用。例如包袋之类,奢侈品的包袋是象征或标志着使用者的身份、地位或财富的工具,其醒目的品牌标识从某种意义上来看,已经成为人们攀比或炫富的功能体验符号。

最后,审美功能体验。时尚产品的审美功能重视产品外观效果和形式,思考产品的审美功能相关因素,提出其审美表现与该产品实用功能具有内在联系,即两者的功能趋于一致,符合以实用功能为取向的原则。德意志产业联盟的创始人穆特修斯提出产品应为一定目的服务,同时应满足该目的所需材料。① 产品的审美体验不仅表现其功能目的,还需考虑产品用途和结构,力求达到更全面的审美效果。

关于产品的审美功能,根据所列举的五种不同类型的产品,以恰当的方式思考产品的审美功能相关信息,提供一个关于产品在实用功能与审美功能等侧重顺序的一个框架,该框架将消费者置于中心位置,提出以技术性能、人机性能、工艺性(经济性)和审美特性这四个方面为主的侧重顺序(见表5-3)②,具体解析不同类型和用途的产品哪个方面的主张会被重视,其审美特性的要求如何产生。

表5-3　不同类型产品在各方面的侧重(以○的多少表示)

产品类型	花瓶	自动咖啡壶	大众高尔夫轿车	中档轿车	豪华保时捷轿车
技术特性	○○	○○○	○○○	○○○	○○○
人机特性	○	○○	○○○	○○○	○○○
工艺性(经济性)	○○○	○○○	○○○	○○○	○○
审美特性	○○○○○○	○○○○	○○	○○○	○○○○

分析图表中各方面的侧重顺序情况,纯属家居装饰品的花瓶,将审美特性放在第一位,而对人机特性和技术性能要求最低。自动咖啡壶作为客厅的日用品,需要考虑它与室内环境的吻合度,所以审美特性再次被放在第一位,人机特性和技术性能要求放在后面。反观已被大众公司普及的高尔夫轿车产品,它把工艺性(经济性)放在第一位,尽量压低生产成本,将技术性能和人机特性放在第二位,而对审美的要求放置最低位置。这表明该产品具有重视经济适用而轻视观赏效果的特点。相反,豪华型保时捷轿车则将审美放在第一位,突出外观的醒目和气势,而将生产的工艺性(即经济性)要求放在末位,这说明它可以不顾及生产成本而一味追求产品质量。而中档轿车则兼顾各方面要求,重视技术性能、人机性能、工艺性(经济性)和审美特性四个方面的平衡。因此,根据所列举的产品类型的不同,它们在实用功能与审美功能等方面有不同侧重。

(三)时尚品牌产品的体验价值

在本章节体验设计中,曾经提到品牌产品体验设计,分析了品牌产品的情

① 参见徐恒醇:《设计美学概论》,北京大学出版社,2016,第52页。

② 表格来源 徐恒醇:《设计美学概论》,北京大学出版社,2016,第52页。

感体验、感官体验、关联式体验，这是从体验设计视野对品牌产品设计的一种概括，时尚品牌产品之所以具备竞争力，重视产品体验是关键，因此需要从品牌产品的品牌体验和品牌体验价值角度，分析体验影响当今时尚品牌产品体验价值的学理所在。

第一，从激活体验设计的品牌体验视角来分析，体验设计作为激活企业品牌的一个重要因素，其激活企业品牌的方法就是利用产品、服务，以及客户与企业之间的交互体验，形成真正区别于其他以用户（消费者）为中心的设计方法。① 显然，体验设计的焦点在从产品到品牌产品转向过程中，在激活体验设计过程中，建构一个具有多重属性的品牌产品。

首先，是对品牌概念或本质的理解。其往往需要有一个体验设计的前提基础，这种基础表现为消费者的需要与感知之间的联系，着眼于品牌外部信息的获取过程，消费者形成对品牌从最初的外观认识到选择、购买、使用再到坚持重复购买的信息获取过程。基于此，品牌产品体验重视体验差异化，在产品创意或者创新设计中，更重视个性化、差异化理念以及产品外观特色，体现产品特性，这些理念更有助于提升消费者的忠诚度和归属感。这种归属感对于品牌至关重要，对于与品牌相关联的企业价值创造也非常重要，从而有必要采取一个以体验设计为中心的方法，作为品牌体验价值的一个发展导向。

其次，是品牌属性。其着眼点需要围绕体验设计的议题探析品牌属性，聚焦体验设计与该品牌相关的任何事物的体验交互维度，在借助体验设计理论不断提升品牌多重属性的同时，努力为品牌带来新的生机。因此，在感官体验层面上，由于较高的感官体验依赖于产品的外观、性能和功能等的品牌属性，所以品牌产品时尚的外观为消费者提供优美的视觉感官体验和审美体验的同时，不仅增强消费者对品牌产品质量评价的主动性，而且有利于消费者对品牌做出好的评价，从而承诺会再次购买该品牌或者在未来持续地重复购买，因此产生顾客高满意度和品牌高忠诚度的正面影响。同理，解析情感体验方面的影响，它对顾客忠诚有积极的助推作用，剖析消费者对品牌产品消费前、消费过程中和使用后的刺激状态，由品牌属性或相关要素所激发的情感反应，在以

① 参见帕特里克·纽伯里、柯文·法恩汉姆：《体验设计：一个整合品牌、体验与价值的框架》，邹其昌、全行译，电子工业出版社，2017，第119页。

消费者喜悦为目标的高度情感唤醒水平和积极情绪主导下，容易吸引消费者关注的同时，甚至超越物质满足，并与品牌形成深厚、持久、亲密的情感联系，从而使消费者与品牌之间建立一种特殊的纽带和对品牌的独特信任。可见，情感体验的主要贡献证明了情感承诺作为品牌体验与品牌忠诚之间的中介，为品牌与消费者之间提供了一种对话的平台，即只有在品牌与消费者之间形成情感承诺的情况下，才会促成真正的品牌忠诚。这是一个新颖的发现，有助于新兴的品牌体验创建理论的发展。

最后，是塑造独特品牌形象。塑造独特品牌形象是很多品牌提升形象认知所需要的重要途径，那么如何在品牌竞争时代发挥品牌的独特优势，如何提升品牌形象的辨识度和满意度，如何才能让消费者感受到美好体验的设计，显然，思考这些问题表明，如今体验设计已经成为品牌竞争中的重要设计内容，伴随着体验经济的发展，通过关联式体验设计塑造独特的品牌文化及品牌形象，建立完整的品牌识别系统，努力建构品牌、时尚产品、消费者之间的互动体验契合点，给消费者带来不同的品牌形象、联想与文化体验的同时，促使消费者获得满意度，形成忠诚度，进而让品牌占领市场主导地位。例如星巴克在咖啡基础上衍生的“杯子文化”，将独特性的杯子创新设计与消费者的情感共鸣相契合，解读其 2019 年推出的猫爪杯这一经典案例可知，杯体内部设计成猫爪形状，空杯时和普通杯子无异，当液体倒入杯子后，即刻显现猫爪形状，这种出乎意料的新奇体验和新鲜体验，激发了消费者强烈的好奇心、感官体验、情感体验、行动体验等多方面体验设计的主动参与，一时间猫爪杯成为“千金难买”的时尚产品。因此，以猫爪杯的体验设计为切入点，在与消费者产生共鸣的同时，借助猫爪杯这一体验工具，调动消费者参与的主动性，推动设计营销事件热度以及体验设计持续创新，增加附加体验值。显然，猫爪杯的经典成功案例表明，将体验设计介入建构时尚美学研究中，既验证了时尚美学实践活动中体验设计的重要性与必要性，又通过体验设计来验证时尚美学在体验设计中的功利性。

第二，从品牌体验价值视角来分析，品牌体验目前仍然是理论研究的前沿热点话题之一，即使西方国家也是从近些年来开始对品牌体验进行研究的。解读品牌体验价值的形成，企业竞争已经不局限于商品消费，更趋向于品牌竞争，企业大跨步地迈入“品牌消费”模式。基于这些现实危机而导致有些企业盲目生产、产品未创新、品牌未系统包装、消费者认知度不高、无法形成市场竞争优势。在“品牌消费”时代,品牌体验价值的形成正是契合无品牌不消费的理念,当消费者直接或间接地与某品牌互动时,由许多不同刺激诱发一系列感觉、认知和行为的反应,使得各时尚行业都形成众多成功案例。比如宝马汽车的驾驶体验,奔驰汽车的舒适口碑体验,沃尔沃的安全体验,苹果手机及电子产品时尚、操作方便的使用体验获得了消费者的热捧。

诚然,品牌体验作为提升企业品牌价值重要战略,其体验价值不仅源自体验经济时代背景下“体验”的勃兴,而且也反映在它与社会消费心理相吻合的关系上。纵览上述成功品牌的案例,不难发现消费者所具有明确的体验诉求,对于企业而言,应积极培育出自有品牌并将其塑造成知名品牌,这一重大目标不仅能够决定一个企业在市场上的核心竞争力,而且真正实现企业和消费者双赢的良好局面。企业和消费者通过体验互联,企业通过营造新的体验环境来提升其影响力,以实现多样化的创造体验和创造体验价值。

第三节　建构时尚体验消费研究新路径

拉斯·史文德森在《时尚哲学》一书中,提出时尚消费总体上应该在阶级区分的基础上进行解释。这一观点所强调的是,大众的时尚消费越来越呈现一种符号消费的形式,也就是说它带来了消费品所象征意义的认同感。但是,这种消费认同不仅仅是为了迎合这种需求或者已存在的需求,同样多的消费可能被用来创建认同。在本书第二章中,笔者谈到时尚美学与消费心理活动的扩张,认为时尚消费不仅满足消费者已有的需求,而且创新并延续拥有这种需求而产生的体验舒适和感官愉悦。因此,无论是已满足的消费需求被重视,还是由体验而产生的愉悦驱动被重视,其目的是创造一种时尚消费品持续增长的砝码,达到持续的消费欲求目的。正是这种欲求,推动了时尚体验美学在当代语境中,建构时尚体验消费研究新路径。

一、时尚体验消费的认知分析

在源于“爱美之心人皆有之”被认可命题基础上,衍生出的“体验之心人皆有之”的命题基本上也是成立的。因而,人类自诞生以来一直在寻求新奇的体验的路上,随着商品时代的到来,体验消费已经成为人类生活的一部分。在时尚体验消费领域,笔者将消费发展进程划分为功能消费、功利性消费和体验消费三个阶段。基于此,时尚体验消费的意义和价值如何体现,如何满足消费者高质量的新奇体验,在体验消费中,如何通过时尚体验消费重塑自身认知结构,这些问题的困扰成为笔者研究的动力。时尚消费体验的实质是在消费中获得独特和差异化的新体验,在体验中享受时尚消费的愉悦过程并优化人们的消费观念,所反映的内涵应该将时尚消费的体验和时尚体验的消费两个方面相结合,对时尚体验消费的议题进行科学的剖析和把握。

首先,探析体验消费概念,除了在产品(服务)消费过程中附加的体验式消费外,学术界对纯粹以消费体验作为消费对象的体验消费也做了研究。自从托夫勒在《未来的冲击》中大力提倡“体验消费”概念(1970),随后伍兹发展了“体验消费”主题(Woods,1981)以来,[①]体验消费具有了不同的分类标准,主流分类包括经济提供物论、心理感受论、刺激反应论、特殊经验论、主观内省论和要点集合论。张恩碧在《体验消费论纲》一文中提出经济提供物论,该论文认为体验提供方式需要与商品或产品有所区别。[②] 姜晶在《基于体验质量的消费者生成内容及有效性研究》中,提出体验消费与一般的消费有明显区分,需要考虑消费者的好奇、刺激、个性和个人成就,重视体验情景营造,让消费者能获得新奇体验。[③]

笔者认为,体验消费与一般产品消费有明显差异,本书所研究的体验消费是在时尚消费基础上,伴随人们越来越富裕的经济现状,摆脱了以往物质占有的冲动,而主动去寻求一种“即时”的快乐体验,然而这种短暂的快乐体验与短暂的时尚美所达成的高度契合的研究意义和价值,从研究意义上说,两者相融所形成的时尚体验消费概念,可以理解为时尚接受的尝新型体验消费和时尚身体的感受型体验消费。其中,感受型体验消费有三个特征:一、体验消费范围更为宽泛,而时尚体验消费被包含在其中,是一种针对性消费。二、两者

---

① 参见廖以臣:《体验消费的购买决策过程及其影响因素研究》,武汉出版社,2010,第 42 页。

② 参见张恩碧:《体验消费论纲》,博士学位论文,西南财经大学经济学院,2009 年,第 21—24 页。

③ 参见姜晶:《基于体验质量的消费者生成内容及有效性研究》,博士学位论文,东华大学工商管理学院,2014 年,第 42 页。

都以消费者为对象,但时尚体验消费更倾向于为消费者提供一种既时尚又极具新奇、刺激和难忘意蕴的消费体验。三、时尚体验消费的重点将体验居于第一位,时尚消费放在第二位。然而,时尚体验消费价值取向也有三点:第一,体验和商品具有类似价值,即都是努力将自身的品质提供给消费者,并有效发挥其存在的独特价值。第二,时尚体验消费参与时尚美学实践的研究,为时尚产品的创新拓宽了新思路,制造出最短暂而又最富生命力的时尚产品。第三,因时尚体验消费的高质量介入,激活了时尚品牌及时尚企业价值增值的砝码,建构时尚产业新的经济体系。

其次,如何理解时尚体验消费领域中体验消费需求与消费发展进程的关系及其表现形态,这是时尚体验消费认知范畴中不可避免的话题,体验消费的核心问题是消费者需求的满足,即产品给消费者是否能带来陌生感、新奇感或者新鲜感。从消费行为上看,购买动机并非单纯的商品功能,而包含情感体验需求;从消费目的看,消费者需要切身地体验消费,或者亲身经历和感受过程收获情感、身体和心灵上他人无法替代的共鸣感,从思想上、行动上对自身有一个全新的认知,并希望通过体验消费过程重塑自身认知结构,不断提升自己的身心健康和自由全面发展。

着眼于时尚体验消费领域,笔者将消费发展进程划分为功能消费、功利性消费和体验消费三个阶段,正好契合了满足消费者功能消费需求、功利性消费需求和体验消费需求的目的。显然,在功能消费阶段,消费者以“为自己”为中心,其消费观念和消费行为均以实现自身价值为导向,借助消费品的功能价值满足自身的功能消费需求的同时,获得最大的消费效用和消费满足感。在功利消费阶段,消费者将“为他人”排在第一位,而“为自己”排在第二位,其消费目的是建立在功利性的立场上,看似将“为他人”放在第一位,实则是借助消费品的价值符号获得他人认可和认同,以此彰显自己所谓的财富、身份、地位、被尊重、很体面等的功利性目的。在体验消费阶段,消费者依旧以“为自己”为中心,其消费观念和消费行为又以实现自我价值为导向,借助消费品的体验价值满足自己消费体验需要的目的。由此表明,从功能消费需要、功利性消费需要到体验消费需要,消费者实现了从“为自己”到“为他人”再到“为自己”的价值回归,实现了消费需要的层次性升级。

二、建构时尚体验消费研究路径

贯穿于本书时尚美学研究基点有三次融合。第一次融合研究，时尚美学与人们日常生活“衣、食、住、行”以“美”为研究基点，其源头来自不同历史时期在“衣之美、食之美、住之美、行之美”的演变过程中所呈现的时尚美学状态。第二次融合研究，迎来了时尚美学与人们日常生活“衣、食、住、行”以“时尚流行”为研究基点，其源头来自回顾百年间“衣、食、住、行”的时尚流行变迁，主要围绕人们物质产品需求和精神产品需求相融合的流行时尚更迭变迁。建立在第一次和第二次融合研究基础上，第三次融合研究，全方位深度剖析时尚美学与人们日常生活中“衣、食、住、行”的研究契合点，试图以“时尚体验消费”为问题关键点，建构时尚体验消费的可持续研究路径。

笔者力图提炼能够代表当下“衣、食、住、行”的时尚消费新概念，并将其与时尚体验消费相融合，主要从当下时尚体验消费研究热点话题进行阐述。

（一）人工智能背景下服饰时尚体验消费新态势

自 1956 年 Dartmouth 学会上提出人工智能以来，各行各业均试图将这门新的科学技术引入自身行业领域内，20 世纪 90 年代麻省理工学院研发成功了一种可穿戴的计算机系统，①标志着人工智能与可穿戴技术成为一种新兴技术而发展起来，服装行业也不例外，快速地将其作为研究热点，积极探寻与人工智能技术之间的互动、需求、功能与合作。中国近年也在大力发展人工智能技术，习近平总书记在 2018 年 9 月召开的世界人工智能大会上通过贺信表达了人工智能对社会发展和人们生活带来的巨大变革的理念。② 智能服装技术几十年来获得巨大发展，如智能衣橱、计算机视觉体验及虚拟技术等，通过识别用户个人特征、日常风格、购物记录以及穿着场合等，智能衣橱与消费者搭配风格实例（图 5-8），这种技术为消费者的搭配设计提供了有效的视觉体验新效应。

从时尚体验消费新零售来分析，为推动新零售线上线下一体化在新零售方面的体验模式，分别从两个方面着手。

---

① 参见田苗、李俊：《智能服装的设计模式与发展趋势》，《纺织学报》2014 年第 2 期。

② 参见张凯：《智能时代的直销变革》，《知识经济（中国直销）》2018 年第 11 期。

图 5-8　一款服装的不同搭配风格实例

其一,是以消费者为导向自下而上的体验新零售。坚持以“人”即消费者为中心,适时调整其营销理念、服务方式及创新策略的体验模式。随着人工智能的发展,在传统的服装市场细分基础上,进一步挖掘消费者行为这一要素的新零售体验营销价值,实现更为精准的服装市场细分及定向营销。通过各大权威的时尚网站、服装销售网站以及淘宝天猫网提取可供参考的海量信息、销售数据和网络消费爆款分析,大众消费者不需要耗时耗力地进行各项服装产品比对,在人工智能变身时尚助手的时代,一个服装检索词或者一张服装图片就能够自动识图或以图搜图,甚至精准找到上万个图片或相关资讯,[①]借助智能平台还可进行多维度图片信息比对,识别服装时尚属性功能。例如价格、尺码、颜色、面料、图案、风格以及各种细节,让消费者在实现方便搜索和购买的体验消费的同时,享受愉快的购物体验。例如淘宝天猫网,为了推动服装零售业所推出的“爆款”、网红直播、双十一和双十二等刺激消费行为和培养消费习惯的狂欢体验消费活动,淘宝天猫海量的商品订单、成交额及资金交易。如

① 参见陈英:《程序化购买对服装营销的创新价值》,《毛纺科技》2016 年第 7 期。

阿里巴巴双十一获得了巨大成功，2016 年天猫总交易额仅 1207 亿①，但到 2017 年天猫女装就实现 1213 亿元销售额②；2018 年天猫服装销售更是高达 2135 亿元③。

其二，以零售商为导向自上而下的技术新零售，推动中国零售业经历"百货商店—超级市场—连锁经营—电子商务—新零售"的五次革新④，融合新零售"线上+线下+物流"与"技术+消费+市场"相匹配的服装产业链体验营销新态势。人工智能与服装新零售刺激了大众的消费体验欲望，在改变大众时尚消费方式的同时，引导消费者时尚体验消费新理念。例如阿里巴巴投资的亚洲最大女装月租平台"衣二三"，提供全新的包月订阅移动云衣橱服务体验，消费者在通过按月付费的方式成为会员后，即可在平台上不断换穿时装的同时，推动线上线下一体化时尚租衣新的体验消费模式，真正实现以一件快时尚服装单品的价格，完成一整月大牌时装的换穿体验消费与服务体验，这种体验消费结果似乎表明，体验性消费购买比物质购买更让人们快乐。

从时尚体验消费智能导购模式来分析，着眼于人工智能发展趋势下的时尚服饰体验营销呈现新态势，依托智能导购模块系统，直接运用线上智能化数据进行逻辑排列和统计分析，结合海量媒体资源，寻求传播信息与目标人群的高效对接，实现人群截流的同时，能够准确可靠地反映当下的流行动态和消费者着装的取向信息。在当今快时尚消费理念引导下，消费者可利用智能导购系统，在淘宝上输入某服装单品，比如裙子，便会出现裙子女 2021 新款、裙子仙女超仙森系、裙子夏连衣裙、裙子女春秋、裙子套装冬、裙子女半身裙、裙子女夏小个子、裙子轻奢小众高端等关键词并显示出相关品类与风格的裙子，点击任意一款裙子，根据购买需求中的价格、销量、品牌、风格、折扣、适穿年龄等信息，可以在短时间内筛选出有价值的信息，电子商务系统中的智能导购助手将进一步分析出当季裙装款式中的爆款、跑量款和基本款等有效资讯，引导消

① 中商情报网：《2016 年双 11 女装店铺销售排行榜出炉优衣库排名第一》，2016 年 11 月 14 日，http://www.askci.com/news/dxf/20161114/10302476832.shtml，访问日期：2021 年 2 月 1 日。

② 中商情报网：《2017 年双 11 女装店铺销售排行榜出炉优衣库位列榜首》，2017 年 11 月 22 日，http://www.askci.com/news/chanye/20180108/111253115563.shtml，访问日期：2021 年 2 月 1 日。

③ 中商产业研究院：《2018 天猫双十一服装销量排行榜情报网》，2018 年 10 月 8 日，http://www.askci.com/news/chanye/20181115/1756541136802.shtml，访问日期：2021 年 2 月 1 日。

④ 李笑然：《我国新零售发展现状、问题及对策建议》，《信息通信技术与政策》2019 年第 3 期。

费者体验线上精准购物的方便与快捷。除此之外,用于实体店的智能导购系统,消费者借助智能试衣镜,30 秒形成相似度 85%的虚拟体型,3 分钟完成 100 套服装试穿①。另一方面,实体店利用智能货架解答服装单品的号型、尺码、色彩、搭配方式等基本信息供消费者参考的同时,借助智能试衣间的试衣体验功能,可获得更为便捷的服务和体验②,最大限度地满足顾客体验消费的试衣需求。从消费者的角度看,创建消费者体验与服装企业购物桥梁的智能导购系统,让消费者亲身感受高效、便捷的智能化体验的新奇刺激和服务体验,使消费者感受购物的快乐,享受量身定制的娱乐体验生活方式的同时,实现消费者购物满意度和实体店服装成交量的完美对接。从服装企业的角度看,依据智能导购数据库资源,分析每件服装单品的试衣次数,被试次数最多的单品,被试了多少次才完成购买,从而预判当季销售数据、单品服装畅销指数、顾客偏好、体验愉悦度或者是否存在缺陷等问题,为服饰产品设计、生产决策和市场销售提供重要依据,从而制订出更加优质的生产与体验营销策略。

总之,人工智能助推服装业的创新与变革,形成全新服饰时尚体验消费新态势。在服装设计中,将全面引入人工智能,提升对服装流行趋势的把控,注入体验营销理念,通过智能体验服务的开发和应用,助推服装企业的发展,增强产品的竞争优势,提升品牌服装企业体验消费热点和体验经济增长点。

(二)重建饮食时尚体验消费新形式

关注当下饮食时尚,笔者在本书第一章中,立足于人类饮食器的发展演变,沿袭中西方饮食器历史发展的纵向轴线,较为详细地阐述了中西方饮食器因时、因地、因人的差异,在器质拓展、技术改良、设计风格重塑的研究维度中呈现出不同的审美趣尚与美学价值。然而,随着现阶段社会物质文明和精神文明的发展与革新,着眼于饮食时尚研究新视角,人们将所追求的以“食”为目标,转向为追求“美食”“美器”与饮食时尚消费相融合为目标,不仅从心理上重视人们饮食时尚消费需要和饮食消费行为,而且从生理上满足人们饮食时尚消费需求的同时,更注重健康饮食时尚体验消费新趋势。基于此,为了更

---

① 一天一招:《智能试衣镜》,2018 年 1 月 15 日,http://www.360doc.com/content/18/0115/13/8460198_722086267.shtml,访问日期:2019 年 10 月 1 日。

② 朱凯:《智能货架带你体验“新零售”》,2018 年 10 月 23 日,http://www.sohu.com/a/270635293_351264,访问日期:2019 年 10 月 1 日。

好地把握饮食时尚、饮食时尚消费、健康饮食时尚消费的多维关系，本书将从饮食时尚体验消费文化诠释、饮食时尚体验消费新概念以及饮食时尚体验消费新发展三个方面，着力探讨如何重建当下饮食时尚体验消费的新形式。

其一，饮食时尚体验消费文化诠释：克里奥尔化饮食与身份消费的建构。

据《清稗类抄》记载，光绪宣统年间，全国都会商埠，均引入了西式饮食。当时，开洋荤、吃西餐已经形成一种风尚，特别是成为中上阶层彰显排场和时尚的见证；民国初年，官绅宦室"器必洋式，食必西餐"。这些记载不仅成为象征阶层与表达身份的手段，而且在增加饮食时尚形象化和符号化的外观价值的同时，为研究饮食时尚消费文化与身份体验议题提供了坚实的理论基础和体验视角的突破口。

显然，在重建饮食时尚体验消费新形式研究视角中，克里奥尔化概念的提出，将饮食时尚文化与身份体验消费建构推到了学术研究的风口浪尖。于是，笔者顺应这股理论风潮，将克里奥尔化饮食与身份体验消费相融合，来探讨饮食时尚消费文化在体验中的表现形式。解读源自西方词汇克里奥尔化（Creole）的语义，实则被形容为一种相互融合、杂糅、混合的形态。本论文中的饮食文化正是契合了这种"混杂"之意，在全球化与全国化的长期交流与融合中不断生产和创新，涌现出掺杂的多品种饮食文化的成分，这种被改良后的饮食时尚概念所呈现的便是克里奥尔化饮食时尚。关于饮食消费与身份关系的研究，学术界普遍认为饮食消费在全球范围内均被个体或者群体的身份创建所适用。① 相关研究理论主要有两种：

第一种理论，涉及饮食时尚消费行为和消费频率，来重建一种社会身份认同感。探讨不同阶层、收入、年龄、性别、受教育程度、居住地等因素在外出就餐方面的社会差异，同样是全球化餐饮店，针对快餐店吃饭的地方（如肯德基或者麦当劳），收入、阶层和城市的影响并不大。但是，在档次较高的全球化民族餐厅消费时社会差异却极其鲜明，能够支撑其外出就餐以及增加外出就餐的频率，从某种程度上看是拥有较高收入的人、受教育程度更高以及社会阶层更高的人，这类人群更喜欢外出就餐，这种现象不仅反映出民族餐厅本身所特

---

① 参见韩松立：《从文化诠释学看饮食消费的克里奥尔化》，《江南大学学报（人文社会版）》2010年第1期。

有的美食、美器、就餐环境、服务等新奇的消费体验或新鲜的消费享受,实际上也意味着收入较高或者社会阶层较高的人群,更希望接触到全球高档次的克里奥尔化饮食的机会,进而获得一种心理或情感上新奇、求美、优越性等有价值的全新体验感受的同时,也成为各阶层建构自己身份的标志或工具。例如,日本料理中的精细仪式,从精致小巧的菜品到朴素简约的陶制器皿再到宁静素雅的室内装饰,让消费者在品尝美味的过程中体验内心平静舒适的愉悦感,提升了日常饮食时尚消费仪式感的文化体验。由此不难发现,相对高价位的日本料理不仅没有降低国人的消费频率,相反,消费者更希望通过日本料理的消费体验,创建他们与收入较高或社会阶层较高的社会群体的身份认同关系,从中所给予消费者高质量的双重体验感便会进一步升华。

第二种理论,提出消费者与饮食体验相关的选择或者决定与其身份相关,如克里奥尔建立关于饮食时尚消费语言的概念,并提出消费者饮食消费随其身份变化而变化的观点,消费者身份涵盖自我的就餐品位、收入、职业、性别、年龄、地位及其他社会元素等因素。在此基础上,着眼于克里奥尔化饮食与身份体验消费建构,利用克里奥尔化饮食时尚消费语言,也可以塑造出短暂的身份体验,例如生日宴、成人仪式、婚宴、升学宴等饮食时尚体验消费形式,在不断制造这种短暂身份体验需求的消费者的同时,积极获得短暂身份体验心理的满足感和愉悦感,无论这种饮食消费体验是为了耐久消费还是暂时消费,均可以通过克里奥尔化饮食(如全球化饮食特色与本土化饮食特色的杂糅与改良,全国范围内不同地区、不同民族的饮食融合在一起,形成了克里奥尔化的饮食)时尚消费语言来诉说自己对本土化饮食情感体验需求,努力在饮食时尚体验消费文化与当代大众所关注的具有本土化饮食体验消费情感之间搭建一种和谐或者共鸣的体验桥梁。

由此可见,克里奥尔化饮食时尚体验消费形式,不仅促进了全球化饮食体验消费的发展与融合,而且也警醒国人以重视中餐对外跨文化传播为己任,通过对外“传播→体验→再审视→高质量体验→再传播”的路径,让世界在了解《舌尖上的中国》的美妙中餐及中餐所蕴含的深厚文化的同时,对中国文化、中国社会产生感情,进而推动中餐海外传播的广度与深度。

其二,饮食时尚体验消费新概念:轻食主义与网络订餐的悖论。

自中华人民共和国成立以来,中国社会消费结构从物资短缺与供给不足现象发展到物资多样化与供给充裕，随之而来的饮食结构已经从“吃饱”向“吃好”的饮食观念转向，根据《中国统计年鉴 2020》的数据，2017—2019 年我国居民食品烟酒人均支出呈现增长趋势（见表 5-4），其中 2019 年城镇居民人均支出达 7732.6 元，而农村仅为 3998.2 元，[①]按照恩格尔系数分析，我国城镇居民已经达到了富裕水平，农村处于相对富裕阶段。[②] 也就是说，我国城乡居民在摆脱温饱问题困扰之后，接踵而来的时尚消费体验新概念“吃好”在城镇居民中广为流行，这里所谓的“吃好”是建立在健康饮食理念基础上，体现合理膳食的状态。因此，基于科学合理地进行饮食消费，“轻食主义”概念应运而生，其目的是顺应《“健康中国”2030 规划纲要》指标解析中国膳食指南内容及目标，遵循食物种类平衡、能量平衡、一日三餐平衡和营养平衡的四大平衡原则。[③] 这种“轻食主义”之风在我国的盛行，打破了传统餐饮文化以及饮食消费模式，因健康需求越来越多的餐厅转向轻食时尚体验消费的需求，让轻食体验消费不再只是概念性理论，而是真正将“轻食主义”所强调的简单、适量、健康和均衡的饮食时尚体验消费理念融入大众的社会生活中去，必将为轻食时尚体验消费的发展带来新的活力。

表 5-4　2017—2019 年我国居民食品烟酒人均支出情况[④]

单位：元

指标	2017 年	2018 年	2019 年
城镇居民人均支出	7001.0	7239.0	7732.6
农村居民人均支出	3415.4	3645.6	3998.2

随着互联网的快速发展以及信息流通速度的加快，“网络订餐”即外卖点餐时尚体验消费新形式迅速崛起，催生了饿了么、美团外卖、淘点点、品牌餐厅宅急送等网络订餐服务平台，这种新兴的时尚体验消费方式在短时间内被年轻人所接受并快速盛行。目前，外卖时尚体验消费模式以大学生为主流消费

① 参见国家统计局：《中国统计年鉴 2020》，中国统计出版社，2020，第 173—176 页。

② 注：根据联合国粮农组织的划分标准，个人或家庭的恩格尔系数在 19%及以下为最富裕水平，20%—29%之间为富裕水平，30%—39%之间为相对富裕水平，40%—49%之间为小康水平，50%—59%之间为温饱水平，60%以上为贫困水平。

③ 参见杜玉开、徐勇：《健康中国 2030 规划纲要指标解析》，人民卫生出版社，2017，第 40—41 页。

④ 表格来源 国家统计局：《中国统计年鉴 2020》，中国统计出版社，2020，第 173 页（表 6-6），第 176 页（表 6-11）。

人群，只要扫描二维码或下载相关外卖APP，便可以足不出户地享受各种美食，体验外卖APP推送的热销折扣菜、超值套餐、满减活动等专享优惠，面对手机屏幕都能感受网络订餐消费的时尚、新潮、便捷的体验乐趣。显然，大学生作为接受饮食时尚体验消费新概念的主力军，推动了校园网上订餐平台的出现，不仅让大学生避开用餐高峰时段，而且也为他们提供获得体验网上餐饮可享受优惠活动的机会。值得一提的是，大学生在享受各种网络订餐平台带给自己新奇体验与满足的同时，却忽略了因自己的习惯和偏好而导致饮食结构不合理，从而出现营养不良或营养过剩现象的可能性。从消费目的的角度看，网络订餐时尚体验消费形式不仅为了体验饮食而进行支付，更是希望通过"网络订餐"的体验消费过程，完善自身一日三餐的饮食需求、享受生活或体验生活的同时，让大学生树立正确的营养价值观念和饮食消费行为，促进正确的饮食消费观念、消费方式、消费结构和培养健康饮食意识。

因此，在"轻食主义"与"网络订餐"两种时尚体验消费新概念的悖论中，不外乎在"吃饱"向"吃好"的观念转变中，通过分析大学生健康生活方式的饮食体验消费，将关注身体健康、规律饮食、营养均衡、食品安全等问题作为消费者最为关切的话题。在一日三餐的饮食中体验幸福与乐趣，也成为推崇"轻食主义"和"网络订餐"消费群体追求品质生活的一个重要组成部分，正是在这些因素的混合作用下，人们对饮食时尚体验消费新概念中所提倡的膳食四大平衡原则投入了更多的接受热情，并成为日常饮食的风向标，以此来规避饮食风险。由此可见，关注当代肉身健康在饮食时尚体验消费新概念中的重要性，将成为建构饮食时尚体验消费研究的重要方向。

其三，饮食时尚体验消费新发展。

探讨旅游饮食视角下的时尚体验消费新发展，其研究着眼点往往集中于旅游饮食体验消费的层面上，而游客饮食体验消费常常被忽略。然而，基于以人为中心的时尚体验消费研究路径，旅游中的饮食消费体验与游客的日常饮食习惯息息相关，游客饮食体验将在很大程度上成为游客日常饮食消费的延伸或强化，所以探讨饮食时尚体验消费新发展应该将旅游饮食体验消费与游客饮食体验消费相融合展开讨论。

一方面，阐述旅游饮食体验消费研究视角，关于旅游与食物体验的关联性是无可争议的，如果在旅游饮食体验消费中将饮食作为主要研究动机，那么绕不开与之相关的食品生产、旅游和旅游饮食体验等相关产业情况。从食物的视角来分析,食物为身体功能提供所需的能量和必要营养,因而吃被视为一种“义务的”旅游活动,影响人体所有直接感官,即味觉、嗅觉、视觉、触觉等。从消费者在旅游过程中涉及的饮食体验消费角度看,饮食消费被认为是一种环境和时尚潮流不断发展的时尚体验消费实践的集合,饮食消费在旅游消费中不仅仅作为一种食物消费,这种独特的旅游消费形式因游客的食物偏好与选择,对选择旅游目的地产生了重要影响,而且也被认为是推动旅游业食物需求与食物供应的重要力量。例如,对于游客进口的食品消费数量的体验,直接影响当地农业生产与旅游之间的联系,这种具有“地方风味”的美食身份和形象,既可以作为吸引游客的工具,又可以让游客亲自体验身处美食产地才能享受到的“熟悉与新奇”“普通与非凡”“常规与不寻常”等饮食体验消费。

另一方面,从游客饮食体验的视角来分析,食物在旅游中被广泛认为是一个目的地必须提供的基本文化元素。对于游客来说,消费当地美食和参与当地的饮食方式而获得“与众不同”的体验尤为重要,如果这种“与众不同”给游客带来极大的快乐与满足,那么所获得的体验就像是炫耀的工具一样,成为受人尊敬的文化资本,同时也表明,消费当地陌生食物被视为一种社会区分的标志。因此,对于一些游客来说,“与众不同”的饮食体验比食物的味道好或不好更重要且更令人愉快。相反,这种“与众不同”如果与游客的饮食习惯和饮食偏好有差异,特别是有巨大反差的情况下,则可能会起到反作用,甚至让人形成严重的不适感。如湖南游客在扬州旅游时,淮扬菜系味道比较淡,且偏甜,让普遍嗜辣的湖南旅客无法适应,可能会有吃得不尽兴的感觉,进而产生不愉快的体验。

因此,聚焦于游客前往目的地的主要动机,重视饮食体验消费作为旅游吸引力所发挥的寻求新奇事物、感官愉悦、高峰旅游饮食体验的三种作用,具体分析如下:首先,发挥一种寻求新奇事物的作用。品尝各种各样的当地食物本身就被视为一种新奇的体验,因当地的食物在配料、烹饪方法和食物呈现方式上与家中的食物相比是有差异且不可预测的。一般情况下,多数游客需要在一定熟悉度的基础上才能体验其旅行的新奇感,但对于陌生地或者是国外旅游时,所品尝的异国食物则更令人感到新奇,这种不寻常与新奇的经历尤为突出甚至是格外兴奋。因此,品尝不熟悉的当地食物发挥了一种寻求新奇的愉快效果。其次，发挥一种感官愉悦的作用。先前的食物研究视角支持将食物作为身体所需的能量和必要营养，为游客提供“感官愉悦”之外，在度假目的地外出就餐的饮食消费行为本身就是一种愉快的多感官体验。正如前面所提到的日本料理那样，在满足消费者视觉、触觉、听觉、味觉和嗅觉的五种感官的基础上，品味食物已经逐渐转变为一种体验艺术形式的感官工具。最后，发挥一种高峰旅游饮食体验的作用。为了食品旅游或被称为美食旅游目的的游客来说，品尝当地“必吃的美食”和“正宗的当地菜肴”本身就是一种非凡的体验。因此，从这个意义上说，这种游客饮食体验消费可以被理解为“饮食高峰”体验。

总的来看，在文化全球化和经济全球化的当下，重建饮食时尚体验消费的研究结果显示，通过重建饮食时尚体验消费的文化、概念和消费发展新主张，摆脱了时尚美学停留于基本理论研究的固化模式，建构了时尚美学研究中体验路径可持续发展的社会条件。从饮食时尚体验消费文化诠释来看，通过克里奥尔化饮食时尚消费行为、消费频率和时尚消费语言，为重新发明当地饮食时尚消费和身份建构提供动力，让越来越多的普通民众接触到全球各地的民族菜肴和产品，这一趋势有利于刺激当地特色美食产品和本土饮食更大需求的可能性，并进一步提升“外出就餐”的新形式。从饮食时尚体验消费新概念来看，解读轻食主义与网络订餐的悖论，不外乎从“吃饱”到“吃好”再到“吃出健康”的饮食理念基础上，遵循食物种类平衡、能量平衡、一日三餐平衡和营养平衡的四大平衡原则，重视当代肉身健康成为引领饮食时尚体验消费新概念发展的风向标。从饮食时尚体验消费新发展来看，研究旅游饮食体验消费与游客饮食体验消费的融合关系，在强调旅游饮食体验作为一种文化和社会区分标志的同时，了解游客的饮食习惯和食物偏好消费，有效地帮助改善餐饮服务，提高顾客满意度，进而促成食物消费变成旅游景点的高峰体验，并成功重塑一种新兴“美食景点”必去之地的典范。此外，值得一提的是，聚焦游客饮食体验视角以及游客前往目的地的主要动机，重视饮食体验消费作为旅游吸引力所发挥的寻求新奇事物、感官愉悦、高峰旅游饮食体验的三种作用，将游客饮食体验消费助推至“饮食高峰”的体验高度，从而将当地的食物和饮食资源转化为有市场的景点，并为我国食品市场、饮食产业、美食景点的可持续发展提供重要的体验支持，重建饮食时尚体验消费新态势也必然成为建构时尚美学研究学术探讨的焦点之一，也将成为未来可持续研究的重点。

（三）反思旅游住宿一体化时尚体验消费新模式

时尚体验消费研究路径从衣、食到住、行的内部反思中，面对崭新的时尚消费实践向时尚体验消费的转型，时尚体验消费研究路径建构也将面临挑战。随着时尚消费时代所呈现的多元化体验消费模式，旅游住宿一体化作为当下时尚体验消费与时俱进的关键术语聚焦于时尚体验消费新境界中，促成时尚体验消费与旅游住宿之间的紧密联系，进一步增强旅游住宿一体化在时尚体验消费中的适应性的同时，承担着建构时尚体验消费实践研究路径不可或缺的动力，并试图以全新的姿态反思旅游住宿一体化时尚体验消费新模式。

随着人们生活水平的提高，衣服、食物等实物消费所花的钱已经无法为人们带来更大的快乐，这种被称为有形的商品消费已经逐渐被无形的体验消费所代替，其无形的体验消费是指人们为获得某种生活体验而进行的消费行为，然而，旅游业作为体验经济的先驱之一，在所呈现的旅游消费比例中，占比最高的是体验消费。因此，将“住与行”的体验消费延伸至旅游住宿一体化体验消费的领域，正是顺应了体验经济时代的发展态势。自 20 世纪 70 年代起，旅游体验的研究话题不断增长，关于旅游体验的文献资料越来越多，但一个根本问题仍然令人困惑：什么是构成旅游体验本身的要素，旅游体验的呈现方式是单维的还是多维的。

就旅游体验概念来说，其所指的是一种建构主义的旅游现实概念，其中旅游者完全参与到旅游全过程体验。游客在准备旅游前具有不同目的或动机，如想放松心情，给平淡社会增加趣味，或者想暂时脱离现有社会关系，体验不一样的生活，或者为了体验异域风情或者自然风光，这些期望满足旅游前的各种美好、快乐及强烈的好奇心。在旅游中，其本质是反映一种新奇体验过程的典型体验消费。这种消费是基于文化底蕴和地方特色的基础上，提供给消费者日常生活或工作中无法触及的非凡体验。在这样的体验中，呈现出两个方面的特色：一是自然景观资源，旅游者可以尽情地领略高山、峡谷、森林、火山、江河、湖泊、沙漠、热带雨林等自然景观的视觉冲击和美的享受；二是历史或文化景观，如名胜古迹、历史街区或者故居、佛教古刹等，旅游者以自然景观之旅为基础，在文化之旅的内涵层面，体验特色鲜明、独树一帜的独特体验所带来的精神抚慰和震撼。在旅游后,旅游者通过回味整个旅游体验消费过程,弥补了家庭居住地难以实现的体验消费梦想,并有助于帮助旅游者创造非凡的、有意义的甚至是难忘的一次旅游体验的可能性。

基于上述这些打破日常生活的旅游体验,根据不同游客的动机和感知,在旅游前、旅游中、旅游后的体验消费情况,所呈现的游客体验可以是全球性的(一次旅行、一次住宿),也可以是选择性的(一种体验、一种产品或一种服务)。由此可以将旅游体验的构成要素分成两部分:其一是基本元素,旨在满足游客的一般需求,主要包括饮食、住宿、交通,在大多数情况下,这些基本元素已经成为支撑旅游体验质量的重要因素。其二是情感因素,这种因素侧重于价值创造的情感方面,激励游客参与特定的景点,从而获得包括惊喜和个人充实的情感体验。这个"高峰体验"部分更多的是关于不同于日常生活的活动,包含惊喜和个人充实元素的间接方式,主要建立在参与旅游活动的旅游者体验的情感、情绪心理结果上。由此可见,旅游体验的呈现方式是多方面的,可以从不同的方面来看待旅游体验,因为旅游体验本身就是一种消费形式,因而为了更好地理解旅游体验的研究话题,分析旅游体验消费基本元素和情感因素的融合就显得尤为重要。

基于前面已探讨的旅游饮食体验消费基础上,笔者将旅游与住宿的两个维度整合在一起,从根本上与日常体验消费形成鲜明对比,又从高峰旅游体验的维度探讨旅游与住宿之间的相互关系的重要性。一方面,酒店、住宿的整体的旅游体验显然不能等同于旅游景点的消费者体验。如果构成愉快旅游景区的主要动机的吸引力令人失望,那么,温馨、舒适的酒店环境,配套齐全的酒店设施(如游泳池、健身房、桑拿、SPA 等)以及热情好客的工作人员等高质量的住宿消费服务可以弥补这种不足或遗憾,尤其针对喜欢住酒店的旅客来说,获得被优待、被重视的情感体验愉悦感的同时,有助于他们主动参与旅游住宿的体验活动,从而促成游客住宿体验参与与游客重游意愿之间产生相互影响的重要关系,进一步表明曾住过该酒店的游客完全参与了酒店的高质量服务体验,更倾向于重新访问这家酒店甚至是这个旅游目的地,并向其他人推荐住宿首选这家酒店的建议。另一方面,吸引力体验作为高峰旅游体验,并不能替代所配套的住宿体验消费。一般情况下,即使获得了旅游景点的高峰旅游体验,一旦出现酒店配套的体验消费差的现象,整个旅游体验也可能会被破坏。例如,距离旅游景点和购物中心较远,卫生条件差,并且工作人员态度冷漠等情况。因此,建议酒店经营者与当地旅行社之间尝试建立一个有吸引力的“衣、食、住、行”旅游套餐和互动网站,并鼓励游客参与对某项旅游套餐的服务评价意见、建议以及重游意愿,重视“衣、食、住、行”旅游套餐的景区形象塑造,支撑景区发展、游客满意度以及能够获得旅游套餐高峰体验的关键因素,真正学会倾听游客对美好生活的诉求,让景区成为多元文化与共同价值协调发展的新空间,无疑是明智的选择。

可见,旅游体验的整体质量依赖于旅游景点和住宿两个维度,能够获得旅游景点的高峰旅游体验与提供高质量的住宿服务体验,已经成为旅游者增加重游意愿的可持续体验消费砝码和研究新模式。

本章小结

随着对时尚美学与体验美学生成关系的深入论证,所形成的时尚体验美学体系也越来越复杂,仅按照传统方法笼统地处理时尚美学体验问题,一方面会缺乏创新性,另一方面从大众消费者角度,不仅难以发挥体验美学的优势,而且影响时尚美学体验消费活动的顺利开展。

创建系统化、程序化和时尚化“三位一体”的科学方法,创新时尚体验美学的当代语境,建构时尚体验美学消费研究,走时尚体验美学研究可持续发展之路。首先,创新时尚体验美学的当代语境议题,着眼于人类时尚审美观的创新与提升,将时尚审美体验作为中介机制,调整或改变时尚的审美尺度、审美取向和审美愉悦表现,以时尚审美观激活时尚体验美学。在此基础上,在新的时尚体验经济形态下,体验新的设计理念、新的设计方法和新的设计作品,并强调以时尚产品为中心,融入思考、情感、感官、行为和关联为体验设计战略框架,通过分析时尚产品功能的创新体验所存在的更大优势,来探究体验影响当今时尚品牌产品体验价值的学理所在。其次,建构时尚体验美学消费研究新路径,立足于时尚美学的两次递进式融合,第一次以“美”为研究基点与人们日常生活“衣、食、住、行”的融合,第二次以“时尚流行”为研究基点的融合,形成了第三次以“时尚体验消费”为研究契合点,做全方位深度剖析的递进融合,结合服饰时尚体验美学消费新态势、饮食时尚体验美学消费新形式、旅游住宿一体化时尚体验美学消费新模式等案例加以分析阐述,得出时尚体验美学消费研究在不同领域可持续发展的路径和现实价值。

总之,在创新时尚体验美学的当代语境下,将体验美学介入建构时尚美学研究中,依据时尚产品设计与体验设计的联姻案例可知,体验设计本身可直接带给消费者新刺激,促进其愉悦指数的提升,同时体验设计还具有想象性特征,使其比实践活动包含着更多的美,具体而言体验性消费比物质购买也能获得更大的快乐。可见,体验设计的优势足以保证体验消费的功利性价值所带来的经济增值,从体验的角度来研究时尚美学,比从实践角度有着更大的优势。然而,面对不同地域的文化差异,着眼于当下时尚产业及品牌产品所呈现的爆发式发展态势,难以创建一种统一的时尚美学标准。基于此,本论文将在第六章试图借助时尚美学批评,并在此基础上建立时尚话语体系,从而使时尚美学研究的可持续发展成为可能。

第六章
批评与话语体系:深化时尚美学

近年来,“时尚”一词在我国备受关注,从而催生时尚都市、时尚社区、时尚工程、时尚教育、时尚设计、时尚消费、时尚传播、时尚品牌、时尚制造和时尚批评等时尚产业经济一体化的融合发展。由此不难看出,尽管时尚的形成不以个体意志为转移,但是面对纷繁复杂的时尚产业经济形态,时尚不能停留在对于现有成就的满足与喜悦中,许多问题仍然需要梳理,譬如时尚美学批评是什么,谁建立了时尚美学批评标准,欧美体系话语是否可以代表的评价标准,如何依据标准开展有效的时尚美学批评,时尚美学评判标准的优势在推动中国当代时尚产业经济发展逐渐强大的同时,中国的时尚话语体系如何建立,中国话语权由谁主导,中国时尚话语权在时尚美学、时尚消费文化以及时尚产业领域中发挥着怎样的作用等等,带着这些疑问,面对当前国内时尚评论产业、时尚文化、时尚人才培养,仍然参照欧美的现状,想要扭转这种局势,需要以经济发展为基础,探讨时尚美学深层次文化影响力、美学精神,建立时尚话语体系形成的内在逻辑关系。

第一节　当代时尚美学批评的提出

被时尚美学所建构和装饰的人类生活世界,人们的身份、优雅、从容、自信、体面、虚荣、肤浅以及衣、食、住、行等,都需要通过时尚美学来帮助解决。正是凭借时尚美学这种可以推动人类生活世界改进与提升的不可忽视的重要力量，本章节尝试谈论当代时尚美学批评理论这一话题。显然，当代时尚美学批评是时尚产品设计创作与时尚产品接受、设计者与消费者之间的融合器，起着沟通、传达、互动、评价与促进的作用。在这一环节的支撑下，时尚美学的整体发展才会突破各种阻碍，当代时尚美学的发展进程才有理由实现勃兴的可持续发展。

一、从设计批评到时尚美学批评

从设计批评的视角探寻时尚美学的发展踪迹可知，时尚美学批评与设计批评不可分割，因为时尚美学批评的研究议题建立于设计理论思考之上的设计批评基础之上。就设计批评而言，徐恒醇、凌继尧、诸葛铠、张朋川、翟墨、王受之、吕敬人、许平、杭间、李砚祖、黄河清、刘道广、张夫也、尹定邦、何洁、李超德、郑曙旸、李立新、李丛芹等都是业内知名学者，他们在设计学理论中就伦理、文化、思想、管理、价值以及理论发展脉络等领域做出了重要贡献，尤其在中国的设计批评领域，这些学者也做出了一些创新性的工作。从设计批评的审美视角来看，设计批评在对设计现象、设计活动、设计事件等问题进行描述、解释和评价过程中必然会涉及审美的观点和方法。李超德在《设计美学》的"设计审美评价"中，指出发展现代工业设计产品的目的是满足人们生理和心理上的物质需要和精神需求，人类在社会实践过程中体现现代工业设计产品的设计美、技术美的全新的造物活动，其最终必然存在着审美评价问题。①2009 年，黄厚石在《设计批评》著作中，提出设计批评的审美意识是每一个设计评价者的自然反映。审美意识不仅贯穿了评价者对设计作品的使用与体验过程，甚至有可能先于功能意识而成为消费者选择产品时的第一评价意识。②除此之外，设计批评研究还强调设计价值、设计批评标准都与审美关系密切，设计中的审美可以形成价值，这种价值可以转化为经济价值的一部分，而设计批评的标准与审美方式同步，共同指导设计评价。在李传文看来，提出设计批评代表着四种不同的鉴赏与批评视角，即"生活""功能""审美"和"文化"，从审美文化主导的当代语境来看，设计要求人们从物质消费中去选择美、体验美

---

① 参见李超德编著：《设计美学第 2 版》，安徽美术出版社，2009，第 143 页。

② 参见黄厚石：《设计批评》，东南大学出版社，2009，第 56—57 页。

和欣赏美，同时设计作为审美文化已发生了本质性的转向，即产品初始的功能、对象已经转变为消费者为主的多元的情感体验，即设计批评审美语境。[①]显然，设计批评离不开审美评价的支撑，其批评的标准紧跟时代审美方式发展的脚步而与时俱进。

2011 年，李立新在《设计价值论》中提到，设计的评判是价值的评判，对于设计价值而言，最基本的是人的生活实用与审美价值。[②] 又说，对于设计价值评判的原则和标准来说，均需坚持审美这一原则与标准，凝聚着真、善、美统一的设计艺术，不仅带给人生理上以舒适为目的的应用价值，而且同时升华至审美层次，所反映在心理上与精神上的愉悦则是审美价值的体现。[③] 2018 年李龙生等撰写的《设计批评学》一书提出设计批评涵盖的美学观点，将设计批评立足于美学的视野来分析和思考设计作品和设计问题，从突破传统美学思维的局限性入手，努力在现代美学的基础上丰富设计美学的内涵，从而为设计批评活动提供了有说服力的理论依据。[④] 李万军在《现代设计批评》中认为，着眼于现代设计批评研究，需要全面回顾设计历史与未来，立足"人本主义"视角，阐述现代设计的发展经历了工艺美术运动、现代主义、后现代主义三个阶段，导致设计批评的主题呈现出由传统审美的回归到对功能理性的崇尚，再到审美文化的建构的转变。[⑤] 进入多元化的当代社会，设计是以实践与审美过程为目标，产品作为审美载体，而不是最终审美目标。又说，就当代设计而言，从文化、情趣、道德、审美等设计现象和问题出发，将人、产品与生活世界关联成一个整体，最终将走向美的设计在兼具功能与审美的双重属性的同时，引领人们成为审美的人。可见，设计的价值评判、现代设计价值的呈现方式以及设计批评活动的理论依据，均需要审美价值的支撑才能让设计的评判更有力，更符合实践的需要。

纵观设计批评理论的审美视角，所呈现出来的设计既是一种创造性的审美活动，又是一个创造美的过程，从新颖的设计标准来看，要求有新意、有美感

---

① 参见李传文：《设计鉴赏 设计美学 设计批评论》，中国建筑工业出版社，2016，第 169 页。

② 参见李立新：《设计价值论》，中国建筑工业出版社，2011，第 75 页。

③ 参见李立新：《设计价值论》，中国建筑工业出版社，2011，第 81 页。

④ 参见李龙生、费利君：《设计批评学》，合肥工业大学出版社，2018，第 101 页。

⑤ 参见李万军：《现代设计批评》，武汉大学出版社，2018，第 231—236 页。

且与众不同，否则设计将不能称为设计；从合理的设计标准来看，为了解决人们实际生活问题并使之达到审美要求，更方便、更完善地服务于人们的生活需要。

从设计批评的审美视角看时尚美学批评，当代的设计处于时尚设计阶段，所呈现的创制活动已不再仅仅局限于时尚产品，其领域已经蔓延到人类衣食住行的整个生活世界，将设计的风向标转向时尚产品的制造美、需求美、流行美、传播美、消费美、体验美中，时尚产品设计中应根据不同的民族文化背景，促使时尚产品显现出本民族多元化的时尚审美特征，践行时尚审美服务于大众的社会理想，展现出以人为本的设计思想走向时尚审美的设计意识在时尚美学批评中的生成过程，为解析当代人生活中的时尚美学现象及其问题指明了方向。

二、当代时尚美学批评现状

（一）时尚美学批评

梳理时尚美学研究成果以及设计批评所涉及的有关时尚美学批评的研究成果，并从中提炼出关键词与研究重点，将设计批评理论中的时尚审美问题与时尚美学中的评判原则和标准等问题结合起来，达到有机统一的时尚美学批评概念的基本认知。2008 年，刘清平在《时尚美学》中认为，在时尚炫美领域坚持“以人为本”的最重要最基本的评判标准，以服务人性生活、丰富人的存在为目的。换句话说，在时尚和炫美的生活领域内，无论时尚炫美拥有多么诱人的魅力和多么炫目的价值，人们都应该坚持“为了人而时尚”，而不能单纯地主张“为时尚而时尚”，不能为了时尚炫美的目的就去掠夺宇宙资源、破坏生态环境、捕杀自然生物，而应利用有限的自然资源和人类能量，来满足超越人们基本生活所需的日常功利的精神需要和心灵渴求，从而推动时尚炫美的精神高度乃至整个人类生活世界的健康发展。① 在这里，时尚美学评判的标准是“以人为本”，其重心是“为了人而时尚”。2012 年尹定邦等撰写的《设计学概论》提出设计批评标准的历史属性问题，即标准与时尚一样，都遵循一定的历史规律，是运动变化过程，基于此，设计批评活动也需要随时代和社会变

---

① 参见刘清平：《时尚美学》，复旦大学出版社，2008，第 171—182 页。

化而改变,同时需要适应转瞬即逝的美学标准。① 显然,时尚美学批评的关键词是:时尚、循环、转瞬即逝、美学标准。

基于对设计批评的理解,李丛芹在《设计批评论纲》中提出设计批评的文化批评范式和审美批评范式,其中文化批评范式,围绕由消费文化切入的文化批评的主要途径,对消费或购物中的时尚问题进行批评性思考,设计如何创造或推动时尚,如何跳出事件本身,寻求创意与审美之间的纷繁复杂的关系和规律,推导出消费时尚本身的价值及意义。② 而反观审美批评范式,则包含时尚产品的美学特质,美学特质又有设计过程中所选用的材料介质、组合结构、外观形式和实用功能等。审美批评涉及设计者与消费者、消费者的社会属性,设计物相互关系、设计与环境相互关系,梳理这些关系后,可通过开展审美批评活动,呼吁设计应当以"真"为参照,发挥以"善与美"或"善美"为设计特色,让设计成为一个新的审美高地。③ 在这里,对设计物消费或购物中的时尚问题、美学问题进行批评性思考是其关键点。通过以上论述,着眼于当代一般的文化背景,从我国当代社会的特殊文化、设计批评而引发的时尚美学批评相关问题以及当代时尚消费的功利性背景来看,时尚美学批评就显得更为迫切。

就时尚美学批评概念而言,时尚美学批评是建立在设计批评基础上,伴随时尚产业经济的发展与人类需求的不断扩张,依照不同时代美的标准或原则,运用一定的方法,对时尚产品的形式美感、设计功能、社会效用、环境影响、道德影响等做出分析和评价。纯粹就时尚产品审美而言,主要是对设计师或设计团体的时尚创作、时尚产品功能、技术与革新等情况进行评述与总结,或者对时尚市场营销理念、消费对象、竞争对手状况以及时尚产业中所存在的现象与问题进行研究分析,或者对某些影响较大的时尚思潮、时尚活动、时尚热点话题进行剖析、解释、疏导、推进或批评等。因此,当代的时尚美学批评所依托的媒介或载体包括报纸、杂志、学术期刊、电视节目、演讲、展览会,甚至各类时装周、时尚大赛、时尚研究中心、高峰论坛等,所运用的技术有大数据、云计算、人工智能等,造就时尚产业的智能化、品牌化、国际化发展趋势。毫无疑问,为引导时尚产业企业加快转型升级、提升竞争力,形成了对可持续时尚、时尚产

---

① 参见尹定邦、邵宏:《设计学概论》,人民美术出版社,2012,第 208—212 页。

② 参见李丛芹:《设计批评论纲》,中国社会科学出版社,2012,第 130—131 页。

③ 参见李丛芹:《设计批评论纲》,中国社会科学出版社,2012,第 175—190 页。

业数字化智能化转型升级的专题研究，这种研究热度，有利于企业或商业投资方依托时尚美学批评实现其利益扩张的重要手段，也成为时尚美学批评与时尚美学研究可持续融合发展的必然选择。

（二）中国时尚美学批评现状

在粗略地梳理设计批评中的相关时尚美学批评问题的现状后，笔者发现我国时尚美学批评存在着诸多滞后与不足，其影响因素是多方面的。从滞后原因来分析，时尚美学批评的发展较为缓慢，在追求短期利益至上的思想驱动下，国内时尚美学批评界更多倾向于对国外批评的跟风和模仿，缺乏成熟的机制、立场和自信，主要表现为时尚美学批评由文化、政治、经济、科技、生活到时尚产品、市场运行再到投资方、设计方、规划方、政府部门、环保部门等各个环节相关联，因而并非单纯的美学标准或视觉标准所能左右。如建筑设计除了视觉美的形式外，功能和技术因素等硬性标准使得个人评论空间相对较小；平面设计因存在的时间较短，时尚美学批评的时效性跟不上，所以批评的价值不大；因强调经济性标准的产品销售量，局限了时尚美学批评的说服力度。显然，国内至今尚未形成自主性及其与大众良性互动的时尚美学批评，成熟且超前的时尚美学批评的形成还有待时日。从不足的多方因素来分析，时尚美学批评理论尚未完善，时尚产品的大众参与性强，较容易形成大众的标准，因而分析当下日常生活中时尚美学批评案例，其重视程度欠缺以及案例缺失现象比比皆是，如报纸、杂志或互联网平台上发布的庸俗、毫无美感甚至虚假的产品广告，充斥着所谓“以多为美”“以大为美”“以奢为美”“以瘦为美”的时尚审美取向现身说法，涵盖了满足感与炫耀需求的“时尚制造身份”“包治百病”“整容改变人生”等夸大其词的虚假传播，这种被“误读”的现象与行为，往往反映出因缺乏充分有序的时尚美学理论和时尚美学批评的研究、阐释、传播、反思、评价，而造成难以把握时尚美学批评的发展方向。由此可见，我国应当重视并加强时尚美学批评相关理论研究，引导大众树立健康、成熟的身体自我表达和消费观念，从根本上解决产品设计和营销手段乱象，加强时尚美学批评队伍的建设，并对当下现象做出学术化和专业化的评论，增强行业的自律，以此来保证时尚美学批评处于稳步、规范和可持续发展的正确方向。

三、当代时尚美学批评的意义

当代时尚美学批评在增进大众对时尚的理解基础上，强调拉近时尚、时尚产品与大众的距离，以便提高民众整体时尚美学评鉴的能力。尤其是在时尚美学可持续发展的当下，对其进行在微观与宏观视角上的探索和思考，建立相对规范的时尚美学批评势在必行。因此，着眼于当代时尚美学批评的重要意义，可从以下几个方面阐释。

第一，建立良好的时尚美学评价机制，发挥时尚产品设计的社会责任和道德判断的作用，将有利于推动优秀的时尚产品设计的产生并促进时尚产品升级。正如维克多·帕帕奈克在《为真实的世界设计》一书中所述，设计绕不开节约资源的问题，他号召设计师们将目光从“美学市场标准”和“顾客满意”等狭义的设计语言转向设计必须发挥的社会责任和道德判断的作用，不仅要对差的设计负责，还要对没有履行的责任负责。① 将维克多的这种批评观延伸至时尚美学批评观中，着力强调时尚产品设计在社会责任和道德判断中必须起作用，利用有限的地球资源，将美感、知识、技术、创意等要素整合起来，完善当代时尚产品设计态度以及时尚产品设计效用的重要评价指标体系，为提高人类时尚生活品质创造良好的情境和氛围的美感体验，共同构成时尚生活服务的外部环境。

第二，有序的时尚美学批评机制有助于时尚设计行业合理化、规范化的可持续发展。着眼于时尚设计行业各种类型的大赛、展览、评论，以及与其相关的研究中心、出版物等等，对于促进时尚产品设计水平的提高有积极的推动作用。如果放任时尚产品直接投入市场，缺少相应的时尚美学批评进行前期讨论与后期反思，将无法及时修正时尚产品设计中的缺陷与不足，其所倡导的时尚产品设计新主张与新形式所获得的美好设想将难以实现。显然，这种有序的时尚美学批评机制必然有利于我国时尚设计水平的迅速提高和顺利发展。

第三，时尚美学批评有助于提高大众的鉴赏能力，在推动一波又一波的消费时代浪潮的同时，影响着消费者的购买行为和购买倾向。一方面，消费观念本身就是一种批评，消费者对时尚产品的消费动机、消费感受与经验是对时尚

---

① 帕帕奈克：《为真实的世界设计》，周博译，中信出版社，2013，第 59—61 页。

产品最直接的检验与评判。① 另一方面,时尚美学批评对大众审美鉴赏水平的整体提升,对大众消费观念的转型有着不可替代的作用。回顾我国时尚产品消费功利主义的积极作用与消极作用的独特立场,遵循时尚产品可持续设计、生产与可持续消费的良性互动基础上,修正时尚美学批评停留于时尚消费需求表层的无节制的、过度的、片面的物质需求与物质享受,遏制为实现单纯经济增长以及消费数量的增加所造成的社会畸形状态。因此,通过时尚美学批评加强大众鉴赏能力培育与重塑,有效唤醒并改变大众消费观点,希望消费者能重视资源和环境承受压力,真正达成实现消费方式的全面发展与实现人的全面发展的共识。

第二节　当代时尚美学的批评标准

当我们正面审视时尚美学所要研究的批评概念、现状和意义后,必须考虑如何切入才能准确地认识、把握和评判时尚美的规律、理解时尚流行文化、端正时尚消费行为,并有效地开展时尚美学批评活动。考虑到时尚如何面对政治、科学、经济、思想、宗教以及各种文化的影响,在发展中过多强调时代感,盲目模仿外来文化成为一种时尚甚至成为大众流行文化,进而忽视汲取我国多民族文化的精华,这种对待时尚文化的浮躁现象,正在成为影响中国时尚文化健康发展的主要根源之一。同时,时尚作为塑造身份的工具,具有自身的独特性,在经济全球化的功利性消费社会,时尚消费品已经演变成炫耀自己所谓的财富、身份、地位、被尊重、很体面等功利性价值符号,同时也意味着这些所谓的工具、符号存在着诸多误解,这都需要予以澄清。因此,针对时尚美学的衡量标准或评价原则,不应该盲目跟风,而应以现实的需要和发展目标为前提,在与时俱进的时尚审美取向面前保持清醒的头脑和包容的心态,理性地做出自己的判断,并在合理的取舍中塑造适合自己的时尚。为此,对于当代中国时尚美学批评而言,目前可以确立五种主要批评标准,即"好的批评"标准、人本主义批评标准、时尚审美批评标准、时尚消费批评标准和时尚经济批评标准。

① 参见唐家路、张爱红:《中国设计艺术原理》,山东教育出版社,2018,第246页。

一、"好的批评"标准

批评作为一种有根据地论述艺术的方式，有助于提高大众对艺术的鉴赏与理解水平。这个"有根据"的见解不仅适用于包括音乐、戏剧、舞蹈、诗歌、绘画和摄影等艺术批评活动，而且也适用于本文所论述的时尚美学研究批评，不仅能够帮助大众理解时尚、消费时尚、接受时尚或有根据地选择不接受某些时尚，而且能够启示大众要如何思考和看待时尚，才能够让时尚给大众带来快乐。基于此，欧美批评家的批评观点是否可以代表批评标准，针对这一不可回避的疑问，需要梳理欧美批评家提出的"好的批评"的建议与观点，还需要进一步加以解释。

1757年苏格兰哲学家、历史学家和外交家休谟（David Hume，1711—1776），发表过一篇题为《论趣味的批评》的重要文章，他认为，对于某些艺术作品的某些"趣味判断"简直就是愚蠢，无任何理据支撑。因此，他着手研究批评该如何能够如同其他受人尊重的论述一样，以经验为据，以事实为本，且能做到通情达理。这种体会、评判的讲述与建议，对于艺术作品来说至今仍有意义。不仅如此，休谟针对何为好的批评提出了建议：即要做到对一件艺术作品的合理评判，我们必须避免纠缠于表面的第一印象（即"偏见"），而是要考虑作品的所有相关因素，要把它与其他作品作比较，分析它们之间的异同，以此作为印证我们评判结论的一种手段，所以，他尝试找出"趣味的标准"，即一种理性的方法论，用此方法论来解决不同意见之间的分歧。为此，休谟整理出一个开放式清单，把那些美的事物呈现出来的特性罗列在一起，诸如匀称、不单调、表现清晰、描摹仔细、色彩鲜艳等等。他的趣味理论主张，一部分人比其他人拥有更敏锐、更挑剔的品位，也解释了不同年龄和性格所导致的趣味差异，而这种差异是可以理解的。举例而言，年轻人会挑选一些东西，认为它们是美的，而老年人会选择其他一些他们认为美的东西，但两组人都能够为这样的厚此薄彼，说出他们各自的理由。① 着眼于时尚美学的发展历史中，因不同的历史、不同的时代所产生"趣味的标准"屡见不鲜，例如紧身胸衣、环肥燕

① 参见特里·巴雷特：《为什么那是艺术：当代艺术的美学和批评》，徐文涛、邓峻译，江苏凤凰美术出版社，2018，第230—232页。

瘦、缠足等等。然而,面对当代多元化的时尚趣味差异,需要借助“好的批评”得以修正,让时尚趣味在呈现多元化的形态中重新塑造。

马瑟希尔将休谟这些有关好的批评的意见,做了如下概括:一个批评家必须有精到辨析的能力,而一个好的批评家能够解释一件艺术作品(对休谟而言,通常指的是一首诗)为什么会出类拔萃,并解释个别部分如何能为作品整体效果加分;一个好的批评家也能够察觉出一件作品中不为人注意的地方,并让这些地方得以彰显;好的批评要求有相应的批评能力,而批评能力则源自批评实践的磨砺,批评实践包括了对不同作品做出比较,而为使这种比较具有启发性,批评家必定要撤除偏见(“我必须……总的说来,尽可能忘记我的个体存在和我的独特处境”);一个好的批评家必须对创作者的意图,以及为实现该意图所经历的一切,有敏锐的触觉;最后,一个好的批评家,还必须培养出一种能感受作品内在逻辑和戏剧脉络的能力。① 可见,好的批评需要有相应的批评能力、有批评实践的能力、有敏锐的触觉能力以及有逻辑思辨能力。

波德莱尔作为19世纪法国著名的艺术批评代表,所表现出敏锐的感觉能力,就是主张任何艺术的表达都是一种经验的表达,批评家本人也就成了“表达的表达者”。② 这种艺术经验成了批评知觉力的一种自发的要求,这种批评创造出新的、更富有生气的对于当代艺术的领悟,能够在艺术发生的过程中去把握它,也即重新恢复艺术家的个性。波德莱尔的批评主张强调所营造的交互影响的重要性,曾由黑格尔的美学批判和他同时的艺术史家们予以论证,事实上,也被称为“好的批评”。

美学家莫里斯·韦茨认为批评是对艺术作品作论述的一种方式,这种方式需要通过研究,并需要使用语言来让人加以理解,韦茨主张评判艺术作品就是评估艺术作品的好坏,其完整的评判应包含三个方面:第一,对于艺术价值的评估;第二,有关评估的理据;第三,明确的(或暗示的)评判标准。③ 同样,美学家马西娅·伊顿(Marcia Eaton)指出:批评“促请人们去关注一些特别的

---

① 参见特里·巴雷特:《为什么那是艺术:当代艺术的美学和批评》,徐文涛、邓峻译,江苏凤凰美术出版社,2018,第232—233页。

② 参见乔治·布莱:《批评意识》,郭宏安译,百花洲文艺出版社,2010,第35页。

③ 参见特里·巴雷特:《为什么那是艺术:当代艺术的美学和批评》,徐文涛、邓峻译,江苏凤凰美术出版社,2018,第22—24页。

事情”。又进一步提到：批评家“‘指出’那些能够被我们认知的事情，同时也‘引导’了我们的认知”。好的批评会让“我们自己去领会，并继续依靠自己前行”。[①] 库斯比特、韦西和伊顿也提供了一套标准来评判何谓好的批评，具体包括：对艺术的精到解析、批判性的独立精神、在批判过程中的自我意识、满怀热诚的思辨、对于教条主义的免疫、在不扭曲艺术作品原意的前提下对作品内涵有深刻理解，还有谦卑的态度。《纽约杂志》(New York Magazine)的批评家凯·拉森(Kay Larson)还将“公平对待艺术家”补充为另一条标准。[②] 在这里，好的批评的关键点是对艺术的精准理解、有谦卑的态度、有明确的评判标准以及评估的依据。

二、人本主义批评标准

提起人本主义批评，已经成为很多学者谈论的话题之一，看似有些老生常谈的意蕴，但也因其不可或缺的思想和知识结构，是将人作为时尚美学批评的阐释框架，还是将时尚美本身即“为时尚而时尚”为研究框架进行阐释，但综合的方案似乎更加有效，即强调时尚美学的批评必须回归到以“为人的时尚而时尚”的主张中，来研究时尚美学“人本主义”的批评原则如何生成。

(一) 人本主义的含义

首先需要指出的是，任何形式的美只有建立在“人本主义”的基础上，包括时尚中的美学问题，其研究才有意义与价值。就西方“人本主义”含义而言，源自拉丁文“humanism”，意指“人性”，然而随着西方人本思想的不断完善，“humanism”一词的含义也越来越丰富，古希腊词源意义上的“教育”，为了获取知识与谋生的目的而打破教育，主张“以人为本”的思想，促使人朝着真善美的方向发展。文艺复兴时期，人们开始重新审视人的现实生活世界，从而唤醒了人的地位和价值全面提升，这种人性的觉醒也促成了“以人为本”的思想得以继承与发扬，并首次强调人和人的价值，将人看作衡量一切事物的尺

---

① 参见特里·巴雷特：《为什么那是艺术：当代艺术的美学和批评》，徐文涛、邓峻译，江苏凤凰美术出版社，2018，第22页。

② 参见特里·巴雷特：《为什么那是艺术：当代艺术的美学和批评》，徐文涛、邓峻译，江苏凤凰美术出版社，2018，第31页。

度，使人在自然世界中具备无比崇高的地位。① 再到启蒙运动中，提出“自由、平等、博爱”的观点，着眼于关爱人、尊重人、以人为本的人性关怀与人道精神的视角，倡导解放人的个性，关心个人的幸福。最后，“humanism”一词发展至19世纪末20世纪初才获得明确的界定，即肯定人的地位、价值、尊严、权利与义务，在“以人为本”核心价值观的基础上，思考人与人、人与社会、人与世界之间的关系。

着眼于西方“人本主义”这样一种言说，在对时尚自身的思考中，受到张扬个性、炫富、炫美、与时俱进等特性的影响，时尚一直在营造持续不断追求时尚又不断创造新的时尚的循环游戏中。一方面，时尚产品作为时尚美学的呈现方式之一，其创造过程必须符合人的特性与尺度，关联人的生活世界，为人的需求服务而建构一个人为的时尚美好世界。另一方面，依托时尚文化的多元特色，形成了时尚产品的千姿百态，同时也导致了时尚产品的良莠不齐。因此，在这种情况下，当代时尚美学批评应该力图突破“为功利而时尚”的人本主义游戏活动，由此而形成了时尚美学人本主义批评的核心从时尚物转变到时尚事件的现实。对于这些问题的阐释，需要跨学科的视野与方法，这也为时尚美学的人本主义批评研究带来了新的契机与挑战。

（二）人本主义批评的主要内容

基于上述思想的前提，将人本主义批判原则与正视为人的时尚而时尚的原则两方面问题连接起来，并作为探讨人本主义批判原则的主要内容。

其一，就人本主义批判原则而言，人类生活世界包含着五个基本领域，即“美”“利”“真”“善”“信”。如果说我们有充分的理由在美的领域内提倡“为炫美而炫美”，那么，我们似乎也应该有充分的理由在时尚美学领域内相应地提倡“为身份而重塑时尚”“为功利而消费时尚”“为炫耀而制造时尚”。这里仅以“为身份而重塑时尚”的口号为例，可以提出诸多“为身份而重塑服饰时尚”的重要命题，且这些命题影响至今，笔者在本论文第一章探究时尚美学的“中国时尚美学精神文明史”时就提到孔子的“质胜文则野，文胜质则史，文质彬彬，然后君子”（《论语·雍也》）。即穿衣要满足礼仪和场合的要求，过于朴实或者奢华都不可取。荀子在《富国篇》中提及“天子袾裷衣冕，诸侯玄裷衣

① 参见李万军：《现代设计批评》，武汉大学出版社，2018，第37页。

冕，大夫裨冕，士皮弁服。德必称位，位必称禄，禄必称用”（《荀子・卷六》），又如《成相篇》有“守其职，足衣食，厚薄有等明爵服”（《荀子・卷十八》）。这些论述体现了服饰等级与地位的关系。由此可见，这种对着装者身份的解读所反映出的“衣冠取人”或“以貌取人”的现象影响至今，服饰也成为评价着装者个人的社会地位和人格风貌等价值观念和功利作用的工具。因而，重视时尚美学人本主义批评原则，一方面，从外在的规范秩序上，需要继续维护服饰着装规范与着装秩序，强调每个人应该接受服饰穿着场合以及着装礼仪的约束，使其各守本分，不得逾越，同时又要弱化这种以貌取人的价值取向的片面性和肤浅性观点，不应该仅仅以“利”“真”“善”“美”“信”为本位，片面而抽象地倡导“为身份而重塑时尚”“为功利而消费时尚”“为炫耀而制造时尚”。相反，另一方面，从内在的精神秩序上，审视服饰等级穿着观念的实践境界折射出着装者个人的等级贵贱，出于以“人为本位”的内在本性，必须始终坚持“以人为本”的人本主义道理，坚持“不可害人坑人、应当爱人助人”的人本主义道理，意味着任何人都可以根据其自身的社会地位、身份、学养、性格和审美意识等，有序地、合理地进行着装选择和时尚身份的塑造，切勿为了一时的利益，而凌驾于这条底线之上侵犯他人的人格权利，损害他人的正当利益。

其二，正视“为了人的时尚而时尚”的原则，在时尚美学领域内，批判人本主义的这种“自我批判”的具体表现为：虽然时尚和美归根结底都是以人为本位的生活领域，都是以服务人性生活、丰富人的存在为目的，都应该坚持“为了人的时尚而时尚”，但人们却不应该为了身份、功利、炫富炫美而打破了时尚美学人本主义的新颖性、新异性以及物质需求、精神满足、体验愉悦的价值代名词，转向“为身份而重塑时尚”“为功利而消费时尚”“为炫耀而制造时尚”的目的，任意挥霍时尚而去破坏有限资源、捕杀自然生物、贪污腐败高档名表、奢侈服装、首饰、鱼肉百姓的邪恶罪行。例如：为了虚荣炫耀穿着皮草服装而捕杀动物或饲养宠物，为了满足个人利益而贪污或行贿高档名表、首饰、奢侈服装、包袋，等等，都是不应当被宽恕的，这种行为不仅扰乱社会的正常秩序，而且必然会伤害人们的基本权利和正当福祉。反之，作为一种时尚行为，只要它没有损害人的尊严和权利，那么不管它怎样不符合某些传统道德、宗教教义、时尚审美观念的特殊性评判规范标准，都应当予以宽容。只有坚持这种有原则、有底线的宽容，我们才可能在多元化的时尚美学发展中，确保社会秩序的正常运行,个人的基本权利得到尊重,正当的福祉得以实现。

另一方面,从时尚产品以为人服务的原则来分析,时尚美学所营造出的时尚产品不仅革新并提升当代社会的物质外观,并且致力于为改造人们多元化的生活方式而服务。当代设计师都带有强烈的社会责任感,他们力图为大众设计出一种更时尚、更健康、更科学、更快乐的生活方式。在这种情况下,设计师们怀抱时尚设计为大众需求服务的理想,需要在不影响使用功能的前提下,尽量呈现出多元素的时尚产品形态,以供大众自行选择。当然,无论是哪一种时尚产品形态,实则都是从人文关怀和时尚设计伦理的角度来考量当代时尚产品为人服务的目的与意义。

21 世纪,时尚美学的盛行正是基于它能够用最有效率的方式来满足人们多元化的生活需求,犹如"自由、平等、博爱"是人与生俱来的权利一样,因而,人对时尚产品的审美需求也是同样的,只有在产品的使用上满足大众需求才能显现出"以人为本"的时尚设计理念,时尚产品的与时俱进迎合了大数据、智能化、数字化时代的要求,符合当代大众思想的呼声,改变着大众的时尚审美方式,推动时尚美学研究的长足发展。

三、时尚审美批评标准

在多元文化环境的当下,时尚作为人类重要的审美活动,必然会带来与之相关的评判或品鉴等行为,因此对时尚审美经验的思考和把握,无疑是将其作为严肃的时尚美学批评命题来看待,意在减少人们对时尚审美错误的、片面的甚至是扭曲的认识。

(一)正确看待美丑并存原则

时尚的发生与发展,并不完全是美的,而是在追求新颖的、多变的、个性的、与众不同的思想和意识中,必定会存在审美甚至审丑,还有"非美非丑、美丑相间、美丑同一"①等不可逃避的"合法性冲突"。其一,在时尚"新"的领域内,美与丑的外延边界不断被侵吞、改变、扩展,甚至被相互换位,当下的时尚"美"也随着时代发展而变化,通过新的审美创造方式,诸如复制、制造、炒作、包装、热点效应、用过即扔等手法,尝试着拓展自己全新的审美触角,来达到吸

① 潘知常:《反美学》,学林出版社,1995,第 8 页。

引人而获得愉悦体验的目的。例如:星巴克猫爪杯以及优衣库与 KAWS 联名款 T 恤的哄抢事件,无疑是通过美来吸引人,站在不同的价值评判视角来分析,则会得出不同的结果,一方面,从消费者的视角来分析,这里美与丑区分的标准则是"能不能通过吸引人而获得美的愉悦体验",具体说来,能够通过吸引人而获得美的愉悦体验时,对于这些人来说它就是"美"的;相反,不能吸引人,也不能引起某些人的愉悦体验时,对于这些人来说它就是"丑"的。显然,"美丑之辨"取决于人的愉悦体验,明显带有浓厚的主观性,这种主观性忽略了不同的人的生活阅历、人生体验、审美取向、审美趣味等方面存在的各种差异,以致在现实生活中对于美与丑的评判标准依据自己的主观体验,也就是看所推崇的时尚产品能不能使自己产生精神上的愉悦感受。由于这个原因,从人本主义的批判立场来看,这种"美丑有别"的评判态度依然存在着某些值得斟酌的地方:首先,不应当无条件地接受所有能获得的愉悦体验"美"的价值,而应当接受那些正当的愉悦体验"美"的价值;其次,不应当无条件地鄙弃所有不能获得愉悦体验"丑"的价值,而应当鄙弃那些不正当的愉悦体验"丑"的价值。再次,笔者在本书第二章接受时尚美学"设计师与时尚产品的接受关系"中提到,在《苏格拉底言行回忆录》中记载,美和善的东西都是从功能和用处的角度看的。建立在"正当"与"不正当"以及实用性价值面前,似乎其价值标准也成为"美"与"丑"的评判标准。换句话说就是:凡是符合"不可害人坑人、应当爱人助人"的人本主义原则的行为就是正当的,凡是违反了"不可害人坑人、应当爱人助人"这条原则,并炫耀着那些坑人害人的不正当本质力量,归根结底应该受到否定和排斥。

另一方面,从企业的关注点来分析,品牌产品达到吸引人的目的,实则是体现一种"美丑并存"的现象,即企业达到了通过产品"美"来吸引人的目的,同时又通过吸引人的炒作和热点效应的营销销售方式,刺激了时尚产品稀有消费的筹码而造成极端的哄抢行为,让这种蕴含着"美"的时尚产品瞬间转向了为追求强烈的功利性而被归纳为一种"丑"的评判标准,毫无疑问,这种"功利性"行为并不值得被提倡。除此之外,人本主义批判也提倡"美丑并存"原则,鼓励人们依据"不可坑人害人,应当爱人助人"的基本原则,对于炫耀着人的正当本质力量的"丑",采取"美丑并存"的评判标准,保持一种宽容平和的包容心态。①以时尚审美现象为例，一位穿裙子、做美甲、戴耳钉的男人，在很多人看来或许丑陋不堪，不能让人们产生"审美性"的愉悦体验，但在这个人自己看来，这种装扮无疑是他炫耀自己时尚、个性、自信的最佳方法，并且可以令他自己感到心旷神怡，产生"炫美性"的愉悦体验，否则他是不会选择这样的装扮。换句话说，这是一种从"审美"角度看是"丑"的，而从"炫美"角度看却往往是"美"的现象。

（二）坚守"审美健康"与"健康审美"原则

追溯历史上有关时尚审美标准而引发的审美健康问题，较为典型的有"紧身胸衣""楚王好细腰""缠足"等所谓畸形的审美追求。笔者在本书第四章解构时尚美学的"时尚美学与身体美学的成因"中，以楚王好细腰的审美标准为例，从《韩非子》"楚王好细腰，宫中多饿死"、《墨子·兼爱》"昔者楚灵王好士细腰，故灵王之臣皆以一饭为节"等文献中可知，因楚灵王喜欢纤细的腰身，导致满朝臣子以每天只吃一顿饭的节食行为来达到这种特殊的审美理想。然而，古往今来人类在自我表达、自我认同的时尚塑造过程中，均存在通过身体的外表来实现。因而，当代女性为了迎合大众审美文化中"以瘦为美"的身体美学快感与满足，不惜采取过度节食的极端手段，以求达到减肥瘦身的炫耀目的，更有甚者利用抽脂减肥、隆胸、丰唇、隆鼻等整容手段实现时尚身体美的重塑。与此相反，人们在追求身体美的消费过程中所带来的危害也不可小觑，在减肥、整容的身体常态化的驱动下，过度减肥而引发的厌食症，整容后的美丽需承担手术的风险与后遗症，或者因整容失败而惨遭毁容以及为支付高额的整容费用不得不进行超前借贷消费等个案，不仅给个人的身心健康带来危害，甚至给一个家庭带来沉重的打击与伤害。值得大众警醒的是，这种无论是为了社会交往的需要，还是为了获得赞美本身的有用性而强行将身体沦为"人造美的加速器"的极端行为，纵使个人"欲望"得到了暂时的满足，但依然不能掩盖精神世界的"贫困"，人们也依然不能感受到真正的幸福。

因此，这些"为了时尚审美而忽略健康"，抑或"为了时尚审美而挥霍健康"的事件，虽然具有美学层面的人权合法性，可以被宽容以待，但是因为容易引起人在自我选择标准的盲从中呈现出审美和伦理的双重恐惧，不值得被提

① 参见刘清平：《时尚美学》，复旦大学出版社，2008，第172—173页。

倡。针对目前国内大众文化视野中的时髦身体审美实践的研究成果,应该积极提倡和谐的、合理的、健康的时尚美学标准,既尊重大众文化中时尚审美形式多元共存的合理性,又各取所长,互补互渗,引导大众文化视域中的时尚审美健康发展。

四、时尚消费批评标准

由于当代社会对于人们身份地位的判断着眼于时尚消费方式与水平上,忽视了时尚消费精神层面的声音,使人们难以在时尚消费的脉搏中贴近生活,感受精神体验所带来的愉悦和美好。因此,应该如何看待当下的消费模式和消费状态,如何在快时尚消费的形态中加强自身消费观念的提升与塑造,建议在加强学习的同时,从以下两个方面开展时尚消费批判原则性思考。

(一)开展"物欲消费"批评

托马斯·翰在《购物文化简史》一书中提出:"时尚是迫使我购买的原因,另外一个促使我购买的动力来源于更深层次的不安全感:恐怕失去某些特殊的东西。稀有是购物的调味品。即使是那样,我们也可能被物品淹没,我们尽力使自己确信,如果我们现在不购买的话,就会错失一个很好的机会。"①他又认为,时尚在增加稀有感和不安全方面的作用下,推动了时尚在物品的有用性消失之前放弃陈旧物品的一种方式。从这种很有见地的解释来看,一方面,时尚作为一种"新"产品的代名词,不断满足着人们的物质消费需求与精神消费追求,并高举"稀有"的持有权与支配权,推动着时尚的生产、制造与销售的同时,将人们的"有用性消费"转向"物欲消费",这里的物欲消费主要包括人们过度的、无节制的、片面的物欲消费批评。例如,一件衣服很漂亮,但却过时了,那么这件衣服依然是衣服,其目的与被压箱底的服装无异,便意味着这件衣服失去了它所带给人们的欲望满足功能,而伴随着时尚制造的消费需求进行无节制的消费。当下作为爆款的时尚服饰,经过一两季的流行期后被新的时尚服饰所代替,新的时尚服饰的出现意味着旧时尚的死亡,也意味着人们陷入新时尚所制造的物欲消费需求陷阱中,继续消费新时尚所给予人们物欲消

① 托马斯·翰:《Shopping 大解码 购物文化简史》,梅清豪、仇学霞译,上海人民出版社,2006,第97页。

费的满足。由此循环往复而造成片面的、过度的甚至是无节制的物欲消费，容易造成资源过度开发与消耗，加速了地球与人类濒临毁灭所带来的生活质量的下降，导致人与自然、社会的失衡而阻碍可持续发展的步伐。因此，开展"物欲消费"批评，已经成为当下乃至未来继续关注并重视的课题，需要在时尚消费批评中进一步解释。如德谟克利特曾提及自我控制或节制才能更快乐，喜欢的东西如果过度消费，也会降低人的喜爱的热情，实则强调人不应该追求一切种类的快乐，懂得知足与适度就是幸福。可见，将笔者前面所提倡"美的健康"与节制物欲消费相融合，遏制虚假的、过度的时尚物欲消费需求，才能满足人们正当的时尚消费需要与生活乐趣，树立起时尚美学的可持续消费观念。

（二）开展"攀比、炫耀"批评

在攀比、炫耀心理的催生下，时尚消费已经成为一种习惯，这种习惯则改变了时尚消费的属性，即从使用性能转为社会关系属性，即由纯粹的人与物品关系变为人与人、人与自然、人与社会相互之间的关系，并成为攀比、炫耀的工具。这种攀比、炫耀反映了两方面消费趋向，一方面是奢侈品消费，在人们日常生活中，人们为了显示自己的身份专门购买奢侈、贵重的奢侈品，以这种消费符号来满足自身追求社会地位、名望的消费心理。然而，时尚物的享乐性不是永恒的，它会伴随新时尚的诞生而失去原本的享乐功能。如上文蒂博尔·斯克托夫斯基所述的消费是上瘾的。因此，笔者在本书第四章的新解时尚美学——时尚身体消费观的转型中就提出时尚消费的物质满足可以通过攀比、炫耀或胜过他人的方式实现，时间维度上通过现代与过去对比来实现。换句话说，要抵制时尚身体物质消费所带来的侵蚀，最佳方法是在当下物质需要已基本得到满足的前提下，以合理适度消费又不失过度而破坏环境为时尚消费基本准则。

另一方面是面子消费，《现代汉语词典》对于面子的解释有三个，分别是物体的表面、表面的形象或虚荣、情面。[①] 显然，时尚批评中应该透过人们爱面子、争面子、保面子，而怕丢面子、没面子，与人交往要看面子、给面子这种社会现象的事实，对时尚消费批评中衣、食、住、行的面子消费问题产生了不可小

① 中国社会科学语言研究所词典编辑室：《现代汉语大辞典（第 7 版）》，商务印书馆，2016，第 905 页。

觑的影响。例如“拥有一辆汽车”似乎已经成为当下年轻人外出“撑门面”的工具，汽车的品牌、价位也成为其攀比、炫耀、保面子的重要因素，从购车这一“面子”消费行为来看，不仅能够反映个体的家世、身份、地位、教育、文化、修养、能力、性格、风度、装束、言辞等，而且也能够折射出人与人、人与环境、人与社会的各种复杂关系链。从时尚消费批评的视角来解读面子消费问题，虽然在短时间内很难弱化或改变面子消费现象，但只要没有违背坑人害人这一终极原则与底线，其行为在时尚消费批评中可以被宽容，在提高整体国民文化水平、教育水平的基础上，提倡鲁迅所讲的“中国精神的纲领”面子，以及社会学家分析的个人道德和声誉的面子。

综上所述，在人们追求物质欲望时，倡导时尚消费实践要摒弃一些不合时宜的消费态度，如炫耀、攀比、过度或无节制，积极提倡一种新的消费观念，让消费者减少对物质消费需要满足的追求，着力将精神消费需求作为衡量生活消费和生活质量的重要标志，补足快节奏生活常态下所欠缺的精神富足与精神体验的愉悦感，让精神消费成为人类可持续消费的评判标准。

五、时尚经济批评标准

20 世纪 20 年代，美国宾州大学华顿商学院经济学家乔治·泰勒不但注意到这一现象，而且在其研究基础上提出“裙边理论”，该理论从女士的裙子角度阐述，如在经济宽裕时，女士们为了能让别人知道自己穿了长筒丝袜，所以通过穿短裙来显现，而经济不宽裕时，因无力购买长筒丝袜，只能穿长裙，让别人不知道自己买不起长筒丝袜的窘境。在“裙边理论”的影响下，从 20 世纪下半叶开始，时尚早已由社会学概念蜕变为影响社会经济快速发展过程中不可忽视的重要生长点，一直延续至今，已拓展为时尚产业经济形态，但依然是社会经济增长的助力。因此，时尚美学批评如果不从经济的角度来揭示一些问题，也不切实际。时尚产业自身的经济特性，这是一个复杂的问题，这里无须过多地涉及经济哲学和一般经济学原理，仅对与时尚美学批评直接相关的问题做出阐述。

首先，是关于时尚产品的品质分析，时尚产品的生产和消费促进了经济的发展，当今时尚产业化的社会依靠时尚产品的更新换代来激活经济。显然，多元化的时尚产品给人们的消费提供了更多的比较、鉴别、挑选的机会，既具有个人因素又具有社会因素,既具有共时性特征又具有历时性特征,人们对时尚产品的品质提出了新的更高的要求。换句话说,人人都希望花同样的钱,买到品质好又美观的时尚产品。因此,客观上刺激和促进了时尚设计的不断发展与革新。但就总体来看,无论是国家、地方还是集体和个人,对于技术的进步和创新是敢于实践的,而对于时尚产品设计的投入力度要少得多。除此之外,在国际市场上“中国制造”的时尚产品“低质低价”的认知标签依然存在,甚至有部分中国人也认为“中国制造”在品质方面不能与“国际化时尚品牌产品”相媲美,要扭转这种局面,进而向“中国独创”或“中国定制”跨越,就需要加大设计投入成本。

其次,是关于时尚产品的效用分析,边沁在他的经典著作《道德与立法原理导论》中把“效用”解释为任何物品倾向于为我们带来任何快乐的任何性质。显然,这里的效用首先不是产品,而是产品的各种属性。据此,将效用发挥的价值看作时尚产品设计的使用价值。正如笔者在本书第三章接受时尚美学“设计师与时尚产品的接受关系”中所提到的,时尚产品在经济原则中需要发挥效用的同时,用最低限度的物质消耗获取最大的经济效益;另一方面,在“时尚美学接受反思”中指出,设计为全人类服务,包括健全人和残疾人,而残疾人作为弱势群体,更不可忽视,因此出现为残疾人设计的专用车、无障碍餐桌、无障碍厕所等。但这里有两个问题:一是产品的异质性,即不同的产品所带来的不同感受如何来比较;二是同一产品的效用,对于不同的消费者来说,其主观判断不一定相同,那么相互之间如何比较,也就是经济学中所说的如何在不同的主观立场之间建立某种具有主体间客观性的价值尺度。[①] 目前,关于这些理论问题,经济学还没有很好地解决,时尚美学批评可以做进一步思考。

最后,时尚产业经济的发展应该紧紧把握消费者多变的脉搏。凡勃伦认为,社会上没有一个阶级,甚至是最穷途末路的贫户,会舍弃所有惯常的炫耀性消费,除非受制于迫切的需要,否则这种消费范畴的最低项目他们是一点都不会放弃的。[②] 换句话说,时尚产品是为了满足所有社会阶层的炫耀性消费

① 参见李丛芹:《设计批评论纲》,中国社会科学出版社,2012,第173页。

② 参见凡勃伦:《有闲阶级论》,李华夏译,中央编译出版社,2012,第68页。

才产生的。因此时尚经济涉及三个问题：一、时尚通过拉动消费需求达到促进经济增长的目的，消费者对美的追求，使其越来越贴近时尚，时尚引领形成消费引领是对时尚作用的最好诠释，在大数据、人工智能、互联网等技术发展推动下，不仅成为激发消费者购买的主要因素，也让消费者体验前所未有的消费愉悦感。二、时尚整合了社会资源，并提升设计者、企业的产品自主创新能力。时尚产业在商业大环境下，已经形成了时尚教育、时尚设计、时尚消费、时尚传播、时尚品牌、时尚会展、时尚制造等时尚经济一体化的融合发展，以确保消费者了解并参与到这些消费模式中来。三、时尚助推产业转型。现代产业离不开数字、网络、智能和品牌宣传等技术和文化手段，而时尚产业与上述手段密不可分，以时尚为抓手，助推时尚产业的高水平发展，为全球消费者提供更有竞争力的产品及服务。因此，着眼于时尚经济关怀视角，时尚研究者不妨切入时尚经济核心经过全面或局部的调查，得到关于时尚产业经济发展的各类数据，然后进行科学的统计和分析，并不断地更新数据。这样不仅便于进行时尚经济理论与实践研究，也能促进批评工作的开展。

综上所述，在探讨时尚批评“为炫美而炫美”“为身份而重塑时尚”“为功利而消费时尚”“为炫耀而制造时尚”等时尚问题的时候，将会面临采用上述哪种标准来评判的问题，应该对所有的时尚行为、时尚事件以及时尚观点采用一套标准吗？用上述中的哪一套标准？为何要选择该套标准？应该采用其中的一套标准还是多重标准并将其运用于评判同一种时尚吗？或者说应该对不同时尚采用不同标准吗？面对这些都是困难的选择，立足时尚创新与时尚产业未来的发展，着眼于批评家、设计师、企业以及消费者的不同立场，应该采用多重批评标准让时尚自己去决定何种标准能够使它得到最优化的鉴赏、接受、消费和评价。在这一点上，可以预设的前提是时尚标准和理论的建立，能够在一定程度上改变消费者的时尚观念，让消费者可以迅速适应不同的理念和思潮，即通其情、达其理。正如休谟针对何为好的批评所提出的建议，要做到对一件艺术作品的合理评判，我们必须避免纠缠于表面的第一印象（即“偏见”），而是要考虑作品的所有相关因素，要把它与其他作品以及不同人的趣味差异进行比较，分析它们之间的异同和差异原因，以此作为印证我们评判结论的一种手段。因此，为了建立一种具有说服力且有价值的评价标准，本论文提倡并接受多重批评标准共存，并毫无保留地进行深化与推广，力图在时尚美学批评研究基础上,建立当代时尚美学话语体系。

第三节　当代时尚美学话语体系研究

在时尚"新颖"的操纵法则下,一种时尚潮流很快被另一种潮流所替代,从而它不断将越来越多的社会群体和社会领域引入它的逻辑中,让任何人在面对时尚"新颖"问题时,都感受到时尚消费规则和时尚社会游戏规则过程中对自身的授权与规范,即不是"人在消费时尚",而是"时尚主导了人的消费行为",在反复分析比较之后,如何从时尚"话语权"向时尚美学话语权评价体系转型,成为当前最为关键的问题。因此,通过深度探讨时尚美学的美学精神以及文化影响,厘清时尚话语体系形成的内在逻辑关系,建立当代时尚美学话语体系。

一、时尚话语权

21 世纪中国的崛起已经成为一个不争的事实,中国在国际上地位日益提升,然而不可忽视的一个现实是,目前中国在国际上的话语权并没有达到与其地位相同的地位,虽然西方一直在讨论和探讨中国,但与中国实际情况往往差别较大,因此随着中国硬实力的提升,软实力也需要获得大力发展。① 同理,全球时尚语境下的"中国时尚"或"时尚中国"的国际形象塑造也需要中国话语。

显然,20 世纪西方语言学的历史中话语权有着不可动摇的地位,从索绪尔将"话语"范围限定在"文本"结构当中开始,它都是作为一个语言学概念而出现的,直到巴赫金提出"话语的交流功能"理论的出现,从而打破其停止、封闭的属性。福柯在此基础上进一步提出了话语在"话语间"的关系,并赋予了"话语"概念三层意味,即话语与功能相关联、话语与真理相关联、话语与历史

---

① 参见全国哲学社会科学话语体系建设协调会议办公室:《中国特色哲学社会科学构建与话语体系创新》,社会科学文献出版社,2018,第 45 页。

相关联。[①] 从西方引进的"话语权"观点，不仅给我们提供了审视自身的新视角和新方法，同时也给民族文化自信力带来了新的挑战。话语权在《现代汉语词典》中的释义是："说话权，人们依法所享有的提出个人见解的权利。也指控制、影响舆论走向的支配力量。"[②]

近年来，"话语权"的讨论已经逐渐扩展到设计学科，关于"设计话语权"的理论研究与学术观点也逐渐变得丰富和饱满起来。李超德在《设计的文化立场》一书中，以民族和地区为界线，探讨设计话语权问题，指出中国的设计必须结合中国的经济和社会发展的国情来看待或者认识，中国设计话语权不能完全用西方的理论来解释或者阐述，需要将中国设计话语权与中国民族文化相联系。[③] 在中国设计话语权日益觉醒的同时，时尚话语权也需要加以考虑，为此孙瑞哲在《变革，谋求时尚产业话语权》中提出时尚话语权需要首先把握大众时尚，可通过时尚活动平台的引领作用，借助多媒体技术，让时尚融入大众，进而提升中国时尚话语权。[④] 杨盼在《从国际理论悟道中国时尚话语权的提升》中提出中国需要以发达国家为鉴，寻求中国自主的时尚话语权。[⑤] 杨勋为提升中国设计的时尚引领作用，提出通过品牌建设、平台创建、终端渠道搭建，增强中国品牌和时尚全球影响力。具体包括 3～5 家本土时尚品牌的培育，5～10 位国际一线设计大师的培养，这些可以通过政府层面给予政策和活动支持，通过这些措施可增强中国时尚设计的全球话语权。[⑥] 综上所述，如何完善并提升当代中国时尚话语体系研究，应以时尚为对象，在美学精神、时尚文化消费和时尚产业经济维度上思考与之相对应的研究契合点。

二、美学精神引领话语体系

何为美学精神的核心，其一要对"美"的本质加以理解。正如祁志祥在

---

① 参见葛卉：《话语权力与 20 世纪 90 年代后中国文论转型》，中国社会科学出版社，2010，第 59 页。

② 中国社会科学语言研究所词典编辑室：《现代汉语大辞典（第 7 版）》，商务印书馆，2016，第 565 页。

③ 参见李超德：《服装设计的话语权与创意产业》，《中国服饰》2011 年第 9 期。

④ 参见孙瑞哲：《变革，谋求时尚产业话语权》，《经贸实践》2015 年第 4 期。

⑤ 参见杨盼：《从国际理念悟道中国时尚话语权的提升》，《中国服饰》2010 年第 2 期。

⑥ 参见董笑妍：《打造纺织业的中国影响力》，《纺织服装周刊》，2020 年第 20 期。

《中华传统美学精神》一书中指出，首先，“美”是一种喜乐的情感以及引起这种情感的喜乐对象。如许慎《说文解字》说：美，甘也；王弼说：美恶犹喜怒也。① 从许慎所理解的美是一种甘甜、快适的感觉，到王弼所反映的美是人们追求的喜乐感情，其实质上所指向的美是“美感”。其次，“美”是有价值的乐感及其对象。这里的价值指的是有益于主体生命健康存在的意义。在这种驱使下，如果一味地为了追求感官意义上的快乐，而背离精神主旨，甚至沉溺于感官快乐而无法自省，非但不是美，有可能会上升至超越伤害生命的感官快乐，人性中固然有趋乐避苦的天性，如果所追求的快乐仅仅是感官快乐，而背离了精神主旨，甚至醉生梦死，沉溺于感官快乐，非但不是美，而是急功近利的丑。正如庄子在《至乐》篇中提到的：“天下有至乐无有哉？”通过庄子对“苦”“乐”详细剖析，提出所谓的“至乐”是一种至极的快乐、最高的快乐，最终则归结为“至乐无乐，至誉无誉”的境界。这种观点虽有偏颇之处，但其蕴含的深层次的思考，对探讨养生养性有着重要的价值。除此之外，古代不仅强调在快感对象中注入有价值的道德内涵，而且认为这种快感对象作为精神愉悦的对象，才是最高境界的真美，如孔子以“善”为“美之实也”，孟子以“充实之谓美”，荀子以道德修养之“不全不粹，不足以为美”。可见，古代关于美的总体论断都是客观物体的美，都应该是有价值的，让人愉悦的。然而，中国传统美学对“美”的论述，集中表现为两个要求：一是需要让人自身所做的事情或者所制作的物体必须让他人愉悦，或者取悦于人；二是所产生的愉悦，不能纯粹是娱乐性质的，需要有价值，或者具备正能量的要求，最终能美化社会风气，促进社会发展。显然，建立在“美之幸福的价值标准”的基础上，祁志祥在《中华传统美学精神》一书中，提及美学所包含的五种即味、文、心、道和适性之美，②作为中华传统美学精神的五大基本形态，实则是反映以快适对象为美、以悦目动听为美、以物化形态为美、以道德精神为美，从而达到“天人合一”、美美与共的中华传统美学精神，开了中国美学精神话语体系的先河，且影响至今。

上述对古代美学精神与中国传统美学精神的梳理，对于研究20世纪美学精神，具有极其重要的启示作用。然而，面对中国传统美学思想的伟大宝库，

① 参见祁志祥：《中华传统美学精神》，上海人民出版社，2018，第1页。

② 参见祁志祥：《中华传统美学精神》，上海人民出版社，2018，第3—4页。

20世纪中国的美学走向与国外美学在学术上有了同步发展的机会，从总体上鸟瞰20世纪中国美学，可以归纳为四个阶段：第一阶段为中国美学的发端期（1900—1919），该阶段代表人物是王国维，他以西方美学的观点和方法为基础，对中国古典戏曲、诗词和小说都做了深刻分析和研究，总结了美的性质、美的范畴以及审美心理和审美教育等相关论点，开启了中国美学精神的大变革，成为20世纪中国美学精神的开拓者。[①] 在此基础上王国维、蔡元培等一批学人，开始尝试建立美学的学科规范，蔡元培将西方美育引入中国，作为一种教育方针并产生了深远的影响，这一局面是古代美学所没有的，也将成为20世纪中国美学精神话语体系的先锋。第二阶段（1920—1949）为20世纪中国美学的高潮期。这一阶段的美学开始反思并总结中国古典美学与近代美学思想，马克思主义美学开始在中国传播，并产生了许多马克思主义中国文艺理论家和美学思想家，因此，这一阶段的美学精神，在外国美学的科学化与系统化的影响下，呈现出多元的价值趋向。第三阶段（1950—1979）是20世纪中国美学走向英雄主义的崇高的逐渐成熟期。这个时期的首要历史任务，则是努力创建一种新的符合马克思主义理论的美学，将"美"和"美感"的问题放在美学精神的话语体系核心位置。第四阶段是中国美学收尾期（1979—1999），或者称为21世纪新的美学发展萌芽期。美学精神经历了从"美学热"到引进国外的美学译著研究成果再到经济浪潮对美学研究所构成的冲击，促使20世纪末的美学真正走向了一个"百花齐放"的时代。

回顾20世纪中国美学产生、发展过程中的宏观视角，可以清晰地认识中国现代美学精神的根源：一方面在传承中华美学精神的基础上，中国自身发展需要美学精神的支撑，另一方面是在东西方文化冲突中，发掘与提炼美学精神话语体系的价值，并将其引进时尚美学话语体系中，从而对20世纪的时尚文化、时尚产业和时尚产品消费的发展研究进行补充，修正20世纪乃至21世纪初在时尚美的外衣包裹下，由于美学精神引领的缺失，以及时尚美学批评与时尚美学教育对人格培养作用的差异化，而导致各种欲望在时尚产品的制造中都以最显眼的色彩加以炫耀，甚至有可能出现为了一件迷人的外衣而牺牲真理和道德，使事物失去了一切实质的区别，只用外观决定它的价值。显然，这

① 参见朱存明：《情感与启蒙：20世纪中国美学精神》，文化艺术出版社，2017，第15页。

种欲望看似符合社会秩序和规范化的要求和准则,但人类在这些欲望中所学到的,是多么危险的逻辑。因此,个体和谐人格的发育成长受到严重的挑战,促使时尚美学话语体系的研究议题比以往任何一个时代都更加尖锐和紧迫,将美学精神培养以及美学精神引领作为时尚美学话语体系的顶层逻辑,展示中国时尚形象,并将中国时尚理念传递到世界,创建中国时尚话语权。

三、时尚消费文化承载话语体系

当代,文化与时尚完美融合掀起的时尚新浪潮,根植于全民共同属性的文化,突破了以往按照某种计划、指令、批示、号召,而是根据文化市场的需要来进行生产,然而文化产品一旦进入文化市场,便顺理成章变成消费品。如汉服产业,在2016—2019四年时间里保持70%的增长率,①到2019年销售额达到45亿元,拥有350万人的忠实客户人群。《2019中国潮流消费发展白皮书》提及中国原创的潮流品牌的规模占15%的比率,同比增长3%,②这不仅取决于经济发展的因素,更展现了我国传统文化魅力和文化话语权。

在当今的时尚文化市场领域中,左右其形式的是消费大众,尽管他们常常是以个人身份出现的,例如春节联欢晚会已经成为当今中国最具代表性的春节文化现象,以现场的直播形式将全世界的华夏子孙连成一条纽带,不仅蕴含着丰富的文化内涵,而且能够参加春晚演出也成为一种荣耀,这种强烈的荣耀色彩推动了明星的参与高度。然而,这种明星参与行为,看似是以角色扮演的形象出现在屏幕上,其背后却簇拥着由成千上万文化消费的模仿者、追随者所构成的消费大众,因为春晚明星们的着装已经成为人们关注的焦点,并在一定程度上被赋予了"春晚明星带货"的真实写照,俨然成为推动时尚服饰在最大范围内获得最佳广告效应的重要平台,从2022年春节联欢晚会来看,张小斐出演的小品《喜上加喜》中的蓝绿色丝绒大衣被推上热搜和热销榜,虽然不能确定"张小斐同款大衣10分钟售罄"是不是真实数据,但是春晚制造时尚话题并创造无限商机的真实性是显而易见的。除此之外,各大电商平台也以最快的速度,将春晚明星们所穿的服饰打上"春晚同款"的标签进行热卖,尽管包

---

① 参见马胜杰:《中国时尚产业发展蓝皮书(2020)》,经济管理出版社,2020,第75页。
② 参见马胜杰:《中国时尚产业发展蓝皮书(2020)》,经济管理出版社,2020,第75页。

装宣传上大同小异,但是出售的价格却从几十元到上千元不等,而月销量也是从个位数到千位数不等。可见,这种时尚服饰销售现象,揭示了中国春节文化所蕴含的“时尚话语权”的活动轨迹,将这种文化话语权引入时尚消费范畴内来理解的同时,将时尚消费的文化符号现象作为考察的对象放在话语权的维度上拷问,一方面,从消费大众来说,这种时尚消费文化符号的意义,不仅仅是停留在其物质性消费的层面上,而是为了传达象征性符号,让使用者通过消费,可以提升其身份地位和阶层,即实现身份变换和社会认同,虽然本质上并不能改变其真实地位和身份,但对于消费者心理满足起到了一定作用。另一方面,时尚消费符号促使中国走出象牙之塔,走向世界、走向生活、走向民间,成为最具广泛社会基础的文化形态,这对文化来说具有解放的意义。

然而,值得一提的是,因“春晚文化”制造的时尚话题影响力也不可小觑。2022 年春晚结束后,各种与“春晚同款”的时尚产品开始在各大网络平台热销,然而,这些电商平台上出售的所谓“春晚同款”的服装,宣传时所标注的“春晚同款”“原版正品”“优质好货”“本店高定版”等字样,大部分商品是“山寨货”,虚假宣传的现象依然存在,因价格高低的不同,在面料和做工方面所呈现的质量差异非常大,不仅在安全性上没有任何保证,而且还有可能出现三无产品,从而引发的侵犯正品服装合法权益以及困扰服装市场的现象也不能被忽视。那么,“山寨”服饰在网络平台为何如此泛滥,面对这样的市场现状究竟该问责谁,是听之任之,任其发展,还是加以制止?

从时尚批评的视角来解读“春晚文化”衍生的“春晚同款”服饰,因其流行周期短,时尚美学批评的时效性跟不上服装市场鱼目混珠且产品良莠不齐的现象,而导致“春晚同款”服饰销售乱象,如果任凭其直接投入市场,缺少相应的时尚美学批评进行前期讨论与后期反思,将无法实现时尚产业合理化、规范化的可持续发展。因此,应该重视并加强时尚美学批评相关理论研究,加强时尚美学批评队伍的建设,从根本上解决时尚产品营销手段不合理的乱象问题。其次,通过时尚美学批评加强大众审美能力培育与重塑。正如叶朗在《现代美学体系》一书中,提出的个体审美发展是人类在任何一个时代都要面临的不能回避的课题。①

---

① 参见叶朗:《现代美学体系》,北京大学出版社,1999,第 315 页。

四、时尚产业经济支撑话语体系

随着经济全球化与中国经济的快速发展不断推进，中国人民的生活水平呈现出前所未有的高度，消费需要不断升级。时尚产业不仅能够给消费者带来“美”的消费体验，而且为时尚城市增添了特色和动力，反过来时尚城市的聚集效应为时尚产业的兴起与发展提供了必不可少的条件。因此，笔者将从以下两方面来阐述时尚产业经济支撑话语体系研究议题。

其一，时尚城市推广中国时尚话语体系。

时尚最显著的特征是都市性，它与都市人的生活密切相关。基于马斯洛需求层次理论的分析，时尚产业在不断满足人们对于高品质生活理念的追求的同时，发挥时尚强调新颖、创新、多变的独特性，时尚产业相关的产品生产与制造、销售领域的经营理念与商业模式等都离不开互联网、大数据、云计算等技术手段，这些技术提供了更加完善的发展格局，极大地促进了时尚城市的文明进步和经济发展。

目前，针对时尚城市的定义，学术界并没有给出明确的结论，2018 年《中国时尚产业发展蓝皮书》显示，时尚城市有三条评判标准：第一，能否引领和推动国际时尚潮流。第二，能否具有自己城市时尚文化的特点与魅力。第三，能否具有庞大的时尚产业实力。① 正因为如此，我国全面深入推动时尚产业的发展，促使时尚产业的发展模式伴随科技创新而不断推陈出新。当前，中国众多城市将时尚产业作为未来重要产业进行布局，开辟了众多新的时尚热点和时尚领域，如美丽时尚青岛、休闲时尚杭州、时尚兰州等，这种城市发展倡议不仅补足了时尚城市话语权的缺失，还重新定义了城市发展目标，成为城市发展的名片。以时尚之都上海为例来分析，早在 20 世纪二三十年代就被誉为与纽约、伦敦、巴黎齐名的国际时尚城市，20 世纪七八十年代，上海的时尚产业有了一定的发展，创造出了上海牌、飞跃牌、凤凰牌自行车等新兴时尚品牌，一度成为中国时尚的领军者和名牌的聚集地。90 年代，随着改革开放步伐的加快，上海与中国香港、中国台湾以及西方国家的文化交流日益频繁，港台地区和西方的流行元素融入人们的时尚生活中，生活方式与服饰着装形态逐渐与

① 参见陈文晖主编《中国时尚产业发展蓝皮书（2018）》，经济管理出版社，2018，第 152 页。

国际接轨，在商业经济的发展与繁荣极其巨大的时尚消费需求推动下，促使上海一跃成为亚太地区重要的时尚消费购物之都，居民消费的日益升级也不断驱动上海时尚产业的发展。近年来，上海时尚之都推动上海时尚产业发展取得了两次惊人成绩：第一次，上海时尚产业从 2004 年的 493 亿元增加到 2010 年的 1340 亿元，短短的 7 年时间，时尚产业占全市的 GDP 比重从 5. 8% 提高到了 7. 94%。[①] 第二次，2014—2018 年上海时尚产业从 1397. 47 亿元增加到 2193. 00 亿元，实现 6. 83% 的年均增长率。[②] 可见，时尚城市的话语权推广指数对于推动时尚产业高质量发展具有重要意义，对中国实现国际设计之都、时尚之都、品牌之都建设目标具有重要的战略性意义。

其二，时尚产业经济支撑中国时尚话语体系。

面对复杂多变的内外部环境，从 2018 到 2020 年的"十三五"时期，中国时尚产业总体保持了平稳的发展态势，时尚产业格局基本形成，时尚设计与创新能力不断增强，时尚品牌效应逐步提升，时尚产业集群日益壮大。但是，疫情发生后，多国时尚产业的格局发生了变化，时尚产业的发展安全想要被提升到新的高度，应竭尽全力进行创新，在此过程中将时尚产业的发展与中国甚至全球问题相嫁接，以此获取中国时尚的话语权。

通过上述分析，我国时尚产业要审时度势，积极主动适应变革，全面提升新常态下时尚产业整体竞争力，巩固全球时尚产业的核心地位，需要着眼于时尚产业未来的发展，从以下几方面做出努力：

第一，变革时尚消费模式，助推线上时尚消费市场发展。随着新一轮科学技术变革与时尚消费模式不断创新，以"新零售"为代表的线上线下融合互动更为频繁，平台直播、网红经济、共享理念等层出不穷，形成一种新的销售模式、服务方式和消费途径。中国互联网络信息中心统计表明，中国网络购物人群呈现爆发式发展，从 2016 年的 4. 7 亿人到 2020 年的 7. 5 亿人。[③] 而国家统计局提供的数据表明我国网络零售规模呈现几何级数的增长，仅服装类产品的增速多年都保持在 15% 以上。[④] 然而网络经济带来的负面效应也不少，如

---

① 参见马胜杰主编《中国时尚产业发展蓝皮书（2019）》，经济管理出版社，2019，第 198 页。
② 参见马胜杰主编《中国时尚产业发展蓝皮书（2020）》，经济管理出版社，2020，第 146 页。
③ 参见马胜杰主编《中国时尚产业发展蓝皮书（2020）》，经济管理出版社，2020，第 74 页。
④ 参见马胜杰主编《中国时尚产业发展蓝皮书（2020）》，经济管理出版社，2020，第 75 页。

网络诈骗频发、商家的价格战、假货比比皆是、无售后或者售后服务很差等，这些问题亟待在相关领域加强行业监管和规范引导。

第二，重视时尚品牌建设，助推时尚产业可持续发展。品牌建设是时尚企业的生命，也是时尚城市和时尚产业巩固国家经济社会发展中的核心话语权。从中国时尚产业市场来看，大部分服装服饰国际品牌都在中国开设零售终端，不仅在主流电商平台开设了官方旗舰店，而且逐渐拓展至中西部市场和二、三线市场。同时国内服装服饰品牌被消费者认可度日益提升，市场销售规模日益增长。如运动品牌安踏集团，2018 年旗下开发了安踏、KOLON SPORT、DESCENTE 等众多品牌，并实现营收 241 亿元；而知名品牌海澜之家，则开发了海澜之家、OVV、AEX 等品牌，2018 年也实现营收 190.9 亿元。① 可以看出，为适应人们美好生活的新向往，未来我国时尚产业加强品牌建设将成为必然趋势，通过品牌化建设促进国内市场产品品质提升和多样化发展，形成多品牌组合矩阵，增强我国时尚产业品牌影响力与国际影响力的同时，引领与推动我国时尚产业可持续发展之路。

第三，时尚产业科技化、智能化，创新人才培养新举措。科技化、智能化作为时尚产业设计与创新、生产与销售、消费与传播方式的重要动力，时尚产业的科技化，不仅促进了原材料的变革，高端材料为制造高质量产品打下了基础，而且改变了时尚生产方式以及时尚产品的消费体验，正是顺应了时尚产业消费模式新变革以及品牌建设可持续发展之路。时尚产业竞争重点是人才竞争，只有培养一大批设计人才，才能精准把握时尚脉络，提炼并升华品牌内涵等都离不开大量的专业人才，重视培养创意人才、高科技人才是保持时尚产业新鲜活力的重要举措，也是未来世界时尚产业呈现百花齐放局面的展望。

本章小结

面对当下疫情带来的冲击，需要立足于全球视野，研判疫情对时尚产业技术创新、时尚消费行为演变、时尚产业经济的影响，无论是时尚产业自身的可

---

① 参见马胜杰主编《中国时尚产业发展蓝皮书（2019）》，经济管理出版社，2019，第 47 页。

持续发展，还是整个时尚美学的可持续发展，均需要主动适应变革，力图全面发挥当代时尚美学在时尚产业发展进程中的优势，则需要从时尚美学批评和话语权中寻求支撑：其一，当代时尚美学批评的提出。从设计批评的视角探寻时尚美学的发展踪迹可知，梳理时尚美学批评的研究成果，并从中提炼出时尚美学批评的概念、研究现状及意义，从根本上解决产品设计和营销手段乱象，加强时尚美学批评队伍的建设，并对当下现象做出学术化和专业化的评论，增强行业的自律，以此来保证时尚美学批评处于稳步、规范和可持续发展的正确方向。其二，当代时尚美学批评范式。着眼于当代时尚美学批评的提出，以与时俱进的时尚美学大局观，提出了五种批评范式：第一，“好的批评”标准。通过梳理欧美批评家提出的“好的批评”的建议与观点，提出好的批评的关键点是对艺术的精准理解、有谦卑的态度、有明确的评判标准以及评估的依据。第二，人本主义批评标准。立足以“人为本位”的内在本性，正视“为了人的时尚而时尚”与“时尚产品服务于人”的原则，始终坚持“不可害人坑人、应当爱人助人”的人本主义道理；第三，时尚审美批评标准。对于炫耀着人的正当本质力量的“丑”，采取“美丑并存”原则，保持一种宽容平和的包容心态，并在此基础上坚守“审美健康”与“健康审美”原则，针对“为了时尚审美而忽略健康”，或是“为了时尚审美而挥霍健康”的时尚事件，虽然具有美学层面的人权合法性，可以被宽容以待，却不值得被提倡。第四，时尚消费批评标准。开展“物欲消费”批评与“攀比、炫耀”批评两手抓，倡导时尚消费实践要摒弃炫耀性消费、攀比消费、过度消费、无节制消费的心理误区，补足快节奏生活常态下所欠缺的精神富足与精神体验的愉悦感，让精神消费成为人类可持续消费的评判标准。第五，时尚经济批评标准。解读时尚产品的品质刺激时尚设计的发展与革新，促进时尚产品在经济原则中发挥最大效用的同时，时尚产业、时尚企业顺应时代发展所进行的数字化、智能化转型升级，将推动地区时尚产业高质量发展，为全球消费者提供更有竞争力的产品及服务。总之，面对时尚创新与时尚产业未来的发展，着眼于批评家、设计师、企业以及消费者的不同立场，应该采用多重批评标准让时尚自己去决定何种标准能够使它得到最优化的鉴赏、接受、消费和评价。其三，从时尚话语权入手，一方面，为我国时尚美学话语权提供了审视自身的新视角和新方法；另一方面，为了用一种相对稳定的话语尺度对时尚美学加以论衡，提出中国时尚话语体系建设理念，即以美学精神为引领,以时尚消费文化为载体,以时尚产业经济为支撑,并在此基础上得出结论,即只有提升中国时尚话语体系,时尚产业才能呈现百花齐放的局面,时尚美学才能实现勃兴的可持续发展之路。

结 论

时尚的发生与发展,并不完全是美的,而是在新颖的、多变的、个性的、与众不同的思想和意识中,必定会存在审美、审丑,还有非美非丑、美丑相间、美丑同一等不可逃避的“合法性”冲突。显然,在这种思想意识形态下,将传统时尚美学思维、观念、认知、价值观等要素提升到哲学的维度,通过全方位深度剖析康德、本雅明、凡勃伦、西美尔、拉斯·史文德森、波德莱尔等学者时尚与美学相结合的重要观点,反思时尚美所追求的求同和存异双重标准,扭转时尚美仅仅停留于传统时尚美的表象上的思想障碍,进而确立一种突破传统时尚美而建立一种全新的时尚美学研究理论。

本书着重研究时尚美学的理论与实践,从时尚美学概念出发,分析时尚、时尚与美以及时尚美学三者之间相互依存的发展与演变的理论研究体系。以康士坦茨学派中尧斯的接受美学理论来修正时尚美学研究范畴的接受生成关系,厘清时尚美学涵盖的时尚产品、消费者、设计师三者之间相互依存关系;从时尚美学的哲学价值出发,创建时尚经济与文化经济、时尚产业与文化产业、时尚产品与文化产品的研究价值生成关系;从舒斯特曼新实用主义出发,形成身体游戏、身体消费和身体传播三个方面来解构时尚美学实践研究的新模式与新思路;从创建系统化、程序化和时尚化“三位一体”的科学方法入手,创新时尚体验美学的当代语境,建构时尚体验美学消费研究;以时尚产品功能的创新体验所存在的优势和学理价值,来激活时尚体验美学研究的可持续发展;从当代时尚美学批评的角度出发,建立当代时尚美学话语权体系。具体研究成果如下:

第一,时尚美学与接受美学具有互动生成关系。梳理尧斯和伊瑟尔的接受理论观点,探求"接受美学"与"时尚美学"的必然联系与逻辑关系,探讨设计师、时尚产品、消费者三者与接受美学之间的关系,从接受方入手,探索当代时尚美学的接受理论,强调以历史的厚度,并关注当下社会问题、时尚问题和人的问题,重新塑造了时尚美学内在逻辑关系和学理价值。

第二,梳理"时尚美学研究"理论研究体系。首先,在时尚美学的理论需求以及"以人为尺度"的活动范畴中,以时尚产品美学需求理论和时尚美学经济理论研究为落脚点,提出时尚产品美学需求非功利性和时尚经济美学功利性并存的理论。其次,创建时尚经济与文化经济、时尚产业与文化产业、时尚产品与文化产品的研究价值生成关系,实现从"理论先行"到"应用实践"的时尚美学价值转换。最后,探究20世纪时尚美学的流行体系和传播体系生产链条中所隐藏的美的范式、价值以及理论优势,立足于家国情怀立场,推动时尚美学与大众生活的融合发展,提升大众生活审美品位和审美精神风貌。

第三,提出时尚美学实践多元化的研究方法。为扭转时尚美学重理论轻实践的现状,将身体美学引入时尚美学实践研究中,补齐时尚美学实践研究缺失的短板,形成以下结论:其一,当今社会以"人为制造"时尚与身份的认同关系并没有消失,只有在具备一定文化知识基础上,才能破译时尚"人为制造"身份的功利性;其二,通过对身体的吃、穿、用的消费需求分析,验证了身体消费需求已经成为当下最畅销的功利性产品,在不断修正身体消费"物欲横流"的消极作用的同时,从根本上矫正时尚身体所存在的物质崇拜、商品崇拜和盲目享乐现象,以当代时尚身体健康消费与全面可持续消费为最终目的,坚持求功利与求幸福相统一的"量入为出"的可持续消费观念;其三,身体传播已经成为时尚品牌发展以及时尚品牌产品经济发展的重要途径,借助身体美的重塑与传播功能,为缩小个体在社会交往关系中身体与身份之间的差距服务;其四,当代时尚身体美学的重建,抵制当代人的时尚身体的消费误区和审美焦虑,在有效遏制身体意志和欲望无限膨胀的同时,为重塑时尚身体精神世界、时尚产品人文内涵、时尚产业美学价值创造提供了一条重要的发展策略,进而为当代时尚美学可持续研究提供了重新定位和建设的新思路与新方向。

第四,基于体验角度建构时尚美学。将体验美学介入建构时尚美学研究中,依据时尚产品设计与体验设计的联姻案例可知,体验设计本身可直接带给消费者新刺激,促进其愉悦指数的提升,同时体验设计还具有想象性特征,使其比实践活动包含着更多的美，具体而言，体验性消费比物质购买能获得更大的快乐。由此可见，体验设计的优势足以保证体验消费的功利性价值所带来的经济增值，从体验的角度来研究时尚美学，比从实践角度有着更大的优势。

第五，立足时尚美学批评，建立时尚美学话语体系。其一，加强时尚美学批评相关理论研究，引导大众树立健康、成熟的身体自我表达和消费观念，从根本上解决产品设计和营销手段乱象，确保时尚产品以及时尚产业稳步、规范和可持续发展。其二，提出当代时尚美学批评的五种标准，即"好的批评"标准、人本主义批评标准、时尚审美批评标准、时尚消费批评标准和时尚经济批评标准。其三，从时尚话语权入手，一方面，为我国时尚美学话语权提供了审视自身的新视角和新方法；另一方面，为了用一种相对稳定的话语尺度对时尚美学加以论衡，提出中国时尚话语体系建设理念，即以美学精神为引领，以时尚消费文化为载体，以时尚产业经济为支撑，随着中国软实力的增强与国际形象重塑，提升中国时尚话语体系。

由于个人能力和文章篇幅所限，时尚美学理论研究过程中，尤其是创建体系仍存在一些问题需要解决，需要在后续研究中不断积累和完善，研究不足之处如下：

第一，在时尚美学批评与话语体系研究基础上，确立将审美教育作为当代人的身心发展以及人格塑造的重要基石，并通过审美教育提升个体审美敏锐力和审美鉴赏力，树立正确的审美思想和理念，形成健康的审美观念，这对于促进人的身心健康与社会和谐发展具有一定启示，后续针对这方面内容需另行讨论。

第二，时尚美学未来发展趋势的研究尚需拓展：在时尚变革和多元时尚文化并存的背景下，对于如何更好地研究多元化的时尚美学，如何以更加开放、自由的方式营造多维交互的时尚审美体验方面，相关研究还不够深入。

下一步的研究设想：

时尚产业发展，让时尚设计师从纯粹的设计，进入管理领域，成为合伙人或 CEO，使得时尚设计中需要更多包含营销理念，因此相关人员的从业素养提升越发显得重要，在时尚美学设计中如何更好地发挥这些复合人才的作用，并采用恰当的标准加以评价尚需进一步研究。在时尚美学后续研究中，还需要结合艺术思维、设计思维和商业思维，运用多学科理论进一步探讨。

参考文献

学术专著

[1]康德. 判断力批判[M]. 邓晓芒,译. 上海:人民出版社,2002.

[2]徐复观. 中国艺术精神·石涛之一研究[M]. 北京:九州出版社,2014.

[3]宗白华. 美学与艺术[M]. 上海:华东师范大学出版社,2013.

[4]李超德. 设计美学[M]. 合肥:安徽美术出版社,2009.

[5]叶朗. 现代美学体系[M]. 北京:北京大学出版社,1999.

[6]舒斯特曼. 身体意识与身体美学[M]. 程相占,译. 北京:商务印书馆,2011.

[7]尧斯,霍拉勃. 接受美学与接受理论[M]. 周宁,金元浦,译. 沈阳:辽宁人民出版社,1987.

[8]耀斯. 审美经验与文学解释学[M]. 顾建光,顾静宁,张乐天,译. 上海:上海译文出版社,1997.

[9]朱立元. 走向实践存在论美学[M]. 苏州:苏州大学出版社,2008.

[10]朱志荣,王怀义. 从实践美学到实践存在论美学[M]. 苏州:苏州大学出版社,2008.

[11]谭扬芳,向杰. 马克思主义视阈下的体验美学[M]. 北京:社会科学文献出版社,2014.

[12]杜威. 艺术即经验[M]. 高建平,译. 北京:商务印书馆,2010.

[13]舒斯特曼. 实用主义美学:生活之美,艺术之思[M]. 彭锋,译. 北京:

商务印书馆,2002.

[14]齐志家.时尚与身体美学[M].北京:人民出版社,2015.

[15]周扬.周扬文集:第四卷[M].北京:人民文学出版社,1991.

[16]朱良志.中国美学十五讲[M].北京:北京大学出版社,2006.

[17]要彬,曹寒娟.服饰与时尚[M].北京:中国时代经济出版社,2010.

[18]杨道圣.时尚的历程[M].北京:北京大学出版社,2013.

[19]张夫也.外国工艺美术简史[M].北京:中国人民大学出版社,2017.

[20]佐藤达生.图说西方建筑简史[M].计丽屏,译.天津:天津人民出版社,2018.

[21]沃特金.西方建筑史[M].傅景川,等,译.长春:吉林人民出版社,2004.

[22]拉尔夫.世界文明史:上卷[M].赵丰,等,译.北京:商务印书馆,2016.

[23]缪良云.中国衣经[M].上海:上海文化出版社,2000.

[24]王杰.当代美学与人类学:时尚研究[M].上海:上海人民出版社,2020.

[25]廖群.中国审美文化史先秦卷[M].济南:山东画报出版社,2000.

[26]唐家路,王拓.饮食器用[M].北京:中国社会出版社,2010.

[27]王朝闻.中国美术史明代卷[M].北京:北京师范大学出版社,2011.

[28]王朝闻.中国美术史清代卷[M].北京:北京师范大学出版社,2011.

[29]王朝闻.中国美术史夏商周卷[M].北京:北京师范大学出版社,2011.

[30]田自秉.中国工艺美术史[M].上海:知识出版社,1985.

[31]仪平策,中古审美文化通论[M].济南:山东人民出版社,2007.

[32]傅克辉.中国设计艺术史:修订版[M].重庆:重庆大学出版社,2014.

[33]马克思.1844 年经济学哲学手稿[M].中共中央马克思恩格斯列宁斯大林著作编译局编译.北京:人民出版社,2018.

[34]张艳河.设计美学[M].北京:中国纺织出版社,2018.

[35]周笑冰.消费文化及其当代重构[M].北京:人民出版社,2010.

[36]陈望衡.美与当代生活方式:“美与当代生活方式”国际学术讨论会

论文集[M].武汉:武汉大学出版社,2005.

[37]古维烈.在时尚中融化:时装、审美与女性独立[M].治棋,译.桂林:漓江出版社,2010.

[38]斯帕克.设计与文化导论[M].钱凤根,于晓红,译.南京:译林出版社,2012.

[39]李超德,等.设计的文化立场[M].南京:江苏凤凰美术出版社,2015.

[40]徐恒醇.设计美学概论[M].北京:北京大学出版社,2016.

[41]叶朗.中国文化产业年度发展报告2017[M].北京:北京大学出版社,2017.

[42]武斌.百年流行时尚[M].北京:中国经济出版社,2000.

[43]商务印书馆编译所.中华民国法令大全:增补再版[M].上海:上海商务印书馆,1920.

[44]袁仄,胡月.百年衣裳:20世纪中国服装流变[M].北京:生活·读书·新知三联书店,2010.

[45]黄士龙.中西服饰史[M].上海:东华大学出版社,2014.

[46]周宪.世纪之交的文化景观:中国当代审美文化的多元透视[M].上海:上海远东出版社,1998.

[47]邱晔.美学经济论[M].北京:中国社会科学出版社,2020.

[48]丁宁.接受之维[M].天津:百花文艺出版社,1999.

[49]蔡子谔.中国服饰美学史[M].石家庄:河北美术出版社,2001.

[50]张志春.中国服饰文化[M].北京:中国纺织出版社,2009.

[51]韦拴喜.身体转向与美学的改造:舒斯特曼身体美学思想论纲[M].北京:中国社会科学出版社,2016.

[52]齐志家.时尚与身体美学[M].北京:人民出版社,2015.

[53]罗钢,王中忱.消费文化读本[M].北京:中国社会科学出版社,2003.

[54]康德.实用人类学[M].邓晓芒,译.上海:上海人民出版社,2005.

[55]余杨,夏佳.体验设计[M].沈阳:辽宁美术出版社,2014.

[56]梅茨,维尔福.触动人心的体验设计:文字的艺术[M].黄群祥,周改丽,译.北京:清华大学出版社,2021.

[57]李砚祖.造物之美:产品设计的艺术与文化[M].北京:中国人民大学

出版社,2000.

[58]李立新.设计价值论[M].北京:中国建筑工业出版社,2011.

[59]李丛芹.设计批评论纲[M].北京:中国社会科学出版社,2012.

[60]凡勃伦.有闲阶级论[M].李华夏,译.北京:中央编译出版社,2012.

期刊

[1]戚海峰.中国人从众消费行为问题探究:基于控制的视角[J].经济与管理研究,2011(01):24-32.

[2]南江辉."90后"大学生消费从众心理研究[J].山西农业大学学报(社会科学版),2013(02):183-186.

[3]刘清平.简论时尚美与时尚美学[J].河南社会科学,2008(02):57-59.

[4]黄勇.消费时尚的社会学分析[J].西南师范大学学报(人文社会科学版),2005(04):69-72.

[5]应小敏.时尚美学:感性存在的美学风格与大众向度[J].江苏行政学院学报,2007(04):30-34.

[6]魏淑娟.时尚与模仿的互动机制:大众消费社会何以可能[J].兰州大学学报(社会科学版),2007(01):80-83.

[7]史亚娟.当代西方时尚理论研究动态[J].贵州大学学报(艺术版),2016(06):50-54.

[8]夏建中.当代流行文化研究:概念、历史与理论[J].中国社会科学,2000(05):91-99.

[9]刘君.西方服装流行时尚解析[J].美术及设计版,2003(02):92-96.

[10]洛伊特纳,卢幸妮.反思时尚[J].马克思主义美学研究,2019(02):114-119+619.

[11]刘丽娴,沈丽暘,许鸣迪.19世纪西方时尚群体与传播模式[J].艺术设计研究,2019(03):18-22.

[12]肖文陵."二手"现实的实现:论国际时尚体系与西方文化传播[J].美术观察,2016(09):30.

[13]肖宇强,戴端.国外时尚哲学研究的三重路径及其对时尚美学建构的

启示[J]. 设计艺术研究,2020(01):26-30.

[14]本雅明. 论波德莱尔的几个主题[J]. 张旭东,译. 当代电影, 1989(05):101-112.

[15]王杨. 从"震惊"美学看本雅明技术观的两歧性[J]. 常州大学学报(社会科学版),2021(01):87-94.

[16]骆志伟. 当下中国电视纪录片的美学传播策略[J]. 当代电视,2020(06): 76-79.

[17]崔荣荣,高卫东. "弓鞋"文化内涵刍议[J]. 江南大学学报(人文社会科学版),2008(01):109-111.

[18]李砚祖. 从功利到伦理:设计艺术的境界与哲学之道[J]. 文艺研究,2005(10):100-109+168.

[19]朱立元,李琳琳. 舒斯特曼身体美学述评[J]. 四川戏剧,2015(02):11-19.

[20]刘成纪. 身体美学的一个当代案例[J]. 中州学刊, 2005(03):247-248.

[21]田苗,李俊. 智能服装的设计模式与发展趋势[J]. 纺织学报,2014(02):109-115.

[22]仲呈祥. 传承和弘扬中华美学精神[J]. 艺术百家,2014(06):1-2+7.

[23]胡振生. 生态环境的恶化呼唤共产主义[J]. 当代思潮,2000(04):2-12.

[24]王姗姗. 论伽达默尔的体验概念与审美转向[J]. 山东大学学报(哲学社会科学版),2014(03):138-145.

[25]韩松立. 从文化诠释学看饮食消费的克里奥尔化[J]. 江南大学学报(人文社会版),2010(01):125-128.

学位论文

[1]代祺. 我国城市青少年从众、不从众与反从众消费行为研究[D]. 成都:西南交通大学经济管理学院,2008.

[2]傅守祥. 欢乐诗学:消费时代大众文化的审美想像[D]. 杭州:浙江大学人文学院,2005.

[3]刘红娟. 李渔生活美趣研究[D]. 北京:首都师范大学文学院,2012.

[4]姜晶. 基于体验质量的消费者生成内容及有效性研究:以工业旅游体验为例[D]. 上海:东华大学工商管理学院,2014.

[5]廖述务. 身体:美学的与实践的:大众文化视野中"身体美学"的反思与重构[D]. 福州:福建师范大学文学院,2010.